Peter Pluschke
Luftschadstoffe in Innenräumen

Springer

*Berlin
Heidelberg
New York
Barcelona
Budapest
Hongkong
London
Mailand
Paris
Santa Clara
Singapur
Tokio*

Peter Pluschke

Luftschadstoffe in Innenräumen

Ein Leitfaden

Mit 31 Abbildungen und 44 Tabellen

Springer

Dr. Peter Pluschke
Chemisches Untersuchungsamt
Hauptmarkt 1
90317 Nürnberg

ISBN-13: 978-3-642-64830-4   e-ISBN-13:978-3-642-61413-2
DOI: 10.1007/ 978-3-642-61413-2

Die Deutsche Bibliothek – CIP-Einheitsaufnahme

Pluschke, Peter:
Luftschadstoffe in Innenräumen : ein Leitfaden ; mit 44
Tabellen / Peter Pluschke. – Berlin ; Heidelberg ; New York ;
Barcelona ; Budapest ; Hongkong ; London ; Mailand ; Paris ;
Santa Clara ; Singapur ; Tokio : Springer, 1996
ISBN-13: 978-3-642-64830-4

Die Wiedergabe von Gebrauchsnamen, Handelsnamen, Warenbezeichnungen usw. in diesem Werk, berechtigt auch ohne besondere Kennzeichnung nicht zu der Annahme, daß solche Namen im Sinne der Warenzeichen- und Markenschutz-Gesetzgebung als frei zu betrachten wären und daher von jedermann benutzt werden dürften.

Herstellung: PRODUserv Springer Produktions-Gesellschaft, Berlin
Satz: Datenkonvertierung Fotosatz-Service Köhler OHG, Würzburg
Einbandgestaltung: Meta Design plus, Berlin

SPIN 10126060   52/3020 – 5 4 3 2 1 0 – Gedruckt auf säurefreiem Papier

Vorwort

Über Belästigungen und Schädigungen durch übelriechende, reizende oder toxische Bestandteile der Luft liegt eine fast nicht mehr überschaubare Literatur vor. Aus dem Blickwinkel einer Vielzahl von Fachdisziplinen und Interessen wurde und wird darüber seit langer Zeit berichtet. In diesem Sinn steht dieses Buch in einer langen Tradition; selbst die Einschränkung der Darstellung auf Luftschadstoffe in Innenräumen kann an eine über 200jährige Geschichte von Untersuchungen zur Wohnhygiene anknüpfen.

Und doch weist die Thematik dieses Buchs auch neue Aspekte auf, hat doch die erste in größerem Rahmen in Deutschland durchgeführte Fachveranstaltung über Luftschadstoffe in Innenräumen erst im Jahr 1981 stattgefunden [1]. Seither erschienen einige Tagungsbände [2] und zu Beginn der 90er Jahre dann auch umfangreichere deutschsprachige Monographien mit unterschiedlichen inhaltlichen Schwerpunkten zu diesem Thema [3, 4].

Offensichtlich haben sich bei der Behandlung lufthygienischer Probleme in Innenräumen inhaltliche Verschiebungen ergeben.

Die frühen Arbeiten zur Wohn- und Innenraumhygiene behandelten vorrangig die nachteilige Beeinflussung der Luftqualität in Innenräumen durch die „Ausdünstungen" der Menschen. Der üble Geruch in überbelegten Räumen (sehr früh schon in Krankenanstalten gründlich untersucht), die Bedeutung des durch die menschliche Atmung in die Räume eingetragenen Kohlendioxids für die Luftqualität, das waren zunächst zentrale Themen. Darüber hinaus wurde der Blick schon früh auf die Beeinträchtigungen und Gefahren gerichtet, welche von offenen Feuerstellen, unzureichenden Kaminen und einfachen Lichtquellen ausgingen. Daneben spielten in der Bauaufsicht Fragen der Feuchte, der Verbreitung des Hausschwamms sowie anderer Pilze und Keime und weitere bauliche Mängel mit Konsequenzen für die Innenraumhygiene eine gewisse Rolle. Dieses Themenspektrum beschäftigte die mit den Fragen der Luftqualität in Innenräumen beschäftigten Fachleute bis in die Mitte des 20. Jahrhunderts. Nur im Bereich und im Umfeld der mit Fragen von Arbeitsschutz und Arbeitssicherheit befaßten Institutionen wurde die Untersuchung und Bewertung betriebs- und tätigkeitsbedingter Emissionen von Schadstoffen in Arbeitsstätten thematisiert.

Der zeitliche Wendepunkt hin zu dieser neuen Fragestellung bezüglich Luftqualität in Innenräumen (außerhalb des gewerblichen und industriellen Bereichs) lag in den 50er Jahren. Das hing mit der Einführung neuer Techniken und Materialien im Bauwesen zusammen, deren Bedeutung und häufig negativer Einfluß auf die Luftqualität erst allmählich erkannt wurden.

Heute gelten Gebäude, die zwischen 1950 und 1985 gebaut wurden, als die mit dem höchsten Potential für baubedingte Schadstoffbelastungen in den Innenräumen [5]. Es läßt sich darüber streiten, ob in den Jahren seit 1985 die Verwendung emissionsarmer Produkte im Bauwesen und in der Raumausstattung so weite Verbreitung gefunden hat, daß in neueren Gebäuden i. allg. unbeeinträchtigte Luftverhältnisse erwartet werden dürfen. Schließlich tragen auch zahlreiche Produkte des alltäglichen Gebrauchs, wie Reinigungsmittel und Hygieneartikel, Büro- und Heimwerkermaterialien, Farben und Anstrichmittel, zur Belastung der Innenraumluft mit einer Fülle von Inhaltsstoffen bei.

Besonders in den 70er Jahren, die geprägt waren von verschiedenen Phasen der „Energiekrise" und der damit verbundenen starken Verteuerung der Heizenergie, häuften sich Beschwerden über die Luftqualität in Innenräumen. Die in diesen Jahren aufkommenden Bemühungen um eine bessere Wärmedämmung und einen rationelleren Einsatz der Heizenergie führten dazu, daß auch die Luftwechselrate in vielen Gebäuden reduziert wurde. Damit konnten sich höhere Konzentrationen von solchen Stoffen in der Innenraumluft aufbauen, die von Bau- und Ausstattungsmaterialien sowie von sonstigen im Gebäude aufbewahrten und benutzten Produkten emittiert werden. Die Luftqualität in Innenräumen stellte sich nun auch als ein spezieller Aspekt des Immissionsschutzes dar. In diesem Sinn sind alle Räume eines Gebäudes, die nicht nur zum vorübergehenden Aufenthalt von Menschen bestimmt sind, Innenräume [6].

Arbeitsstätten jedoch, in denen bestimmungsgemäß mit Chemikalien, Gefahrstoffen und anderen potentiell flüchtigen Materialien umgegangen wird, sind unter Gesichtspunkten des Arbeitsschutzes und der Arbeitssicherheit zu betrachten. Die Anforderungen an die Luftqualität in solchen Arbeitsstätten werden von anderen Kriterien (orientiert am gesunden, arbeitsfähigen, erwachsenen Menschen, der sich dort nur begrenzte Zeit aufhält) bestimmt. Die Luftqualität in diesen Räumen wird gemessen an den maximalen Arbeitsplatzkonzentrationen (MAK-Werte) und den biologischen Arbeitsstofftoleranzwerten (BAT-Werte) [7].

Im Gegensatz dazu halten sich in den Innenräumen, um deren Luftschadstoffbelastung es in diesem Buch geht, auch Kinder und Jugendliche, alte und mitunter auch kranke Menschen auf. Die Dauer des Aufenthalts ist dabei nicht auf die Länge eines Arbeitstags beschränkt, sondern kann sich auf den ganzen Tag ausdehnen. Die Luftqualitätskriterien müssen somit die im Vergleich zur Gruppe der berufstätigen Erwachsenen höhere Empfindlichkeit der Gesamtbevölkerung und die besonderen Aspekte des Schutzes von Risikogruppen berücksichtigen. Darüber hinaus können weitergehende Anforderungen an die Luftqualität in Innenräumen aus deren besonderer Funktion (von konzentrierter geistiger Arbeit bis zu Erholung und Schlaf) resultieren.

Die Entwicklung geeigneter Bewertungsmaßstäbe und praktikabler Kontrollstrategien ist noch im Gang. Derzeit kann ein Buch über „Luftschadstoffe in Innenräumen" nur eine Zwischenbilanz ziehen und den erreichten Kenntnisstand zusammenfassen. In diesem Bemühen sind die Beiträge einer Reihe von Fachdisziplinen zu berücksichtigen:

- Die chemische Analytik liefert Angaben über Schadstoffimmissionen sowie -emissionen und kann die Ausbreitungspfade, Verteilungs- und Akkumulationsmechanismen von Schadstoffen klären.
- Biologische und ökologische Fachkenntnisse sind zur Untersuchung biologischer Kontaminationen in Innenräumen (Pilze, Sporen, Hausstaubmilben, mikrobielle Belastungen) erforderlich.
- Die Bauphysik trägt Informationen über das Raumklima und den Einfluß der Belichtung, des Lärms und anderer physikalischer Faktoren im Gebäude bei.
- Bauingenieure und Architekten gestalten Gebäude und prägen mit der Auswahl der Baumaterialien, mit der Orientierung sowie mit der technischen und ästhetischen Gestaltung des Gebäudes seine Qualität und Wertschätzung durch die Nutzer.
- Verschiedene medizinische Fachdisziplinen von der Allergologie über die Hygiene und die Toxikologie bis hin zur Zytologie setzen

sich mit den physiologischen und gesundheitlichen Folgen unzureichender Luftqualität und spezifischer Schadstoffwirkungen auseinander.
- Psychologen und Sozialwissenschaftler gehen dem Zusammenhang zwischen den von Ingenieuren und Naturwissenschaftlern erhobenen Daten zur Beschreibung der lufthygienischen Verhältnisse in einem Gebäude und der subjektiven Befindlichkeit der Bewohner und Nutzer eines Gebäudes nach.

Weitere wissenschaftliche Disziplinen, wie die Geologie, die Ökotrophologie, die Anthropologie etc. können in besonderen Fragen wichtige Beiträge zum Verständnis der Raumluftqualität und ihrer Wahrnehmung sowie ihrer Auswirkungen leisten. Interdisziplinäre Zusammenarbeit ist in diesem Gebiet ebenso gefordert, wie die Bereitschaft zum Dialog mit den Bewohnern und Nutzern eines Gebäudes, um Mißständen auf die Spur zu kommen, Risiken zu erkennen und zu mindern.

Da wir uns, zumindest unter den in den gemäßigten Zonen gegebenen klimatischen Verhältnissen, ganz überwiegend in Gebäuden aufhalten, kommt der Sicherung einer guten Luftqualität in Innenräumen eine hohe Bedeutung zu und die Schaffung eines umfassenden Bewertungsrahmens erscheint dringend erforderlich.

Der Schwerpunkt dieses Buchs liegt in der Darstellung der *stofflichen Aspekte*. Im Interesse der Verständlichkeit für alle, mit Fragen der Luftschadstoffbelastung in Innenräumen befaßten Fachkreise wurde zum einen die chemische Formelsprache nur in sehr eingeschränktem Umfang eingesetzt und zum anderen bewußt darauf verzichtet, spezielle chemisch-analytische Fragen, eine genauere physikalisch-chemische Behandlung der stofflichen Dynamik in Innenräumen und die Modellierung der Schadstoffbelastung von Innenräumen eingehender zu behandeln.

Eine Übersichtsdarstellung zu einer interdisziplinären Thematik erfordert es, Kenntnisse und Informationen aus vielen Fachgebieten zu integrieren und fachliche Beratung zu suchen. Viele Freunde, Kollegen und Mitarbeiter waren Gesprächspartner bei der Entstehung dieses Buchs.

Einigen möchte ich ausdrücklich danken, da sie sich in besonderer Weise bemüht haben, meine Wissensdefizite zu beheben. Herbert Kappauf, Annette Drozd, Werner Dörre, Siegfried Wondra, Klaus Goßler, Jürgen Porst gehören zu denen, die mir Informationen verschafft,

Daten aufbereitet und sich mit mir über Fragen der Bewertung von Problemsituationen in Innenräumen auseinandergesetzt haben.

In meiner Fachdisziplin habe ich im Lauf der langjährigen praktischen Beschäftigung mit Raumluftproblemen in Innenräumen ebenfalls sehr viel lernen müssen. All die Mitarbeiter im Chemischen Untersuchungsamt der Stadt Nürnberg, die an diesen Untersuchungen mitgewirkt haben, trugen mit ihrer Arbeit zum Gelingen dieses Buchs bei. Danken möchte ich daher Günter Hantusch, Edith Tekeser, Birgit Packebusch, Werner Balzer, Norbert Nix und Gerlinde Schelle.

Und natürlich ist auch die Familie von dem Entstehungsprozeß eines solchen Buchs betroffen: Alle haben mit dem Autor Nachsicht gezeigt, der über 2 Jahre hinweg mit den Worten, er müsse nun wieder am Text arbeiten, so manches Wochenende vermiest hat. Lucie, Helen und Jonas müssen jetzt, da das Buch vorliegt, dafür entschädigt werden. Meine Frau hat viel mehr als nur ihre Fähigkeiten zur Organisation der Familie in das Entstehen dieses Buchs eingebracht. Ihre Beratung in medizinischen Fragen und ihre Erfahrungen aus der ärztlichen Arbeitspraxis haben mir geholfen, die Bedeutung medizinischer Erkenntnisse für raumlufthygienische Fragestellungen einzuschätzen.

Inhaltlich stehen in diesem Buch die Darstellung von Art, Herkunft und Verbreitung der wichtigsten Luftschadstoffe in Innenräumen sowie die Erörterung von Konzepten zur Vermeidung, Minderung und Sanierung der Schadstoffbelastung im Vordergrund. Aufgrund der Fülle der in Innenräumen festzustellenden chemischen Verbindungen mußte eine Auswahl getroffen werden, um den Rahmen des Buchs nicht zu sprengen. Im Sinn einer kasuistischen Vorgehensweise wurden die Schadstoffe eingehender behandelt, die heute vorrangig als Problemstoffe in Innenräumen zu sehen sind bzw. Bedeutung als Leitparamter bei der Bestimmung der Luftqualität haben.

Bautechnische und architektonische Aspekte sowie Fragen der Heizungs-, Lüftungs- und Klimatechnik werden nur am Rande behandelt, auch wenn gerade in Bürogebäuden, Ausbildungsstätten und anderen größeren Gebäudekomplexen heute mechanische Lüftungssysteme in großem Umfang zum Einsatz kommen. Die Sicherung verträglicher und angenehmer Luftverhältnisse dieser Gebäude wird wesentlich von der Qualität der technischen Gebäudeausstattung mitbestimmt. Die Möglichkeit, die Luftwechselrate zu regeln, verführt mitunter dazu, die Konzentration von Luftschadstoffen vorrangig durch Erhöhung des Luftwechsels (d.h. durch Verdünnung) zu senken und der Beseitigung der Emissionsquellen im Gebäude geringere Aufmerksamkeit zu schenken. In dieser Frage orientiert sich diese Darstellung an der Maxime VON PETTENKOFERS [8]: „Wir verfahren viel rationeller, wenn wir von vornherein die Mittheilung solcher (fremdartiger) Stoffe an die Luft unserer Wohnräume verhüten, als wenn wir die Folgen einer zugelassenen Verunreinigung hintennach durch kräftige Ventilation wieder möglichst zu beseitigen streben."

Inhaltsverzeichnis

1 Eine kurze Geschichte der schlechten Luft

Geruchsbelästigungen und gesundheitliche Probleme durch schlechte Luft im Haus sind schon seit dem 18. Jahrhundert ein Thema. ARBUTHNOT [9] veröffentlichte bereits 1733 Überlegungen zur Ermittlung des Raumvolumens, das erforderlich ist, um den Bewohnern ein existentielles Minimum an frischer Luft zu garantieren. Französische Hygieniker wie LÉVY [10] und VIDALIN [11] formulierten Mitte des 18. Jahrhunderts Grundsätze der häuslichen Hygiene und warnten vor den Gefahren der Verbrennungs- und Beleuchtungsgase im Haus. Mehr noch: Ihnen galten die „miasmatischen" Ausdünstungen der Familienmitglieder, die die häusliche Atmosphäre bestimmen, als gefährlich und krankheitsverursachend, zumal solche Ausdünstungen nach ihrem Verständnis im saugfähigen, „mefitischen" Mauerwerk erhalten bleiben. LONDE [12] faßte die Kenntnisse seiner Zeit zusammen und gab 1838 den Besorgten Regeln an die Hand: „man bewahre nichts im Schlafzimmer, was die frische Atemluft verbrauchen oder die durchs Atmen verdorbene Luft in der Nähe des Bettes festhalten könnte; das heißt keine Lampen, kein Feuer, keine Haustiere, keine Blumen. Es ist angezeigt, die Vorhänge an Betten oder Alkoven offenzulassen."

1.1
Schimmel, Schwamm und schlechte Luft: von den Anfängen der Wohnhygiene und der Lufthygiene in Innenräumen

Waren im 18. Jahrhundert vorrangig die bürgerlichen Wohnhäuser Gegenstand der wohnhygienischen Betrachtung einschlägig interessierter Mediziner, so stellten sich im Laufe des 19. Jahrhunderts neue Fragen. Der mit der Industrialisierung verbundene städtische Massenwohnungsbau für die neu anzusiedelnde Arbeiterschaft entsprach zu oft nicht den unter hygienischen Gesichtspunkten zu fordernden Standards. Dunkle, feuchte und schlecht durchlüftete Wohnungen trugen das ihre zu den harten Lebensumständen der Industriearbeiterschaft und des städtischen Dienst- und Hilfspersonals bei. Besonders bedrückend und ungesund war die Wohnsituation in den vielen Kellerwohnungen mit ihren kleinen Fenstern knapp über dem Erdboden. Die Wohndichte war zu alledem außerordentlich hoch: nach gängiger Auffassung galt Ende des 19. Jahrhunderts in München eine Wohnung als überfüllt, wenn *„1 Raum mit 4 und mehr Bewohnern, 2 Räume mit 7 und mehr, 3 Räume mit 11 und mehr"* [13] besetzt waren.

Insbesondere von PETTENKOFER [14] hat erste allgemeine Regeln und Bewertungsmaßstäbe zur Feststellung gesunder raumklimatischer Verhältnisse definiert und diese auch auf Wohnräume angewandt. Besonders umfassend hat er die raumlufthygienischen Probleme in Krankenhäusern untersucht. Mit seinem Namen verbindet sich die Regel, daß die Raumluft grundsätzlich nicht mehr als 1‰ an Kohlendioxid enthalten soll und die daraus abgeleitete Forderung nach einer Mindest-Luftwechselrate von 60 m³/Person und Stunde. Kohlendioxid blieb lange Zeit der Leitparameter schlechthin zur Beurteilung der Raumluftverhältnisse und der Luftaustauschbedingungen und hat in diesem Sinn natürlich auch heute noch seinen Stellenwert.

VON PETTENKOFER ging in seinen Untersuchungen deutlich über die Fragestellungen der meisten seiner Zeitgenossen hinaus und bezog Schadstoffe aus den verschiedensten Quellen in seine Arbeiten zur Luftqualität in Innenräumen ein; er stellte fest [8]:

„Eine Luft kann in zweifacher Beziehung unrein seyn:
1) sie kann fremdartige Stoffe enthalten, welche durch ihre Qualität uns
   nachtheilig sind, oder
2) sie kann die normalen Bestandtheile in einem abnormen Mischungs-
   verhältnis enthalten."

Auch wenn seine Untersuchungen zum zweiten angesprochenen Problemkreis bekannter sind, so hat von PETTENKOFER doch auch zum Auftreten und der Bewertung einer Reihe von typischen Schadstoffen in der Innenraumluft wichtige Arbeiten geleistet und einen geradezu paradigmatischen Grundsatz formuliert:

„Wir verfahren viel rationeller, wenn wir von vornherein die Mitthei-
lung solcher (fremdartiger) Stoffe an die Luft unserer Wohnräume ver-

hüten, als wenn wir die Folgen einer zugelassenen Verunreinigung hintennach durch kräftige Ventilation wieder möglichst zu beseitigen streben" [8].

Die Umsetzung der von PETTENKOFER gewonnenen Erkenntnisse blieb freilich auf besondere Fragestellungen begrenzt. Er selbst befaßte sich insbesondere mit den Raumluftverhältnissen in Krankenhäusern und konnte dort zahlreiche Verbesserungen anregen und durchsetzen.

Im Industrie- wie auch im Massenwohnungsbau blieben seine Grundsätze im 19. Jahrhundert wohl weitgehend unbeachtet. Zille, der sozialkritische Chronist im Berlin des ausgehenden 19. und des beginnenden 20. Jahrhunderts, hat in mancher Zeichnung auch die Wohnbedingungen zum Gegenstand seiner Darstellung gemacht: der schlechte Baustandard, die hygienischen Mißstände, v. a. aber das Auftreten von Schimmel und die Feuchte in den überbelegten Räumen – das waren Merkmale des Lebens in den neu errichteten Mietkasernen. In Nagels Zille-Biographie [15] heißt es:

„Die Kategorie der „Trockenwohner" entstand, Menschen, die bereit waren, in die noch nassen Bauten einzuziehen, um durch ihr Wohnen den Trockenprozeß zu beschleunigen, und damit gleichzeitig den Ruin ihrer Gesundheit."

Feuchte Wohnungen mit Schimmel und Hausschwamm in den Wänden, unzureichende Lüftungsverhältnisse bei hoher Belegung der Wohngebäude, hygienische Mängel und üble Gerüche – das waren charakteristische Mißstände, mit denen insbesondere in den städtischen Zentren zahlreiche Menschen leben mußten. Die Unhaltbarkeit der hygienischen Zustände im Sanitärbereich, in den Massenwohnquartieren und in der öffentlichen Gesundheitsfürsorge wurden in Europa durch mehrere große Epidemien, insbesondere durch die Choleraepidemien der Jahre 1831–1832 und 1848–1849, ins öffentliche Bewußtsein gebracht. Diese Ereignisse lösten geradezu eine Hygienerevolution [16] aus. In der zweiten Hälfte des 19. Jahrhunderts wurde die Beseitigung von Rauch-, Staub- und Abwasserplage [17] in Angriff genommen und im Zuge des Aufbaus öffentlicher Gesundheitsdienste auch den Fragen der Wohnhygiene vermehrt Aufmerksamkeit geschenkt.

Abb. 1.1. Heinrich Zille „Aftermieter"

1.2
Chemie in Haushalt und Bau: Wohlgerüche und Ausdünstungen

Ganz neue Fragen der Wohnhygiene ergaben sich aus der Industrialisierung des Bauens und aus der Einführung neuer Materialien in das Bauwesen. Die aufstrebende Chemische Industrie hat sich in der ersten Hälfte des 20. Jahrhunderts schrittweise ihren Markt auf dem Bausektor durch die Einführung neuer Produkte erschlossen. Dichtungsmassen, Wandanstriche, Bodenbeläge, Klebstoffe, Holzschutzmittel, Dämmstoffe und Isoliermassen, Farbstoffe und zahlreiche andere Produkte wurden (zumeist auf petrochemischer Basis) entwickelt und verdrängten traditionelle Arbeitstechniken und Produkte. Parallel zur Durchsetzung moderner bauchemischer Produkte auf dem Markt setzten sich auch in der Gebäudeausstattung, in der Holzverarbeitung und der gesamten Haustechnik ebenso neue Materialien durch. Mineralische und metallische Stoffe, Holz und Fasermaterialien (Flachs, Hanf, Baumwolle, Wolle usw.) wurden verdrängt durch Kunststoffe, Verbundwerkstoffe und synthetische Hilfsmittel aus einer breiten Angebotspalette. Damit wurden aber auch Emissionsquellen für eine Vielzahl von Stoffen in die Gebäude eingebaut, die für die Wohnhygiene bis dahin keine Rolle gespielt hatten.

Dieser Prozeß der Durchsetzung neuer Werkstoffe erfolgte sehr rasch und wurde von Baufachleuten durchaus skeptisch kommentiert. WAGNER und RICK sprachen in ihrem Taschenbuch des chemischen Bautenschutzes [18] im Jahre 1956 davon, daß eine Vielzahl *„neuer, oft in ihrer Charakteristik nicht absehbarer Stoffe"* auf dem Markt erscheine. Deren *„Neuheit schließt eine Erprobung, auch in bezug auf Nebeneigenschaften, die sich, oft erst nach einer gewissen Anlaufzeit, unerwartet bemerkbar machen, aus"*. Mancher spätere Sanierungsfall läßt sich auf die allzu optimistisch-umstandslose Einführung und Durchsetzung neuer Stoffe auf dem Baumarkt erklären.

Nur selten fanden sich in den Programmen und Konzepten der modernen Architektur und Gestaltung Überlegungen zu den wohnhygienischen und ökologischen Konsequenzen des Einsatzes all dieser neuen Bau- und Werkstoffe, eher dominierte die Erwartung, jegliches Material, das in den innovativen Industriezweigen (wie in der Luft- und Raumfahrttechnik, der Automobilindustrie oder der Chemischen Industrie) entwickelt wird, auch umstandslos in das Bauwesen einführen zu können. Mitte der 70er Jahre widmete DÖRING [19] in seinen

„Perspektiven einer Architektur" ein Kapitel seinen Überlegungen zum Einfluß der Werkstofftechnologie auf das Bauen. Viele neue Entwicklungen, wie der Einsatz von glasfaserverstärkten Kunststoffen (GFK), die Vielfalt der Verbundwerkstoffe, die Entwicklung von Kunststoffhäusern, schienen auch dem Bauwesen neue Impulse geben zu können. Die Frage nach den raumklimatischen und lufthygienischen Auswirkungen des Einsatzes solcher Baumaterialien stellte sich erst, als schon viele neue, vielversprechende Werkstoffe verbaut worden waren. Gerade in Gebäuden aus den 70er Jahren sind in vielen Fällen Sanierungsmaßnahmen erforderlich geworden, weil so mancher Werkstoff mit brillianten Materialeigenschaften unvermutete Nebenwirkungen zeigte. Hier ist z. B. an dauerelastische Fugenmassen mit einem Anteil von bis zu 30 oder gar 40 % an Polychlorierten Biphenylen (PCB, Clophen) [20], an stark formaldehydhaltige Holzwerkstoffe und an Bodenbeläge, die zu Geruchsbelästigungen führten oder asbesthaltig sind, zu denken.

Andererseits wurden Fragen der Hygiene auch in bestimmten theoretischen Entwürfen der modernen Architektur ganz bewußt aufgegriffen. So setzte sich das Bauhaus, als eine führende moderne Schule der Architektur des 20. Jahrhunderts, sehr gründlich mit der Gestaltung der Küche und der Beherrschung der dort entstehenden Dünste und Gerüche auseinander. Das Programm wurde klar formuliert: *„In der alten Wohnküche: Der Dunst vom Herd durchnäßt das Zimmer. In der Wohnküche mit Kochnische: der Dunst dringt immer noch ins Wohnteil. In der Frankfurter Küche: Dank der organischen Verbindung mit dem Wohnraum durch eine Schiebetür bleibt der Dunst fern, wo der Mensch durchgeht."* WÜNSCHE [21] interpretiert dieses Programm der Hygiene kulturphilosophisch im Hinblick auf die vom Bauhaus verfolgte moralische Wertordnung als ein Programm der Entwilderung des Menschen, der sich den Küchendünsten – und damit dem „Kleineleutemief" – entzieht. Der Wohnraum soll in diesem Konzept rein bleiben, frei von Dampf und Dünsten. Wohnkultur soll dem körperlichen und seelischen Wohlbefinden der Bewohner dienen. WÜNSCHE zitiert dazu den Architekten ADOLF BEHNE: *„Wir wollen nichts anderes, als daß unsere Wohnung uns mit einem Minimum an Belastung und einem Maximum an Komfort gesund, frisch und heiter erhalte"* – eine Maxime, der sich auch die moderne Wohnhygiene und die wissenschaftliche Auseinandersetzung mit den Problemen der Luftschadstoffbelastung von Gebäuden stellen kann. Dazu gehört freilich mehr als nur die Befassung mit Bau- und Ausstattungsmaterialien in Gebäuden, denn ebenso wenig wie bei den Bau- und Gebäudeausstattungsmaterialien war die rasante Entwicklung neuer Produkte im Bereich der Konsumartikel, der Reinigungs- und Pflegemittel, des Heimwerkermarkts sowie des Büro- und Schreibwarensektors von umweltfachlichen Überlegungen geleitet. Der Einsatz von Lösemitteln, Konservierungsstoffen und vielerlei Formulierungshilfsmitteln in all diesen Produkten wurde ebenso mit größter Selbstverständlichkeit ausgeweitet wie der Einsatz von Kunststoffen in nahezu allen Lebensbereichen.

Erst etwa seit Mitte der 80er Jahre gewinnen Umweltaspekte bei der Beurteilung solcher Produkte eine Bedeutung und haben z.T. auch schon in das technische Normenwesen Eingang gefunden. Auch die Einführung des Umweltzeichens „Blauer Engel", mit dem umweltverträgliche Produkte ausgezeichnet werden können, hat dazu beigetragen, daß die Emissionseigenschaften vieler Ausstattungsgegenstände und häuslicher Verbrauchsmaterialien wahrgenommen, beachtet und hinterfragt werden.

Erst in jüngster Zeit ist der Aufbau einer Gefahrstoff-Informationsdatenbank über Bauprodukte in Angriff genommen worden (GISBAU/Gefahrstoff-Informationssystem der Berufsgenossenschaften der Bauwirtschaft), die allerdings vorrangig Informationen über die Schadstoffexposition bei der Anwendung und Verarbeitung der jeweiligen Produkte enthält, während das Langfristverhalten der Stoffe während der Nutzung des Gebäudes weitgehend unberücksichtigt bleibt – nicht zuletzt weil dazu nur in Einzelfällen Informationen verfügbar sind.

Eine Trendwende im Umgang mit Stoffen, die in Wohn- und Arbeitsräume eingetragen werden, ist durchaus zu erkennen. Dies läßt sich sogar an der Entwicklung der Meßergebnisse bei Innenraumluftuntersuchungen erkennen. Formaldehydkonzentrationen bis in die Größenordnung des MAK-Werts ($0,6$ mg/m^3) – wie sie Ende der 70er Jahre in den ersten umfassenderen Untersuchungsprogrammen häufiger festzustellen waren – sind heute kaum mehr anzutreffen. Das ist als Ergebnis der strengeren Anforderungen an die Produktqualität und der Einführung neuer Normen zu sehen. Dahinter steht aber durchaus der Druck des Markts: Formaldehydhaltige Produkte haben keine gute Presse und werden gemieden.

Trotz solcher Entwicklungen, die Ausdruck eines bewußteren Umgangs mit den in Wohn- und Lebensstätten eingesetzten Werkstoffen sind, sind neue Probleme und Fragestellungen aufgetaucht, die sich durch einige Schlagworte umschreiben lassen:

- Hypersensitivitätssymptome (Hypersensitivity Symptoms/HS) [22],
- Überempfindlichkeit gegen Chemikalien (Chemical Hyper-Responsiveness) [23, 24],
- das Chronische Müdigkeitssyndrom (Chronique Fatigue Syndrome/CFS) [25, 26] und
- Multiple Chemical Sensitivity/MCS [27, 28].

Die Vielfalt der Begriffe für eine Symptomatik, die auch als Krankheit des 20. Jahrhunderts bezeichnet wird, steht auch dafür, daß der Klärungsprozeß zum Verständnis der dahinter stehenden Beschwerden und gesundheitlichen Schäden noch im Gang ist. Es geht dabei um die Wirkungen einer Vielzahl von Stoffen, die z. T. nur in geringen Spuren in der Umwelt – und vorrangig in der Wohnumwelt – zu finden sind, aber im Verdacht stehen, bei Menschen mit einer spezifischen Empfindlichkeit oder Disposition gesundheitliche Beeinträchtigungen auszulösen. Die Konsequenzen der weiten Verbreitung chemischer Stoffe in der modernen Lebens- und Arbeitswelt werden sich möglicherweise erst jetzt langsam erkennen lassen. Auch in diesem Themenkreis stellt sich die Frage, mit welchen Luftschadstoffen wir in Innenräumen konfrontiert sind.

1.3
Gebäude als Wohn- und Arbeitsmaschinen: schlechte Luft in modernen Gebäuden

Zur Entwicklung der modernen städtisch-industriellen Ballungsgebiete gehört auch die Entwicklung neuer Baustrukturen, industrieller Bauweisen und der vermehrte Einsatz raumlufttechnischer Hilfsmittel zur Schaffung einer angenehmen Atmosphäre im Gebäude. Mit dem Ausbau der Stromversorgungsnetze wurde die umfassende Mechanisierung des Haushalts möglich [29] und es konnte sich die moderne Lüftungs- und Klimatechnik entwickeln. In gößerem Maßstab kommen solche raumlufttechnischen Anlagen in Deutschland erst seit den 50er Jahren zum Einsatz, vorrangig in Büro- und Geschäftshäusern sowie für öffentliche Einrichtungen (Versammlungsstätten, Hörsäle, Krankenhäuser usw.), nur vereinzelt in Wohngebäuden.

Schon nach dem ersten Weltkrieg und dann erneut nach den gewaltigen Zerstörungen des zweiten Weltkriegs wurden unter dem Druck, schnell neuen Wohnraum und Arbeitsstätten schaffen zu müssen, neue Wege des Bauens gesucht und entwickelt. Das äußerte sich in einer Veränderung der architektonischen Konzepte, im Einsatz neuer Baumaterialien und in der Entwicklung industrieller Bautechniken unter dem Einsatz vorgefertigter Bauteile.

LE CORBUSIER [30] bespricht in seinem aus dem Jahr 1922 stammenden Traktat „Häuser im Serienbau" die Situation seiner Zeit: *„Die ersten Wirkungen der industriellen Entwicklung im Bauwesen zeigen sich in folgendem Anfangsstadium: die natürlichen Baustoffe werden durch künstliche Baustoffe ersetzt, Baustoffe mit heterogener und zweifelhafter Zusammensetzung durch homogene, künstlich hergestellte Stoffe, die durch Laboratoriumsversuche erprobt und aus beständigen Grundstoffen erzeugt wurden. Das beständige Material muß an die Stelle des natürlichen, unbegrenzt veränderlichen Materials treten"*. Raumklima und Wohnhygiene waren in dieser Situation keine zentralen Begriffe. Angesichts der Herausfoderungen der Zeit richtete sich der Blick vorrangig auf die technischen Aspekte einer Massenfertigung von Wohngebäuden und das damit einhergehende neue Verhältnis zum Wohnhaus, das LE CORBUSIER folgendermaßen charakterisierte: *„Das Haus wird nicht mehr dieses schwerfällige Ding sein, das den Jahrhunderten trotzen will und das nur als Protzobjekt zum Prahlen mit dem Reichtum fungiert: es wird ein Werkzeug sein, genauso, wie das Auto ein Werkzeug geworden ist ... Wenn man aus seinem Herzen und Geist die starr gewordenen Vorstellungen vom Haus reißt und die Frage von einem kritischen und sachlichen Standpunkt aus ins Auge faßt, kommt man zum Haus als Werkzeug, zum Typenhaus, das erschwinglich ist und unvergleichlich gesünder (auch in moralischer Hinsicht) als das alte Haus ..."*. Gebaut hat LE CORBUSIER in dieser Zeit erste Wohnanlagen aus Asbestzement, einem seinen Vorstellungen sehr entgegenkommendem Werkstoff, mit Dächern aus Wellasbestplatten. Über das Altern von Asbestzement und über die Gefahren des Asbests wußte man noch nichts. Der visionäre Elan wurde noch nicht durch nüchterne Einsichten in die Mängel der neuen Materialien gebrochen.

Aus den Anfängen in den 20er Jahren entwickelten sich die Serienfertigung von Gebäuden und das Bauen in definierten Rastern bis hin zur Plattenbauweise, charakteristisch für Hochhäuser, technische Bauten und schließlich auch den Massenwohnungsbau des 20. Jahrhunderts. Bei der Errichtung großer Wohnanlagen und beim Bau von Fabriken und anderen technischen Bauwerken können damit ähnliche Konstruktionsprinzipien angewandt werden. Als Vision formulierte Yona Friedmann ein futuristisches Modell für Paris, in dem über die ganze existierende Stadt ein Gitter errichtet wird, in das nach Bedarf Wohn- und andere räumliche Funktionseinheiten eingeschoben und später wieder herausgenommen werden können – so von DÖRING [31] zitiert. Damit wurden die Visionen von LE CORBUSIER bis in die letzte Konsequenz ausformuliert.

Auch wenn die Realität hinter solchen Entwürfen zurückgeblieben ist, so leben und arbeiten doch viele Menschen heute in Bauwerken, die industriell gefertigt wurden. Das äußert sich in der Wahl bestimmter Baumaterialien, die für solche Fertigungsweisen prädestiniert sind, und in der ökonomisch geforderten Reduzierung der Baumassen durch geringere Raumhöhen als sie etwa im städtischen Wohnungsbau des 19. Jahrhunderts noch üblich waren.

Weiterhin entstehen immer mehr Gebäude, die wegen ihrer bautechnischen Merkmale und der hohen Nutzungsintensität mit mechanischen Belüftungssystemen oder sogar mit einer Vollklimatisierung ausgestattet sind. Nach Untersuchungsergebnissen von Kröling [32, 33] aus den 80er Jahren halten sich ca. 2,5 Mio Menschen (in den alten Bundesländern) regelmäßig in klimatisierten Gebäuden auf, ca. 13 % der Arbeitsplätze in geschlossenen Gebäuden sind klimatisiert.

Unter den Gesichtspunkten der Lufthygiene müssen Gebäude mit Lüftungs- und Klimaanlagen gesondert betrachtet werden, da

- sie – anders als natürlich belüftete Gebäude – über die technische Ausstattung zur Aufbereitung und Reinigung der Innenraumluft verfügen, andererseits aber
- die Raumlufttechnischen Anlagen (RLT-Anlagen) selbst eine Quelle für Raumluftkontaminanten sein können [34]; FANGER et al. [35] haben in einer Untersuchung von 15 Büro- und Versammlungsgebäuden in Dänemark immerhin 42 % der festgestellten geruchlichen Beeinträchtigungen den Lüftungsanlagen zuordnen können,
- in solchen Gebäuden andere (durch den Betrieb der RLT-Anlage geprägte) räumliche und zeitliche Verteilungsmuster für Luftschadstoffe zu finden sind, die auch bei der Untersuchung der Luftbelastungssituation in Rechnung zu stellen sind,

AUF ZU NEUEN GIPFELN blicken Bundeskanzler Kohl und Außenminister Kinkel noch nicht. Bei ihrer Pressekonferenz zum Abschluß des Tokioter Wirtschaftsgipfels störte sie lediglich die Klimaanlage.   Photo: AP

Abb. 1.2. Ein Bild von der weltpolitischen Bedeutung der guten Luft im Haus und von den Sorgen um die Klimaanlage

– die RLT-Anlagen die Möglichkeit bieten, das Raumklima in vielfältiger Weise zu beeinflussen, und damit andere Sanierungsstrategien beim Auftreten von Luftschadstoffen möglich machen als in natürlich belüfteten Gebäuden,
– die technische Ausstattung eines Gebäudes und seine Gestaltung auch sehr stark das Raumgefühl der Gebäudenutzer und deren Einschätzung der Raumluftverhältnisse beeinflussen; die Einflüsse bauphysikalischer und chemischer Faktoren und psychologische Momente der Reaktion auf solche technisch aufwendig ausgestattete Gebäude, die als Wohn- und Arbeitsmaschinen erlebt werden, überlagern sich dabei mitunter in sehr komplexer Weise und erfordern beim Auftreten von Beschwerden ebenfalls eine Analyse der Situation in dem betroffenen Gebäude.

Als sich Anfang der 80er Jahre die Berichte über Gebäude mit unbefriedigenden Raumluftverhältnissen häuften, wurde der Begriff Sick-Building-Syndrome geprägt. Damit wird eine Situation beschrieben, in der unter den Nutzern oder Bewohnern eines Gebäudes gehäuft Befindlichkeitsstörungen oder akute gesundheitliche Probleme festgestellt werden, die einen Bezug zum Aufenthalt in dem Gebäude haben.

Die Erscheinungsbilder dieses Syndroms sind vielfältig, eine vergleichende Betrachtung von Berichten und Untersuchungen zu diesem Thema zeigte aber, daß es eine Reihe typischer Merkmale für Gebäude gibt, in denen die für das Sick-Building-Syndrome charakteristischen Beschwerden auftreten. In einem WHO-Bericht [36] werden folgende typische Merkmale genannt:

- In den meisten Fällen sind die betreffenden Gebäude mit einer mechanischen Lüftungsanlage oder einer Klimaanlage ausgestattet, in der Luft partiell rezirkuliert wird.
- Häufig handelt es sich um Konstruktionen in Leichtbauweise.
- Die Oberflächen im Gebäude sind zu einem großen Teil mit textilen Materialien gestaltet (Teppichböden, textile Tapeten u. ä.), was große Oberflächen schafft und den Eintrag und die adsorptive Festlegung einer Vielzahl von chemischen Substanzen in die Innenraumluft begünstigt.
- Oft ist die Bauweise energiesparend, die Räume sind relativ warm, und das Gebäude ist überall gleichmäßig temperiert.
- In vielen Fällen weisen die Gebäude eine luftdichte Außenhülle auf mit Fenstern, die aus lüftungs- und klimatechnischen Gründen nicht zu öffnen sind.

Viele dieser Merkmale sind charakteristisch für die Wohn- und Arbeitsgebäude, die im Zuge der Industrialisierung des Bauens das Erscheinungsbild der Städte zu prägen begannen. Die technisch möglich gewordene Schaffung künstlicher Innenraumwelten kollidierte in vielen Fällen mit den Bedürfnissen der Bewohner und Nutzer. Die Gebäude, die als völlig gegen die Umwelt abgeschlossene, für sich selbst unter energetischen und raumklimatischen Gesichtspunkten geregelte Einheiten geplant waren, erwiesen sich oft als krankmachend. Die künstliche Behaglichkeit, die am Reißbrett erdacht und errechnet wird, entspricht oft nicht den Erwartungen an Behaglichkeit und Wohlbefinden der Nutzer und Bewohner. Auch wenn verschiedene Studien zum Sick-Building-Syndrom zu dem Ergebnis kommen, daß die Symptomatik desselben häufiger in mechanisch belüfteten als in natürlich belüfteten Gebäuden anzutreffen ist [37, 38], so wäre es doch falsch, diese Probleme vorrangig der RLT zuzuschreiben. Auch die Gestaltung der Gebäude, die eingesetzten Materialien und ihre Schadstoffemissionen, die Betriebsweise des Gebäudes und viele psychosoziale Faktoren (wie die Arbeitszufriedenheit, die Möglichkeiten zur individuellen Regelung der raumklimatischen Verhältnisse am Arbeitsplatz) können wesentlich dazu beitragen, daß sich die Nutzer und Bewohner unbehaglich fühlen und Krankheitsmerkmale entwickeln.

Die Geschichte der schlechten Luft ist inzwischen in ihre postmoderne Phase eingetreten. So wie sich in der Architektur – auch bei industriell gefertigten Bauten – ein Trend von den nüchternen, technischen Zweckbauten der 60er und 70er Jahre hin zu stärker gegliederten, weniger monoton gestalteten Bauten durchsetzte, ist auch in der Gestaltung und Ausstattung der Innenräume eine Trendwende zu erkennen. Viele traditionelle Bau- und Ausstattungsmaterialien werden wieder in Neubauten verwendet. Nur noch selten werden Teppichböden auch an der Wand hochgezogen. Zunehmend werden lösemittelfreie Produkte eingesetzt. Materialien werden bewußter ausgewählt und aufeinander abgestimmt, da mehr und mehr Architekten, Bauingenieure und Bauherren auch raumklimatische und lufthygienische Aspekte bei ihren Planungen berücksichtigen. All diese Bemühungen tragen dazu bei, daß weniger Luftschadstoffe in die Innenräume eingetragen werden.

Vielleicht kann die Geschichte der schlechten Luft eines Tages zu ihrem Ende geführt und abgelöst werden von einem Zeitalter atmosphärischen Wohlbefindens – ein „Nova Atlantis" der Behausung des Menschen?

2 Luftschadstoffe und Geruchsstoffe in Innenräumen: Herkunft, Verbreitung und Verteilungsmuster in Gebäuden

Die Bewohner in gemäßigten Zonen halten sich überwiegend in Innenräumen auf. Subjektiv wird der Anteil der Zeit, die wir in Gebäuden verbringen, häufig unterschätzt. Eine Reihe von Untersuchungen des Tagesablaufs sowie der Aufenthalts- und Bewegungsmuster von Erwachsenen und Kindern zeigte aber, daß wir nahezu 90 % unserer Zeit in Gebäuden verbringen. Erstaunlicherweise weichen die Zahlen aus unterschiedlichen Ländern und Kulturkreisen nur wenig voneinander ab. Die im Rahmen des Multinational Comparative Time Budget Research Project erhobenen Daten wurden im Detail von SZALAI [39] und anderen Mitwirkenden analysiert. MOSCHANDREAS [40] hat daraus Informationen zusammengestellt, um Aussagen über die Exposition gegenüber Luftschadstoffen treffen zu können. Diese Daten sind in Tabelle 2.1, ergänzt durch Untersuchungsergebnisse von DINGLE et al. [41] aus Australien, dokumentiert. Sie belegen, welch großen Anteil des Tages die Menschen in Gebäuden verbringen. Selbst wenn die Untersuchungen schon mehr als 20 Jahre zurückliegen, so haben sich die Grundmuster des Verhaltens offensichtlich seither kaum geändert, wie sich aus den Ergebnissen einiger neuerer Erhebungen schließen läßt. In den USA sind in den Jahren von 1982 bis 1988 auf nationaler Ebene und im regionalen Zusammenhang (Kalifornien, Cincinnati, Washington, Denver) eine Reihe weiterer Studien [42] zur Erhebung der Aktivitätsprofile von Erwachsenen durchgeführt worden. Daraus ergibt sich ein noch detaillierteres Bild von den Aktivitäten (es wurden bis zu 90 Einzelaktivitäten unterschieden) und den Aufenthaltsorten. Auch bei diesen Studien wurde ein Verhältnis der Aufenthaltszeit im Inneren von Gebäuden zu der im Freien von ca. 8 – 9 : 1 gefunden.

Neuere Untersuchungen über die in Deutschland zu beobachtenden Verhaltensmuster haben DÖRRE und KNAUER [44, 45] publiziert. Sie haben in Berlin sehr detaillierte Erhebungen zum Tagesablauf und zu

Tabelle 2.1. Durchschnittliche Aufenthaltszeiten von Erwachsenen in Gebäuden, im Freien und unterwegs (ohne Spezifikation des Transportmittels)

Land/ Standort der Untersuchung	Durchschnittliche Aufenthaltszeit (h/Tag) (Männliche) Angestellte			(Verheiratete) Hausfrauen		
	In Gebäuden	Im Freien	Unter-wegs	In Gebäuden	Im Freien	Unter-wegs
Belgien	21,6	0,9	1,5	23,2	0,4	0,4
Bulgarien Kazanlik	21,0	0,9	2,1	22,1	1,5	0,4
(Ehemalige) Tschechoslowakei Olomouc	21,3	1,1	1,6	23,2	0,5	0,4
Frankreich 6 Städte	22,0	0,5	1,5	23,3	0,2	0,5
(Alte) Bundesrepublik 100 Bezirke	20,4	1,9	1,7	22,2	1,2	0,6
(Alte) Bundesrepublik Osnabrück	20,7	1,1	2,2	22,7	0,7	0,6
(Ehemalige) DDR Hoyerswerda	21,6	0,7	1,7	23,2	0,5	0,3
Ungarn Györ	20,4	1,6	2,0	21,5	2,3	0,2
Peru Lima-Callao	20,8	0,7	2,5	22,9	0,7	0,4
Polen Torun	21,9	0,4	1,7	23,3	0,2	0,5
USA 44 Städte	21,7	0,7	1,6	22,8	0,4	0,8
USA Jackson, Michigan	21,8	0,7	1,5	23,0	0,3	0,7
(Ehemalige) Sowjetunion Pskow	21,0	1,0	2,0	22,6	0,7	0,7
(Ehemaliges) Jugoslawien Kragujevac	21,4	0,8	1,8	22,4	0,9	0,7
(Ehemaliges) Jugoslawien Maribor	20,1	1,7	2,2	21,3	2,4	0,3
Australien [41] Perth (Beteiligte nicht nach Merkmalen differenziert)	21,0	1,0	2,0	–	–	–

Tabelle 2.2. Durchschnittliche tägliche Aufenthaltsdauer von Kleinkindern und Studenten in Berlin in verschiedenen Räumlichkeiten, in Verkehrsmitteln und im Freien

Örtlichkeit	Kleinkinder Aufenthaltsdauer [h/Tag]	Kleinkinder Zeitanteil [%]	Studenten Aufenthaltsdauer [h/Tag]	Studenten Zeitanteil [%]
Wohn- und Schlafräume	14,2	59,2	14,16	59,0
Küche und Bad	1,7	7,1	1,65	6,9
Arbeits- und Studienräume	–	–	3,58	14,9
Öffentliche Räume (auch Freizeit)	0,2	0,8	1,68	7,0
Kindertagesstätten	4,9	20,4	–	–
In Verkehrsmitteln	0,3	1,3	1,34	5,6
Im Freien	2,7	11,2	1,59	6,6

den Aufenthaltszeiten sowohl im Freien als auch in verschiedenen Innenräumen einerseits mit 2- bis 3jährigen Kindern und andererseits mit Medizinstudenten durchgeführt. Die Daten sind in Tabelle 2.2 zusammengefaßt.

Die Untersuchungen zeigen, daß die Aufenthaltszeiten im Freien im Durchschnitt ca. 10 % des Tages ausmachen, während der Aufenthalt im häuslichen Bereich – bei Studenten gehört dazu auch ein Teil der Arbeitszeit – etwa 50 – 65 % des Tages umfaßt.

Sicherlich sind die von DÖRRE et al. [43 – 45] erhobenen Daten charakteristisch für die Lebensverhältnisse in einer Großstadt, während unter ländlichen oder kleinstädtischen Bedingungen der Tagesablauf – insbesondere für Kinder – etwas anders aussehen mag, da einerseits der Anteil der Kinder, die Kindertagesstätten besuchen, geringer sein dürfte und da andererseits oftmals auch günstigere Voraussetzungen für deren Beschäftigung im Freien bestehen. Aber selbst dann dürfte sich für die Relation der Aufenthaltszeit im Freien zu der im Inneren von Gebäuden kein grundsätzlich anderes Bild bieten.

Im Hinblick auf die Belastung des Einzelnen mit Luftschadstoffen ergibt sich aus diesen Daten, daß wegen der wesentlich längeren Aufenthaltszeiten in Gebäuden die dort herrschenden Luftbelastungsverhältnisse einen herausragenden Einfluß auf die inhalativ aufgenommene Schadstoffdosis haben. Dabei ist zu bedenken, daß die individuellen Verhaltensunterschiede beträchtlich sein können. Dies läßt sich z. B. an Hand einer Reihe individueller Tagesabläufe zeigen, wie sie in Abb. 2.1 für 10 Kinder graphisch dargestellt sind. In Abb. 2.2 ist zusätzlich das mittlere tägliche Zeitbudget, das sich bei einer erweiterten Untersuchung unter Beteiligung von 52 Kleinkindern ergab, dargestellt.

Aus den von DÖRRE und KNAUER erhobenen Aufenthaltsmustern läßt sich erkennen, daß der Raum mit der längsten durchschnittlichen Aufenthaltszeit das Schlafzimmer ist. Die individuellen Unterschiede drücken sich bei Medizinstudenten in einer Bandbreite von etwa bei 5–12 h Aufenthaltszeit aus. Gute Raumluftverhältnisse und ein niedriges Niveau an Luftschadstoffen sollten daher im Schlafzimmer eine Selbstverständlichkeit sein. Die Aufenthaltszeiten in Wohnräumen streuen wesentlich breiter, nämlich von kaum 1 h bis zu 12 oder gar 15 h. Die durchschnittlichen täglichen Aufenthaltszeiten im Freien gehen hingegen kaum einmal über 3 h hinaus.

Von Bedeutung ist weiterhin das auch in Tabelle 2.2 dokumentierte Ergebnis, daß bei Erwachsenen (und auch bei Kleinkindern, die in Großstädten leben) heute die Aufenthaltszeiten im Freien und die in Auto, Bus und Bahn sowie sonstigen Verkehrsmitteln (einschließlich Wartezeiten) verbrachten Zeiten in einer ähnlichen Größenordnung liegen, so daß auch den besonderen Luftbelastungsverhältnissen im Auto und in anderen Verkehrsmitteln einige Aufmerksamkeit zu widmen ist.

Die Schadstoffbelastung der Luft in Innenräumen bestimmt also wegen der langen Aufenthaltszeit in diesen Räumen ganz wesentlich die inhalativ aufgenommene persönliche Schadstoffdosis. Eine an sich geringe Belastung von Innenräumen kann wegen der langen Aufenthaltszeiten also durchaus vergleichsweise große Wirkungen haben.

Während Fragen des Immissionsschutzes und der Luftqualität generell in der Öffentlichkeit ein breites und starkes Interesse finden, werden die spezifischen lufthygienischen Probleme in Innenräumen nur punktuell wahrgenommen und nicht systematisch verhandelt. Die öffentliche Auseinandersetzung um Fragen der Luftqualität in Innenräumen wird von Stichworten wie Formaldehyd [47, 48], Pentachlor-

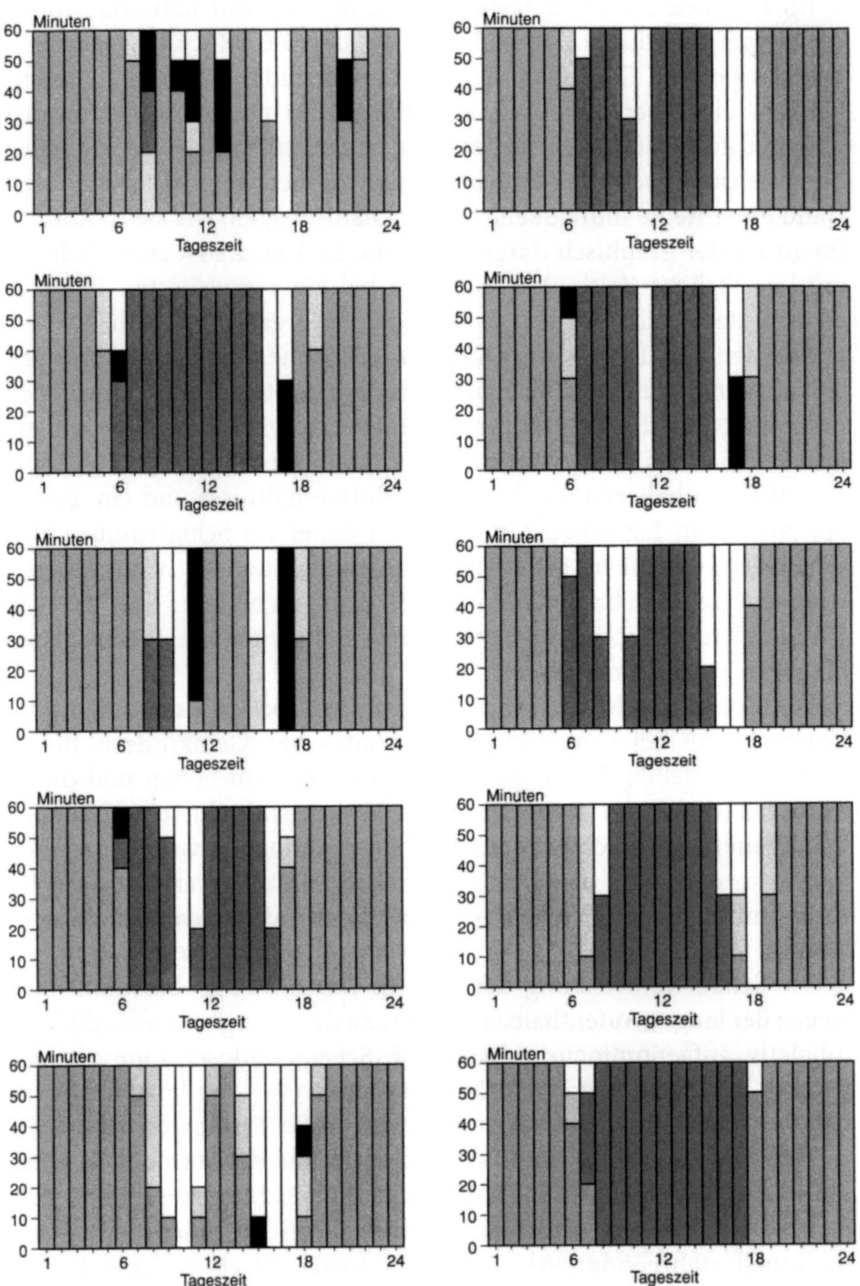

Abb. 2.1. Tagesverlauf und Aufenthaltsmuster von 10 Berliner Kleinkindern nach Dörre und Knauer [44], aufgetragen sind Minuten/Stunde und Tag; ■ Wohn- und Schlafzimmer, ▨ Küche, ▦ Kindertagesstätte, ■ Verkehrsmittel, ☐ Aufenthalt im Freien

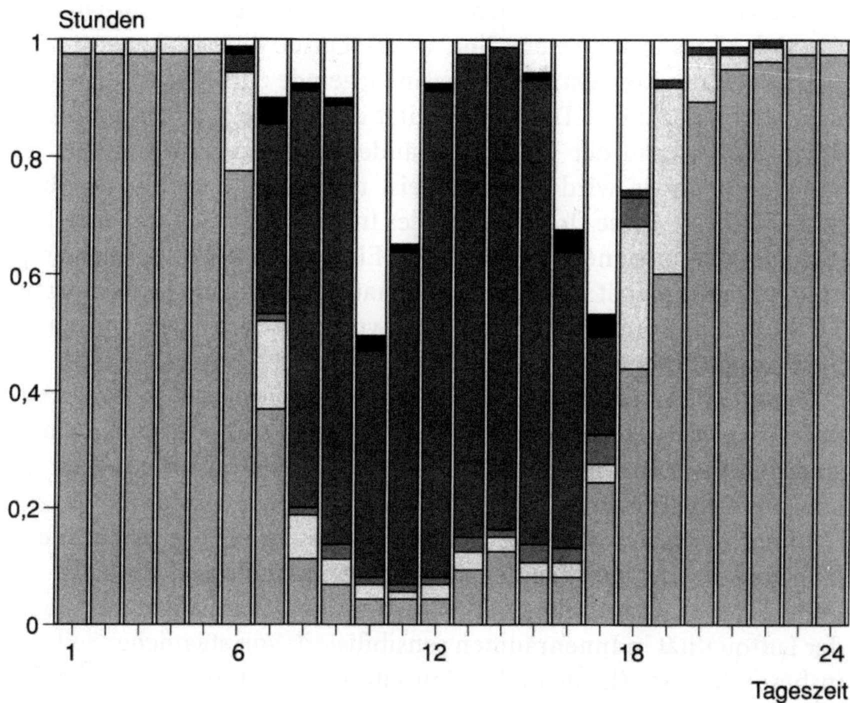

Abb. 2.2. Mittleres tägliches Zeitbudget von 52 Kleinkindern im Alter von 2–3 Jahren (erfaßt wurden nur die Tage von Montag–Freitag [46]; ☐ Aufenthalt im Freien, ■ Verkehrsmittel, ■ Kindertagesstätte, ■ sonstige Innenräume, ☐ Küche, ☐ Bad, ☐ Wohn- und Schlafräume

phenol (PCP) [49], Polychlorierte Biphenyle (PCB) [50] oder Asbest [51] bestimmt. Die allenthalben durchgeführten Sanierungskampagnen wurden bisher nur vereinzelt genutzt, um die betroffenen Gebäude unter systematischen Gesichtspunkten auf ihre lufthygienischen Mängel zu untersuchen. Da sich diese Kampagnen häufig auf öffentliche Gebäude (Schulen, Kindergärten, Sporteinrichtungen, kulturelle Veranstaltungsstätten etc.) mit hoher Nutzungsintensität oder auf betriebliche Bauten von Industrie- oder Dienstleistungsunternehmen bezogen, für die nur sehr schwer Ersatz und Ausweichmöglichkeiten zu schaffen sind, bestand zumeist ein hoher Zeitdruck für die Durchführung der schadstoffspezifischen Untersuchungen und der Sanierungsmaßnahmen. Das hat eine umfassende Untersuchung und eine komplexere Bewertung der Innenraumluftsituation erschwert. Die

Öffentlichkeit nimmt das Thema also als eine Folge von „Schadstoffskandalen" wahr. In diesem Sinn ist die Luftqualität in Innenräumen primär von der Konzentration des einen, gerade zur Debatte stehenden Schadstoffs bestimmt. Die Komplexität der Luftbelastungssituation in Innenräumen und der Einfluß gebäudephysikalischer Parameter auf das Wohlbefinden wird dabei zumeist übersehen oder nur am Rand berücksichtigt. Diese Orientierung des Interesses der Öffentlichkeit auf „Schadstoffkampagnen" erweckt den Eindruck, daß es bei der Frage nach der Luftqualität in Innenräumen hauptsächlich um den Schutz vor Giftstoffen und um die Verhinderung von mehr oder weniger akuten Vergiftungen ginge.

Sicherlich gilt es sicherzustellen, daß in Innenräumen keine toxisch relevanten Schadstoffkonzentrationen auftreten, aber darüber hinaus ist auch allen Aspekten des Wohlbefindens und der Zufriedenheit mit den Luftverhältnissen in einem Gebäude Rechnung zu tragen.

Immerhin haben aber die zahlreichen Beschwerde- und Schadensfälle und die entsprechenden Sanierungsmaßnahmen, die etwa seit Ende der 70er Jahre durchgeführt wurden, die Öffentlichkeit für Fragen der Luftqualität in Innenräumen sensibilisiert. Von staatlicher Seite hat insbesondere das (heute in das Umweltbundesamt integrierte) Institut für Wasser-, Boden- und Lufthygiene in Berlin Anstöße zu einer Verbesserung der fachlichen und rechtlichen Bewertung von Schadstoffproblemen in Innenräumen gegeben. Im Rahmen der Studie „Messung und Analyse von Umweltbelastungsfaktoren in der Bundesrepublik Deutschland 1985/86 – Umwelt und Gesundheit" ist umfangreiches Datenmaterial über die Schadstoffbelastung in Wohninnenräumen erhoben worden [52], das eine hervorragende Basis bietet, um eine Einordnung von Untersuchungsergebnissen vorzunehmen. Der Rat von Sachverständigen für Umweltfragen hat diese Bemühungen in seinem Sondergutachten über „Luftverunreinigungen in Innenräumen" vom Mai 1987 [53] unterstützt. Die Bundesregierung hat schließlich im Jahre 1992 in der „Konzeption der Bundesregierung zur Verbesserung der Luftqualität in Innenräumen" [6] den aktuellen Kenntnisstand zusammengefaßt, die politischen Handlungsspielräume erläutert und eine Reihe von Aktivitäten angekündigt. Auch diese Aktivitäten im politischen Bereich haben dem Thema Luftqualität in Innenräumen eine höhere Aufmerksamkeit verschafft.

In der (ehemaligen) DDR wurden Fragen der Inneraumluftqualität von einer Arbeitsgruppe Raumklimatologie bearbeitet, die in den Jahren zwischen 1972 und 1985 Empfehlungen zum Raumklima und zur Raumluftqualität vorlegte [54]. Innenraumluftuntersuchungen erfolgten jedoch nur punktuell. Da die allgemein hohe Immissionsbelastung auch auf die Luftqualität in Innenräumen durchschlägt, war eine Dokumentation der Sachlage politisch unerwünscht, und dies behinderte eine breitere Beschäftigung oder gar eine intensive öffentliche Auseinandersetzung mit dem Thema in hohem Maß.

Im Zuge der in der Bundesrepublik durchgeführten Arbeiten und der damit verbundenen öffentlichen Debatte ist eine klare Abgrenzung des Begriffs Innenraum gegenüber den Räumlichkeiten erfolgt, in denen zweckbestimmt mit Werkstoffen, Chemikalien und Gefahrstoffen aller Art umgegangen wird.

Der Rat von Sachverständigen für Umweltfragen hat in seinem Gutachten erklärt, was unter Innenräumen zu verstehen ist, nämlich:

„a) Wohnungen mit Wohn-, Schlaf-, Bastel-, Sport- und Kellerräumen, Küchen und Badezimmern,

b) Arbeitsplätze, wie Büros und Verkaufsräume, sofern sie nicht im Hinblick auf Luftschadstoffe arbeitsschutzrechtlichen Kontrollen unterliegen,

c) Räume mit Publikumsverkehr, wie öffentliche Gebäude, d.h. Krankenhäuser, Schulen, Kindergärten, Sporthallen, Bibliotheken, Gaststätten, Hotels, Theater, Kinos und andere Veranstaltungsräume sowie

d) die Innenräume von Kraftfahrzeugen und anderen Verkehrsmitteln."

Diese Auflistung ist nicht als vollständig und abschließend anzusehen und sicherlich im Hinblick auf besondere Innenraumluftprobleme noch weiter zu differenzieren. So gehören Wohnwagen und Wohnmobile auch zu den Innenräumen, über deren Luftqualität – gerade wegen der sehr kompakten Bauweise und der umfangreichen Ausstattung – immer wieder Klagen zu hören sind [55]. Ein weiteres Beispiel sind Museen und Archive [56–58], wo zum einen wegen der von Luftschadstoffen ausgehenden (potentiellen) Gefahren für die mitunter sehr empfindlichen Exponate und Sammelstücke und zum anderen wegen des Einsatzes von Hilfsstoffen [59] zur Konservierung und zum Materialerhalt besondere Bedingungen herrschen. Auch Kirchen können spezifische Innenraumluftprobleme aufweisen, wenn ihr Luftwechsel unzureichend ist [60]. Der Abbrand von Kerzen und insbesondere von

Weihrauch ist mit der Freisetzung von Ruß und einer Vielzahl von Produkten einer unvollständigen Verbrennung verbunden. Unter ungünstigen Verhältnissen kann dies zu Schädigungen an empfindlichen Kunstwerken und zur einer Beeinträchtigung der Luftqualität führen.

Produktionsstätten und Lagerräume, in denen bestimmungsmäß mit Gefahrstoffen umgegangen wird, sind hingegen nach den besonderen Regelungen im Sinne der Gefahrstoffverordnung zu behandeln. Die Festlegung von Grenz- und Richtwerten für die Schadstoffbelastung der Luft in solchen Räumen orientiert sich am berufstätigen, gesunden Menschen, der sich täglich nicht länger als 8 h und in der Woche nicht länger als 40 h darin aufhält. Die Senatskommission zur Prüfung gesundheitsschädlicher Arbeitsstoffe der Deutschen Forschungsgemeinschaft hat als Beurteilungsgrundlage für die Festellung der Bedenklichkeit oder der Unbedenklichkeit der am Arbeitsplatz vorhandenen Konzentrationen von Gefahrstoffen die Liste von MAK- und BAT-Werte veröffentlicht, die jährlich fortgeschrieben wird [7]. Auch wenn dieses Regelwerk Hilfen und Orientierungsgrößen bietet, um auch außerhalb des gewerblichen Bereichs die Luftbelastungssituation von Innenräumen einzuschätzen, so sind doch wegen der ganz anderen Nutzungsbedingungen (längere Aufenthaltszeiten, andere Nutzergruppen, insbesondere auch Risikogruppen) für die als Innenräume definierten Räume besondere Beurteilungsmaßstäbe erforderlich.

2.1
Raumspezifische, zeitliche und klimatische Einflußfaktoren auf die Luftqualität in Innenräumen

Die lufthygienischen Verhältnisse in Innenräumen können sich grundlegend von der Situation im Freien unterscheiden, schließlich liegt dies ja genau in der Intention des Bauens: einen Raum zu schaffen, der es dem Menschen erlaubt, sich von den im Freien herrschenden Bedingungen zu lösen und sich seine eigene Atmosphäre zu schaffen (Abb. 2.3).

Die Unterschiede zwischen Außen und Innen sind gering, wenn der Luftaustausch zwischen dem Gebäudeinnern und der Umgebung hoch ist. Die klimatischen Verhältnisse prägen Bauweise und Lüftungsverhalten. In warmen Regionen – etwa in Südeuropa – sind daher im Grundsatz wesentlich weniger spezifische Luftbelastungsprobleme in Innenräumen zu erwarten als in den gemäßigten und kalten Klima-

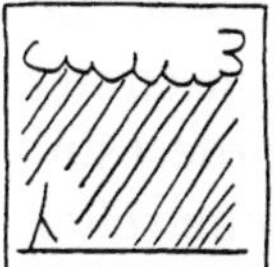

Am Anfang gibt
es ein „Draußen"

Dann wird ein Teil
dieses „Draußen"
abgetrennt

Dieser abgetrennte
Teil ist nur benutzbar,
wenn er *zugänglich*
ist (man kann hinein-
treten)

In diesem abgetrenn-
ten und zugänglichen
Teil herrschen *andere*
Bedingungen als
draußen

Abb. 2.3. „Was ist ein Haus?" [61]

zonen. Es ist daher nicht verwunderlich, daß in den skandinavischen Ländern sehr viel Pionierarbeit zu den Fragen der Luftqualität in Innenräumen geleistet wurde. Allein schon wegen der unterschiedlichen geographischen und klimatischen Voraussetzungen ist also mit einer regional sehr unterschiedlichen Ausprägung der Luftbelastungsverhältnisse in Innenräumen zu rechnen. Unter den in den gemäßigten Zonen gegebenen Voraussetzungen ist darüber hinaus eine gewisse jahreszeitliche Variation der inneraumspezifischen Probleme zu erwarten, da unter warmen, sommerlichen Wetterbedingungen sehr viel intensiver gelüftet wird als in der kalten Jahreszeit, andererseits begünstigen hohe, sommerliche Temperaturen die Freisetzung flüchtiger Schadstoffe aus den im Hause eingesetzten und gebräuchlichen Materialien. Daneben spielt die jahreszeitliche Variation der Luftfeuchte eine Rolle.

Kulturell bestimmte Verhaltensmuster und natürlich architektonische Konzepte prägen ebenfalls die Intensität und den zeitlichen Verlauf der Gebäudelüftung. Sehr deutlich ausgewirkt hat sich die Veränderung architektonischer und bautechnischer Konzepte auf die Luftqualität in Innenräumen, als die Energiekrise Anfang bis Mitte der 70er Jahre zu stark steigenden Heizkosten führte und nunmehr durch eine verbesserte Wärmedämmung und Abdichtung der Gebäude die Wärmeverluste reduziert wurden. Damit wurden der Luftaustausch mit der Umgebung und die Frischluftzufuhr – mitunter recht drastisch – eingeschränkt. Seit Mitte der 70er Jahre war dann eine deutliche Zunahme der Klagen über Beschwerden und Belästigungen durch schlechte Luft in Innenräumen zu registrieren.

Die maßgebliche Kenngröße für die Lüftungssituation in einem Raum oder einem Gebäude ist die Luftwechselrate oder -zahl. Diese gibt das Verhältnis der Zufuhr von Außenluft pro Zeiteinheit (üblicherweise pro h) zum Raumvolumen wieder. Bei kleinen Luftwechselraten, wie sie unter dem Gesichtspunkt der Energieeinsparung gefordert sind, ist damit zu rechnen, daß die Luftqualitätsmerkmale in den betreffenden Innenräumen deutlich von denen der Umgebungsluft abweichen und daß in stärkerem Maße solche Stoffe, die in den Innenräumen freigesetzt werden, die Zusammensetzung und die Qualität der Luft prägen als die in der Umgebungsluft anzutreffenden Schadstoffe.

Schließlich beeinflussen auch die sozialen und wirtschaftlichen Verhältnisse der Menschen die Gestaltung der Innenräume. Ihr Konsumverhalten bestimmt Art, Menge und Qualität der Einrichtungsgegenstände und Verbrauchsmaterialien, die in der Wohnung und in anderen Räumlichkeiten zu finden sind. Deren Emissionsverhalten hat einen wesentlichen Einfluß auf die Raumluftsituation. Die hygienischen Vorstellungen der Menschen, die Reinigungshäufigkeit und die individuell sehr unterschiedliche Akzeptanz von Geruch, Staub und Schmutz tragen weiter dazu bei, daß die Raumluftverhältnisse selbst unter baulich vergleichbaren Rahmenbedingungen sehr verschieden sein können.

Je nach Nutzungsart und -intensität eines Gebäudes können sehr unterschiedliche Probleme mit der Luftqualität auftreten: die Charakteristik der Innenraumluft von Büroräumen wird von der in einem Kindergarten oder von der in einer Wohnung abweichen. Und in Wohnungen wiederum kann die Küche durchaus eine andere Schadstoffbelastung aufweisen als das Schlafzimmer. Die Gebäudestruktur und das Verhalten seiner Bewohner und Nutzer bestimmen ganz wesentlich die Freisetzung und Verteilung von Luftschadstoffen in seinem Innern.

Die in Räumlichkeiten vorhandenen oder eingetragenen Schadstoffquellen lassen sich nach ihrer Quellstärke unterscheiden. Diese kann mit der Zeit variieren, weil das Material altert und dabei seine Emissionscharakteristik verändert oder weil es sich nur um eine temporäre Quelle handelt. Die Bestimmung von Emissionsfaktoren ist aufwendig und erst in den letzten Jahren verstärkt in Angriff genommen worden [62–64]. Einen Überblick über die experimentell gut abgesicherten Emissionsfaktoren einer Reihe von Materialien, die in Innenräumen bedeutsam sind, hat TUCKER [65] zusammengestellt.

Weiterhin lassen sich Schadstoffquellen nach ihrer räumlichen Wirksamkeit unterscheiden: sie können als Punktquellen erscheinen (z.B. die Flamme am Gasherd, die Stickstoffdioxid und andere Verbrennungsgase freisetzt) oder flächenhaften Charakter haben (z. B. aus Spanplatten errichtete Wände, die Formaldehyd abgeben).

Bei flächenhaften Quellen stellt die Raumbeladung, das Verhältnis von emissionswirksamer Oberfläche der Schadstoffquelle zum Raumvolumen, eine wichtige Kenngröße zur Charakterisierung des Emissionspotentials dar. Das gilt auch für die konstruktiven Elemente und Bauteile des Gebäudes, die umgekehrt als Schadstoffsenken wirken können, weil sie entweder adsorptiv (z. B. Adsorption organischer Stoffe an Teppichböden [66] und von Schwefeldioxid an Tapeten [67]) oder auch reaktiv (z. B. Reaktion des Schwefeldioxids mit basischen Bestandteilen im Mauerwerk [68, 69]) die in der Innenraumluft befindlichen Schadstoffe zu binden vermögen.

Die Kubatur des Gebäudes mit seiner Ausstattung bestimmt die konstanten, raumspezifischen Parameter, die auf die Luftqualität in seinem Innern Einfluß nehmen. Das Raumklima, die zeitlich variierende Nutzung der Räume und die chemische Dynamik der in den Räumen anzutreffenden Stoffe prägen die variablen Parameter der Raumluftqualität.

Tabelle 2.3. Wichtige konstante und variable Parameter, welche die Luftqualität in Innenräumen bestimmen

Konstante raumspezifische Merkmale	Variable situationsspezifische Merkmale
– Raumvolumen – Oberfläche der mit dem Bau verbundenen Emissionsquellen (z. B. Holzbauteile, Bodenbeläge) – Luftdruck – Luftwechselrate – Oberfläche der mit dem Bau verbundenen adsorptiv oder reaktiv als – temporäre oder dauerhaft wirksame – Schadstoffsenke wirkenden Materialien (z. B. Wände, textile Ausstattungsmaterialien) – Raumbeladung (als Verhältnis der Oberflächen von Emissionsquellen bzw. Schadstoffsenken zum Raumvolumen) – Permeabilität der Außenstrukturen des Gebäudes	– Temperatur und Temperaturgradienten – Relative und absolute Luftfeuchte – Außenluftbewegung (Windgeschwindigkeit) – Bewegungsbläufe im Gebäude, die zur Durchmischung der Luft beitragen – Quellstärke/Emissionsrate der Schadstoff-Quelle(n) – Schadstoffbelastung der Außenluft, die sich durch Lüftungsprozesse auf die Innenraumsituation auswirken kann – Chemische Umwandlungs- und Abbauprozesse der Luftschadstoffe

Die klimatischen Parameter können das Emissionsverhalten der Schadstoffquellen und die chemisch-physikalische Dynamik der stofflichen Prozesse in Innenräumen ganz erheblich beeinflussen. Dampfdrücke und Verdunstungsraten, Transportprozesse (wie Diffusion) und Luftaustauschprozesse sowie Adsorption und Desorption sind von der Temperatur bzw. von Temperaturgradienten abhängig. Erhöhte Temperaturen führen unter ansonsten unveränderten Bedingungen stets zu einer Erhöhung der Schadstoffbelastung in Innenräumen. Dabei ist nicht nur an die Temperatur im Innern des Gebäudes zu denken, sondern auch an die Außentemperatur, die für Stoffe, die direkt im Baukörper eingebaut sind (zu denken ist beispielweise an Fugendichtungsmassen und Dämm-Materialien), maßgeblich sein kann. Zwischen den im Sommer und den im Winter beobachteten Emissionsraten liegen mitunter mehrere Größenordnungen.

Unabhängig von der Bedeutung der Temperatur als ein Parameter, der die stofflichen Prozesse in Innenräumen wesentlich beeinflußt, ist die Temperatur natürlich auch eine wesentliche Einflußgröße für die Behaglichkeit und das Wohlbefinden der Bewohner und Nutzer von Gebäuden. Generell werden Temperaturen im Bereich zwischen 20 und 26 °C empfohlen [70], allerdings geht aus neueren Untersuchungen hervor, daß die Raumtemperaturen eher im unteren Teil dieses thermischen Behaglichkeitsbereichs liegen sollte [71], da bei höheren Temperaturen Einschränkungen der Konzentrations- und geistigen Leistungsfähigkeit festgestellt werden. Auch ist eine Korrelation zwischen der Häufigkeit von Beschwerden über unzureichende Raumluftverhältnisse und erhöhten Temperaturen in den Räumen beobachtet worden. Aus physiologischen Untersuchungen ist bekannt, daß sich thermische Behaglichkeit nur einstellt, wenn gewährleistet ist, daß zum einen die Hauttemperatur des Menschen unter 34 °C liegt (Kaltschwelle) und zum anderen die Kerntemperatur des Körpers 37 °C nicht übersteigt (Warmschwelle). Neben den raumklimatischen Verhältnissen beeinflussen daher auch Kleidung sowie Art und Umfang der körperlichen Tätigkeit die thermische Behaglichkeit. Die Zusammenhänge sind von MAYER [72] (Abb. 2.4) am Beispiel eines unbekleideten Menschen, einmal bei völliger Ruhe und einmal unter Erbringung einer körperlichen Leistung in Höhe von 200 W, graphisch dargestellt worden.

Als nächster Klimafaktor, der das Wohlbefinden der Menschen und auch die Schadstoffbelastung der Luft beeinflußt, ist die Luftfeuchte anzuführen. Sie wird als relative Luftfeuchte bestimmt, d.h. als Ver-

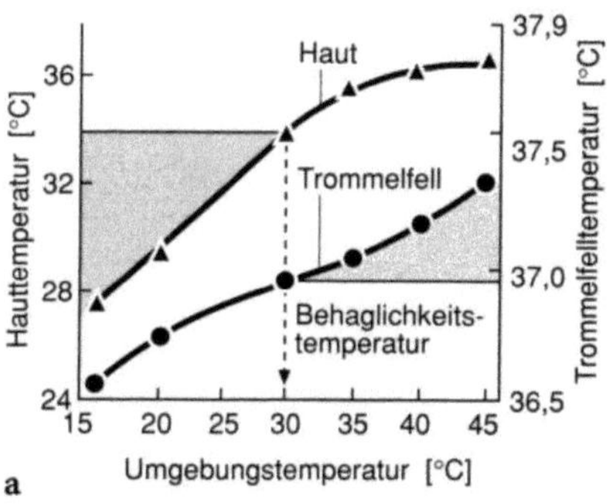

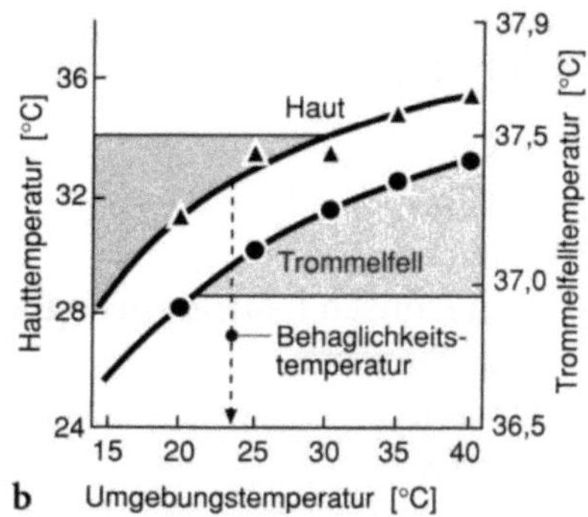

Abb. 2.4a, b. Darstellung der Abhängigkeit von Haut- und Trommelfelltemperatur (als repräsentative Größe für die Stammhirntemperatur) eines unbekleideten Menschen von der Umgebungstemperatur bei verschiedener körperlicher Leistung [72]. **a** Ruhezustand, völlige körperliche Behaglichkeit ist bei einer Umgebungstemperatur von 30 °C gegeben; **b** körperliche Leistung von 200 W, diese thermischen Bedingungen führen zu gegensätzlichen Signalen der Kälterezeptoren der Haut und der Wärmerezeptoren im Stammhirn; es stellt sich eine relative thermische Behaglichkeit bei 24 °C ein. Die schattierten Flächen in beiden Grafiken geben Bereiche der körperlichen Unbehaglichkeit an

hältnis des gegebenen Feuchtegehalts der Luft zu dem der herrschenden Temperatur entsprechenden Sättigungshalt der Luft (ausgedrückt in %). Die Wirkungen der Luftfeuchte auf die Schadstoffreisetzung und sonstige chemisch-physikalische Prozesse in Innenräumen sind aber zumeist besser durch die absolute Luftfeuchte zu beschreiben.

Eine erhöhte Luftfeuchte begünstigt biologische Prozesse im Haus, ermöglicht Schimmelbildung und Verkeimung. Aber auch chemische Prozesse, wie Hydrolysevorgänge, die zur Schadstofffreisetzung führen, werden durch erhöhte Luftfeuchte beschleunigt. Die Luftfeuchte kann Ad- und Desorptionsvorgänge beeinflussen, da Wasser adsorbierte Stoffe an Oberflächen verdrängen kann. Das Wohlbefinden der Bewohner und Nutzer hängt neben der Temperatur auch von der relativen Luftfeuchte ab, die nicht unter 40 % sinken und 70 % nicht übersteigen sollte. Weitere Faktoren, wie der im Raum verspürbare Luftzug, Temperaturgradienten im Raum, die Belichtung, Geräusche und Vibrationen, aber auch das von den Materialien im Innenraum geprägte Raumgefühl wirken sich auf das Wohlbefinden und die Behaglichkeit aus.

Klima- und Lüftungstechnik und die Bauphysik setzen sich detailliert mit diesen Zusammenhängen auseinander. Die Behaglichkeit läßt sich durch Befragen eines größeren Kollektivs bestimmen. Dabei werden Wertungen angeboten, etwa die 7stufige ASHRAE-Skala:

- 3: kalt,
- 2: kühl,
- 1: leicht kühl,
  0: thermisch neutral (behaglich),
+ 1: leicht warm,
+ 2: warm,
+ 3: heiß.

Raumzustände, die zu einer Durchschnittsbewertung (Predicted Mean Vote: PMV) mit dem Wert 0 führen, charakterisieren also thermisch behagliche Situationen, Abweichungen von diesem Wert geben ein Maß für den thermischen Regulationsbedarf in dem Gebäude. Die Methoden zur Bestimmung der Behaglichkeit werden weiter verfeinert [73] und haben eine besondere Bedeutung für die Regelung von raumlufttechnischen Anlagen [74].

Zur Beurteilung der raumklimatischen Verhältnisse läßt sich sehr gut die graphische Darstellung des Behaglichkeitsfelds heranziehen (Abb. 2.5), das auch die Verknüpfung von Temperatur und Luftfeuchte deutlich macht.

Zufriedenheit mit den Raumluftverhältnissen wird von der raumklimatischen Situation mitbestimmt. Allerdings lassen sich subjektive Eindrücke nicht immer mit objektiven Meßdaten in Einklang bringen. In Gebäuden mit gehäuften Beschwerden über die Innenraumluftverhältnisse ist eines der typischen Symptome die Klage über zu trockene Luft.

SUNDELL u. LINDVALL [77] haben in einer umfangreichen Untersuchung unter Beteiligung von fast 5000 (männlichen und weiblichen) Büroangestellten eine Fülle von Faktoren erhoben, die als charakteristisch für das Sick-Building-Syndrome anzusehen sind. Sie stellten fest, daß der von den Betroffenen geäußerte Eindruck von „trockener Luft" sehr wohl mit den sonstigen Symptomen des Sick-Building-Syndromes" korreliert, aber keineswegs mit den tatsächlich gemessenen relativen Luftfeuchten in den Räumen.

Schließlich nimmt als ein weiterer klimabedingter Faktor auch der Luftdruck Einfluß auf die Schadstoffbelastung in Innenräumen. Am ausgeprägtesten dürften die Effekte beim Übertritt von Schadstoffen aus Bodengasen in die Inneraumluft sein. Die Exhalation von Boden-

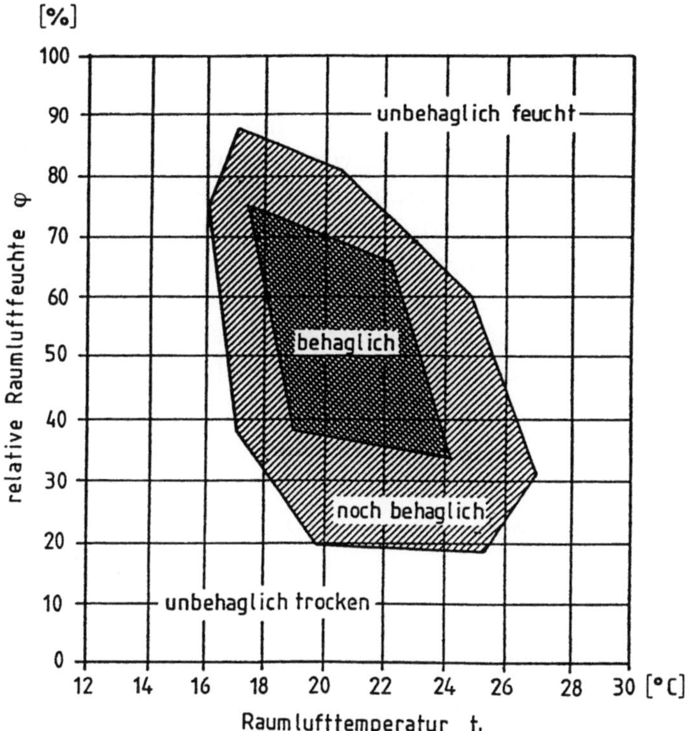

Abb. 2.5. Behaglichkeitsfeld für das Wertepaar Raumlufttemperatur t_L und relative Luftfeuchte φ [75, 76] gültig für Raumumschließungsflächentemperaturen $t_U = 19{,}5 - 23\,°C$ und Luftbewegungen $v = 0 - 20$ cm/s

gasen wird durch einen Abfall des atmosphärischen Drucks begünstigt und sinkt andererseits beim Anstieg desselben. Grundsätzlich sind natürlich auch die Verdampfungsprozesse, die zur Schadstoffbelastung der Innenraumluft beitragen, druckabhängig. Unter Normalbedingungen variiert freilich der atmosphärische Druck in so geringem Maß, daß dies kaum Auswirkungen auf die Schadstoffkonzentrationen in Innenräumen hat.

Einen gewissen Einfluß können die Druckdifferenzen, die durch das äußere Windfeld zwischen der windzu- und der windabgewandten Seite aufgebaut werden, auf die Luftaustauschprozesse zwischen einem Gebäude und seiner Umgebung haben.

2.1.1
Einfluß der Außenluft auf die Schadstoffbelastung in Innenräumen

Rein baulich betrachtet markieren die Wände eines Gebäudes eindeutig und physisch manifest die Grenze zwischen Außen und Innen. Die Konzentration der Luftinhaltsstoffe auf beiden Seiten der Wand ergibt sich aus der Bilanzierung der in das Gebäude eintretenden und der aus ihm austretenden Stoffflüsse unter Berücksichtigung stofflicher Umsetzung im Gebäude und auf dem Transportweg.

Eine einfache mathematische Darstellung der Zusammenhänge ist in Gl. (2.1) wiedergegeben (VDI-Richtlinie 4300 [78]):

$$dc_i/dt = Q/V + n\,c_a - A\,c_i - n\,c_i \qquad\qquad (2.1)$$

mit:

c_i Innenraumluftkonzentration [mg/m^3],
Q Quellstärke [mg/h],
V Raumvolumen [m^3],
n Luftwechsel [h^{-1}],
c_a Außenluft-Konzentration [mg/m^3],
A Abbau-Faktor [h^{-1}] und
t Zeit.

In Gl. (2.1) sind zur Beschreibung der Veränderung der Schadstoffkonzentration in einem Raum zum einen die Prozesse einbezogen, die zum Aufbau der Schadstoffbelastung führen, d. h. die Emission einer Quelle im Innenraum (Q/V) sowie der Eintrag eines Schadstoffs mit der Außenluft im Zuge des Luftaustauschs zwischen dem Gebäudeinnern und der Umgebung ($n\,c_a$). Zum anderen sind auch Prozesse repräsentiert, die zum Abbau der Schadstoffbelastung führen, d. h. der Abbau von Schadstoffen [ausgedrückt durch den Term ($A\,c_i$)]; dabei sind verschiedene Abbaumechanismen denkbar, wie durch Adsorption, chemische Umsetzungen und Zerfallsreaktionen. Weiterhin ist im letzten Term ($n\,c_i$) dem Abtransport von Schadstoffen durch die Gebäudelüftung Rechnung getragen.

Der Luftaustausch zwischen Außen und Innen wiederum ist von einer Fülle von Faktoren abhängig. Dazu gehören klimatische Faktoren (wie die Temperatur- und die Druckdifferenz zwischen Innenraum und Umgebung, die Windgeschwindigkeit), Konzentrationsgradienten zwischen Gebäudeinnerm und der Umgebung oder innerhalb des Gebäudes, stoffliche Eigenschaften der Schadstoffe (wie der Diffusionskoeffizient, das Reaktionsvermögen und das Adsorptionsverhalten der Stoffe) und natürlich auch die baulichen Gegebenheiten (wie die Art der Gebäudebelüftung, die Dichtigkeit des Gebäudes und die Art der verwendeten Baumaterialien).

Zu unterscheiden ist grundsätzlich zwischen

- der passiven Lüftung oder der Selbstlüftung [79, 80] geschlossener Räume, also dem Luftaustausch, der auf der Diffusion durch die Wände und auf dem Eindringen der Luft durch Ritzen und Spalten beruht
  und
- der aktiven Belüftung durch Öffnen von Türen und Fenstern, Schaffung von Durchzug oder durch mechanische Lüftungseinrichtungen.

Mit der mathematischen Beschreibung und der Modellierung der Luftaustauschprozesse sowie der räumlichen und zeitlichen Verteilung der Luftschadstoffe in Innenräumen beschäftigen sich heute viele Arbeitsgruppen. Die Untersuchungen beziehen sich zum einen auf einzelne Prozesse, die auf die Raumluftqualität Einfluß nehmen (z. B. der Eintrag von Schadstoffen in die Innenraumluft aus Anstrichen [81, 82]). Zum anderen handelt es sich um komplexe mathematische Modelle zur Beschreibung spezieller Belastungssituationen (z. B. zur Beschreibung des Einflusses einer Garage auf ein mit ihr baulich verbundenes Wohnhaus [83]). Schließlich sind auch Modelle zur Beschreibung von Raumluftqualität und bauphysikalischen Faktoren für ganze Gebäude entwickelt worden [84–86]. Besondere Bedeutung haben solche Modellrechnungen im Hinblick auf Planung und Auslegungvon RLT-Anlagen, z. B. für Krankenhäuser, wo neben der Sicherstellung geeigneter raumklimatischer Verhältnisse auch der Abtransport von Luftschadstoffen (z. B. von freigesetzten Narkosegasen in Operationssälen [87]) berücksichtigt werden muß [88].

Der Einfluß der Außenluft auf die Luftqualität im Innern eines Gebäudes nimmt mit steigender Intensität des Luftaustauschs zu – das gilt sowohl im positiven (wenn die Außenluft weniger schadstoffhaltig ist als die Innenraumluft), als auch im negativen Sinn (wenn durch Lüftung erhöhte Schadstoffeinträge in die Innenräume erfolgen).

Eine strikte Trennung zwischen Außen und Innen ist allerdings nicht eindeutig möglich. Zum einen unterscheiden sich die Luftverhältnisse in dem engen Bereich, der im direkten Kontakt mit der Gebäudeoberfläche steht, deutlich von den Bedingungen im weiteren Umfeld. Im Nahbereich des Gebäudes sind die Temperaturen noch geprägt von den klimatischen Verhältnissen im Gebäude: Es ist dort wärmer. Die „Lufthaut" um ein Gebäude steht in einem intensiven direkten Stoffaustausch mit demselben: Luftschadstoffe, die aus der Bausubstanz stammen und für diese spezifisch sind, sind im engen Umfeld eines Gebäudes noch zu finden, während sie in der weiteren Umgebungsluft wegen der starken Verdünnung keine Rolle mehr spielen.

Zum anderen lassen sich bei komplexeren Gebäudestrukturen und unter Berücksichtigung der ein Gebäude umgebenden topographischen, baulichen und pflanzlichen Elemente auch Übergangsräume feststellen, die als Pufferzonen zwischen Außen und Innen fungieren.

Untersuchungen von TSUTSUMI et al. [89] haben gezeigt, daß in der typischen Anlage eines traditionellen japanischen bäuerlichen Anwesens solche thermischen Pufferzonen vorhanden sind und daß diese gezielt die örtlichen Windverhältnisse für die natürliche Belüftung der Gebäude nutzen. Solche Baustrukturen gibt es in allen Kulturen: in den Altstadtbereichen, der Medina, islamischer Städte genauso wie in den um einen Hof gruppierten bäuerlichen Anwesen Mitteleuropas. Der abgeschirmte Raum der dort lebenden Familie ist eine thermische Pufferzone, die eine erhebliche Bedeutung für die Dynamik des Stoffaustauschs zwischen der Innenraumluft und der Umgebungsluft haben kann. So können Pflanzen, die ein Gebäude umgeben, gewisse Abschirmeffekte gegen den Eintrag von Luftschadstoffen bewirken. Der Eintrag partikelgebundener Schadstoffe kann durch die (partielle) Sedimentation der Partikel im Pufferbereich reduziert werden. Solche Pufferzonen, die nicht mehr Außen, aber noch nicht Innen sind, können auch ihre eigenen Luftverhältnisse haben: Zu denken ist hier z. B. an überdachte Einkaufsstraßen, Basarwege, an Innenhöfe, an Freisitze und Pergola-umfaßte Gartenbereiche. Diese Bereiche sind darauf angelegt, in der Außenwelt einen Innenbereich zu schaffen, eine Vielfalt an Eindrücken zu vermitteln, alle Sinne anzusprechen.

So wie die Hygiene sich im Innern der Gebäude durchgesetzt hat, so sind mit den modernen Zeiten in den Städten auch solche Pufferzonen bereinigt worden. RAPOPORT [90], der Architektur aus einer anthropologischen Sicht bewertet, hat die Entwicklung knapp charakterisiert: *„It is also significant that most redevelopment and new designs have tended to eliminate multisensory experiences and contrasts – as places have been tidied up, 'sanitized' and their variety reduced: for example* *the removal of Covent Garden Market or Les Halles in Paris, the elimination of street markets, local bakeries, butcher shops, fishmongers, fruiterers and other uses which contributed, mainly through smell, to the variety of sense experiences in the city. Similarly sounds are masked by traffic and textures eliminated in favor of traffic. The common complaint that all cities are becoming more alike is due to the lesser role of these other senses as well as changes in visual environment."*

Ladenpassagen haben ihren Basarcharakter verloren und wilde Hecken sind aus Gärten zugunsten gepflegter Rasenflächen verschwunden. In den modernen Arealen des städtischen Lebens sind solche thermischen und lufthygienischen Pufferzonen lange vernachlässigt worden. Möglicherweise gewinnen sie wieder mehr Bedeutung, wenn sich energiesparende Bauweisen durchsetzen, da Pufferzonen den direkten Einfluß der äußeren thermischen Verhältnisse auf die Innenräume dämpfen und so energiesparende Effekte haben können.

Unter bestimmten Umständen können Pufferzonen um ein Gebäude aber auch spezielle Probleme mit sich bringen. Untersuchungen in einer Reihe von atriumförmig gestalteten Häusern, die mit Asbestzement-Platten gedeckt waren, zeigten, daß gerade in einigen der – in diesem Falle als Pufferzone wirkenden – offenen Atriumbereiche auffällig hohe Asbestfaserkonzentrationen zu finden waren, die offensichtlich von der Bedachung abgeweht wurden und sich im Atriumhof fingen.

Ungeachtet einer gewissen Dämpfung des direkten Einflusses der Außenluft auf die Innenraumluft durch entsprechende bauliche Situationen gelangen über die unumgängliche Lüftung der Gebäude die in der Außenluft enthaltenen Schadstoffe natürlich in das Innere der Gebäude.

Das Verhältnis der Schadstoffkonzentration in der Innenraumluft zu der Konzentration in der Außenluft (Indoor/Outdoor, I/O) gibt Hinweise auf die spezifische Quellensituation, auf die stoffliche Dynamik im Innern der Gebäude und auf Risiken, die von Luftschadstoffen ausgehen.

In zahlreichen Untersuchungen sind solche Relationen ermittelt worden. Die typischen Fälle des I/O-Verhältnisses lassen sich folgendermaßen charakterisieren:

Fall A: I/O ≈ 1:
Langlebige, wenig reaktive Schadstoffe, für die im Inneraum keine Quelle vorhanden ist und die nicht durch Adsorption gebunden wer-

den, treten gleichmäßig verteilt sowohl in der Außenluft als auch in der Innenraumluft auf. Solche Ergebnisse sind – als Mittelwerte über längere Zeiträume – für Kohlenmonoxid (CO) gefunden worden [191, 238]. Auch für solche Alkane (Hexan, Heptan, Nonan), die in Innenräumen kaum spezifisch freigesetzt werden, und für Benzol sind I/O-Werte um 1 gefunden worden [91]).

Fall B: I/O < 1:

Für eine Reihe von Schadstoffen, die in Innenräumen abgebaut oder spezifisch gebunden werden und für die keine Quellen im Innenraum vorhanden sind, findet man I/O-Werte < 1. Das gilt z. B. für Schwefeldioxid (SO_2) [92] und Ozon (O_3) [93]. Allerdings hat das Bundesgesundheitsamt darauf hingewiesen, daß hohe SO_2-Konzentrationen in Innenräumen auftreten können, wenn Textilentfärber eingesetzt werden, die SO_2 freisetzen [94]. Dann können kurzzeitig auch für SO_2, das ansonsten als Luftschadstoff in Innenräumen kaum mehr eine Rolle spielt, sehr hohe Belastungen und I/O-Werte > 1 auftreten.

Als weiterer Luftschadstoff, für den zumeist auch I/O-Werte < 1 zu finden sind, ist Stickstoffdioxid (NO_2) zu nennen. RABL et al. [191] und eine Reihe weiterer Arbeitsgruppen haben solche Ergebnisse dokumentiert.

Fall C: I/O > 1:

Für eine große Zahl von Verbindungen und Stoffen gilt, daß sie in Innenräumen häufig in höherer Konzentration gefunden werden als in der Außenluft. Insbesondere im Bereich der organischen Luftschadstoffe treten wegen ihrer vielseitigen Anwendung in Produkten des täglichen Gebrauchs wesentlich größere Konzentrationen in Innenräumen auf als im Freien. CO_2 ist ebenfalls dazu zu rechnen. Und auch bei vielen biologischen Kontaminanten überwiegen die Innenraumbelastungen

Eine besondere Kategorie bilden Stoffe, die in der Außenluft nur in völlig vernachlässigbaren Mengen zu finden sind, in Innenräumen aber aufgrund spezieller Anreicherungsmechanismen oder wegen starker Quellen in großen Konzentrationen (I/O ≫ 1) auftreten können, das gilt z. B. für Radon.

Für die Bewertung von Luftschadstoffen spielt der I/O-Wert insofern eine Rolle, als die Belastungssituation und die Risiken für den Einzelnen zumeist an der Außenluftsituation gemessen werden. Das ist aber nur bei den Schadstoffen sinnvoll, die einen I/O-Wert ≈ 1 aufweisen. Bei I/O-Werten < 1 ist es ebenfalls unproblematisch, insofern jede Risikoabschätzung, die auf der Ermittlung einer persönlichen Dosis (als

Produkt aus Zeit und Konzentration) beruht, zu einer Bewertung auf der Basis zu hoher Dosen (einer potentiellen maximalen Belastung) führt. Für sehr viele Schadstoffe, für die I/O-Werte > 1 beobachtet werden, führt der Bezug auf die Außenluftsituation aber zu einer Unterschätzung der Belastung. Für die Einschätzung des Einflusses der Luftqualität auf gesundheitliche Parameter ist demzufolge die Kenntnis der Innenraumluftsituation unerläßlich. Aus dieser Problemlage heraus sind daher in den letzten Jahren neue Konzepte zur Ermittlung der Belastung des Einzelnen mit Luftschadstoffen entwickelt worden. Dabei geht es im Kern um die Erfassung aller Schadstoffeinwirkungen auf einen Menschen in der jeweils wirkenden Konzentration und über die jeweils maßgebliche Zeit, d. h. es muß eine Zuordnung von Aufenthaltszeiten des Einzelnen (Aufenthaltsmatrix) zu den Schadstoffkonzentrationen an den verschiedenen Aufenthaltsorten (Konzentrationsmatrix) erfolgen [95].

Die US-amerikanische Umweltbehörde EPA ist noch einen Schritt weiter gegangen und bezieht nicht nur die über den Luftweg gegebene Belastung in das Gesamtbild ein, sondern erfaßt im Sinne einer „Total Human Exposure/THE"-Studie auch die auf anderen Wegen aufgenommenen Schadstoffmengen. Seit einigen Jahren laufen an vielen Orten in den USA umfangreiche Untersuchungen und Feldstudien mit dem Ziel, zu neuen Bewertungen der mit Umweltschadstoffen verbundenen Risiken zu gelangen [96].

2.1.2
Schadstoffquellen in Innenräumen

Die Quellen für Fremdstoffe in Innenräumen können außerordentlich vielfältig sein [97], häufig handelt es sich um schwache, diffuse Quellen. Der Eintrag kritischer Stoffe kann eine unbeabsichtigte Nebenwirkung des Gebrauchs und des Einsatzes von alltäglichen Materialien, Geräten und Hilfsmitteln sein, die möglicherweise ganz unregelmäßig verwendet werden. Unter solchen Bedingungen kann die Ermittlung und Bewertung der Luftschadstoffe und ihre Zuordnung zu Beschwerden erhebliche methodische Probleme aufwerfen. In jüngster Zeit wird auch den chemischen (vorwiegend oxidativen) Umsetzungen und Veränderungsprozessen in Materialien und auf ihren Oberflächen sowie den luftchemischen Prozessen der in der Innenraumluft anzutreffenden Schadstoffe einige Beachtung geschenkt. Solche Prozesse können zur Bildung von Verbindungen führen, die stärker belästigend oder irritativ wirken als die Ausgangsverbindungen. Als Beispiele dafür lassen sich die Freisetzung von Hexanal als oxidatives Abbauprodukt aus Anstrichmitteln [98], die Emission verschiedener Aldehyde und Carbonsäuren als oxidative Reaktionsprodukte aus Linoleum [99] oder der Einfluß des Ozon-Gehaltes der Luft auf die Emissionscharakteristik von Teppichböden [100] anführen.

Für die Verunreinigung der Luft in Innenräumen sind grundsätzlich 3 verschiedene Gruppen von Schadstoffquellen bedeutsam:

1. *Verunreinigungen aus der Außenluft*, die durch den natürlichen oder mechanischen Austausch der Raumluft mit der Umgebungsluft in ein Gebäude eingetragen werden. Art und Umfang der mit der Außenluft eindringenden Verunreinigungen hängen stark vom Standort und der baulichen Gestaltung des Gebäudes und seines näheren Umfelds ab. Insbesondere ist dabei zu achten auf:

   - verkehrsbedingte Schadstoffe, wie Benzol, Toluol, das ganze Spektrum der Kohlenwasserstoffe, Stickoxide und Kohlenmonoxid, (an Staub anhaftende) Polyzyklische Aromatische Kohlenwasserstoffe (PAK) und andere in Partikeln und Aerosolen gebundene Substanzen, die in beträchlichen Mengen auch in Gebäuden in der Nähe von Straßen mit einer hohen Verkehrsdichte festzustellen sind;
   - gewerbliche Aktivitäten (wie z.B. der Betrieb von Chemischen Reinigungen, von Druckereien und Lackierbetrieben) und Industriebetriebe, die mit ihren Emissionen die Luftqualität in nahegelegenen Gebäuden wesentlich beeinflussen können; dabei sind insbesondere diffuse Emissionen zu beachten;
   - das Eindringen von gasförmigen Bestandteilen aus dem Boden bzw. aus dem Baugrund; dabei kann es sich um geogene Ursachen handeln, wie z.B. beim Radon, oder um anthropogene Einflüsse, z.B durch Altlasten, die gasförmige Schadstoffe in das Bodengas abgeben können. Unter bestimmten Umständen können solche Stoffe über das Fundament in das Gebäude eindringen; solche Fälle sind z.B. für chlorierte Kohlenwasserstoffe und bei Ölschadensfällen für die Inhaltsstoffe von Heizöl oder Benzin dokumentiert;
   - der Eintritt von Stoffen, die durch bauliche und baupflegerische Aktivitäten im Außenbereich eines Gebäudes (z.B. an der Fassade) freigesetzt werden und über Fenster, Türen und andere Gebäudeöffnungen ins Innere eindringen können [101].

2. Die *Freisetzung von Schadstoffen im Gebäudeinnern* (aus Primärquellen), wobei sich folgende Quellgruppen unterscheiden lassen (in Anlehnung an die Konzeption der Bundesregierung zur Verbesserung der Luftqualität in Innenräumen [6]):

   - Luftverunreinigungen, die vom Menschen als Stoffwechselprodukte freigesetzt werden (Kohlendioxid, Wasserdampf, bestimmte Geruchsstoffe);
   - Luftverunreinigungen, die vom Gebäude selbst herrühren (Baustoffe, Baunebenprodukte, Ausstattungsgegenstände); von diesen Quellen gehen Emissionen kontinuierlich aus, auch wenn das Gebäude nicht genutzt wird.
   - Luftverunreinigungen, die auf den Betrieb bestimmter elektrischer und elektronischer Geräte, auf offene Feuerstellen (für Heiz und Kochzwecke) oder auch auf den Betrieb von RLT-Anlagen zurückgehen. Solche Verunreinigungen sind betriebsbedingt.
   - Luftverunreinigungen, die beim bestimmungsgemäßen und sachgerechten Einsatz chemischer Stoffe und Zubereitungen (z.B. Reinigungsmittel und Hygieneerzeugnisse, Büro- und Schreibmaterialien, Schädlingsbekämpfungsmittel) in das Gebäude eingetragen werden; diese Verunreinigungen sind anwendungsbedingt.
   - Luftverunreinigungen, die von den Bewohnern und Nutzern eines Gebäudes durch ihre besonderen Verhaltensweisen verursacht werden (z.B. Rauchen, unzureichende Körperhygiene, unsachgemäße oder übermäßige Anwendung von Chemikalien).

3. Die Freisetzung von Schadstoffen aus *Sekundärquellen*; das können alle Arten von Oberflächen sein, auf denen Schadstoffe adsorbiert oder angelagert werden. Sekundärquellen können einen erheblichen Einfluß auf den Schadstoffgehalt der Innenraumluft haben und insbesondere bei mäßig- und schwerflüchtigen Verbindungen (z.B. bei PCB [102], PCP[103], Lindan), auch nach erfolgter Entfernung der Primärquellen noch über längere Zeiträume erhöhte Schadstoffkonzentrationen verursachen. Das kann zu langwierigen Abklingprozessen nach der Sanierung von Räumlichkeiten führen oder aber einen erheblichen Aufwand zur Reinigung der kontaminierten Oberflächen erfordern.

Im Hinblick auf die Luftqualität in Innenräumen sind die recht unterschiedlichen räumlichen und zeitlichen Emissions- und Verteilungsmuster dieser Schadstoffquellen zu beachten, um zum einen geeignete Untersuchungsstrategien für die Erhebung der Innenraumbelastung zu entwickeln und um zum anderen sachgerechte Maßnahmen zur Reduzierung und Minimierung der Schadstoffbelastung zu treffen.

Die verschiedenen Schadstoffquellen in Innenräumen lassen sich 2 Kategorien zuordnen, nämlich einerseits als kontinuierliche, über längere Zeiträume wirksame Emissionen und andererseits als stoßweise, kurzzeitige Emissionen.

Eine weitere Differenzierung ergibt sich, wenn man das Zeitmuster der Quellstärken betrachtet. Kontinuierlich emittierende Quellen können über längere Zeiträume eine konstante Quellstärke aufweisen. Das kann beispielsweise unter bestimmten Umständen für die Freisetzung von Formaldehyd aus Spanplatten gelten. In einem solchen Fall ist eine relativ konstante Konzentration des emittierten Schadstoffs über die Beobachtungszeit festzustellen.

In anderen Fällen, z. B. beim Einsatz von Klebemitteln, ändert sich die Quellstärke mit der Zeit und es ist zunächst eine Konzentrationsspitze zu beobachten, der sich dann ein langsamer Abklingprozeß anschließt. Der erneute Einsatz des Klebers führt dann wiederum zu einem neuen Zyklus. Auf jeden Fall handelt es sich um einen Emissionsprozeß, der weit über den Einsatzzeitraum des betreffenden Materials hinausreicht und daher auch zu einer Langzeitbelastung der betreffenden Räume – allerdings mit abnehmendem Konzentrationsniveau – führt.

Anders ist der zeitliche Verlauf der Luftbelastung im Falle der kurzzeitigen, stoßweisen Freisetzung von Schadstoffen. Als Beispiel läßt sich der Betrieb eines Gasherds anführen, bei dem verschiedene Verbrennungsgase freigesetzt werden. Die Quelle ist mit dem Abstellen des Herds geschlossen. Die Schadstoffkonzentrationen sinken dann wieder mit dem normalen Luftaustausch auf die Ausgangswerte ab, bis durch den erneuten Betrieb des Herds die Emissionen erneut einsetzen. Diese Art Quellen können ein regelmäßiges zeitliches Emissionsmuster zeigen, oder aber sehr stark variieren. Daraus resultieren dann auch sehr unterschiedliche zeitliche Verlaufsmuster für die Schadstoffbelastung der betroffenen Innenräume.

Dieses Klassifikationsschema ist in Abbildung 2.6 zusammengefaßt.

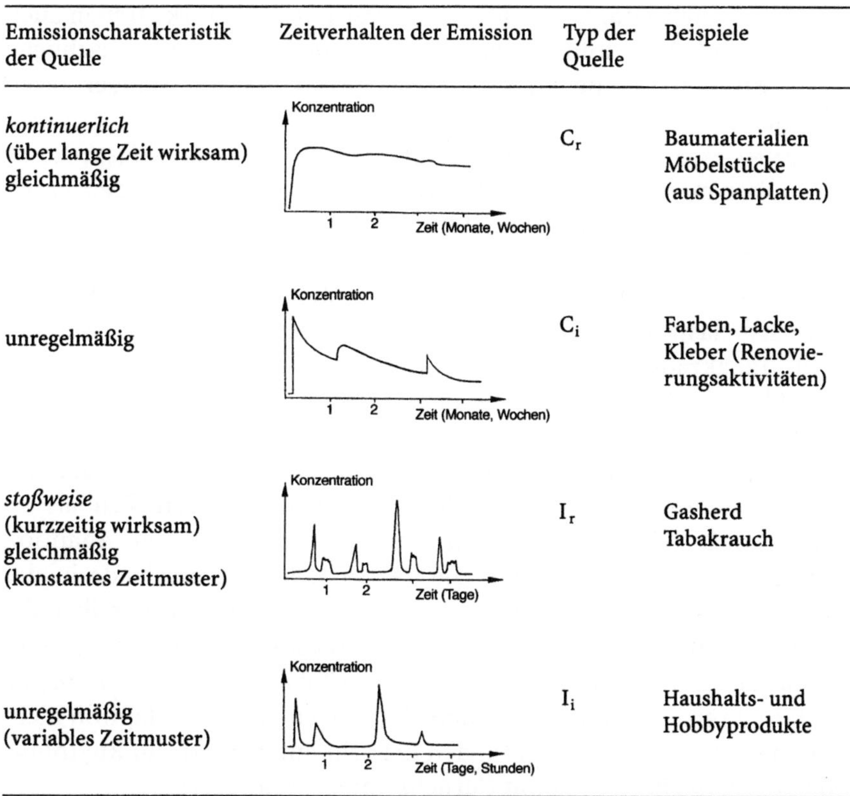

Abb. 2.6. Klassifizierung und Charakterisierung der in Innenräumen anzutreffenden Quellen für flüchtige organische Verbindungen [104]

2.2
Geruchsbelästigungen in Gebäuden

Beschwerden über eine schlechte Luftqualität in Innenräumen sind häufig mit Belästigungen durch üble oder unangenehme Gerüche verbunden. Eine sehr starke subjektive Komponente beeinflußt die Wahrnehmung von Gerüchen und ihre Bewertung. Die klimatischen Verhältnisse bestimmen wie stark sich ein Geruch ausprägen kann. Zeitgleiche optische und akustische Eindrücke modifizieren den Geruchseindruck und seine Bewertung. Zudem kann die persönliche Disposition für Geruchserlebnisse Eindrücke verstärken oder abschwächen. So sehr die

Sinneswahrnehmungen der Menschen variieren, so stark streuen auch Geruchseindrücke und -bewertungen, zumal sich die menschliche Geruchswahrnehmung an viele Gerüche mehr oder weniger rasch adaptiert.

GUNNARSEN und FANGER [105] haben die Adaptionsprozesse gegenüber menschlichen Ausdünstungen, Tabakrauch und den Emissionen einer Reihe von Baumaterialien (als Gemisch) untersucht. Sie stellten fest, daß eine Adaption an den vom Menschen ausgehenden Geruch erfolgt und daß von adaptierten Menschen selbst recht hohe Geruchsbelastungen durch Körperausdünstungen akzeptiert werden. Beim Tabakrauch ist ebenfalls eine gewisse Adaption festzustellen. Sowohl für nicht-adaptierte als auch für adaptierte Personen sinkt die Akzeptanz der Luftqualität mit steigender Belastung durch Tabakrauch kontinuierlich, allerdings auf etwas unterschiedlichem Niveau. Die Emissionen der untersuchten Baumaterialien erwiesen sich als so gering, daß keine signifikanten Effekte hinsichtlich der Adaption beschrieben werden konnten. Die beobachteten Unterschiede in der Reaktion auf Körperausdünstungen und auf Tabakrauch schreiben die Autoren dem Umstand zu, daß die Körperausdünstungen vorwiegend die Geruchssinne ansprechen, während im Tabakrauch auch zahlreiche chemisch reizende Stoffe enthalten sind, gegen die eine Adaption nicht oder nicht so schnell erfolgt (in den Experimenten wurde im Rhythmus von 15 min die Belastung mit Geruchsstoffen verändert).

Geruchseindrücke sind keineswegs immer mit einer Vorstellung von schlechter Luft assoziiert, sondern bestimmte Gerüche, auch in Innenräumen, werden durchaus als Signal für Reinheit und Frische der Luft eingeschätzt – auch diese Einschätzung ist natürlich subjektiv und geprägt von den vorherrschenden Erlebnismustern der Alltagskultur. Die Frische eines Waschmittels – die sich chemisch-analytisch als ein Hauch Limonen in der Innenraumluft erfassen läßt – gehört zu den Mythen unseres Alltags, wie andere Eigenschaften der heute angebotenen Hautpflege- und Reinigungsmittel, die BARTHES in ihrer „mythischen Bedeutung" unter dem Stichwort „Tiefenreklame" beschrieben hat [106].

Düfte und das Einbringen von Duftstoffen in Wohn-, Aufenthalts- und Kulträume gehören schon seit jeher zur Kultur der Menschen. Die Überwindung von Gestank und übelriechenden Ausdünstungen an den Wohnorten durch Hygiene und die Kunst der Desodorierung – oder auch die der Überdeckung – markieren auch gesellschaftliche Entwicklungen: *„Während der übelriechende Unrat die gesellschaftliche Ordnung bedroht, untermauert der beruhigende Sieg der Hygiene und des Wohlgeruchs ihre Stabilität"* [107]. Mit der Parfümierung der Luft durch das Verbrennen von Räucherstäbchen oder Weihrauch, das Abbrennen von Kerzen und das Verdunsten wohlriechender Essenzen war die Vorstellung verbunden, daß diese Wohlgerüche zur Reinigung der Luft beitragen und damit auch zum Schutz gegen Krankheiten, die wiederum mit Gestank und üblen Gerüchen assoziiert wurden [108]. Freilich werden durch all diese Praktiken auch Fremdstoffe in die Luft eingetragen, die selbst riechen und bei verschiedenen Menschen höchst unterschiedliche Reaktionen auslösen können.

Mit dem Sieg der Hygiene und der Durchsetzung von Maßnahmen zur Abwasserableitung und -reinigung, zur Ableitung giftiger und unangenehmer luftförmiger Emissionen und der Bekämpfung der Krankheitserreger ist aber auch das Bewußtsein für fremde und störende Gerüche geschärft worden. Zunächst richtete sich die Abneigung gegen die menschlichen Ausdünstungen. Die Qualität der Luft in Innenräumen läßt sich danach bemessen, wie „frisch" sie ist. Gerade in Innenräumen werden außerdem Gerüche, die nicht an den jeweiligen Ort gehören, besonders intensiv erlebt sowie als belästigend und das Wohlbehagen einschränkend empfunden. Solche Mißempfindungen können Folgen haben, die von schlichter Unzufriedenheit über die Verminderung des Konzentrationsvermögens und der Leistungsfähigkeit bis hin zu gesundheitlichen Beeinträchtigungen reichen [109].

In die Beurteilung der lufthygienischen Verhältnise in Gebäuden müssen also auch die geruchlichen Verhältnisse eingehen.

Gerüche lassen sich nach ihrem Charakter bzw. ihrer Note, nach ihrer Intensität, nach ihrer hedonischen Wirkung (Akzeptanz oder Ablehnung) und nach ihrer Dauer und Nachhaltigkeit differenzieren. Die Wahrnehmung von Gerüchen ist vom Vorhandensein der geruchsbildenden Stoffe in der Gasphase und damit vom Dampfdruck der Substanz abhängig. Höhermolekulare Substanzen (etwa mit einem Molgewicht > 300) sind wegen ihres niedrigen Dampfdrucks daher kaum mehr geruchlich wahrzunehmen.

Die Bewertung von Gerüchen kann an solchen Wahrnehmungen ansetzen und bewußt das subjektive Empfinden und den Geruchssinn als Prüf- und Meßinstrument einsetzen. Dies ist die Grundlage der Olfaktometrie, die inzwischen als ein differenziertes und methodisch abgesichertes Verfahren etabliert ist [110]. Allerdings liegen die umfangreichsten praktischen Erfahrungen und die genauesten Regelwerke bisher für Fragestellungen des Immissionsschutzes vor [111]. Zu denken ist dabei an die Geruchsbelästigungen durch gewerbliche oder industrielle luftförmige Emissionen [112], an die Gerüche einer Kläranlage oder an den Gestank, der bei der Massentierhaltung die Nachbarschaft belästigen kann. Mit olfaktometrischen Vorgehensweisen gelangt man zu qualitativen und quantitativen Beschreibungen der geruchlichen Situation, die entweder den Charakter des Geruchs und seine Intensität wiedergeben oder seine hedonische Qualität abbilden können.

Bis ins Altertum reichen die Klassifikationen von Geruchsnoten zurück, die z.B. nach den folgenden Begriffen unterschieden: aromatisch, duftig, köstlich/moschusartig, knoblauchartig, ziegenartig, widerlich, brechreizauslösend. Hennings hat 1926 ein Bewertungskonzept vorgeschlagen, das die Geruchsnoten harzig, fruchtig, brenzlig, faulig, würzig und blumig in einem „Geruchsprisma" als Basisgeruchsnoten darstellt. Amoore [113] hingegen entwickelte eine Theorie, die 7 grundsätzliche Geruchsnoten unterscheidet, während verschiedene Fachkomitees der ASTM (American Society for Testing and Materials) Auflistungen von bis zu 830 verschiedenen Geruchsnoten vornahmen [114], um Ordnung in die Welt der Gerüche und Düfte zu bringen. Etwas Unordnung und begriffliche Unschärfe wird hierbei aber wohl nie zu vermeiden sein.

Einfacher – wenn auch keineswegs weniger subjektiv – stellen sich die Klassifikationen dar, die nach der hedonischen Wirkung der Gerüche differenzieren. Jenseits der Geruchsschwelle einer Substanz verändert sich die hedonische Geruchswirkung mit steigender Konzentration. Angenehme Gerüche schlagen beim Erreichen gewisser Konzentrationsschwellen schließlich auch um und erzeugen unangenehme Geruchseindrücke. Die hedonischen Wirkungen werden üblicherweise an Hand von Bewertungsskalen erfaßt. Üblich ist im Immissionsschutz heute eine Skala, die von 1 (sehr angenehm) bis 9 (sehr unangenehm) reicht [115].

Für die Luftqualität in Innenräumen spielen die geruchlichen Eigenschaften neuer Möbel eine durchaus bedeutsame Rolle. Es ist daher interessant, das Konzept zur sensorischen Bewertung der Emissionen von Möbeln im Zusammenhang mit Fragen der Raumluftqualität zu behandeln. In der Möbelprüfung erfolgt die geruchliche Bewertung anhand einer 5stufigen Skala [116]:

1 geruchlos,
2 schwacher Geruch,
3 erträglicher Geruch,
4 belästigender Geruch,
5 unerträglicher Geruch.

Neue Möbel dürfen keine belästigenden Gerüche abgeben, wenn sie den Anforderungen der Deutschen Gütegemeinschaft Möbel e.V. (DGM) entsprechen sollen. Gefordert wird also, daß sich bei dem subjektiven (aber standardisierten) Testverfahren eine Bewertung ≤ 3 ergibt.

In der Olfaktometrie werden statische und dynamische Verfahren unterschieden. Beim dynamischen Verfahren wird die zu bewertende Luft (bzw. ein Teilstrom dieser Luft) dem Prüfstand (Olfaktometer) direkt und kontinuierlich zugeleitet. Beim statischen Verfahren hingegen wird die zu bewertende Luftprobe – das gleiche ist aber auch mit Wasser- und Abwasserproben, Lebensmitteln und anderen Produkten zu realisieren – in ein geruchsneutrales Behältnis (z.B. Glasflaschen, Foliensäcke) eingebracht und dann kurzzeitig olfaktometrisch geprüft. Diese Verfahren sind geeignet auch die geruchlichen Eigenschaften komplexer Gemische einzuordnen und einer Bewertung zuzuführen.

Für Einzelsubstanzen und Gemische ergeben sich aus olfaktometrischen Untersuchungen wichtige Informationen für die Bearbeitung lufthygienischer Probleme in Innenräumen. Mit Hilfe olfaktometrischer Techniken lassen sich für Einzelverbindungen (und natürlich auch für definierte Gemische) Geruchsschwellenwerte ermitteln. Dazu werden Konzentrationsreihen der zu untersuchenden Stoffe in Flaschen hergestellt und von Prüfern berochen. Ermittelt werden dann:

- die Konzentration, bei der gerade keine Geruchsempfindung mehr ausgelöst wird,
- die Konzentration, die gerade noch wahrgenommen wird und
- die Konzentration, bei der der betreffende Stoff deutlich empfunden und erkannt werden kann.

In Abb. 2.7 ist ein „Sniffingport" für olfaktometrische Bestimmungen schematisch dargestellt [117].

Je nach den Umständen der Prüfung, der angewandten Methodik und der Erfahrung der Probanden können sich bei der Ermittlung von Geruchsschwellenwerten recht unterschiedliche Resultate ergeben. In

Abb. 2.7. „Sniffingport"
für die Olfaktometrie mit
a Olfaktometermaske
(aus Glas), *b* Spülgaszu-
führung (synthetische
Luft), *c* Stahlkapillare,
d Kupferblock, *e* Heiz-
block (Injektor); die in
die Maske führende Glas-
kapillare wird über den
Kupferblock vom Injek-
torblock mitgeheizt

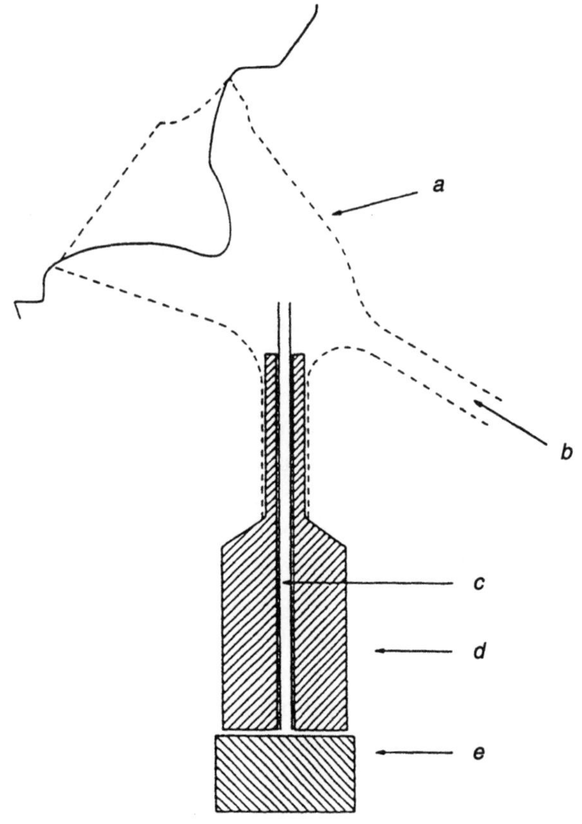

Deutschland sind die Grundsätze für solche sensorische Prüfungen in
der DIN 10 950 [118] niedergelegt.

Die in der Literatur publizierten Geruchsschwellenwerte für einzelne
Substanzen unterscheiden sich mitunter um Faktoren bis in eine
Größenordnung von 100 oder 1000.

Im Rahmen von Untersuchungen zur Innenraumbelastung durch
Luftschadstoffe sind Gerüche in zweierlei Hinsicht von Bedeutung:

Zum einen sind sie ein Indiz für das Vorhandensein chemischer
Stoffe. Aus der Art und der Intensität des Geruchs lassen sich in manchen Fällen wichtige Hinweise auf die Identität des störenden Stoffs
gewinnen, die seine Identifizierung und quantitative analytische Bestimmung erleichtern. Die Nase muß als ein extrem empfindlicher
Detektor für eine Vielzahl von Stoffen gelten. Für eine Reihe chemischer

Verbindungen sind bei Konzentrationen im Bereich des Geruchs-
schwellenwerts auch bereits Gesundheitsgefährdungen anzunehmen.
KOFLER [119] zählt dazu beispielsweise Acrolein, Chloroform, p-Dichlorbenzol, Ozon und 1,1,1-Trichlorethan.

Zum anderen kann der Geruch als solcher – unabhängig zunächst
von der stofflichen Qualität der ihn verursachenden Stoffe – Belästigungen, Einschränkungen der Leistungsfähigkeit (zumindest bei der
Ausführung komplexer Aufgaben [120]) oder gar gesundheitliche
Beeinträchtigungen verursachen. In diesem Sinn kann der Geruchsschwellenwert bei der Bewertung der Luftqualität von Innenräumen
eine ähnliche Bedeutung gewinnen wie ein toxikologisch begründeter
Grenzwert oder ein medizinisch ermittelter Reizschwellenwert.

Eine Gesundheitsgefährdung kann also nicht nur direkt durch die
chemisch-toxischen Eigenschaften einer Substanz ausgelöst werden,
sondern auch indirekt durch die Verhaltensmuster, mit denen auf
Geruchseinwirkungen reagiert wird. Als Mechanismen dafür nennt
Kofler

– Streßreaktionen sowie
– unspezifische und spezifische Toxikopien.

Wenn Gerüche als Signale der Bedrohung aufgefaßt werden, können sie
Sorge, Angst und auch Aggression auslösen und damit eine als Streß-
syndrom oder als Selye-Adaptionssyndrom bezeichnete Symptomatik
verursachen. Je nach persönlicher Disposition kann daraus in unterschiedlichem Maß eine Gesundheitsgefährdung erwachsen.

Ein etwas anderer Mechanismus liegt den Toxikopien zugrunde, bei
denen die Patienten Krankheitsbilder oder pathologische Symptome
entwickeln, die für eine Vergiftung typisch sind, ohne daß der entsprechende Giftstoff vorhanden ist. Nach Kofler interpretieren die betroffenen Patienten bestimmte Signale oder Informationen (z. B. Gerüche)
im Sinn einer drohenden Vergiftung und reagieren nach den ihnen
bekannten Mustern zur Gefahrenbewältigung. Das kann, im Sinne einer
unspezifischen Reaktion, die Elimination der vermeintlich inkorpo-
rierten Giftstoffe durch Erbrechen sein. Verfügt der betroffenen Patient
über Informationen, wie der vermutete Giftstoff spezifisch wirkt, so
kann es als Reaktion auf den Vergiftungsverdacht zu entsprechend spezifischen Reaktionen kommen.

Gerüche können derartige Reaktionen auslösen und insofern
gesundheitsbeeinträchtigende Wirkungen haben, ohne tatsächlich

toxisch zu sein. Gerade dort, wo sich besonders empfindliche Personengruppen aufhalten (wie in Kindergärten und Schulen), lösen Geruchsbelästigungen häufig heftige Reaktionen aus. In der Behandlung von
Beschwerdefällen ist dem Rechnung zu tragen. Erst wenn die unerwünschten Gerüche durch geeignete Maßnahmen dauerhaft beseitigt
sind, wird die Innenraumluft wieder als gesundheitlich unbedenklich
akzeptiert.

FANGER [121] versuchte Geruchsquellen in Innenräumen weitergehend zu normieren. Als Bezugsgröße hat er die von einem (Standard-)
Menschen ausgehenden, mit Geruch beladenen gasförmigen Emissionen gewählt. Die von diesem Menschen ausgehende Geruchsbelästigung ist die Basiseinheit: 1 olf.

Jede andere Geruchsquelle wird über die Anzahl von solchen Standardmenschen quantifiziert, deren Ausdünstungen zu der gleichen
Geruchsbelästigung führen würden wie die zu messende Geruchsquelle. Im Sinne einer Konzentration an Geruchsstoffen läßt sich auf
diese Art eine quantitative Darstellung der Wahrnehmung von Geruchsstoffen geben, wenn man die von dem Standardmenschen ausgehenden

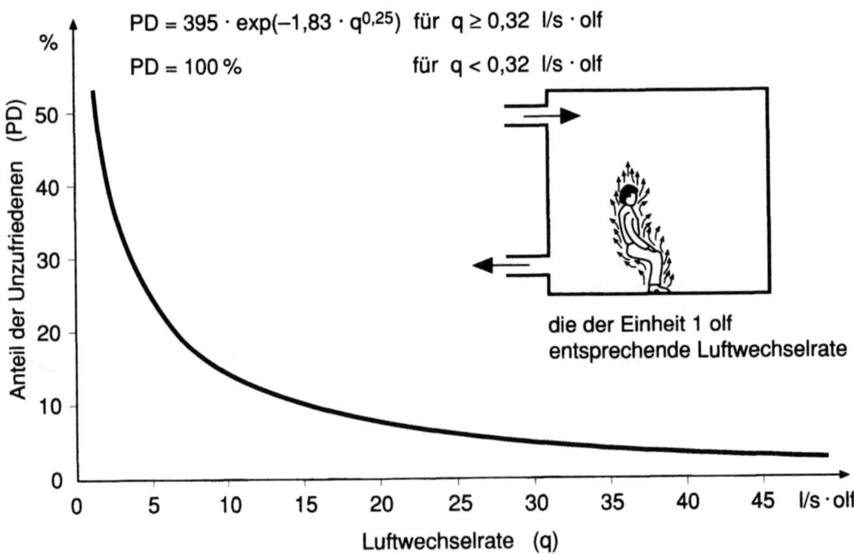

Abb. 2.8. Beeinträchtigung der Luftqualität durch die geruchsbeladenen Emissionen
eines Menschen (1 olf); Darstellung des Anteils der mit der Luftqualität Unzufriedenen in Abhängigkeit von der Luftwechselrate [121]

(geruchsbeladenen) Emissionen auf eine Raumeinheit mit einer Luftwechselrate (an unbelasteter Luft) in Höhe von 10 l/s bezieht. Die damit definierte Basiseinheit wird als 1 decipol bezeichnet. Fanger hat umfangreiche Experimente durchgeführt und den seinem Konzept zugrundegelegten Standardmenschen als Mittelwert aus olfaktometrischen Erhebungen mit ca. 1000 Probanden und mit 168 Prüfern ermittelt. Die sich daraus ergebende Beurteilungskurve in Abhängigkeit von der Luftwechselrate ist in Abbildung 2.8 wiedergegeben.

Im Grundsatz sollten Innenräume keine besonderen Gerüche aufweisen, außer solchen, die beim bestimmungsgemäßen Gebrauch normalerweise entstehen. Das gilt z.B. für die typischen Küchengerüche. Eine Grundlage für die Bewertung der Luftschadstoffbelastung von Innenräumen stellen also auch Geruchsschwellenwerte der einzelnen Stoffe dar [122].

3 Übersicht über die wichtigsten Luftschadstoffe in Innenräumen: physikalisch-chemische, olfaktometrische und toxikologische Informationen sowie Luftschadstoffkenndaten

Sowohl in der Umgebungsluft als auch in Innenräumen sind mit modernen analytischen Techniken Hunderte und Tausende von chemischen Verbindungen nachweisbar. Welche Fülle an chemischen Substanzen unter heutigen Bedingungen über technische Gerätschaften, die Raumausstattung, Haushaltshilfsmittel und andere weit verbreitete Produkte in Innenräume eingetragen werden können, ist an wenigen Beispielen zu zeigen:

- In Tonermaterial für Kopiergeräte stellten WOLKOFF et al. [123] insgesamt 64 verschiedene Verbindungen fest, die in der Mehrzahl leicht bis mäßig flüchtig sind. Das Spektrum reicht von aromatischen Kohlenwasserstoffen (wie Benzol und Xylol) über Alkohole, Aldehyde, Ketone bis hin zu aromatischen Aminen (z.B. Anilinderivaten) und zu den Monomeren (z.B. Styrol) einer Reihe polymerer Verbindungen, die das Kunststoffgerüst der Tonersubstanz bilden. Praktisch in allen Büros wird heute mit solchem Material umgegangen. All diese flüchtigen Stoffe finden sich – wenn auch nur in Spuren – in der Innenraumluft.
- FRIEGE [124] berichtete über einen Universalkleber für Bodenbeläge in dem mindestens 11 flüchtige Bestandteile wie aromatische Kohlenwasserstoffe, Ester, Carbonsäuren, Benzolsulfonsäurederivate oder Terpene festzustellen waren. Es ist davon auszugehen, daß nach dem Einsatz eines solchen Klebers die flüchtigen Verbindungen über Tage und u.U. über Monate in der Innenraumluft zu finden sind.
- Bei der Untersuchung von 10 verschiedenen Teppichböden fanden SOLLINGER et al. [125] in Klimakammerexperimenten insgesamt 99 verschiedene Verbindungen in der Luft. Das Spektrum reicht von aliphatischen und aromatischen Kohlenwasserstoffen über Alkohole und Phenole bis hin zu Aldehyden, Ketonen und Aminen.

– Selbst Baumaterialien mineralischen Ursprungs wie Mineral- und Glaswolle sind mit weiteren Werkstoffen so aufbereitet, daß bei ihrem Einsatz eine Fülle leichtflüchtiger organischer Verbindungen emittiert werden, darunter aliphatische und aromatische Kohlenwasserstoffe (v. a. Toluol), Alkohole und Aldehyde, wie Tirkkonen et al. [126] in Klimakammerversuchen feststellten. Bei der üblicherweise großflächigen Anwendung dieser Materialien für Dämmzwecke können sie zumindest in den ersten Wochen und Monaten nach dem Einbau einen substantiellen Beitrag zur Innenraumluftbelastung erbringen. Auch bei Schäden an Dächern, die mit der Durchfeuchtung des Dämmaterials verbunden sind, kann es zum Austrag einer Reihe von Hilfsstoffen aus dem Hüllmaterial kommen, das die Mineral- oder Glasfaser umgibt.

Im Hinblick auf die von Luftschadstoffen ausgehenden potentiellen Risiken und unter wohnhygienischen Gesichtspunkten ist eine erschöpfende Auflistung aller in Innenräumen zu findenden Substanzen und ihrer physikalisch-chemischen bzw. toxikologischen Eigenschaften allerdings nicht möglich. Es geht in diesem Buch um die Darstellung einer qualifizierten Auswahl von Stoffen und von Stoffgemischen, die im Hinblick auf lufthygienische Fragen und das Wohlbefinden der Bewohner und Nutzer eines Gebäudes von praktischer Bedeutung sind.

Aus der bloßen Präsenz einer Fülle von Stoffen ist noch nicht unmittelbar auf Risiken für die Bewohner und Nutzer der betreffenden Räumlichkeiten zu schließen. Bei der Bearbeitung konkreter Problem- und Beschwerdefälle stellt sich die Aufgabe, ein differenziertes Bild von der Belastungssituation zu gewinnen und dieses den Betroffenen zu vermitteln. In vielen Fällen geht es dabei um die Erörterung von Risiken, die sich allenfalls über statistische Begiffe fassen lassen. Risikokommunikation ist also eine unabdingbare Komponente bei der Beschäftigung mit Luftschadstoffen in Innenräumen, um mit allen Beteiligten zu einvernehmlichen Bewertungen und zu Problemlösungen zu gelangen, die auch den subjektiven Eindrücken der Beschwerdeführer gerecht werden.

Eine rein toxikologische Risikobewertung greift dabei zu kurz, da Beschwerden über unbefriedigende Innenraumluftverhältnisse häufig auf unangenehme Geruchseindrücke und Fremdgerüche zurückgehen, die das Wohlbefinden stören, nicht aber notwendigerweise als gesundheitliche Beeinträchtigungen erlebt werden. Orientiert man sich an dem von der WHO geprägten Gesundheitsbegriff, der einen Zustand völligen körperlichen, seelischen und sozialen Wohlbefindens bezeichnet, so sind natürlich auch Verhältnisse, die das Wohlbefinden in einem Raum mindern, als bedeutsam anzusehen [127].

In Innenräumen – insbesondere in den Räumlichkeiten der Privatsphäre – geht es nicht nur um die Einhaltung von Grenzwerten für Luftschadstoffe zur Vermeidung schädlicher Einwirkungen auf den Menschen, sondern auch um die Sicherung der Regenerationsmöglichkeit und um die Ausschaltung aller Einflüsse, die die Konzentrationsfähigkeit und die Möglichkeiten zur Entspannung mindern. Der Status von Innenräumen bei der Bewertung der Luftbelastungsverhältnisse läßt sich gut an Hand eines bereits 1964 von der WHO formulierten 4stufigen Kriteriensystems für die Normierung der Luftgüte [128] erläutern (in der Übersetzung von H. KETTNER):

„Stufe 1: Konzentration und Einwirkungsdauer bei und unterhalb dieser weder direkte noch indirekte Wirkungen (einschließlich Beeinflussung der Reflexe und der Adaptions- und Schutzreaktionen) auftreten;

Stufe 2: Konzentration und Einwirkungsdauer bei und unterhalb dieser Reizung der Sinnesorgane, schädliche Einwirkungen auf die Vegetation, Sichtminderung oder andere nachhaltige Einwirkungen auf den Menschen auftreten;

Stufe 3: Konzentration und Einwirkungsdauer bei und unterhalb dieser wahrscheinliche Schädigungen der physiologischen Organfunktionen und Veränderungen, die zu chronischen Krankheiten oder Verkürzungen des Lebens führen können;

Stufe 4: Konzentration und Einwirkungsdauer bei und unterhalb dieser wahrscheinlich akute Erkrankungen oder Todesfälle bei empfindlichen Populationsgruppen auftreten. "

Auch wenn diese Kriterien inzwischen durch differenziertere und besser operationalisierbare Vorgaben für die Festlegung von Grenzwerten überholt sein mögen, so läßt diese Abstufung den Stellenwert von Innenräumen in einem System der Luftgüteklassifikation erkennen: Für Innenräume sind die strengsten Maßstäbe im Sinne der Stufe 1 des Konzepts anzulegen. Es ist anzustreben, dort auch geringe reaktive Wirkungen durch Luftschadstoffe zu vermeiden.

Die Operationalisierung dieses Konzepts ist mit einer Reihe methodischer Schwierigkeiten verbunden, da nicht nur toxische Wirkungen im engeren Sinne ausgeschlossen werden sollen, sondern auch die Beeinflussung von Reflexen, Schutz- und Adaptionsmechanismen. Wegen der Fülle der damit angesprochenen körperliche Reaktionen läßt sich dies nicht an einigen wenigen Indikatorgrößen festmachen. Die Bestimmung eines in diesem Sinne verstandenen No-Effect-Levels (NOEL) ist mit erheblichen Schwierigkeiten und Unsicherheiten verbunden. Daher hat es sich bei der Bewertung der Schadstoffkonzentrationen in Innenräumen auch als schwierig erwiesen, Regelungen auf der Basis von eindeutig fixierten Grenzwerten vorzunehmen und es haben sich stattdessen „Zahlenräume" [129] entwickelt: Konzentrationswerte für Schadstoffe, die unterschiedliche Risikoniveaus charakterisieren. Es ist heute üblich, folgende *Richtwerte* für die Innenraumluftbelastung zu unterscheiden:

- *Interventions- oder Eingreifwert*
  Dieser toxikologisch abzuleitende Wert definiert ein Konzentrationsniveau, bei dem Maßnahmen zur Absenkung der Schadstoffbelastung getroffen werden müssen, um Schäden für die Gesundheit zu vermeiden;
- *Vorsorgewert*
  Damit wird das Konzentratiosniveau bezeichnet, das für die Allgemeinbevölkerung einschließlich aller Risikogruppen, sicherstellt, daß keinerlei gesundheitliche Beeinträchtigungen auftreten; an diesem Wert sollten sich Sanierungsmaßnahmen orientieren, daher wird mitunter auch vom Sanierungswert gesprochen;
- *Zielwert*
  Dieser Wert gibt das Konzentrationsniveau an, das der Forderung nach der Vermeidung von Schadstoffen in Innnenräumen entspräche und in diesem Sinne etwa als die natürlich bedingte, ubiquitär anzutreffende – und insoweit unvermeidliche – atmosphärische Grundbelastung mit einem Schadstoff zu definieren wäre.

Soweit in diesem Buch Richtwerte angegeben werden, sind sie entweder generell als solche zu verstehen oder sie werden im Sinne der hier erläuterten Begriffe als Interventions-, Vorsorge- oder Zielwert bezeichnet, wenn beim heutigen Kenntnisstand eine solche Differenzierung möglich ist.

3.1
Kleine Kasuistik der Schadstoffbelastung der Luft in Innenräumen

Die Fülle der in der Innenraumluft anzutreffenden Stoffe läßt sich unter einer Vielzahl von Gesichtspunkten klassifizieren. In der weiteren Darstellung stehen einerseits die stofflichen Eigenschaften und die physikalisch-chemischen Merkmale und andererseits die Quellen und Ursachen der Schadstoffbelastung im Vordergrund. Folgende Stoffgruppen spielen für die Luftqualität eine herausragende Rolle:

- *gasförmige anorganische Stoffe,* die bei Verbrennungsvorgängen entstehen und z. T. auch Produkte des menschlichen Stoffwechsels sind (wie Kohlendioxid, Kohlenmonoxid, Stickoxide, Schwefeldioxid oder Ammoniak) oder durch technische Prozesse und Geräte freigesetzt werden (wie z. B. Ozon aus Kopiergeräten);
- *flüchtige organische Verbindungen,* die aus Baumaterialien, Ausstattungsgegenständen und einer Fülle von Produkten, die im Haus lagern und Anwendung finden, freigesetzt werden; darüber hinaus können auch biologische Quellen (Pilze, Bakterien) flüchtige organische Verbindungen emittieren; auch menschliche Körperausdünstungen enthalten eine Fülle derartiger Verbindungen;
- Stoffe, die in partikulärer Form oder gebunden an *Partikel und Aerosole* in der Luft anzutreffen sind (wie Asbest und andere Fasermaterialien, Staub und seine nicht-flüchtigen bzw. schwerflüchtigen Inhaltsstoffe);
- *radioaktive Stoffe* (wie Radon);
- *biologische Kontaminanten* (wie die Hausstaubmilbe und ihre Exkremente, der Hausschwamm und Pilzsporen, Bakterien sowie Viren).

Es ist immer wieder versucht worden, prioritäre Schadstoffe zu definieren, deren wegen des von ihnen ausgehenden Gesundheitsrisikos und wegen ihrer weiten Verbreitung bei der Bestimmung und der Kontrolle der Luftqualität in Innenräumen eine besondere Aufmerksamkeit zu widmen ist. In Abbildung 3.1 ist exemplarisch das Ergebnis einer solchen Risikobetrachtung dargestellt.

PIERSON et al. [130] haben die Zahl der Todesfälle durch Krebserkrankungen, die der (in den USA) festgestellten Innenraumbelastung durch Radon, Tabakrauch, flüchtige organische Verbindungen und Asbest zuzurechnen sind, vergleichend dargestellt. Radon – ein natürlich vorkommendes radioaktives Element, das unter bestimmten geologischen Verhältnissen in erhöhten Konzentrationen in Gebäuden auf-

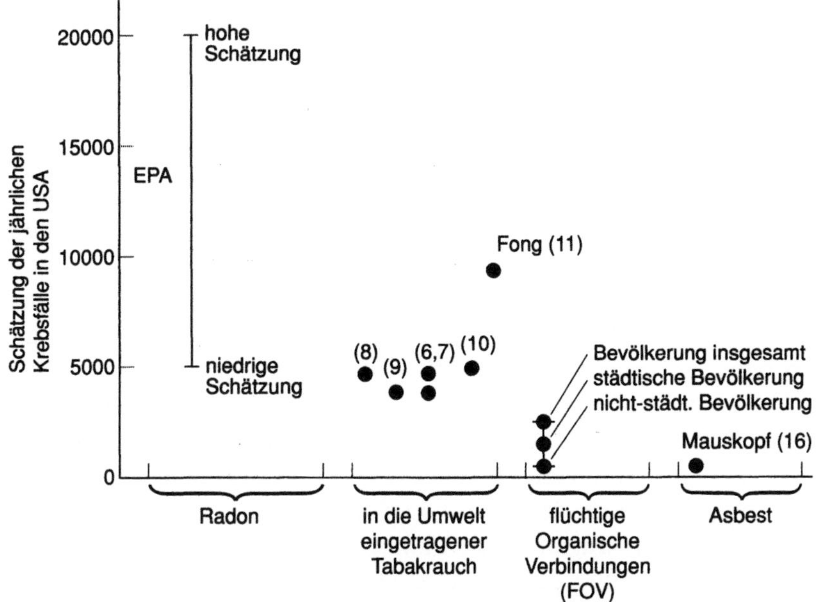

Abb. 3.1. Einschätzung des Krebsrisikos für 4 in Innenräumen auftretende Schadstoffe bzw. Belastungsfaktoren (Asbest, flüchtige organische Verbindungen, Radon und Tabakrauch) [130]

treten kann – ist in diesem Sinn als gefährlichster Schadstoff in Innenräumen anzusprechen, gefolgt vom Tabakrauch. Für die Entwicklung von Handlungsprogrammen auf politischer Ebene lassen sich aus derartigen Untersuchungen durchaus Schwerpunktsetzungen ableiten. Im Interesse eines effizienten Einsatzes der knappen Mittel für Maßnahmen zur Sicherung und Verbesserung der Luftqualität in Inneräumen sind solche Schwerpunktsetzungen auch unverzichtbar. Für die Untersuchung der Luftqualität in einzelnen Gebäuden oder Räumlichkeiten zur Abklärung von festgestellten Befindlichkeitsstörungen, haben solche Prioriätensetzungen jedoch nur eine sehr begrenzte Bedeutung, da in diesen Fällen nur selten die bekannten und mehr oder weniger offensichtlichen Belastungsfaktoren, wie etwa der Tabakrauch, eine Rolle spielen. Auch Radon ist nicht mit mehr oder minder subjektiven Wahrnehmungen der Luftqualität in Zusammenhang zu bringen, sondern als ein der Wahrnehmung entzogener Faktor zu sehen, der aber wegen seiner kanzerogenen Eigenschaften unter Gesichtspunkten des vorsorgenden Gesundheitsschutzes berücksichtigt werden muß.

In dem Bestreben, einen verbindlichen Bewertungsrahmen für Luftschadstoffe in Innenräumen zu schaffen, haben einzelne Bundesländer die Einführung von Richtwerten im Sinne maximal zulässiger Innenraumluftkonzentrationen erwogen. So wurde in Nordrhein-Westfalen von einer Liste mit 30 Schadstoffen ausgegangen [131]. Beim Überschreiten von bestimmten Richtgrößen sind dann Sanierungsmaßnahmen nach jeweils stoffspezifischen Regeln vorgesehen, wie sie durch baurechtliche Bestimmungen beispielsweise für die Asbestsanierung schon bindend eingeführt wurden. Bislang ist freilich noch in keinem Bundesland eine solche Rahmenrichtlinie verabschiedet worden und auch eine „TA Innenraum" (Technische Anleitung zur Luftqualität in Innenräumen), die immer wieder in der öffentlichen Debatte um Luftschadstoffe in Innenräumen gefordert wird, ist derzeit nicht absehbar.

All diese Bemühungen stehen vor dem grundsätzlichen Problem, daß es wegen der großen Zahl von Stoffen und Stoffgruppen, die in Innenräume eingetragen werden können und die Luft belasten, keine umfassende Regelung geben kann. Jede Liste von Schadstoffen muß unvollständig sein, da mit neuen Produkten und neuen Entwicklungen in der Chemie und in der Technik immer wieder auch neue Quellen auftreten können. Dies gilt natürlich auch für die in diesem Buch getroffene Auswahl der eingehender behandelten Schadstoffe.

In der nachfolgenden tabellarischen Übersicht sind wesentliche physikalisch-chemische Kenndaten, Geruchsschwellenwerte sowie Richtwerte zur Beurteilung der Schadstoffbelastung unter Gesichtspunkten des Arbeitsschutzes (MAK-Werte: Stand nach MAK- und BAT-Werte-Liste 1993) und des Gesundheitsschutzes (Richtwerte für Innenräume) zusammengefaßt. Bei den Richtwerten für Innenräume handelt es sich nicht um rechtlich verbindliche Kennzahlen, sondern um Werte, die von sachkundigen Institutionen oder Wissenschaftlern vorgeschlagen wurden.

Die volumetrische Maßeinheit ppm (part per million) $= 1\,cm^3/m^3$ ist durch Multiplikation mit dem Quotienten aus Molekulargewicht und Molvolumen (bei den in Innenräumen üblichen Druck- und Temperaturverhältnissen) in die massenbezogene Konzentrationseinheit mg/m^3 umzurechnen.

Die in Tabelle 3.1 aufgelisteten Richtwerte für die Innenraumbelastung mit Schadstoffen werden in den stoffbezogenen Kapiteln erläutert, begründet und mit Literaturzitaten belegt, soweit sie nicht durch Analogieüberlegungen ad hoc ermittelt wurden.

Tabelle 3.1. Physikalisch-chemische und toxikologische Kenndaten für typische Innenraumluftschadstoffe

Parameter/Substanz	Chemische Formel	Dampfdruck [Pa] bei der angegebenen Temperatur	Siede-punkt [°C]	Geruchs-Schwellen-Wert [mg/m³]	MAK-Wert [mg/m³]	Richtwerte[a] für Innenräume [mg/m³] (soweit nicht anders angegeben)	Faktor zur Umrechnung von mg/m³ auf ppm
Gasförmige anorganische Stoffe							
Kohlendioxid	CO_2	$> 105/20\,°C^b$	−78,5 Sublimiert	Geruchlos	9000	2700 (V) ($\approx 0,15\%$) 1800 (Z) Pettenkofer-Zahl ($\cong 0,1\%$)	0,546 ppm
Kohlenmonoxid	CO	$> 105/20\,°C^b$	−191,5	Geruchlos	33	10 1 (V)	0,859 ppm
Schwefeldioxid	SO_2	$3,41 \cdot 10^5/20\,°C$	−10	0,8−6,1	13	0,35 (1-h-Mittel) 0,05 (Jahresmittel)	0,376 ppm
Stickstoffmonoxid	NO	$3,46 \cdot 10^6/20\,°C$	−151,8	−	−	−	0,813 ppm
Stickstoffdioxid	NO_2		21	$2,0−10,0^c$	9	0,15 (V) Als 24-h-Mittel 0,05 (V) Als Jahresmittel 0,03 (Z)	0,532 ppm
Ozon	O_3	−	−112,5	$0,001−1,02^c$	0,2	0,12	0,500 ppm
Ammoniak	NH_3	−	−33,5	$1,9^d$	35	< 1	1,410 ppm

Tabelle 3.1 (Fortsetzung)

Parameter/Substanz	Chemische Formel	Dampfdruck [Pa] bei der angegebenen Temperatur	Siedepunkt [°C]	Geruchs-Schwellen-Wert [mg/m³]	MAK-Wert [mg/m³]	Richtwerte[a] für Innenräume [mg/m³] (soweit nicht anders angegeben)	Faktor zur Umrechnung von mg/m³ auf ppm
Schwermetalle (partikelgebunden und gasförmig)							
Blei	Pb	–	1755	Geruchlos	0,1 (Als Staub)	0,002[e]	–
Cadmium	Cd	–	767	Geruchlos	Krebserzeugend, noch kein TRK-Wert[f] definiert	1,7 ng/m³ [g] (Z)	–
Quecksilber	Hg	$1,62 \cdot 10^{-1}/20\,°C$	356,9 (Elementar)	Geruchlos	0,1	0,001	0,12 ppm
Radioaktive Elemente							
Radon	Rn	–	– 62	Geruchlos	– (Regelung nach Strahlenschutzverordnung)	250 Bq/m³ [132] Die EU hat leicht abweichende Richtwerte definiert [133]	–

Staub und faserförmige Partikel

Staub (feste Schwebstoffe)	–	–	–	Geruchlos (anhaftende Substanzen können Eigengeruch aufweisen	6 (Allgemeiner Staubgrenz-wert)	–	–
Asbest							
– Chrysotil	$Mg_6[(OH)_8/Si_4O_{10}]$			Geruchlos	250 000 F/m^3 [f] Krebserzeugend/[134] TRK-Wert[f]	1000 F/m^3 [h]	–
– Krokydolith	$(Na,K)_2(Fe^{2+},Mg)_3(Fe^{3+},Al)_2[(OH)_2/Si_8O_{22}]$	–	–	Geruchlos	–	1000 F/m^3	–
– Amosit	$(Mg,Fe)_7[(OH)_2/Si_8O_{22}]$	–	–	Geruchlos	–	1000 F/m^3 Zielwert: 88 F/m^3 (Alle Faser-typen)[g] [135]	–
Künstliche Mineral-fasern (MMMF)	Materialien unterschiedlicher chemischer Zusammensetzung	–	–	Geruchlos	500 000 F/m^3 Krebserzeugend/ TRK-Wert[f]	–	–

Tabelle 3.1 (Fortsetzung)

Parameter/Substanz	Chemische Formel	Dampfdruck [Pa] bei der angegebenen Temperatur	Siede-punkt [°C]	Geruchs-Schwellen-Wert [mg/m³]	MAK-Wert [mg/m³]	Richtwerte[a] für Innenräume [mg/m³] (soweit nicht anders angegeben)	Faktor zur Umrechnung von mg/m³ auf ppm
Flüchtige organische Verbindungen							
Alkane und Alkene						0,50 (E) 0,15 (Z)	–
n-Hexan	C_6H_{14}	$1{,}60 \cdot 10^4$/20°C	68,6	230–875[i]	180	50 µg/m³ (Z)	0,28 ppm
n-Heptan	C_7H_{16}	$4{,}73 \cdot 10^3$/20°C	98,4	200–920[j]	2000	50 µg/m³ (Z)	0,24 ppm
n-Decan	$C_{10}H_{22}$	$3{,}59 \cdot 10^2$/20°C	173,8	11,3[i]	–	50 µg/m³ (Z)	0,16 ppm
n-Undecan	$C_{11}H_{24}$	$1{,}33 \cdot 10^2$/ 32,7°C	195,8	0,03–1[i]	–	50 µg/m³ (Z)	0,14 ppm
Cyclohexan	C_6H_{12}	$1{,}03 \cdot 10^4$/20°C	80,8	1–100[i]	1050	50 µg/m³ (Z)	0,29 ppm
Ethen	C_2H_4	$>4 \cdot 10^6$/20°C	–104,0	10–100[i]	Krebserzeugend, TRK-Wert[f]: noch nicht festgelegt	25 µg/m³ (Z)	0,86 ppm
1,3-Butadien	C_4H_6	$2{,}40 \cdot 10^5$/20°C	–4,4	0,3–6[i]	Krebserzeugend, TRK-Wert[f]: 11–34 (unterschiedlich nach Art des Arbeitsplatzes)	< 2,5 µg/m³ (Z)	0,45 ppm
4-Phenylcyclohexen (PCH)	$C_{12}H_{14}$	–	252	0,004 [136]	–	25 µg/m³ (Z)	0,14 ppm

Aromatische Kohlenwasserstoffe						0,50 (V)[k] [137] 0,05 (Z)[k] [137]	–
Benzol	C_6H_6	$1,31 \cdot 10^4$/ 25 °C[l]	80,1	2,8 – 5	Krebserzeugend, TRK-Wert[f]: 3,2 – 8 (unterschiedlich nach Art des Arbeitsplatzes)	10 µg/m³ (E) 0,2 – 2,5 µg/m³ (Z)	0,31 ppm
Toluol	C_7H_8	$2,93 \cdot 10^3$/20 °C	110,8	0,1 – 2	190	200 – 400 µg/m³ (V)[m] [138] 25 – 200 µg/m³ (Z)	0,26 ppm
Ethylbenzol	C_8H_{10}	$9,33 \cdot 10^2$/20 °C	136,2	0,4 – 2,6[i]	440	200 µg/m³ (V) 25 µg/m³ (Z)	0,23 ppm
o-Xylol	C_8H_{10}	$6,67 \cdot 10^2$/20 °C	143,6	0,348 – 0,7	440	200 – 400 µg/ m³ (V) 25 – 40 µg/m³ (Z)	0,23 ppm
m-/p-Xylol	C_8H_{10}	–	–	0,348 – 0,7	440	200 – 400 µg/ m³ (V) 25 – 40 µg/m³ (Z)	0,23 ppm
– m-Xylol		$8,00 \cdot 10^2$/20 °C	139				
– p-Xylol		$8,66 \cdot 10^2$/20 °C	138,4				
Trimethylbenzol	C_9H_{12}					Für alle Isomere: 200 µg/m³ (V) 25 µg/m³ (Z)	
– 1,2,3-Trimethylbenzol (Hemellitol)		–	176		–		0,20 ppm
– 1,2,4-Trimethylbenzol (Pseudocumol)		–	169	0,1 – 0,7[i]	–		0,20 ppm
– 1,3,5-Trimethylbenzol (Mesitylen)		$2,00 \cdot 10^3$/20 °C	164,7	0,1 – 10[i]	noch nicht festgelegt		0,20 ppm
Styrol (Vinylbenzol, Phenylethen)	C_8H_8	$6,7 \cdot 10^2$/23 °C [139]	145,8	0,07	85	70 µg/m³ (V) [36] 10 – 25 µg/m³ (Z)	0,24 ppm

Tabelle 3.1 (Fortsetzung)

Parameter/Substanz	Chemische Formel	Dampfdruck [Pa] bei der angegebenen Temperatur	Siede-punkt [°C]	Geruchs-Schwellen-Wert [mg/m^3]	MAK-Wert [mg/m^3]	Richtwerte[a] für Innenräume [mg/m^3] (soweit nicht anders angegeben)	Faktor zur Umrechnung von mg/m^3 auf ppm
Bi- und Polyzyklische Aromatische Kohlenwasserstoffe						1,3 ng/m^3 (Z)[e, g]	–
Naphthalin	$C_{10}H_8$	$1,00 \cdot 10^1$/20 °C	217,9 (Subli-miert)	0,007 – 1,5[i]	50	0,12[n] [140]	0,19 ppm
Fluoranthen	$C_{16}H_{10}$	–	251	–	–	–	–
Benzo(a)anthracen	$C_{18}H_{12}$	–	–	–	–	–	–
Benzo(a)pyren	$C_{20}H_{12}$	–	311 (Bei 1300 Pa)	–	–	–	–
Isoprenoide und Terpene						0,030 (Z)	–
Isopren	C_5H_8	$6,57 \cdot 10^4$/20 °C	34,1	–	–	0,015 (Z)	0,35 ppm
α-Pinen	$C_{10}H_{16}$	$4,30 \cdot 10^2$/20 °C	155,8	0,016 – 0,064[i]	–	0,015 (Z)	0,17 ppm
β-Pinen	$C_{10}H_{16}$	$2,90 \cdot 10^2$/20 °C	164	–	–	0,015 (Z)	0,17 ppm
Limonen	$C_{10}H_{16}$	$2,66 \cdot 10^2$/20 °C	177,8	–	–	0,015 (Z)	0,17 ppm
Campher	$C_{10}H_{16}O$	$1,33 \cdot 10^2$/ 41,5 °C	–	0,018 ppm	13	0,015 (Z)	0,14 ppm

Alkohole						0,05 (Z)	–
Methanol	CH_3OH	$1,23 \cdot 10^4/20\,°C$	64,7	$5,3^d$	260	0,25 0,025 (Z)	0,76 ppm
Ethanol	C_2H_5OH	$5,87 \cdot 10^3/20\,°C$	78,4	$0,342-9690^c$	1900	0,25 0,025 (Z)	0,53 ppm
n-Butanol (Butan -1-ol)	$C_4H_{10}O$	$1,20 \cdot 10^3/20\,°C$	117,5	$0,36-150^c$	300	0,25 0,025 (Z)	0,33 ppm
iso-Butanol (Butan-2-ol)	$C_4H_{10}O$	$2,27 \cdot 10^3/25\,°C$	99,5	$0,36-225^c$	300	0,25 0,025 (Z)	0,33 ppm
2-Ethyl-1-hexanol (ETH)	$C_8H_{18}O$	$5,00 \cdot 10^{-2}/25\,°C$	183,5	$0,399-0,734^c$	–	0,25 0,025	0,18 ppm
Aldehyde						0,02 (z)	–
Formaldehyd	HCHO	$1,01 \cdot 10^5/20\,°C$	–21	$0,07-0,11$ [141]	0,6	0,12 (E) 0,09 (V) 0,01 (Z)	0,80 ppm
Acetaldehyd	CH_3CHO	$9,86 \cdot 10^4/20\,°C$	20,2	$0,06-0,4^{d,j}$	90	0,2 0,01 (Z)	0,56 ppm
Benzaldehyd	C_6H_5CHO	$1,33 \cdot 10^2/26\,°C$	178	$0,03-0,2^j$	–	0,2 0,01 (Z)	0,23 ppm
Hexanal (Capronaldehyd)	$C_6H_{12}O$	$1,33 \cdot 10^3/20\,°C$	128	$0,039-0,057^i$ [142]	–	0,25 0,01 (Z)	0,24 ppm
Ketone						0,02 (Z)	–
Aceton (Propanal)	C_3H_6O	$2,47 \cdot 10^4/20\,°C$	56,2	$47,5-1614^c$	1200	0,25 0,01 (Z)	0,42 ppm
2-Butanon Methylethylketon/MEK)	C_4H_8O	$1,03 \cdot 10^4/20\,°C$	79,6	$0,7375-147,5^c$	590	0,25 0,01 (Z)	0,34 ppm

Tabelle 3.1 (Fortsetzung)

Parameter/Substanz	Chemische Formel	Dampfdruck [Pa] bei der angegebenen Temperatur	Siedepunkt [°C]	GeruchsSchwellenWert [mg/m³]	MAK-Wert [mg/m³]	Richtwerte[a] für Innenräume [mg/m³] (soweit nicht anders angegeben)	Faktor zur Umrechnung von mg/m³ auf ppm
Ketone							
2-Propenal (Acrolein)	C_3H_4O	$2{,}93 \cdot 10^4/20\,°C$	52	$0{,}46-3{,}5$ [j]	0,25	0,05 0,01 (Z)	0,43 ppm
Carbonsäuren und Ester						0,25 0,020 (Z)	–
Essigsäure	CH_3COOH	$1{,}52 \cdot 10^3/20\,°C$	118,1	$2{,}5-250$ [c]	25	0,25 0,01 (Z)	0,40 ppm
Ethylacetat	$C_4H_8O_2$	$9{,}73 \cdot 10^3/20\,°C$	77,1	$0{,}0196-665$ [c]	1400	0,25 0,01 (Z)	0,27 ppm
n-Butylacetat	$C_6H_{12}O_2$	$1{,}33 \cdot 10^3/20\,°C$	120	$0{,}029-0{,}19$ [o]	950	0,25 0,01 (Z)	0,21 ppm
iso-Butylacetat	$C_6H_{12}O_2$	$2{,}66 \cdot 10^2/25\,°C$	117	$0{,}009-90$ [c]	950	0,25 0,01 (Z)	0,21 ppm
Vinylacetat	$C_4H_6O_2$	$1{,}11 \cdot 10^4/20\,°C$	73	$0{,}36-1{,}65$ [c]	35	0,25 0,01 (Z)	0,28 ppm
Leichtflüchtige halogenierte Kohlenwasserstoffe							
Chloroform (Trichloromethan)	$CHCl_3$	$2{,}10 \cdot 10^4/20\,°C$	62,0	$10-5000$	50	–	0,20 ppm
1,1,1-Trichlorethan (Methylchloroform)	$C_2H_3Cl_3$	$1{,}33 \cdot 10^4/20\,°C$	74,1	$1000-2200$ [i,j]	55	–	0,18 ppm

Trichlorethen	C_2HCl_3	$7,7 \cdot 10^3$/20 °C	87,2	1,1–2160[c]	270	–	0,18 ppm
Tetrachlorethen	C_2Cl_4	$1,87 \cdot 10^3$/20 °C	121,1	8 [36]	345	0,1 [132]	0,15 ppm
Chlorbenzol	C_6H_5Cl	$1,17 \cdot 10^3$/20 °C	132,0	0,5–20[i]	230	0,1[p] [143]	0,22 ppm
1,4-Dichlorbenzol	$C_6H_4Cl_2$	$5,0 \cdot 10^1$/20 °C	173,7	90–180[c]	300	–	0,12 ppm
schwerer flüchtige halogenierte Verbindungen							
Hexachlorbenzol (HCB)	C_6Cl_6	$3,11 \cdot 10^{-3}$/ 25 °C[l]	326	–	Nur BAT-Wert (HCB-Gehalt in Blutplasma bzw. Serum) definiert	–	–
Polychlorierte Biphenyle (PCB)	s. Kap. 3.1.8	–	–	–	–	Σ PCB: 3000 ng/m³ (E) 300 ng/m³ (V)	–
– Chlorgehalt 42 %		$1 \cdot 10^{-2}$/20 °C[b]	325–366[q]		1		
– Chlorgehalt 54 %		$4 \cdot 10^{-4}$/20 °C[b]	365–390[q]		0,5		
Polychlorierte Naphthaline (PCN)	–	–	–	ca. 0,001 [144]	–	–	–
– 1-Monochlornaphthalin	$C_{10}H_7Cl$	–	259	–	–	20 µg/m³ (E)	–
– 1,4-Dichlornaphthalin	$C_{10}H_6Cl_2$	–	286	–	–	20 µg/m³ (E)	–
– Chlorgehalt 52 % (Halowax 1099)		Ca. $6,6 \cdot 10^{-2}$/ 20 °C	318	–	–	Σ PCN: 3000 ng/m³ (E) 300 ng/m³ (V)	–
Dioxine und Furane (PCDD und PCDF)	s. Kap. 3.1.8	In der Größenordnung von 10^{-7}–10^{-5} bei 25 °C [145]	–	–	$50 \cdot 10^{-9}$1 (Als Gesamtstaub) krebserzeugend/ TRK-Wert	10 pg ITE/m³ (E) 0,5 bis 2,5 pg ITE/m³ (Z)	–

Tabelle 3.1 (Fortsetzung)

Parameter/Substanz	Chemische Formel	Dampfdruck [Pa] bei der angegebenen Temperatur	Siede-punkt [°C]	Geruchs-Schwellen-Wert [mg/m^3]	MAK-Wert [mg/m^3]	Richtwerte[a] für Innenräume [mg/m^3] (soweit nicht anders angegeben)	Faktor zur Umrechnung von mg/m^3 auf ppm
Fungizide Wirkstoffe in Holzschutzmitteln							
Pentachlorphenol (PCP)	C_6HCl_5O	$1,5 \cdot 10^{-2}$/20 °C[i]	293	– (In der Hitze ab 10 mg/m^3 stechend)[c]	Krebs-erzeugend, nur EKA-Wert definiert[f]	1 µg/m^3 (E) [146] 0,025 µg/m^3 (Z) [147]	–
Dichlofluanid (N-Dichlorfluormethyl-thio N′,N′-dimethyl-N-phenylsulfamid)	$C_9H_{11}Cl_2FN_2O_2S_2$	$1,3 \cdot 10^{-4}$/ 20 °C[r]	Nicht destil-lierbar	–	–	(120 µg/m^3)[t] 1 µg/m^3 (E)[s] [146] 0,025 µg/m^3 (Z)[s]	–
Furmecyclox (2,5-Di-methyl-3-(N-cyclohexyl-N-methoxy)-furan-carbonsäureamid)	$C_{14}H_{21}NO_3$	$8,4 \cdot 10^{-3}$/ 20 °C[r]	–	–	Hinweise auf krebs-erzeugende Wirkung [148]	(8000 µg/m^3)[t] [149]	–
Propiconazol (1-[[2-(2,4-Dichlor-phenyl)-4-propyl-1,3-di-oxolan-2-yl]methyl]-1H-1,2,4-triazol)	$C_{15}H_{17}Cl_2N_3O_2$	$1,7 \cdot 10^{-4}$/ 20 °C[r]	> 250 °C	–	–	–	–

Carbendazim (2-Methoxy-carbonylamino-benzimidazol)	$C_9H_9N_3O_2$	$1{,}0 \cdot 10^{-5}$/20 °C	Nicht destillierbar	–	–	(20 µg/m³) [t]	–
Chlorthalonil (1,3-Dicyan-2,4,5,6-tetrachlorbenzol)	$C_8Cl_4N_2$	1,3/40 °C [u]	250 °C [i]	–	Verdacht auf krebs-erzeugende Wirkung	(20 µg/m³) [t] 1 µg/m³ (E) [s] [146] 0,025 µg/m³ (Z) [s]	–
Pestizide							
Chlordan (1,2,4,5,6,7,8,8-Octachlor-3a,7,7a-tetra-hydro-4,7-endo-methano-indan)	$C_{10}H_6Cl_8$	$1{,}3 \cdot 10^{-3}$/25 °C [i]	175 °C bei 130 Pa	–	0,5 (Als Gesamtstaub) Verdacht auf krebserzeugende Wirkung, in Deutschland nicht mehr zugelassen	–	
Chlorpyrifos (O,O-Di-ethyl-O-(3,5,6-trichlor-2-py-ridyl)-monothiophosphat)	$C_9H_{11}Cl_3NO_3PS$	$2{,}4 \cdot 10^{-3}$/25 °C	Nicht destillierbar	–	–	–	–
Dichlorvos (2,2-Dichlorvinyl-di-methylphosphat)	$C_4H_7Cl_2O_4P$	0,29/20 °C [u]	117 °C bei 1330 Pa	–	1	–	–
Endosulfan (6,7,8,9,10,10-Hexachlor-1,5,5a,6,9,9a-hexahydro-6,9-methano-2,4,3-benzo-dioxathiepin-3-oxid)	$C_9H_{10}Cl_6O_3S$	$< 1 \cdot 10^{-3}$/20 °C	106 °C bei 90 Pa	–	–	(6 µg/m³) [t] 1 µg/m³ (E) [s] 0,025 µg/m³ (Z) [s]	–

Tabelle 3.1 (Fortsetzung)

Parameter/Substanz	Chemische Formel	Dampfdruck [Pa] bei der angegebenen Temperatur	Siede-punkt [°C]	Geruchs-Schwellen-Wert [mg/m^3]	MAK-Wert [mg/m^3]	Richtwerte[a] für Innenräume [mg/m^3] (soweit nicht anders angegeben)	Faktor zur Umrechnung von mg/m^3 auf ppm
Pestizide							
Fenitrothion (O,O-Dimethyl-O-(3-methyl-4-nitro-phenyl)-monothiophosphat)	$C_9H_{12}NO_5PS$	$1{,}5 \cdot 10^{-4}$/ 20 °C[u]	Iso-merisiert bei Destillation	–	–	–	–
Heptachlor (1,4,5,6,7,8,8-Heptachlor-3a,4,7,7a-tetrahydro-4,7-endo-methano-inden)	$C_{10}H_5Cl_7$	$5{,}3 \cdot 10^{-2}$/ 25 °C[u]	117–126 bei 7 Pa	–	0,5 (Als Gesamtstaub)	–	–
Lindan (γ-Hexachlor-cyclohexan)	$C_6H_6Cl_6$	$5{,}6 \cdot 10^{-3}$/ 20 °C[u]	Nicht destil-lierbar	–	0,5 (Als Gesamtstaub) BAT-Wert: 20 µg/l im Blut	(4 µg/m^3)[t] 1 µg/m^3 (E)[s] 0,025 µg/m^3 (Z)[s]	–
Permethrin (cis,trans-3-(Dichlorvinyl)-2,2-dimethylcyclopropan-1-carbon-säure-3-phenoxybenzylester)	$C_{21}H_{20}Cl_2O_3$	$1{,}3 \cdot 10^{-6}$/ 20 °C[u]	–	–	–	1 µg/m^3 (E)[s] 0,025 µg/m^3 (Z)[s]	–

Phoxim (Diethoxy-thiophosphoryl-(oxyimino)-phenyl-acetonitril)	$C_{12}H_{15}N_2O_3PS$	$2,7 \cdot 10^{-3}$ / 20 °C[u]	Nicht destillierbar (Zersetzung)	–	–	(30 µg/m³)[t]	–
Propoxur (2-(1-methyletoxy)-phenol-methylcarbamat)	$C_{11}H_{15}NO_3$	$1,3 \cdot 10^{-3}$ / 20 °C[u]	–		2 (Als Gesamtstaub)	–	–
Pyrethrum	Wirkstoffgemisch mit Derivaten der Chrysanthemum-säure und der Pyrethrinsäure	sehr niedrig[u]	–	–	5 (Als Gesamtstaub)	–	–

Wesentliche Quellen für die Daten: [150–156].

[a] Soweit nach dem Wert eine Angabe in Klammern steht, haben die dabei verwendeten Buchstaben folgende Bedeutung: *E* – Eingreifwert, *V* – Vorsorgewert, *Z* – Zielwert. Diese Begriffe sind in dem einleitenden Text von Kap. 3 näher erläutert.

[b] Diese Daten sind dem NIOSH manual of analytical methods des US department of health and human services, Cincinnati 1990 (3rd edition/4th supplement) entnommen.

[c] [150].

[d] [156].

[e] Maximale Immissionskonzentration, MIK-Wert, die von der Kommission Reinhaltung der Luft im VDI und DIN erarbeitet werden; in Einzelfällen sind auch Richtwerte, die von einzelnen Bundesländern als MIK-Werte vorgeschlagen wurden, aufgenommen.

[f] Für eindeutig krebserzeugende Substanzen werden keine MAK-Werte definiert, da keine noch als unbedenklich anzusehende Konzentration angegeben werden kann. Für technisch unvermeidliche, krebserzeugende Arbeitsstoffe werden für die Praxis des Arbeitsschutzes technische Richtkonzentrationen (TRK-Werte) oder Expositionsäquivalente für krebserzeugende Arbeitsstoffe (EKA-Werte) aufgestellt. Der MAK-Wert für Asbest ist im August 1995 allerdings aufgehoben worden. Vgl. Bundesministgerium für Arbeit und Sozialordnung (1995, 1996) Neue Technische Regeln für Gefahrstoffe. Staub Reinh Luft 55:366–368 und Staub Reinh Luft 56:47.

Tabelle 3.1 (Fortsetzung)

g Für die Schadstoffe Arsen, Asbest, Benzol, Cadmium, Dieselruß, PAK (Polyzyklische Aromatische Kohlenwasserstoffe), Dioxine (als Konzentrationswert für das 2,3,7,8-TCDD) hat der LAI Bewertungsmaßstäbe (im Sinne von Immissionszielwerten) zur Begrenzung des Krebsrisikos durch Luftschadstoffe vorgeschlagen. Auch wenn diese Werte als allgemeine Immissionswerte und nicht als spezifische Innenraumluftwerte definiert wurden, sind sie methodisch doch in einer Weise entwickelt worden, die im Grundsatz auch auf Innenraumluftsituationen anzuwenden wäre. Daher werden diese Immissionszielwerte auch in diese tabellarische Übersicht aufgenommen [135].

h Sanierungszielwert nach den im Baurecht der Länder verankerten Asbestrichtlinien; danach wird verlangt, daß die beiden folgenden Bedingungen eingehalten werden: 1. Die Asbestfaserkonzentration mit Faserlängen $L \geq 5$ µm, Faserdurchmesser $D < 3$ µm und einem Verhältnis von Faserlänge zu Faserdurchmesser $L:D > 3:1$ wird aus der auf dem Filter beobachteten Faseranzahl berechnet. Jeder Meßwert muß weniger als 500 F/m³ betragen. 2. Die Obergrenze des aus der Anzahl der Asbestfasern mit einer Faserlänge ≥ 5 µm, einem Faserdurchmesser $D < 3$ µm und einem Verhältnis von Faserlänge zu Faserdurchmesser $L:D > 3:1$ nach der Poisson-Verteilung berechneten 95%-Vertrauensbereichs der Asbestfaserkonzentration muß unterhalb 1000 F/m³ liegen.

i [154].

j [152].

k Die Festlegung von Orientierungswerten für aromatische Kohlenwasserstoffe wird in Kap. 3.1.5.2 erläutert; die in dieser Tabelle aufgeführten Werte sind dort begründet bzw. mit Quellenangaben versehen, soweit nicht sonstige Anmerkungen gemacht werden.

l [151].

m Die von Victorin [138] mitgeteilten Richtwerte sind Vorschläge des Instituts für Umweltmedizin am Karolinska Institut/Stockholm für die Festlegung von Maximalen Immissionskonzentrationen. Sie sind nicht speziell für Innenräume entwickelt worden, orientieren sich aber an den Zielen des Gesundheitsschutzes, die auch für Innenräume maßgeblich sind. Insofern können sie auch für die Bewertung der Schadstoffbelastung in Innenräumen eine Orientierung bieten.

n Kühling und Peters [140] haben für eine Reihe von Luftschadstoffen unter Gesichtspunkten des Immissionsschutzes Anhaltswerte für die Definition guter lufthygienischer Verhältnisse ermittelt. Diese lassen sich auch als Richtwerte für die Luftqualität in Innenräumen heranziehen, da mit ihnen ähnliche Schutzziele verfolgt werden.

o [153].

p Nach Untersuchungen, die in der UdSSR durchgeführt worden waren, ist bei einer Chlorbenzolkonzentration von 0,1 mg/m³ sichergestellt, daß menschliche Reflexe nicht beeinfluß werden ('no human reflex response').

q [521].

r [155].

s Krooß und Stolz [147] schlagen vor, Dichlofluanid, Chlorthalonil, Endosulfan, Lindan und Permethrin ähnlich wie PCP zu bewerten.

t Die von Kunde [149] angegebenen „Maximal duldbaren Raumluft-Konzentrationen" (MRK-Werte) erscheinen beim heutigen Kenntnisstand z. T. zu hoch angesetzt.

u Worthing CR (1993) The pesticide manual. A world review, The British Crop Council, London.

3.1.1
Kohlendioxid: Leitparameter für die physiologisch bedingte Beeinträchtigung der Luftqualität in Innenräumen

Kohlendioxid (CO_2) ist der klassische Leitparameter zur Bestimmung der Luftqualität in Innenräumen. Eine Reihe von *Quellen* tragen zur CO_2-Belastung bei. Der Mensch selbst ist mit seinen verschiedenen Exhalationsprodukten und Ausdünstungen als erste Quelle von Luftverunreinigungen im Innenraum anzusprechen. Als Produkt der menschlichen Atmung ist der CO_2-Gehalt der Innenraumluft unmittelbar Ausdruck der Intensität der Nutzung eines Raums. Das Verhältnis der CO_2-Konzentration in inhalierter zu exhalierter Luft liegt bei ca. 1:140. Je nach Art der Tätigkeit und der körperlichen Anstrengung atmet ein erwachsener Mensch zwischen ca. 10 und 200 l/h CO_2 aus. Üblicherweise wird bei normaler Berufstätigkeit (keine Schwerarbeit) davon ausgegangen, daß je Person 22,5 l/h CO_2 abgegeben werden. In einem Regelwerk der American society of heating, refrigerating and air conditioning engineers (ASHRAE) wird von einem etwas niedrigeren Wert von 18 l/h CO_2 je Person bei Büroarbeit ausgegangen [157].

Da das CO_2 in Innenräumen hauptsächlich ein Produkt der menschlichen Physiologie ist, läßt sich in Zweifel ziehen, ob es als Schadstoff anzusehen ist. Andererseits beeinträchtigen erhöhte CO_2-Konzentrationen die Luftqualität.

Bei unzureichenden Lüftungsverhältnissen oder unter extremen Raumnutzungsbedingungen kann daher die CO_2-Konzentration in Innenräumen allein durch die von den Nutzern ausgeatmeten Mengen bis zu einer Größenordnung von einigen Volumenprozent – und damit in den Bereich physiologischer Reaktionen auf das erhöhte Konzentrationsniveau – ansteigen.

Als Leitparameter ist CO_2 anzusprechen, weil der Anstieg der CO_2-Konzentration in Innenräumen gut mit dem Anstieg der Geruchsintensität der sonstigen menschlichen Ausdünstungen korreliert. HUBER und WANNER [158] konnten zeigen (Abb. 3.2), daß die Geruchsintensität in einem Raum, ab der ein von menschlichen Ausdünstungen (nicht aber durch Rauchen oder durch sonstige Aktivitäten) verursachter Geruch als störend empfunden wird (die Belästigungsschwelle), in etwa mit einer CO_2-Konzentration von 0,15 % zusammenfällt. Dieser Wert liegt im Bereich der Pettenkofer-Zahl, die von PETTENKOFER [8] als Richtwert für die maximale CO_2-Konzentration

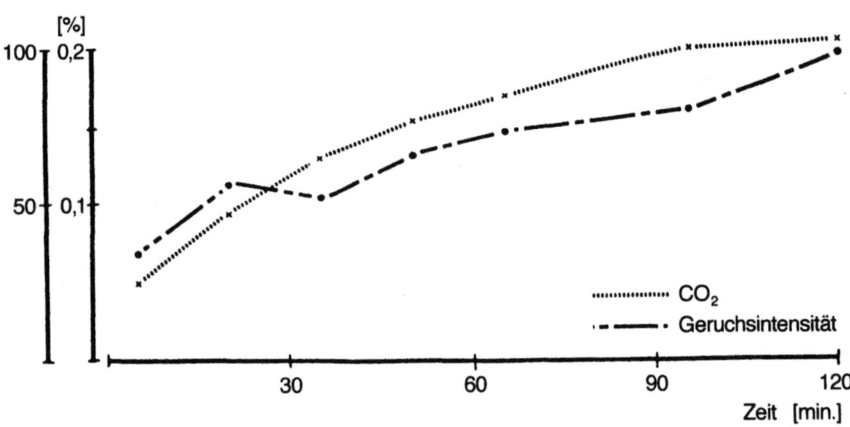

Abb. 3.2. Zeitlicher Verlauf der CO_2-Konzentrationen und der empfundenen Geruchsintensität während eines 2stündigen Versuchs. Die Beurteilung der Geruchsintensität erfolgte in der ersten Stunde alle 15, dann alle 30 min. Versuchsbedingungen: 4 sitzende Personen in einem Raum von 30 m³ bei einer Luftwechselrate von 0,8 (entsprechend 6 m³ Frischluft Person und Stunde)

in Wohn- und Aufenthaltsräumen mit einem Wert von 0,1 % CO_2 definiert wurde.

Die von Menschen abgegebene Menge an CO_2 korreliert nicht nur mit der Geruchsintensität der sonstigen menschlichen Ausdünstungen, sondern auch direkt mit der Menge an flüchtigen organischen Verbindungen, die wiederum – zumindest z. T. – als Träger des vom Körper ausgehenden Geruchs angesprochen werden können. WANG [159] untersuchte diese Zusammenhänge in einem Klassenzimmer und stellte fest, daß die 4 der Menge nach vorherrschenden Verbindungen in den Körperausdünstungen etwa ²/₃ der gesamten Menge an flüchtigen organischen Verbindungen (FOV/VOC – volatile organic compounds) ausmachen. Dabei handelt es sich um Aceton, Buttersäure, Ethanol und Methanol. Weiter wurden als wichtige Komponenten der Körperausdünstungen, die sich in der Innenraumluft in relevanten Konzentrationen finden, die folgenden Stoffe festgestellt: Acetaldehyd, Allylalkohol, Essigsäure, Amylalkohol, Diethylketon, Ethylacetat, Phenol und Toluol. Insgesamt wurden durchschnittlich 14,8 mg/h an FOV je Person freigesetzt.

Die Korrelation zwischen der Menge an CO_2 und der Menge an FOV, die von einem Menschen abgegeben werden, läßt sich zur Bewertung der Raumluftverhältnisse heranziehen. BATTERMAN et al. [160] haben als Kenngröße für die Innenraumluftverhältnisse einen dimensionslosen Anreicherungsfaktor VEF (Volatile organic compunds enrichment factor) definiert:

$$VEF = \frac{(\Delta C_{FOV,t}/\Delta C_{CO_2,t})}{(C_{FOV,b}/C_{CO_2,b})} \tag{3.1}$$

Die Ermittlung der Kenngröße VEF erfordert die zeitgleiche Messung der CO_2-Konzentration und der Konzentration an flüchtigen organischen Verbindungen (als Summe der FOV) zu einem beliebigen Zeitpunkt t in der Innenraum- und in der Umgebungsluft. Die Größen $\Delta C_{FOV,t}$ und $\Delta C_{CO_2,t}$ ergeben sich dann aus der Differenz der im Gebäude und in der Umgebungsluft festgestellten Konzentrationen an CO_2 bzw. an FOV. Im Nenner werden die Konzentrationen oder die Emissionsraten an CO_2 und flüchtigen organischen Verbindungen angesetzt, die als Körperausdünstungen zu erwarten sind. BATTERMANN et al. setzen dafür die bekannten Emissionsraten für Menschen an und erhalten so als Nenner den Wert [(0,0148 g VOC/h × Person)/(35,3 g CO_2/h × Person)]= 0,000419.

Ergibt sich bei den Untersuchungen ein Wert der Kenngröße VEF um 1, so ist davon auszugehen, daß die Raumluftqualität im Gebäude von biogenen Quellen geprägt wird. Bei einem Wert > 1 ist davon auszugehen, daß abiotische Quellen für flüchtige organische Verbindungen vorliegen. Ergebnisse mit einem Wert > 5 für die Kenngröße VEF werden als starke Hinweise auf Sanierungserfordernisse eingeschätzt. Andererseits geben kleine Werte für die Kenngröße VEF einen Hinweis auf abiotische CO_2-Emittenten im Gebäude, was bei Einsatz unventilierter Heiz- und Kochgeräte eintreten kann.

Neben dem biotischen – v. a. durch die menschliche Atmung verursachten – Eintrag an CO_2 in die Innenraumluft spielen alle Verbrennungsprozesse, bei denen die Verbrennungsgase nicht gezielt und praktisch vollständig aus dem Raum abgeführt werden, als CO_2-Quelle eine Rolle.

Dazu sind grundsätzlich das Rauchen von Zigaretten, Zigarren und Pfeifen (allerdings sind gerade beim CO_2 – im Gegensatz zu anderen Schadstoffen – die Beiträge der Raucher quantitativ gering), das Abbrennen von Kerzen und der Betrieb von offenen Öl- und Gasleuchten ebenso zu zählen wie der Gasherd und andere Einrichtungen, bei denen auf offener Flamme gekocht wird. Auch Heizgeräte mit offener Flamme und ohne Kaminanschluß können die CO_2-Konzentration in Innenräumen erheblich erhöhen.

Bei diesen offenen, z. T. sehr unvollständigen Verbrennungsprozessen, spielen freilich unter lufthygienischen Gesichtspunkten eine Reihe anderer Schadstoffe (wie CO_2, NO_2, Formaldehyd, PAK) für die Einschätzung der davon ausgehenden Risiken eine bedeutsamere Rolle als CO_2, da sie wegen ihrer toxischen Eigenschaften schon bei wesentlich niedrigeren Konzentrationen als CO_2 zu Befindlichkeitsstörungen und Vergiftungserscheinungen führen können. CO_2 kann in solchen Fällen als leicht und sicher zu bestimmender Leitparameter dienen.

Unter besonderen Umständen kann CO_2 auch als Bestandteil der Bodengase aus dem Untergrund über das Fundament von Gebäuden in den Innenraum eindringen. Solche Effekte sind im Umfeld von Deponiestandorten beobachtet worden, wenn in den Ablagerungen (z. B. Hausmüll) durch biologische Abbauprozesse unter anaeroben Bedingungen Deponiegas gebildet wird, das zum einen bis zu über 60 % Methan und zum anderen bis zu 40 % CO_2 enthalten kann [161]. Es sind Fälle dokumentiert, in denen in es in Häusern im Umfeld solcher Deponien zu Explosionen gekommen ist [162], weil sich in den Innenräumen ein explosives Gasgemisch mit einer hinreichend großen Methankonzentration ansammeln konnte. In solch einem Fall kommt der CO_2-Konzentration natürlich keine nennenswerte Bedeutung mehr zu, aber es kann unter ähnlichen Randbedingungen auch zu einer Anreicherung des Methan-CO_2-Gemisches kommen, die zu unerwünscht hohen CO_2-Konzentrationen in den betroffenen Gebäuden führt.

Auch natürliche Bodengasquellen (wie Torflager, alluviale Lagerstätten und gewisse geologische Formationen) können Gaseintritte in Gebäude verursachen. Auch wenn es sich bei dieser Art Zusatzbelastung mit CO_2 eher um seltene Sonderfälle handelt, ist bei der Fülle der inzwischen in Deutschland nachgewiesenen alten Deponiestandorte und industriellen Altlasten doch auch auf deren mögliche Auswirkungen auf die Luftbelastung im Inneren der Gebäude zu achten. An Standorten mit Altlastenverdacht sind die Untergrundverhältnisse und das Risiko eines Schadstoffeintrags in Gebäude über das Bodengas sorgfältig abzuklären.

Wie bei anderen Schadstoffen ist natürlich auch beim CO_2 der Einfluß der Außenluft auf die Belastungsverhältnisse im Inneren der

Gebäude zu betrachten. Über die öffentliche Debatte um die Gefahren des Treibhauseffekts und um den Schutz der Erdatmosphäre ist die globale Entwicklung der Konzentration des „Treibhausgases" CO_2 zu einem bedeutenden Thema geworden. Dem CO_2 wird ein Anteil von ca. 50 % am aktuellen Treibhauseffekt zugerechnet [163]. Die CO_2-Konzentration ist innerhalb der letzten 100 Jahre von ca. 250 ppm auf heute ca. 350 ppm gestiegen und zeigt nach wie vor steigende Tendenz. Sicherlich liegen diese Konzentrationen deutlich unterhalb physiologisch bedeutsamer Schwellen und der weitere Anstieg der CO_2-Konzentration ist vorrangig wegen der damit verbundenen Risiken für den Energiehaushalt der Erde von Belang. Diese ubiquitär gegebene CO_2-Konzentration ist aber natürlich auch die in Gebäuden anzutreffende Grundbelastung, die sich durch Beiträge aus den beschriebenen anderen Quellen erhöht.

Innerhalb von Gebäuden sind *typische zeitliche und räumliche Verteilungsmuster der CO_2-Konzentration* festzustellen, die sich aus den Nutzungen ergeben. In Versammlungsräumen, Lehrsälen und Klassenzimmern (ohne raumlufttechnische Einrichtungen) mit einer hohen Belegung steigt die CO_2-Konzentration im Lauf der Zeit an und kann Konzentrationen bis zum Mehrfachen der Pettenkofer-Zahl erreichen [164] und unter ungünstigen Umständen auch den MAK-Wert in Höhe von 0,5 % (9000 mg/m^3) überschreiten.

In Wohngebäuden sind durchschnittliche CO_2-Konzentrationen in der Größenordnung von ca. 400–700 ppm (entsprechend ca. 750–1300 mg/m^3) festzustellen, die aber im Lauf des Tages stark variieren können [165]. HOSKINS et al. [166] haben eine Reihe von Untersuchungen aus verschiedenen europäischen Ländern zur Luftqualität in Innenräumen ausgewertet, die speziell auch auf die Rolle des CO_2 als Komponente in der Innenraumluft eingegangen sind. Als Mittelwerte für verschiedene Kategorien von Innenräumen ergaben sich auch dabei CO_2-Konzentrationen von ca. 700 ppm (entsprechend ca. 1300 mg/m^3).

Je nach der Funktion der einzelnen Räume tragen unterschiedliche Quellen zur CO_2-Belastung bei. So können in der Küche während des Kochens kurzzeitig Konzentrationen von mehr als 3000 mg/m^3 anzutreffen sein. Konzentrationen in dieser Größenordnung beobachtete PRESCHER [167], der auch den Verlauf der CO_2- (sowie der CO-) Konzentration in der Küche nach Abschluß der Kochtätigkeiten beobachtete und einen Abfall auf die Ausgangskonzentrationen innerhalb von 45–100 min, je nach Umfang der Kochaktivitäten und der Lüftungsvorgänge, feststellte.

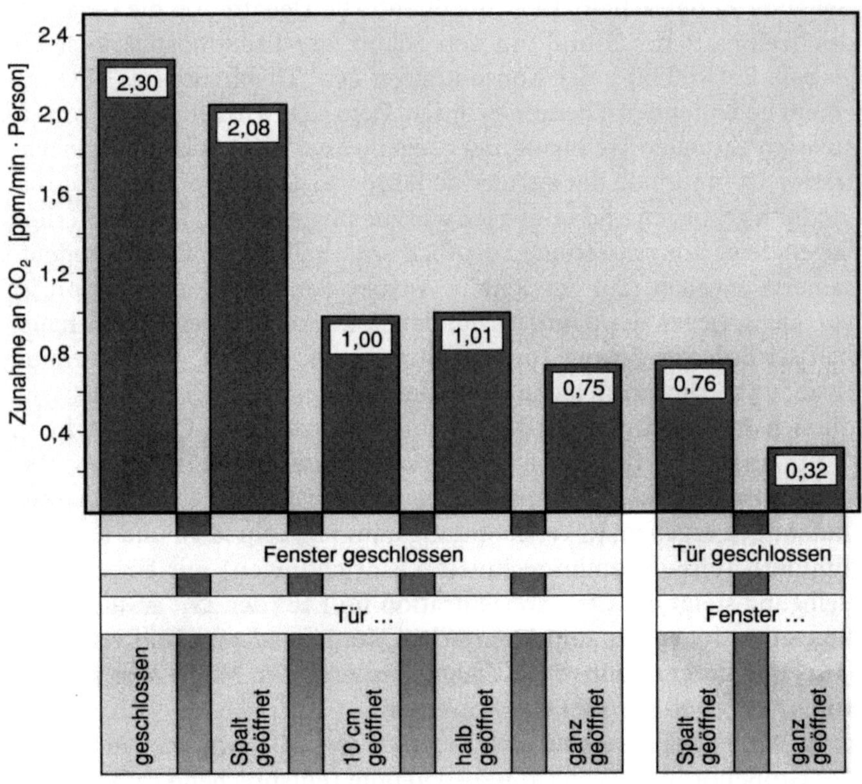

Abb. 3.3. Zunahme der CO_2-Konzentration in einem mit 2 Personen belegten Schlafzimmer bei verschiedenen Tür- und Fensterstellungen; die Konzentrationszunahme ist in [ppm CO_2/min Person] angegeben

In Schlafzimmern hat KONOPINSKI [168] die höchsten Konzentrationen in der Größenordnung bis 2000 mg/m³ in der Phase des Aufwachens und des Aufstehens gemessen. Bei ähnlichen Untersuchungen haben FEHLMANN und WANNER [169] den Einfluß der Fenster- und Türstellung eines Schlafzimmers auf den Anstieg der CO_2-Konzentration während der Schlafphase untersucht. Ihre Ergebnisse sind in Abb. 3.3 zusamengefaßt. Sie haben in ihrem Meßprogramm bei Belegung des Schlafzimmers mit 2 Personen und bei geschlossenen Fenstern und Türen CO_2-Konzentrationen bis zu 4300 ppm (über 7000 mg/m³) gemessen. Allerdings zeigte sich bei ihren Untersuchungen auch, daß auch relativ geringe Lüftungsöffnungen (z. B. eine 10 cm breite Öffnung der Tür) den Anstieg der CO_2-Konzentration im Schlafzimmer deutlich beschränken und damit kaum mehr Werte > 1500 ppm (2700 mg/m^3) auftreten.

Zu erinnern ist in diesem Zusammenhang an die wohnhygienischen Untersuchungen von FRIEDBERGER [170], der in den 20er Jahren in den stark überbelegten Massenwohnquartieren seiner Zeit CO_2-Konzentrationen bis zu 0,55% (mehr als 10000 mg/m^3) gemessen hat, die gleichzeitig mit beträchtlichen Geruchsbelastungen verbunden waren.

Für raumlufttechnische Anlagen wird CO_2 wegen seiner guten Indikatoreigenschaften für die Belastung der Luft mit menschlichen Emissionen auch als Leitparameter und Regelgröße eingesetzt, über die die Menge an zuzuführender Frischluft bestimmt wird [171, 172]. Ein solches Regelkonzept setzt eine sorgfältige Planung der Meßstrategie und eine aufmerksame und verläßliche Kontrolle, Wartung und Betreuung der Meßsonden und Regelstrecken voraus, da sonst erhebliche Fehler und eine unzureichende Funktion der raumlufttechnischen Anlagen die Folge sind [173] (neuere Überlegungen gehen dahin, außer CO_2 auch andere Parameter über Sensoren mitzuerfassen und somit eine komplexere Basis für die Regelung der Anlagen zu haben [174]).

Über die physiologischen Wirkungen erhöhter CO_2-Konzentrationen liegen umfangreiche Erkenntnisse aus der Arbeitsmedizin, aber auch aus luft- und raumfahrtmedizinischen Untersuchungen vor. In den bisher angesprochenen Konzentrationsbereichen deutlich unterhalb von 1% sind keine unmittelbaren physiologischen *Wirkungen* des CO_2 zu erwarten.

Bei hohen Konzentrationen treten Erstickungserscheinungen auf und ab ca. 10% sind Schwindel und Bewußtseinsverlust dokumentiert, bei noch höheren Konzentrationen tritt Bewußtlosigkeit ein.

Im Körper führt die Exposition gegenüber erhöhten CO_2-Konzentrationen zu einem Anstieg des CO_2-Partialdrucks im Blut. Daraus entwickelt sich über die Hydratation des CO_2 ein Anstieg der H^+- und HCO_3^--Konzentration, der zu einer respiratorischen Azidose führt, wenn die Pufferkapazität im Blut überschritten ist. Dies löst eine schnellere Atmung und die Abgabe des CO_2 aus (pulmonale Kompensation), während parallel das Säure-Basen-Gleichgewicht über die Niere wieder ausgeglichen wird (renale Kompensation).

Als Vergiftungszeichen werden bei hohen CO_2-Konzentrationen zunächst u. a. Kopfschmerzen, Schwindel, Ohrensausen, Reflexverlangsamung, motorische Unruhe, Doppeltsehen, Verlust der Augenbewegung, Gesichtsfeldausfälle und schließlich Bewußtseinsstörungen, Bwußtlosigkeit und ein Anstieg der Körpertemperatur sowie eine allgemeine Hypoxie genannt [175].

Zur *Bewertung* der CO_2-Konzentration in Innenräumen ist der in DIN 1946, Teil 2 genannte Wert von 0,15 % maßgeblich. Nach wie vor kann darüber hinaus die Pettenkofer-Zahl als Zielwert herangezogen werden: 0,1 % (oder 1000 ppm) an CO_2. Dieser Wert sollte zumindest nicht ständig bzw. über längere Zeiträume überschritten werden. Die Überschreitung der Pettenkofer-Zahl ist als Zeichen für die unzureichende Belüftung von Räumlichkeiten zu werten. Zumeist stellt sich in solchen Räumen der Eindruck von „abgestandener Luft" und ermüdenden Raumluftverhältnissen ein. Der CO_2-Konzentration ist jedoch im Bereich zwischen 0,1 (Pettenkofer-Zahl) und 0,5 % (MAK-Wert) keine direkte toxische Wirkung zuzurechnen.

Bei Auftreten überhöhter CO_2-Konzentrationen ist eine *Verbesserung der Innenraumluftqualität* vorrangig durch die Schaffung angemessener Lüftungsmöglichkeiten zu erreichen.

Wie effektiv und rasch sich die CO_2-Konzentration (und gleichzeitig mit ihr natürlich auch die Konzentration vieler anderer in Innenräumen vorhandener Schadstoffe) absenken läßt, ist Abb. 3.4 zu entnehmen.

Die besten Effekte zur Verbesserung der Luft in stark belegten Innenräumen lassen sich durch Stoßlüftung [176] (weit geöffnete Fenster, Durchzug) erreichen. Lüftungszeiten von einigen Minuten reichen aus, um die CO_2-Belastung drastisch zu senken, Lüftungszeiten von mehr als 7 min tragen nicht mehr wesentlich zur Verbesserung der Innen-

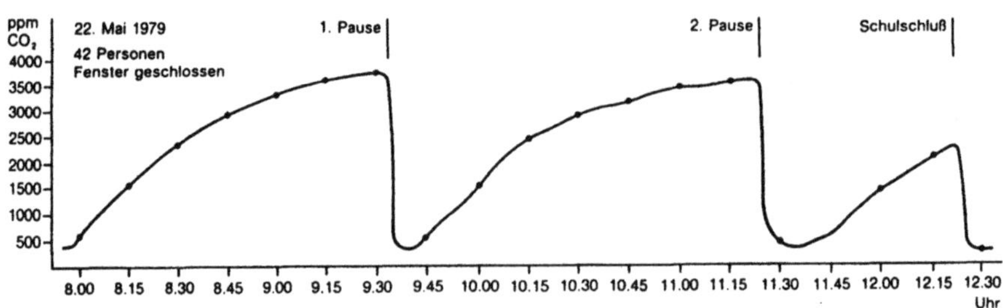

Abb. 3.4. Verlauf der CO_2-Konzentration in einem Schulraum während der Unterrichtsstunden, während des Unterrichts geschlossene Fenster, während der Pause Fenster für einige Minuten geöffnet [164]

raumluft bei, führen aber zu einem höheren Energieverbrauch durch die stärkere Auskühlung des Baukörpers.

Mitunter ist aber auch über die *Sanierung* einer Quelle die CO_2-Konzentration dauerhaft zu senken, etwa wenn Abgase von Kochstellen und von Heizungsgeräten gezielt abgeführt oder der Eintritt von CO_2 mit dem Bodengas verhindert werden können. Es handelt sich dabei stets um Maßnahmen, die den speziellen Umständen des einzelnen Falls gerecht werden müssen. Die CO_2-Konzentration ist bei der Veranlassung von Sanierungsaktivitäten generell als Indikatorgröße für unzureichende Luftaustauschverhältnisse zu sehen und nicht primär als toxischer Faktor.

3.1.2
Kohlenmonoxid im Haus aus Verbrennungsprozessen aller Art

Gemessen an der Zahl der tödlich oder zumindest mit klinisch manifesten Symptomen verlaufenden Vergiftungsfälle durch Luftschadstoffe in Innenräumen muß Kohlenmonoxid (CO) als gefährlichster und vielleicht am weitesten verbreiteter Luftschadstoff in Gebäuden gelten. CO ist das Produkt der unvollständigen Verbrennung kohlenstoffhaltigen Materials. Dementsprechend sind alle Verbrennungsprozesse als mehr oder minder bedeutsame *Quellen* von CO anzusehen. CO ist im Zigarettenrauch genauso zu finden wie im Rauchgas von Feuerungsstätten. Die bei weitem größten Mengen an CO werden aber von Kraftfahrzeugen ausgestoßen, allerdings ist durch eine Reihe von technischen Maßnahmen die Gesamtemission in Deutschland seit Mitte der 70er Jahre rückläufig. Als weitere Quellen sind kleinere Heizwerke und Heizungen in Haushalten zu sehen. Auch diese Quellen haben wegen des Luftaustauschs zwischen Gebäuden und der Umgebungsluft eine Bedeutung für die Luftbelastung in Innenräumen. Besondere Gefahren gehen vom CO bei Brandereignissen aus. Rauchvergiftungen bei Bränden können durch verschiedene, in den Brandgasen enhaltene Schadstoffe verursacht werden. Die bei weitem wichtigste Komponente ist dabei aber das CO.

Einen Sonderfall stellen in diesem Zusammenhang überdachte Eissportanlagen dar, in denen die Maschinen und Fahrzeuge zur Bearbeitung der Eisoberfläche, die häufig mit Verbrennungsmotoren betrieben werden, über ihre Abgase erhebliche Mengen an CO (und anderen Schadstoffen) eintragen können. Extreme Belastungen und CO-

Konzentrationen, die häufig über 40 mg/m³ lagen, wurden beim Betrieb von defekten oder mangelhaft eingestellten Eisbearbeitungsmaschinen festgestellt [177]. In Frankreich kam es im Jahr 1993 unter solchen Bedingungen sogar bei 2 Eissportanlagen zu Vergiftungserscheinungen bei insgesamt über 100 Eisläufern und Zuschauern [178]. Die Belastung mit CO wurde in diesen Fällen allerdings nicht direkt gemessen, sondern ließ sich aus den im Zug der klinischen Behandlung ermittelten CO-Hb (Carboxy-hämoglobin)-Werten rekonstruieren.

Auch bei normalen Betriebsabläufen und beim Einsatz intakten Geräts beobachteten LEE et al. [179] noch Mittelwerte um 15 mg/m³ CO (ca. 13 ppm) über die 14 Betriebsstunden einer Eissportanlage.

Die Konzentration des CO im Rauchgas von Feuerungsanlagen ist stark vom Brennmaterial und von der Art der Verbrennung abhängig. Gefahren treten in Innenräumen immer dann auf, wenn die Rauchgase von Feuerstellen in der Wohnung mangelhaft abgeführt werden, die Öfen schlecht ziehen oder die Schornsteine bauliche Mängel aufweisen, die ein Eindiffundieren von Verbrennungsgasen in die Wohnung ermöglichen. Dank der strikten Regelungen der Kleinfeuerungs-anlagenverordnung (1. Bundesimmissionsschutzverordnung) und der konsequenten Überwachung der Feuerstellen und Heizungseinrichtun-gen durch die Schornsteinfeger sind technische Mängel stark reduziert worden. In Deutschland wird daher inzwischen seltener über Vergif-tungsfälle durch Kohlenmonoxid berichtet – es sei denn über solche, die in suizidaler Absicht herbeigeführt werden.

In einer Untersuchung aus dem Jahre 1981 wurde die individuelle Sterberate für Vergiftungsfälle durch Austritt von Verbrennungsgasen aus Feuerstätten in Innenräume, d.h. das Verhältnis der Zahl der dadurch verursachten Todesfälle zur Zahl der Gesamtbevölkerung, in Deutschland (bezogen auf die alten Bundesländer) auf ca. $10 \cdot 10^{-7}$ geschätzt [180]. Gemessen an der Zahl der Fälle, die über die Presse-berichterstattung bekannt werden, dürfte diese Abschätzung jedoch zu niedrig liegen, wenn man auch die durch technische Störungen von Durchlauferhitzern verursachten Intoxikationen den durch Feuerungs-stätten verursachten Vergiftungsfällen zurechnet. Die Zahl der Vergif-tungs- und Todesfälle durch CO-Vergiftungen im Haushalt dürfte dann in Deutschland noch in der Größenordnung von 100 oder einigen 100 Fällen/Jahr liegen. In Frankreich ist auf der Basis von Erhebungen, die Ende der 80er Jahre durchgeführt wurden, über bis zu 1000 Vergif-tungsfälle/Jahr berichtet worden, die überwiegend im Winter und im

Abb. 3.5. Zeitungsbericht über eine tödliche CO-Vergiftung durch ein mangelhaftes Heizgerät (Bericht der Nürnberger Nachrichten vom 21.9.1994)

Defekte Heizung tötete Gerulaitis

Durch Gas vergiftet

Kohlenmonoxid drang durch Klimaanlage, als der Tennisstar schlief

SOUTHAMPTON/NEW YORK (dpa/AP) — Der Tod des 40jährigen amerikanischen Tennis-Stars Vitas Gerulaitis ist wahrscheinlich auf eine Kohlenmonoxid-Vergiftung zurückzuführen.

Ein fehlerhaft funktionierendes Propan-Heizgerät habe dazu geführt, daß Kohlenmonoxid in die Klimaanlage des Zimmers im Gästehaus des Immobilien-Millionärs Martin Raynes in Southampton gelangt sei, erklärte die Polizei. Das hätte, so der untersuchende Sergeant David Betts, zum Tode des ehemaligen Weltklassespielers geführt. Bereits in ersten Untersuchungen und nach der Autopsie waren Drogenmißbrauch oder Gewaltanwendung ausgeschlossen worden. Zum Zeitpunkt des Defekts hatte Gerulaitis, der sich allein in der Wohnung befand, offenbar geschlafen. Er wurde von einem Hausangestellten tot aufgefunden.

Die Beerdigung des beliebten Tennisspielers soll bereits morgen stattfinden.

Herbst festzustellen waren. Dabei lag die Ursache in nahezu 40 % der Fälle bei schadhaften oder mangelhaft betriebenen Heißwasserbereitern (Durchlauferhitzern) [181]. In Italien werden in der offiziellen Statistik ca. 350 Todesfälle durch CO-Vergiftungen erfaßt [182] und für Korea werden sogar ca. 100 000 Vergiftungsfälle, darunter 2000 mit tödlichen Folgen berichtet [183]. Großes Aufsehen erregte im Jahre 1994 der Tod des amerikanischen Tennis Profis Vitas Gerulaitis, der an einer CO-Vergiftung gestorben ist, die durch ein Propanheizgerät ohne Kaminanschluß ausgelöst worden ist (Abb. 3.5).

Da der Kraftfahrzeugverkehr heute die größte CO-Quelle darstellt, ist den „Innenräumen", die im Verkehr mitrollen, d.h. dem Innern von Lkws, Pkws und von öffentlichen Verkehrsmitteln, eine besondere Aufmerksamkeit zu widmen. Es ist daran zu erinnern, daß viele Menschen sich heute schon ebenso lange in Fahrzeugen und anderen Transportmitteln aufhalten wie im Freien – und dabei sind die Fahrzeuge, die

Arbeitsplätze sind (für Lastwagenfahrer, Taxi-Fahrer und andere mobile Berufsgruppen), nicht berücksichtigt.

Die Belastung von Kfz-Insassen [184–186] und von Benutzern öffentlicher Verkehrsmittel [187] durch Autoabgase ist daher verschiedentlich untersucht worden. Im Grundsatz stellen die im Innern der Kraftfahrzeuge gemessenen Schadstoffkonzentrationen ein Spiegelbild der im Straßenbereich zu messenden Luftschadstoffbelastung dar [188]. Werte in der Größenordnung von 5–30 mg/m^3 sind für CO dokumentiert worden. Die niedrigeren Werte beziehen sich dabei auf Fahrten im ländlichen Bereich [189], die höheren auf dichten Stadtverkehr.

Im Fahrzeug liegen die CO-Konzentrationen deutlich über dem Niveau in der Umgebungsluft, wenn man dafür die Meßergebnisse aus Immissionsmeßstationen zugrundelegt, die zumeist in einem gewissen Abstand zum Verkehrsfluß stehen. Vergleicht man die im Fahrzeuginneren gemessenen CO-Konzentrationen mit den Konzentrationen im unmittelbaren Umfeld des Fahrzeugs, so ergeben sich je nach Verkehrssituation unterschiedliche Verhältnisse: Im Stoßverkehr liegen die CO-Konzentrationen im Straßenbereich zumeist über den Konzentrationen im Inneren der Fahrzeuge [190], während zu verkehrsärmeren Zeiten oft umgekehrte Verhältnisse beobachtet werden. Auf jeden Fall müssen Fahrzeuginnenräume als die am höchsten mit CO belasteten Räumlichkeiten gelten – sieht man von dem geschilderten speziellen Fall der Eissportanlagen ab. Allerdings ist davon auszugehen, daß die deutliche Reduzierung der CO-Emissionen von Kfz-Motoren sich inzwischen auch in niedrigeren CO-Immissionskonzentrationen und damit auch in niedrigeren Konzentrationen im Kfz-Innenraum niederschlagen. Seit Anfang der 90er Jahre ist im Durchschnitt von CO-Konzentrationen deutlich unter 10 mg/m^3 im Fahrzeug auszugehen.

Eine ähnliche Situation wie im Fahrzeuginneren ergibt sich auch in Gebäuden, die in Straßenschluchtsituationen in unmittelbarer Nähe zum Verkehrsgeschehen stehen. Das Verhältnis der CO-Konzentration in Gebäuden zur CO-Konzentration im Außenbereich liegt etwa bei 1. Im Gegensatz zu anderen Luftschadstoffen (z. B. NO_2, O_3), die auch in Innenräumen einem raschen Abbau bzw. chemischen Umsetzungsprozessen unterliegen, ist CO unter Bedingungen des Innenraums stabil. Durch Lüftungsvorgänge wird zwar in solchen Situationen die innenraumspezifische Schadstoffbelastung gesenkt, aber dafür die im

straßennahen Bereich erhöhte Immissionsbelastung mit verkehrsbedingten Schadstoffen eingeschleust [191].

Dennoch erreicht die CO-Belastung von Innenräumen – soweit sie
durch den Schadstoffeintrag aus der Umgebungsluft resultiert – nur in
Einzelfällen unter extrem ungünstigen Rahmenbedingungen ein kriti-
sches Niveau, eher werfen andere verkehrsbedingte Schadstoffe, wie
Benzol oder Dieselruß, in straßennahen Gebäuden (oder beim Vorhandensein von Tiefgaragen) Probleme auf. Auch in der Umgebungsluft
erreichen die Immissionskonzentrationen an CO nur an extremen
Standorten noch kritische Größenordnungen. Sie liegen im Jahres-
mittel an vielen Meßstellen inzwischen sogar unter 1 mg/m³. *Typische
Konzentrationen* von Kohlenmonoxid an verschiedenen Meßstellen im
Außenbereich und in Innenräumen sind in Tabelle 3.2 zusammengefaßt.

Die *toxischen Wirkungen* des CO resultieren aus der hohen Affinität
zum Blutfarbstoff Hämoglobin (Hb), der für den Transport des Sauer-
stoffs über das Blut verantwortlich ist. Bei erhöhten CO-Gehalten
kommt es zu einer kompetitiven Blockade der Bindungsorte des Hämoglobins für den Sauerstoff und es bildet sich der Carboxyhämoglobin-
komplex (CO-Hb). Das kann zu einer verminderten bzw. unzureichenden Sauerstoffversorgung des Körpergewebes (einer Hypoxie) führen.

CO ist ein farb- und geruchloses Gas, bei dessen Auftreten keine
sensorisch wahrnehmbaren Warnsignale festzustellen sind. Bei akuter
Vergiftung treten mit steigendem Gehalt des Blutes an CO-Hb zunächst
leichte Kopfschmerzen, Kurzatmigkeit und Hautrötungen auf; es
kommt bei einem Anteil von ca. 20–30 % CO-Hb zu Schwindelgefühl,
Ohrensausen, Augenflimmern, Mattigkeit und ab ca. 30–40 % CO-Hb
zu Übelkeit, Erbrechen und im weiteren zu Ohnmacht und Kollaps. Bei
einer weiteren Steigerung des CO-Hb-Anteils versagen das Herz-Kreis-
lauf-System und die Atmung; bei ca. 60–70 % CO-Hb tritt der Tod ein.

Auch die längerwährende CO-Exposition kann zur Entwicklung
dieser Symptomatik führen, wenn der CO-Hb-Spiegel etwa 10 % CO-Hb
überschreitet. Allerdings werden bei Menschen, die über lange Zeit
erhöhten CO-Konzentrationen ausgesetzt sind, auch Gewöhnungs-
erscheinungen beobachtet. Solche Effekte dürften aber vorrangig an
bestimmten Arbeitsplätzen eine Rolle spielen, kaum jemals in einer
nicht-gewerblichen Innenraumumgebung. Die zumeist in Innenräumen zu beobachtenden CO-Konzentrationen liegen so niedrig, daß
die hier dargestellte Symptomatik nicht auftritt.

Tabelle 3.2. Typische Konzentrationen von CO in der Umgebungsluft und in Innenräumen

Charakterisierung des Orts der Untersuchung	Meßwerte [mg/m³]	Emissionsquelle/ Erläuterungen zu den Umständen der Messungen
Immissionsmessungen München: Stachus [192]		Innerstädtischer Verkehrsknotenpunkt
– Jahresmittelwert 1983	5,48	
– Jahresmittelwert 1993	2,49	
München: Westendstraße		Innerstädtische Randlage
– Jahresmittelwert 1983	1,95	
– Jahresmittelwert 1993	1,02	
Garching [191] Wohn- und Kindergartenräume in Autobahnnähe (n = 3)	1,0 – 1,5	Mittelwerte über Zeiträume von ca. 3 – 4 Wochen
Wohnungen mit unterschiedlichen Heizsystemen und Küchenausstattungen (n = 9) [193]	0,5 – 2,8	Gasheizungen und Gasherde sowie starker Verkehr im unmittelbaren Umfeld der Wohnung wirken sich auf das CO-Belastungsniveau aus
Mittelwerte bei Auswertung von 16 europäischen Innenraumluftstudien in öffentl. Gebäuden, Wohnungen, Verkehrsmitteln, Bars [166]	2,1 – 3,5	In Gebäuden variiert die CO-Konzentration nur in geringem Umfang, in Verkehrsmitteln sind in Einzelfällen Werte bis zu 19 mg/m³ gefunden worden
– Kfz-Innenraum bei Fahrten in Frankfurt [184]	26,1 ± 8,30	Belastung in den untersuchten Fahrzeugen war unabhängig von
– Belastung von Fahrradfahrern in Frankfurt [188]	ca. 8 – 10	der Höhe der Frischluft-Ansaugung (50 – 250 cm) Fahrradtour i.w. auf Straßen mit einem kurzen Fahrradweg-Teilstück
Kfz-Innenraum bei Fahrten in Paris [194]	10,5 – 14,0	die Fahrtdauer betrug zwischen 82 und 106 min

Eine zusammenfassende Übersicht über die toxischen Wirkungen des CO in verschiedenen Konzentrationsbereichen ist in Abb. 3.6 dargestellt.

Zur *Bewertung* der CO-Konzentration in Innenräumen liegen keine speziellen, offiziellen Richtlinien und Grenzwertfestsetzungen vor. Es läßt sich aber auf eine Reihe von Grenz- und Richtwerten für den

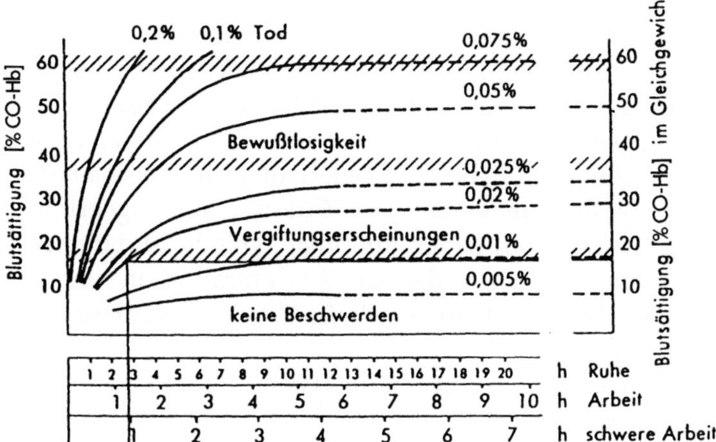

Abb. 3.6. Darstellung der toxischen Wirkungen von CO. Der Gehalt der Luft an CO ist in % angegeben, 0,1 % = 1000 ppm [195]

Immissionschutz zurückgreifen, die als vorsorgeorientierte Mindeststandards zum Schutz der menschlichen Gesundheit definiert sind und in diesem Sinn den in Innenräumen zu stellenden Anforderungen weitgehend entsprechen.

Zur Toxikologie des CO liegen zahlreiche Untersuchungen vor, so daß das Spektrum an Wirkungen des CO als gut bekannt gelten kann. Als untere Grenze für gesundheitliche Beschwerden wurde für gesunde Menschen ein Gehalt an CO-Hb im Blut in der Größenordnung von 10 % der Sättigungskonzentration angesetzt. Das entspricht der Darstellung der toxischen Wirkungen des CO in Abb. 3.6. Dieser ist weiterhin zu entnehmen, daß solche CO-Hb-Werte nicht erreicht werden dürften, solange die CO-Konzentration der Luft einen Wert von 50 ppm (entsprechend ca. 55 mg/m^3) unterschreitet.

Aus den Erläuterungen der WHO [196] zu ihren Luftqualitätsleitlinien läßt sich aber schließen, daß bei kranken Menschen CO-Hb-Gehalte, die unterhalb von 10 % Sättigung liegen, noch statistisch signifikante Leistungseinschränkungen auslösen können. Das gilt etwa für Menschen, die an Angina pectoris leiden [197]. Die niedrigsten Werte, bei denen noch gesicherte Effekte beobachtet wurden, liegen bei CO-Hb-Gehalten zwischen 2 und 3 % [198]. Aus Vorsorgegründen sollte in Innenräumen eine Luftqualität – und damit auch eine entsprechend niedrige CO-Konzentration – gefordert werden, die sicherstellt, daß der CO-Hb-Spiegel nicht über 2% ansteigt. Über den Zusammenhang zwischen der Exposition gegen CO und dem CO-Hb-Spiegel liegen zahlreiche theoretische und experimentelle Untersuchungen vor und es ist eine Reihe von Modellen entwickelt worden, um diesen Zusammenhang auch rechnerisch zu beschreiben. Häufig wird dabei auf das empirisch gut abgesicherte Modell von COBURN zurückgegriffen [199]. RAUB und GRANT [200] haben für einige typische Situationen diesen Zusammenhang zwischen der CO-Konzentration in der Atemluft und dem CO-Hb-Spiegel dargestellt. In Abb. 3.7 sind diese Ergebnisse wiedergegeben.

Aus der Darstellung von RAUB und GRANT [200] läßt sich in Übereinstimmung mit anderen Untersuchungen [201] erschließen, daß bei CO-Konzentrationen < 10 mg/m^3 kein Risiko besteht, daß der CO-Hb-Spiegel 2% übersteigt. MALORNY [195] geht davon aus, daß bei 24stün-

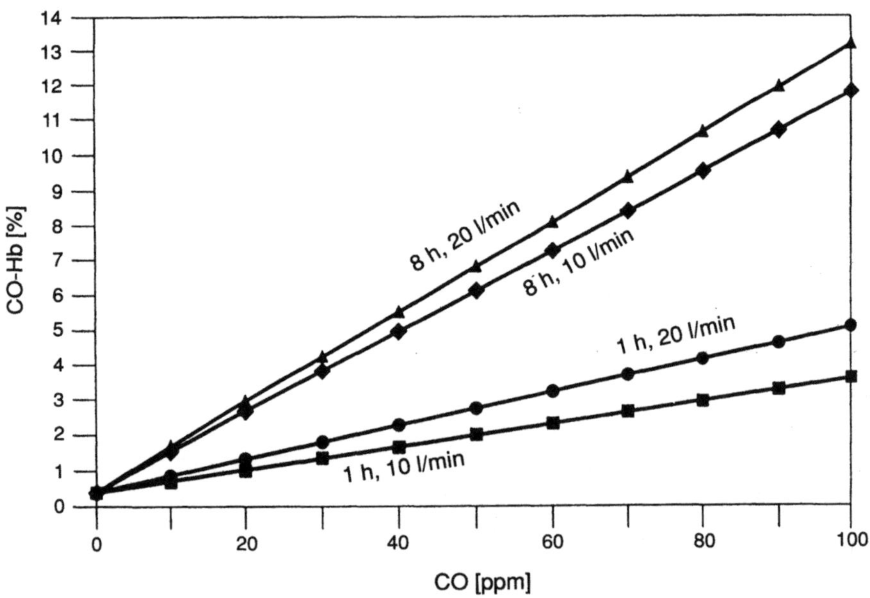

Abb. 3.7. Der Zusammenhang zwischen der CO-Konzentration in der Luft und dem Carboxyhämoglobin (CO-Hb)-Spiegel im Blut (aus einer Broschüre von American Lung Association/US Environmental Protection Agency/Consumer Product Safety Commission und der American Medical Association, Indoor Air Pollution. An Introduction für Health Professionals, die Darstellung basiert auf Ergebnissen von RAUB und GRANT [200])

diger Exposition gegen 8 ppm CO (entsprechend ca. 9,3 mg/m³) ein CO-Hb-Spiegel von 1,2 % erreicht wird.

Vor diesem Hintergrund sind die in verschiedenen Empfehlungen und Regelwerken angegebenen Grenz- und Richtwerte für CO zu sehen. Exemplarisch lassen sich folgende Richtwerte anführen:

1. *Leitwerte der WHO*
   60 mg/m³ als ¹/₂-h-Mittelwert,
   30 mg/m³ als   1-h-Mittelwert,
   10 mg/m³ als   8-h-Mittelwert.
2. *Maximale Immissionskonzentrationen (MIK-Werte nach VDI-Richtlinie)* [202][1]
   50 mg/m³ als ¹/₂-h-Mittelwert,
   10 mg/m³ als 24-h-Mittelwert.
3. *Vorsorgeorientierte Planungsrichtwerte für die Luftqualität in heilklimatischen Kurorten, Kühling* [203]
   10 mg/m³ als ¹/₂-h-Mittelwert,

Als weitere Bezugsgröße ist noch der MAK-Wert anzugeben, der auf 50 ppm (55 mg/m³) festgelegt wurde. Aus diesen Daten läßt sich erschließen, daß in Innenräumen auf jeden Fall eine CO-Konzentration von 10 mg/m³ sicher unterschritten werden sollte. Gemessen an diesem Wert wird es unter normalen Bedingungen keine Richtwertüberschreitungen in Innenräumen geben, es sei denn, daß Feuerungsstätten und Kamine nicht ordnungsgemäß funktionieren, oder daß ein Gebäude an einem extrem stark verkehrsbelasteten Standort steht. Wie in Tabelle 3.2 dokumentiert ist, können aber in Fahrzeugen durchaus Konzentrationen in der Größenordnung von 10 mg/m³ und mehr auftreten. Daher sind diese sicherlich die am höchsten mit CO belasteten Innenräume.

Grundsätzlich sollte aber die CO-Konzentration in Innenräumen nicht höher sein als in der Außenluft und es sollte ein möglichst niedriges Niveau angestrebt werden, da Zweifel bestehen, daß sich für CO eine Wirkungsschwelle definieren läßt. Bei Untersuchungen neurologischer Funktionen sind Reaktionen auf CO festgestellt worden, die proportional zur CO-Konzentration bis zum Nullpunkt verliefen [204, 205].

---

[1] Diese Werte sind der alten VDI-Richtlinie 2310 entnommen, die durch einen neuen Satz von Richtlinien abgelöst wurde. Die MIK-Werte für CO können aber unverändert zur Bewertung der Luftverhältnisse herangezogen werden.

Für die skandinavischen Länder hat eine Fachkommission [5] die Bedeutung der CO-Konzentration als Indikatorwert für die Belastung von Innenräumen mit Tabakrauch und mit verkehrsbedingten Abgasen untersucht. Soweit nur diese beiden Quellen die Innenraumluftbelastung mit CO prägen, kann die CO-Konzentration als Indikatorwert dienen. Zur Vermeidung der spezifischen Reizwirkungen von Tabakrauch und von verkehrsbedingten Abgasen muß demzufolge auch die CO-Konzentration unter einem bestimmten Niveau bleiben. Diese Niveaus sind charakterisiert durch :

CO-Konzentrationen > 2,4 mg/m^3 –	– das Überschreiten dieser Konzentration ist als Hinweis zu verstehen, daß rauch- oder abgasbedingte Reizreaktionen – zumindest bei besonders empfindlichen Personen – auftreten; und
CO-Konzentrationen < 1,0 mg/m^3	– unter dieser Bedingung ist nur ein geringes Risiko gegeben, daß rauch- und abgasbedingte Reizreaktionen auftreten.

Problematische Innenraumbelastungen mit CO, bei denen toxikologisch bedenkliche CO-Konzentrationen und immer wieder auch Unfälle beobachtet werden, treten vorrangig aufgrund technischer Mängel an Heizgeräten und Heißwasserbereitungsgeräten sowie durch Schäden an Schornsteinen und Abluftkanälen auf. Die wichtigste Maßnahme der *Sanierung* zur Vermeidung gesundheitsgefährdender Belastungen liegt also in der fachgerechten und regelmäßigen Kontrolle und Wartung dieser Einrichtungen und in ihrem sachgemäßen Betrieb.

Wo mit offenen Flammen hantiert wird (Gasherd/-kocher, Heizgeräte, Petroleumlampen u.ä.), ist für eine wirkungsvolle Lüftung zu sorgen, da der Betrieb solcher Geräte zur Emission von CO und einer Reihe anderer Schadstoffe führt. Ähnlich wie für CO_2 gilt, daß die CO-Konzentration sich rasch und wirkungsvoll durch kurzzeitige Stoßbelüftung absenken läßt.

3.1.3
Stickoxide von drinnen und draußen

So wie im Immissionsschutz und in der Luftreinhaltepolitik die „klassischen" Schadstoffe Schwefeldioxid und Staub als typische Emissionen aus Kraftwerken und industriellen Prozessen etwa seit Mitte der 8oer

Jahre von den verkehrsbedingten Schadstoffen als zentrale Problemstoffe abgelöst wurden und der Wintersmog als öffentliches Thema längst hinter den Sommersmog mit seinen Hauptkomponenten – den Stickoxiden und Kohlenwasserstoffen sowie dem in der Atmosphäre gebildeten Ozon – zurückgetreten ist, so haben die Stickoxide auch in der Innenraumatmosphäre inzwischen sehr viel Aufmerksamkeit auf sich gezogen.

Stickoxide (v.a. Stickstoffmonoxid NO und Stickstoffdioxid NO_2, deren Summe als NO_x bezeichnet wird) spielen als Produkte von Verbrennungsprozessen aller Art für die Luftbelastung von Siedlungsgebieten eine wesentliche Rolle und dringen mit dem Luftaustausch zwischen Umgebung und Gebäuden auch in Innenräume ein. Sie werden aber auch im Haus gebildet und freigesetzt und die Innenraumluft kann dadurch – zusätzlich zu dem Eintrag von draußen – beträchtlich mit NO_x belastet werden [206, 207]. Bei der Verbrennung werden je nach Art der Verbrennung und den dabei gegebenen Rahmenbedingungen NO und NO_2 in unterschiedlichen Anteilen gebildet, daneben aber auch Distickstoffmonoxid (Lachgas) N_2O. NO wird nach Freisetzung in einer langsamen Folgereaktion durch Luftsauerstoff zu NO_2 oxidiert.

Als häusliche *Quellen* der Stickoxide sind alle Verbrennungsprozesse zu sehen, bei denen die Verbrennungsgase nicht vollständig durch einen Kamin oder Abzug abgeführt werden können. Damit sind bei den Stickoxiden im Grundsatz die gleichen Quellen zu beachten wie bei CO. Allerdings entsteht CO als Produkt einer unvollständigen Verbrennung, während NO_2-Emissionen das Ergebnis einer Verbrennung bei höheren Temperaturen sind. Beim Vergleich mit CO sind die Stickoxide deutlich reaktiver und können auf verschiedenen Reaktionswegen umgesetzt werden. Bei Abwesenheit von Quellen in Innenräumen sind für NO und NO_2 in Innenräumen niedrigere Konzentrationen zu finden als in der Umgebungsluft [208], da sie chemisch umgesetzt und abgebaut werden. Ein Teil der Stickoxide im Innenraum kann – z.B. durch eine heterogene Reaktion mit Wasser an Aerosolteilchen – zu salpetriger Säure (HONO) und zu aerosolgebundenem Nitrit (NO_2^-) umgesetzt werden. BRAUER et al. [209] haben für NO_2 in Gebäuden ohne gasbetriebene Koch- und Heizgeräte, wie andere Untersucher auch, durchwegs ein I/O-Verhältnis <1 gefunden, für HONO jedoch stets Werte >1, was für die Bildung von HONO in Innenräumen spricht. Die Kenntnisse über die luftchemischen Prozesse der Stickoxide in Innenräumen sind jedoch noch lückenhaft.

In der Praxis spielen folgende Quellen für die Freisetzung von Stickoxiden in Innenräumen eine Rolle:

- Gasherde und Gasbrenner für die Heißwassererzeugung (Durchlauferhitzer/Gasthermen) oder Brenner mit offener Flamme zur Beheizung von Räumlichkeiten; dabei ist auch an nur temporär genutzte Räumlichkeiten zu denken, wie z. B. Wohnwagen und Wochenend- oder Gartenhäuser,
- Holzöfen und offene Kamine,
- unventilierte Öl- und Kerosinheizgeräte,
- Tabakrauch,
- motorgetriebene Maschinen und Gerätschaften, die in Innenräumen oder in Außenbereichen mit unmittelbarem Zugang zu Innenräumen eingesetzt werden; dazu sind beispielsweise Rasenmäher und Stromerzeuger für den Einsatz im Hobbybereich zu rechnen: auch wenn diese nicht direkt in Innenräumen betrieben werden, so werden sie doch häufig so eingesetzt, daß ihre Abgase auf kurzem Weg in Innenräume eindringen können und zumindest kurzzeitig erhebliche Belastungen mit Verbrennungsgasen wie NO_2 auslösen können. Einen Sonderfall stellen in diesem Zusammenhang Sportstätten dar, in denen mitunter motorgetriebene Maschinen zur Pflege der Anlagen eingesetzt werden. Umfangreiche Untersuchungen wurden zu diesem Problembereich in den USA und in Skandinavien in (geschlossenen) Eisstadien durchgeführt [210, 211]. Ähnliche Probleme stellen sich im Innern von Kraftfahrzeugen, insbesondere in Stausituationen und bei Tunneldurchfahrten.

Die Quellen sind also begrenzt, gut definierbar und zumeist leicht zu identifizieren. Im Einzelfall können in Gebäuden dennoch Schwierigkeiten auftreten, um den Beitrag einzelner Quellen zur Gesamtbelastung zu ermitteln, da zum einen die in den bisher durchgeführten Untersuchungen festgestellten Emissionsraten bei verschiedenen Geräten über einen gewissen Bereich streuen und da zum anderen die Beurteilung der Leistungsfähigkeit vorhandener Einrichtungen zur Abführung der Verbrennungsgase (Schornstein, Küchenabzug u. a.) nicht immer einfach ist. Hohe Konzentrationen an Stickoxiden sind vorrangig in Küchen mit Gasherd (und ohne adäquate Abluftführung) festgestellt worden sowie in anderen Innenräumen, wenn die dort installierten Verbrennungs- und Abzugsanlagen mit erheblichen technischen Mängeln belastet waren.

Bei Küchenabzügen ist zumeist davon auszugehen, daß nur ein Teil der Verbrennungsgase erfaßt wird, so daß durch Kochaktivitäten auf einem Gasherd – selbst beim Vorhandensein einer Dunstabzugshaube – stets Verbrennungsgase in die Innenräume eingetragen werden.

Als die am weitesten verbreitete Quelle für Stickoxide in Innenräumen muß demzufolge der gasbetriebene Küchenherd gelten. Seit den 70er Jahren sind weltweit eine Reihe von Untersuchungen zur Bestimmung der Emissionsraten der Stickoxide (und anderer Komponenten der Verbrennungsgase) bei Gasherden durchgeführt worden. Dabei ist der Einfluß einer Reihe von Faktoren auf das Emissionsverhalten der Brenner untersucht worden, wie z. B.

– die Position des Brenners auf dem Herd,
– die Position des Topfs auf dem Brenner,
– die Einstellung der Verbrennung: gelbe Flamme/schlecht eingestellt bzw. blaue Flamme/gut eingestellt,
– die Regelung der Luftzuführung,
– die Temperatur und der Wärmeinhalt des Kochguts,
– die Betriebsweise und Geometrie von Küchenabzügen [212].

Es zeigte sich dabei, daß die Emission von Stickoxiden unter den verschiedenen Betriebsbedingungen nur relativ wenig variiert, während für das stets gleichzeitig freigesetzte CO eine deutlich größere Bandbreite an Emissionsfaktoren gefunden wurde.

In Tabelle 3.3 sind die Ergebnisse solcher Untersuchungen zusammengefaßt.

Der Einfluß verschiedener Stickoxidquellen – insbesondere auch von Gasherden – auf die Raumluftqualität ist in einer Reihe von Untersuchungen dokumentiert und auch einer gesundheitlichen Bewertung unterzogen worden. In Tabelle 3.4 sind *typische Konzentrationen* von NO und NO_2 in der Außenluft und in verschiedenen Innenräumen zusammengefaßt.

Es liegt nahe, daß das generell etwas erhöhte Konzentrationsniveau in Räumen, in denen unventilierte Gasgeräte betrieben werden, Anlaß zu der Frage gibt, ob sich diese Belastung auch in gesundheitlichen Risiken niederschlägt und welche *Wirkungen* diese gegenüber sonstigen Räumlichkeiten erhöhten Belastungen mit Stickoxiden haben.

Unter toxikologischen Gesichtspunkt ist NO_2 als Reizstoff zu bezeichnen, der die Schleimhäute von Augen, Nase, Rachen und des Atmungstrakts beeinträchtigt. Wegen der relativ geringen Wasser-

Tabelle 3.3. Experimentell ermittelte Emissionsfaktoren für Stickoxide und CO bei gasbetriebenen Haushaltsbrennern bzw. Gasherden [105]

Charakterisierung der Untersuchungsbedingungen	Energiedurchsatz [kJ/min]	Emissionsfaktor für NO [µg/kJ]	Emissionsfaktor für NO_2 [µg/kJ]	Emissionsfaktor für NO_x [µg/kJ] (als NO_2)	Emissionsfaktor für CO [µg/kJ]
18 verschiedene Herde, 70 Tests [214]	160 und 210	20 ± 4,0 20 ± 4,3	7,4 ± 2,3 10 ± 3,1	– –	15 26
3 verschiedene Herde, 168 Tests mit unterschiedlicher Methodik zur Bilanzierung der Abgase [215] (hier wiedergegebene Daten basieren auf einem Teil der Messungen mit indirekter Bestimmung der Massenbilanz der Verbrennungsgase in einer Meßkammer)	160 130 26 14	15 ± 0,5 13 ± 0,5 10 ± 1 0,86 ± 0,5	7,4 ± 0,5 8,6 ± 0,5 8,6 ± 0,5 14 ± 2,6	29 ± 0,9 29 ± 0,5 23 ± 1,4 16 ± 2,6	61 ± 2 57 ± 3,8 58 ± 7,4 360 ± 26
1 Brennertyp, 16 Tests und	150	17 ± 1,1	12 ± 1,1	–	98 ± 18
1 Backofen, 2 Tests bei 260 ±C [108]	160	22 ± 2,6	16 ± 5,0	–	33 ± 6,5

Tabelle 3.4. Typische NO- und NO_2-Konzentrationen in der Umgebungsluft und in ausgewählten Innenräumen

Charakterisierung des Orts der Untersuchung	Meßwerte NO [$\mu g/m^3$]	Meßwerte NO_2 [$\mu g/m^3$]	Emissionsquelle/ Erläuterungen zu den Umständen der Messungen
Immissionsmessungen München: Stachus [192]			Innerstädtischer Verkehrsknotenpunkt
– Jahresmittelwert 1983	99,3	61,6	
– Jahresmittelwert 1993	82,9	52,6	
München: Westendstraße			Innerstädtische Randlage
– Jahresmittelwert 1983	39,8	32,7	
– Jahresmittelwert 1993	33,0	40,3	
Garching [191] Wohn- und Kindergartenräume in Autobahnnähe (n = 3) [191]	79 – 140 (I/O ≈ 0,84)	21 – 38 (I/O ≈ 0,75)	Mittelwerte über Zeiträume ca. 3 – 4 Wochen; keine Innenraumquellen für Stickoxide dokumentiert bis auf einen UV-Strahler (in einem Raum)
Wohnungen in Berlin mit unterschiedlichen Heizsystemen und Küchenausstattungen [167], Messung von 48 h-Mittelwerten,			Im Zuge der Untersuchungen wurden kurzzeitige Spitzenbelastungen bis in die Größenordnung von ca. 1 000 $\mu g/m^3$ festgestellt.
– Wohnung mit Gasherd, -heizung und -durchlauferhitzer	–	Küche: 48,4 ± 21 Sonst: 27,2 ± 11	
– Wohnung mit Gasherd	–	Küche: 48,4 ± 21 Sonst: 29,1 ± 13	

Tabelle 3.4 (Fortsetzung)

Charakterisierung des Orts der Untersuchung	Meßwerte NO $[\mu g/m^3]$	Meßwerte NO_2 $[\mu g/m^3]$	Emissionsquelle/ Erläuterungen zu den Umständen der Messungen
– Wohnung mit Gasdurchlauferhitzer	–	Küche: 25,5 ± 10 Sonst: 20,6 ± 8	
– Wohnung mit Gasheizung	–	Küche: 21,8 ± 7 Sonst: 21,4 ± 11	
– Wohnung ohne Gasgeräte	–	Küche: 19,8 ± 15 Sonst: 17,4 ± 11	
137 Wohnungen in Portage, WI/USA mit unterschiedlichen Heizsystemen und Küchenausstattungen [217]			In Wohnungen mit gasbetriebenen Herden lagen die im Schlafzimmer festgestellten NO_2-Konzentrationen im Durchschnitt etwa bei der Häfte der in Küchen gefundenen Werte (und damit erheblich über den Konzentrationen in der Außenluft); bei Verwendung eines Elektroherds sind in den verschiedenen Räumen kaum Konzentrationsunterschiede für NO_2 zu finden
– Außenluft/Jahresmittelwert	–	10–15	
– Mittelwert für Küchen mit elektrischem Herd	–	8,4 ± 4,7	
– Mittelwert für Küchen mit Erdgasversorgung	–	65,5 ± 30,7	
– Mittelwert für Küchen mit Propangasversorgung	–	65,6 ± 38,4	
Wohnungen mit unterschiedlichen Heizsystemen und Küchenausstattungen (n = 9) [193]	–	31–187 (Maxima bis über 250 $\mu g/m^3$)	Gasheizungen, Gasherde und starker Verkehr im unmittelbaren Umfeld der Wohnung wirken sich auf die NO_2-Konzentration aus

Mittelwerte bei Auswertung von 16 europäischen Innenraumluft-Studien [166]			In Gebäuden variiert die NO_2-Konzentration beträchtlich; der Einfluß von gasbetriebenen Heiz- und Kochgeräten auf die Innenraumluft ist nachgewiesen; in einer Studie wurde auch ein erhöhtes NO_2-Niveau in Wohnungen von Rauchern gegenüber denen von Nicht-rauchern festgestellt [218]
– in öffentlichen Gebäuden und	–	12,7–112,8 (Mittelwert: 21,1)	
– Wohnungen		1,4–3808 (Mittelwert: 30,8)	
– Innenraum von öffentlichen Nahverkehrsmitteln [187]	–	80–120	In den Hauptverkehrszeiten wurden Maxima bis 180 µg/m³ NO_2 erreicht
Eissporthallen in Finnland [204, 219][a]			
– in Kuopio (weiträumige Halle)	–	510–1200	Mittelwerte über die Zeit eines Eishockeyspiels
– in Kuhmo (kleine, unbelüftete Halle	–	2600	Mittelwert über 5 h

[a] Die anfänglich hohen Belastungen mit Stickoxiden, CO und flüchtigen organischen Verbindungen konnten auf ein akzeptables Maß reduziert werden, indem die mit Propangas betriebenen Maschinen mit einem 3-Wege-Katalysator ausgestattet wurden.

löslichkeit kann NO_2 tief in die Lunge eindringen, so daß Schleimhautreizungen weniger im oberen Bereich des Atmungstrakts festzustellen sind, sondern vorrangig in den tieferen Bereichen. Bei
extrem hohen Konzentrationen – wie sie etwa bei Brandereignissen
auftreten – können Lungenödeme und diffuse Schädigungen der
Lunge eintreten.

Auch bei Eishockeyspielen sind bereits gesundheitliche Beeinträchtigungen festgestellt worden [220], da durch die Eisbearbeitungsmaschinen sehr hohe NO_2-Konzentrationen in schlecht belüfteten
Hallen aufgebaut werden können.

Besondere Risiken bestehen

– bei Kindern, die bei Belastung durch erhöhte NO_2-Konzentrationen
  stärker für Infektionen im Atmungstrakt anfällig sind,
– bei Asthmatikern, deren Lungenleistungsvermögen durch Reizstoffe
  wie NO_2 beeinträchtigt wird,
– bei Menschen mit chronisch obstruktiven Lungenerkrankungen, die
  unter NO_2-Einfluß unter einer Schwächung der Lungenfunktionen
  leiden.

Aus epidemiologischen Untersuchungen ist bekannt, daß ein gewisser
Zusammenhang zwischen der Nutzung von Gasherden und einem
vermehrten Auftreten von Erkältungskrankheiten bei Kindern festzustellen ist. MELIA et al. [221] haben bereits 1977 eine entsprechende
Untersuchung unter Einbeziehung von nahezu 6000 Schulkindern
aus England und Schottland vorgelegt. Sie stellten ein signifikant
erhöhtes Auftreten von Bronchitis, Husten und sonstigen Erkältungskrankheiten fest. Bei 6- bis 11jährigen Jungen war diese Symptomatik
häufiger zu beobachten als bei Mädchen. Im Grundsatz ist dieses
Ergebnis von einer Anzahl weiterer Studien bestätigt worden [222],
jedoch konnte dieser Zusammenhang nicht immer statistisch gesichert werden [223] und es sind auch epidemiologische Studien vorgelegt worden, die keinen Einfluß des Einsatzes von Gasherden und
anderen gasbetriebenen Installationen auf den gesundheitlichen Status der Bewohner fanden [224, 225]. Für gesunde Erwachsene ist
zumeist kein Zusammenhang zwischen der Nutzung von Gasherden
in der Wohnung und gesundheitlichen Beeinträchtigungen festgestellt worden [226].

Bei kranken Menschen, insbesondere bei Asthmatikern, wurden
hingegen deutliche Hinweise auf die Beeinträchtigung des Lungen-

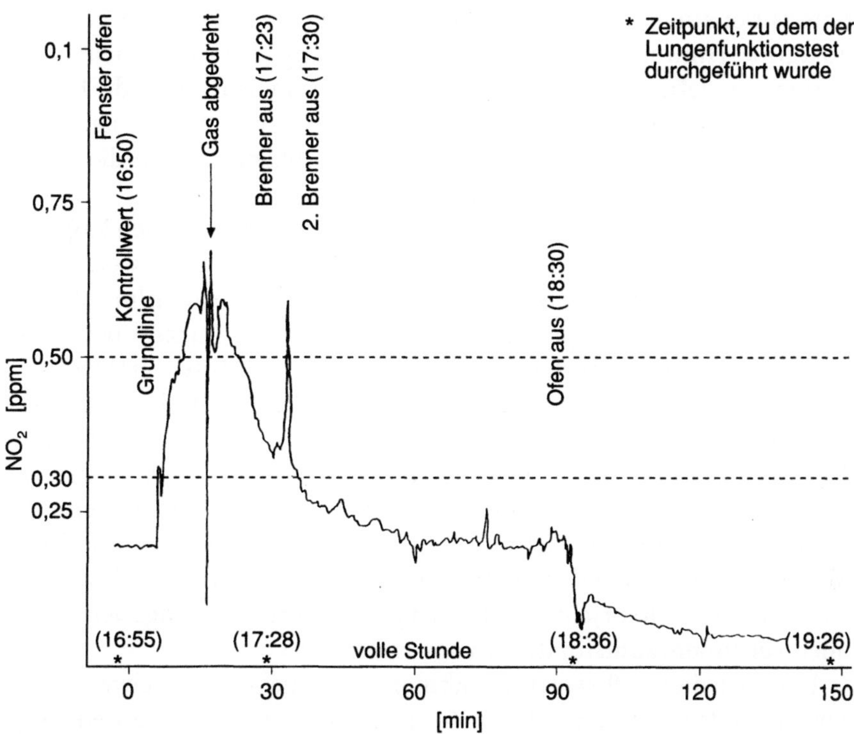

Abb. 3.8. Verlauf der NO$_2$-Konzentration im Arbeitsbereich einer Küche bei der Essenszubereitung auf einem Gasherd [227]

leistungsvermögens unter dem Einfluß erhöhter NO$_2$-Konzentrationen im Wohnungsbereich gefunden. GOLDSTEIN et al. [227] haben eine Reihe von physiologischen Parametern bei Asthmatikern und Nichtasthmatikern während des Kochens auf einem Gasherd überwacht. Ein typischer Verlauf der NO$_2$-Konzentration während der ca. 2$^1/_2$-stündigen Kochaktivitäten ist in Abb. 3.8 dargestellt.

GOLDSTEIN et al. [227] kommen in ihren Untersuchungen zu dem Schluß, daß bei Asthmatikern, die in Intervallen über einen Zeitraum von zumindest 5 h einer NO$_2$-Konzentration von mehr als 0,3 ppm (entsprechend ca. 560 µg/m^3) – wie sie beim Kochen auf einem Gasherd in der Küche auftreten können – ausgesetzt sind, verschiedene Lungenleistungsparameter (FEV$_1$, FVC) signifikant absinken, während bei Nichtasthmatikern keine spezifischen Effekte festzustellen sind. Für Kinder mit asthmatischen Erkrankungen haben MOSELER et al. [228]

bereits bei einer Immissionsbelastung in der Außenluft von mehr als 40 µg/m³ Hinweise auf eine Verschlechterung der Lungenleistungsparameter gefunden, während auch in diesem Fall gesunde Kinder keine spezifische Reaktion zeigten. Dem Heizsystem kam nach den Ergebnissen dieser Studie keine besondere Bedeutung zu; die Kochgewohnheiten wurden nicht gesondert erfaßt.

Zur *Bewertung* der NO_2-Konzentrationen in Innenräumen kann auf die Luftqualitätsrichtlinien der WHO [36] zurückgegriffen werden. Sie empfiehlt als 24 h-Mittelwert einen Richtwert von 150 µg/m³, der als Vorsorgewert zu interpretieren ist. Sie läßt dabei kurzzeitige Überschreitungen bis zu Werten von 400 µg/m³ (als 1 h-Mittelwert) zu.

Ein Langzeitmittelwert für NO_2 ist der EG-Richtlinie über Luftqualitätsnormen für NO_2 [229] zu entnehmen. Der Leitwert ist in dieser Richtlinie auf 50 µg/m³ festgelegt worden (zu bestimmen als 50-Perzentilen-Wert aus den Stundenmittelwerten eines Jahrs). Auch wenn die nähere meßtechnische Definition dieses Leitwerts nicht den üblichen Verfahrensweisen bei der Untersuchung der Luftschadstoffbelastung in Innenräumen entspricht, so läßt sich dieser Wert näherungsweise doch auch auf Innenraumsituationen anwenden.

Ein über diesen Bewertungsrahmen hinausgehender Zielwert ist als Luftqualitätsziel in der Schweiz festgelegt worden. Dort werden NO_2-Jahresmittelwerte unter 30 µg/m³ angestrebt. Dieser Wert kann auch für Innenräume als Zielwert gelten.

Im Fall des Auftretens erhöhter Konzentrationen an Stickoxiden sind *Sanierungsmaßnahmen* angezeigt, die den bereits bei der Belastung mit CO dargestellten Maßnahmen entsprechen, da ja die Quellen und Ursachen der Belastung ähnlich sind.

Problematische Innenraumbelastungen mit Stickoxiden treten zum einen durch den Betrieb von Gasherden sowie mitunter aufgrund technischer Mängel an Heizgeräten und Heißwasserbereitungsgeräten sowie durch Schäden an Schornsteinen und Abluftkanälen auf. Die wichtigste Maßnahme der Sanierung zur Vermeidung gesundheitsgefährdender Belastungen liegt also in der fachgerechten und regelmäßigen Kontrolle und Wartung dieser Einrichtungen und in ihrem sachgemäßen Betrieb.

Wie schon in Abschn. 3.1.2 angeführt, ist auch im Hinblick auf die Stickoxidbelastung beim Einsatz offener Flammen für eine wirkungsvolle Lüftung zu sorgen, da der Betrieb solcher Geräte zur Emission von Stickoxiden, CO und einer Reihe anderer Schadstoffe führt. Ähnlich wie für CO_2 und CO gilt auch im Hinblick auf die Belastung von Innenräumen mit Stickoxiden, daß durch kurzzeitige Stoßbelüftung eine rasche und wirkungsvolle Absenkung der Belastung zu erreichen ist.

3.1.4
Ozon aus technischen und luftchemischen Prozessen

Schon sehr früh geriet Ozon als Luftschadstoff in Innenräumen in den Blick der Fachleute. Mit der Einführung der Röntgengeräte in Krankenhäuser und in die ärztliche Praxis wurden sowohl beim Bedienpersonal wie bei Patienten Befindlichkeitsstörungen festgestellt, die um die Jahrhundertwende zunächst unter dem Begriff „Röntgengasvergiftung" bekannt wurden. Bei Bestrahlten und bei den mit Röntgenanlagen hantierenden Menschen wurden dabei Symptome festgestellt wie Kopfschmerzen, Geschmacks- und Geruchsirritationen, Mattigkeit, Übelkeit und Erbrechen sowie Veränderungen im Blutbild. Als Ursache der Beschwerden wurden zunächst Stickoxide vermutet [231]. GUTHMANN [230] konnte jedoch schon 1919 zeigen, daß die Entladungsprozesse in den Hochspannungsbauteilen der Röntgenanlagen (Parallelfunkenstrecken) zur Bildung von Ozon führen, und er stellte in Röntgenzimmern nach mehrstündigem Betrieb Ozonkonzentrationen zwischen 1,6 und 3,5 mg/m³ fest. Weiterhin zeigten die Experimente, daß Stickoxide nur in so geringen Konzentrationen festzustellen sind, daß sie als Ursache für die „Röntgengasvergiftung" ausscheiden, während die festgestellten Symptome sehr gut den schon damals bekannten Symptomen einer „reinen Ozonvergiftung" entsprachen. Mit geeigneten betrieblichen, baulichen und technischen Maßnahmen beim Bau, der Installation und dem Einsatz von Röntgenanlagen war es aber schon bald möglich, derart hohe Ozonkonzentrationen in Klinik- und Praxisräumen zu vermeiden.

Ozon ist ein stechend riechendes Gas, das chemisch als starkes Oxidationsmittel wirkt und in der Luft auf verschiedenen Reaktionswegen gebildet werden kann. Wegen seiner hohen Reaktivität ist es nicht stabil und weist in der Atmosphäre und in Innenräumen nur kurze Halbwertszeiten auf. In Innenräumen folgt der Abbau des Ozons einer Kinetik 1. Ordnung [232]. Die Abbaugeschwindigkeit ist von zahlreichen Parametern (wie Temperatur, relative Luftfeuchte, den im Raum vorhandenen reaktiven Oberflächen) abhängig. Unter üblichen raumklimatischen Verhältnissen ist mit Halbwertszeiten in der Größenordnung von 1–4 h zu rechnen. Bei hohen relativen Luftfeuchten über 80 % kann sich die Halbwertszeit bis auf ca. $^1/_4$ h verkürzen.

Erhöhte Ozonkonzentrationen in Innenräumen können heute durch eine Fülle technischer *Quellen* verursacht werden, insbesondere beim Betrieb verschiedener elektrotechnischer und elektronischer Geräte. WANNER und GILGEN [125] rechneten dazu Elektromotoren mit Kollektoren oder Schleifringen, bei denen es durch Funkenbildung zur Entstehung von Ozon kommen kann, Projektionsgeräte (ausgestattet mit Xenonhochdrucklampen), gewisse Elektrofilteranlagen, Schweißanlagen, UV-Lampen von Höhensonnen und Ozonisatoren. Auf dem (internationalen) Elektrogerätemarkt werden derartige Raumozonisatoren oder „Ozonluftreiniger" in vielerlei Varianten auch heute noch angeboten und als Mittel zur Luftverbesserung angepriesen (Odorout, Sterillamp) [234, 235]. Die gezielte Erzeugung von Ozon in Innenräumen sollte der Bekämpfung schlechter Gerüche, der Abtötung von Bakterien und der (Oberflächen-)Desodorierung dienen.

In der DDR wurden über viele Jahre Luftfilterhauben für den häuslichen Gebrauch vertrieben, die mit UV-Strahlern ausgestattet waren. Während der Betriebszeit bildete sich Ozon, so daß Konzentrationen bis über 200 µg/m³, d.h. über dem auch in der DDR gültigen MAK-Wert, in einem Meßraum beobachtet werden konnten. Nach dem Abschalten der UV-Strahler (und anderer Geräte, deren Betrieb zur Ozonbildung führt) sinken die Ozonkonzentrationen allerdings wegen des raschen Zerfalls des Ozons innerhalb kurzer Zeit wieder ab. Die Untersuchungsergebnisse von WITTHAUER et al. [236] zeigten, daß diese UV-Strahler praktisch wirkungslos waren. Das führte schließlich dazu, daß in der DDR nur noch Luftfilterhauben ohne UV-Strahler produziert wurden.

Es ist aus heutiger Sicht klar, daß Ozonkonzentrationen, die als erträglich eingeschätzt werden, keine ausreichende bakterizide oder bakteriostatische und auch kaum eine desodorierende Wirkung haben. Es kann unter lufthygienischen Gesichtspunkten nicht sinnvoll sein, in Innenräumen ausgeprägt toxische Substanzen zu erzeugen und die Bewohner und Nutzer der Räumlichkeiten über längere Zeiträume erhöhten Ozonkonzentrationen auszusetzen.

Heute sind wahrscheinlich Fotokopiergeräte und Laserdrucker die verbreitetsten Geräte, die zu erhöhten Ozonkonzentrationen in der Innenraumluft beitragen können. Neue Geräte sind technisch so ausgestattet (durch Kapselung kritischer Bauteile, durch den Einsatz von

Filtersystemen und durch ihre verbesserte elektrotechnische Ausstattung), daß sie normalerweise keine bedeutsamen Ozonquellen mehr darstellen. Die zumeist eingesetzten, in die Geräte integrierten Ozoninnenfilter (Aktivkohle) sichern die Einhaltung des MAK-Werts auch bei Dauerbetrieb der Geräte in kleinen, unbelüfteten Räumen [237]. Sie funktionieren jedoch uneingeschränkt nur über eine begrenzte Zeit und können unter sehr ungünstigen Betriebsbedingungen (z. B. hohe Staubgehalte in der Luft am Standort) in ihrer Funktion beeinträchtigt werden. Freilich handelt es sich bei dieser Art von Luftqualitätsproblemen durch die Emission von Ozon aus technischen Geräten um punktuelle, räumlich zumeist eng begrenzte Schadstoffbelastungen, zumal Ozon im Gebäudeinnern recht schnell abgebaut wird.

Eine größere Rolle spielt heute die Frage nach den Auswirkungen von Sommersmogepisoden mit erhöhten Ozonkonzentrationen auf die Luftqualität in Innenräumen. Zahlreiche Untersuchungen liegen inzwischen dazu vor, die zumeist für das Verhältnis der Innenraumluftkonzentration an Ozon zu der der Außenluft (Indoor/Outdoor ratio; I/O-Wert) einen Wert ≪1 angeben [238]. LUSTENBERGER et al. haben im Rahmen einer sehr gründlichen Studie in Zürich [131] in gut durchlüfteten Räumen (bei offenem Fenster) I/O-Werte zwischen 0,1 und 0,4 gefunden und in geschlossenen Räumen sogar Werte unterhalb 0,05. Ozon reagiert also rasch an den im Raum vorhandenen Oberflächen ab.

Daher ist auch an Standorten mit ausgeprägten Sommersmogepisoden und hoher Ozon-Belastung nicht – oder allenfalls bei sehr hohen Luftwechselraten – mit kritischen Ozonkonzentrationen in Innenräumen zu rechnen. Allerdings können Reaktionsprodukte des Ozons als Sekundärkontaminanten auch zu ähnlichen Reizerscheinungen und körperlichen Belastungen führen wie das Ozon selbst. Die Bildung von Carbonylverbindungen in Innenräumen unter Einfluß von Ozon haben WESCHLER et al. [100] beschrieben.

Vereinzelt sind auch für Ozon I/O-Werte nahe 1 gefunden worden [240]. Dabei handelte es sich stets um Gebäude mit sehr hohen Luftwechselraten, so daß der Austausch der Innenraumluft mit der Umgebungsluft so schnell erfolgte, daß der Abbau von Ozon im Gebäudeinnern sich nicht oder nur in geringem Maß auf das Konzentrationsniveau des Ozons auswirken konnte. Der I/O-Wert für Ozon ist also zum einen stark von der Luftwechselrate, zum anderen aber auch vom Verhältnis der Oberflächen im Raum zum Raumvolumen abhängig.

Im Zusammenhang mit Ozonwirkungsstudien haben Grill und Höppe et al. [241, 242] bei Büroangestellten festgestellt, daß diese an Sommersmogtagen mit erhöhten Ozonkonzentrationen bei Tätigkeit im Büro ähnliche Beeinträchtigungen der Lungenfunktionen zeigen wie etwa Waldarbeiter bei einer Tätigkeit im Freien, obwohl die Ozonkonzentrationen im Innern der Gebäude nur etwa die Hälfte der Außenkonzentration betrug. Möglicherweise ist auch dieser Effekt auf sekundär gebildete Reizstoffe zurückzuführen. Unter solchen Gesichtspunkten kann Ozon als Komponente der Schadstoffbelastung der Außenluft trotz (oder gerade wegen) seiner hohen Reaktivität und geringen Lebensdauer erheblichen Einfluß auf die Luftqualität in Innenräumen nehmen.

Zur Belastung von Innenräumen während ausgeprägter Sommersmogepisoden liegen eine Reihe von Messungen vor. Eine Übersicht über *typische Konzentrationen* an Ozon, die in Innenräumen anzutreffen sind, ist in Tabelle 3.5 gegeben.

Ozon ist ein sehr reaktives Gas, ein starkes Oxidationsmittel, und kann daher mit den verschiedensten biologischen Materialien reagieren. Seine *Wirkungen* äußern sich in Reizungen der Schleimhäute. Auch Müdigkeit, Kopfschmerzen und Atemnot wurden bei höheren Konzentrationen als Wirkungen beschrieben. Da Ozon nur mäßig gut in Wasser löslich ist, kann das Gas auch tief in den Atemtrakt und in die Lungen eindringen und die Leistungsfähigkeit der Lunge beeinträchtigen.

Allerdings ist angesichts des schnellen Abbaus des Ozons in Innenräumen unter normalen Bedingungen heute nicht mehr mit so hohen Konzentrationen zu rechnen, daß derartige Wirkungen zu erwarten wären. Die Wirkungen des Ozons können aber auch indirekt zu spüren sein, insofern, daß es im Gebäudeinnern mit einer Fülle von Materialien reagieren und dabei andere, möglicherweise persistentere und kaum weniger reizende Verbindungen (wie v.a. Aldehyde) bilden kann. Derartige Prozesse sind bisher allenfalls in Ansätzen untersucht worden [100], scheinen aber eine durchaus bedeutsame Rolle für die Luftqualität in Innenräumen spielen zu können.

Eine besondere Bedeutung kommt der hohen Reaktivität des Ozons außerdem in solchen Gebäuden zu, in denen empfindliche Materialien lagern, z.B. also in Museen, Archiven und Bibliotheken [245].

Bei der *Bewertung* der Ozonbelastung kann daher nicht nur auf toxikologische Erkenntnisse zurückgegriffen werden, sondern auch auf Untersuchungsergebnisse der Materialforschung und der Kulturwissenschaftler, die sich mit dem Erhalt historischer Materialien befassen.

Tabelle 3.5. Typische Ozonkonzentrationen in Innenräumen und das Verhältnis zwischen Innenraum und Umgebungsluft, I/O-Wert

Charakterisierung des Orts der Untersuchung	Innenraum-Meßwerte für Ozon (O_3) [µg/m^3]	I/O	Erläuterungen zu den Umständen der Messungen
Messungen in einem Bürogebäude in Burbank, Kalifornien [243]	0,0–250	Ca. 0,2–0,65 Höchste Werte wurden bei maximaler Luftwechsel-rate erreicht	Kontinuierliche Ozonmessungen über 6 Monate (Luftwechselrate zwischen 0,3/h und 1,9/h)
Messungen in der Universitätsbibliothek in Helsinki [244]	< 0,7–1,9	0,04–< 0,15	Mehrtägige Messungen unter Einsatz kontinuierlich arbeitender Meßgeräte und von Labormethoden nach Probenahme
Messungen in verschiedenen Gebäuden in Zürich/Schweiz [239] – Bürogebäude, nicht-klimatisiert			Die Messungen wurden im Sommer 1989 mit Passivsammlern und z. T. mit kontinuierlich aufzeichnenden Immissionsmeß-geräten durchgeführt die Meßwerte sind als 6-h-Mittelwerte zu verstehen, die zwischen 9 und 15 Uhr erhoben wurden
– Raum A	0,0–21,3	0,095	
– Raum B	0,5–12,4	0,100	
– Bürogebäude, klimatisiert			
– Raum C	0,0–16,7	0,045	
– Raum D	0,5– 9,9	0,104	
– Wohnhaus			
– Raum E, ständig geöffnete Fenster	28,4–33,5	0,531	
– Raum F, ständig geschlossene Fenster	0,5– 1,3	0,019	

Speziell im Hinblick auf die Gefahren für Archivmaterialien und Papierdokumente sind in den USA Luftqualitätskriterien entwickelt worden [246]. Für die Ozonbelastung von Archiven wurde ein Wert von 25 µg/m^3 als Richtgröße vorgeschlagen. Mit der Einhaltung dieses Werts soll sichergestellt werden, daß die zu lagernden Dokumente keinen Schaden nehmen und auch langfristig unbeeinträchtigt bleiben.

Zum Schutz von Mensch und Umwelt ist in Deutschland eine maximale Immissionskonzentration (MIK-Wert) in Höhe von 120 µg/m³ in der VDI-Richtlinie 2310 [247] niedergelegt worden. Dieser Wert läßt sich auch für die Innenraumsituation als Vorsorgewert interpretieren. Wenn dieser Wert häufiger oder über längere Perioden überschritten wird, sind Maßnahmen zur *Sanierung* und Beseitigung der Ozonquellen zu ergreifen.

Dabei ist zunächst zu prüfen, ob die Belastung von elektrischen oder elektronischen Geräten, UV-Leuchten, elektrischen Entladungsprozessen und ähnlichen Quellen verursacht werden kann, die nicht mehr dem heutigen Stand der Technik entsprechen. Soweit solche Quellen zu identifizieren sind, sollten sie entfernt und durch ein neues Gerät mit geringeren Ozonemissionen ersetzt werden.

Soweit die Ozonbelastung aus der Außenluft importiert wird und das Ozon in die Innenräume aufgrund sehr hoher Luftwechselraten unter Einsatz von RLT-Anlagen eintritt, kann durch den Einsatz von Filtermaterialien eine wesentliche Reduzierung der Ozonkonzentration erreicht werden. Verschiedene amerikanische Arbeitsgruppen haben gezeigt [248] daß mit dem Einsatz von Aktivkohlefiltern in der Zuluftführung bis zu 95 % des Ozons abgebaut werden können. Auch andere Materialien, z. B. Filtermatten aus Kunststoffen, sind für solche Zwecke vorgeschlagen und erprobt worden.

In Gebäuden ohne mechanische Belüftung dürften jedoch selten – allenfalls bei zahlreichen weit geöffneten Fenstern – so hohe Luftwechselraten gegeben sein, daß die hohen Ozonkonzentrationen sommerlicher Photosmogepisoden auch in Innenräumen anzutreffen wären. Zumeist ist davon auszugehen, daß die Ozonkonzentration in Gebäuden niedrig ist und keine besonderen Vorkehrungen zum Schutz der Gesundheit erfordert.

3.1.5
Flüchtige organische Verbindungen in der Innenraumluft: stoffliche Vielfalt der Erdölprodukte und pflanzlicher Rohstoffe (Lösemittel, Duftstoffe, Haushalts-, Bau- und Heimwerkerchemikalien)

Nicht immer lassen sich geruchliche und irritative Wirkungen der Innenraumluft auf einzelne wohldefinierte chemische Verbindungen zurückführen. Gerade unspezifische Beschwerden und das Fehlen einer klaren Charakterisierung der Beschwerdeursachen verweisen auf komplexere Sachverhalte. Insbesondere die in der Innenraumluft heute nahezu überall anzutreffenden Gemische flüchtiger organischer Verbindungen können diffuse Beschwerden und Unzufriedenheit mit der Luftqualitätssituation auslösen.

Der stofflichen Vielfalt solcher Gemische entspricht die Vielfalt der *Quellen*. Die im Hinblick auf die Innenraumluftbelastung wichtigste Stoffgruppe sind die Lösemittel, die in einer kaum überschaubaren Fülle von Produkten enthalten sind. Das beginnt bei Schreibmaterialien (z. B. Filzschreiber, Markierstifte), schließt Klebstoffe, Lacke und Farben ein (auch Druckfarben enthalten Lösemittel, somit kann die Lagerung größerer Mengen frischer Druckerzeugnisse in geschlossenen Räumen zu beträchtlichen Lösemittelkonzentrationen in der Innenraumluft führen) und umfaßt ein breites Spektrum von Heimwerkerprodukten. Daneben spielen Putz- und Reinigungsmittel (z. B. Fensterreiniger, Möbelpolitur, u. U. Bodenreiniger), Kosmetika (Nagellack und Nagellackentferner) und Körperpflegemittel (Aerosoldosen) eine Rolle; auch sie enthalten Lösemittel – sie sind in unserer häuslichen Umwelt wie in der Arbeitswelt allgegenwärtig.

Lösemittel sollen eine hohe Flüchtigkeit aufweisen, um den gelösten Stoff (z. B. einen Lack- oder Farbfilm) möglichst rasch zu verlassen und die zu verteilende oder aufzutragende Substanz möglichst rückstandsfrei zu hinterlassen. Diese technologisch sinnvolle und geforderte Flüchtigkeit führt dazu, daß bei der Anwendung in Innenräumen über kurz oder lang die gesamte in einem Produkt enthaltene Lösemittelmenge in der Innenraumluft zu finden ist. Die überwiegende Menge der Lösemittel stammt aus der Petrochemie. Daneben spielen aber auch Materialien aus pflanzlichen Rohstoffen eine Rolle. So hat Terpentinöl auf dem Markt der Anstrichmittel als Alternative zu den Lösemitteln petrochemischen Ursprungs wieder Marktanteile gewinnen können. Auch die auf diesem Weg als Inhaltsstoffe des Terpentinöls und anderer Naturprodukte in Innenräume eingetragenen Naturstoffe, die z. T. allergene oder irritative Eigenschaften aufweisen, sind demzufolge bei der Beurteilung der Belastung von Innenräumen mit Luftschadstoffen zu beachten.

Neben Lösemitteln können aber auch andere flüchtige organische Substanzen bei der Nutzung technischer Produkte in die Innenraumluft ausgasen. Das gilt etwa für

- Restmonomere (z. B. Styrol oder Vinylchlorid) und Weichmacher (z. B. Phthalsäureester), die in polymerem Material enthalten sind und daraus freigesetzt werden können,

- flüchtige Verbindungen aus Baumaterialien und aus der Raumausstattung von Gebäuden [249] (z.B. Aldehyde und Fettsäuren aus Linoleum [250], verschiedene Verbindungen, wie z.B. 4-Phenylcyclohexen, aus Teppichböden [251], Formaldehyd aus oberflächenbehandelten textilen Produkten, Terpene aus Holz und Holzwerkstoffen oder als Duftstoffe und Komponenten von Lösemitteln),
- Produkte einer unvollständigen Verbrennung (von Zigarettenrauch, von Kerzen, vom holzbefeuerten Kamin etc.),
- leicht flüchtige Treibstoffkomponenten aus Kraftfahrzeugen, wenn Garage oder Abstellplatz im räumlichen Verbund mit dem Gebäude stehen (Tiefgarage, angebaute Garagen),
- flüchtige Stoffe, die bei der Essenszubereitung freigesetzt werden (z.B. Essigsäure, Ester, Ethanol, Formaldehyd),
- Duftstoffe und Komponenten ätherischer Öle (wie Campher, α- und β-Pinen), die in Mitteln zur Körperpflege, Putz- und Reinigungsmitteln, in Duftölen oder in technischen Produkten enthalten sind,
- die Emissionen von technischen Geräten, Büromaschinen und Materialien, die betriebs- oder haushaltsbedingt im Gebäude eingesetzt werden; so hat TSUCHIYA [252] beispielsweise in einem Bürogebäude, das mit – heute nicht mehr üblichen – Kopiergeräten, die mit einer Naßkopiertechnik arbeiten, ausgestattet war, einen Gehalt an flüchtigen organischen Verbindungen (FOV) im Bereich zwischen 3,6 und 5,4 mg/m^3 gefunden,
- die Freisetzung von FOV aus Haushaltsabfällen [253], die zeitweilig in Innenräumen gelagert sind; dabei spielt eine Rolle, daß auch Bakterien [254], der Hausschwamm und andere Pilze [255, 256], die in solchen Abfällen herangezogen werden – aber auch in feuchten Gebäuden in der Gebäudesubstanz gedeihen – als Stoffwechselprodukte eine Reihe von flüchtigen Verbindungen bilden und somit zur Belastung der Innenräume mit FOV beitragen,
- FOV, die durch den Luftaustausch mit der Umgebungsluft in die Innenräume eingetragen werden; neben den verkehrsbedingten Immissionen [257] (mit besonderen Belastungsbedingungen in Kraftfahrzeugen und Nahverkehrsmitteln: Die Passagiere im Fahrzeug sind höher mit verkehrsbedingten Schadstoffen belastet als Fußgänger [258]) können dabei auch Bauarbeiten und Instandsetzungsaktivitäten im Außenbereich eines Gebäudes (z.B. Fassadenrenovierung, Aufbringen von Material zur Wärmedämmung [259])

eine besondere Rolle spielen und zumindest temporär die Luftqualität in Innenräumen beeinträchtigen,
- FOV, die aus dem Untergrund bei Vorliegen von Bodenkontaminationen (z.B. Heizöl und Benzin bei Schadensfällen an Tankanlagen, chlorierte Kohlenwassrstoffe bei gewerblich oder industriell verursachten Bodenverunreinigungen) in Gebäude eindringen können [260].

Im Grundsatz handelt es sich bei dem Begriff flüchtige organische Verbindungen (FOV), oder dem international üblichen Begriff volatile organic compounds (VOC) um eine qualitative Umschreibung einer Fülle von Einzelstoffen, die durch eine Reihe von physikalisch-chemischen Merkmalen definiert sind, während sie hinsichtlich der Quellen ihres Auftretens in Innenräumen, ihrer technischen Funktion und ihrer toxischen oder irritativen Eigenschaften ein völlig heterogenes Bild bieten.

Die Untersuchung der Innenraumluft auf ihren Gehalt an FOV und das Screening mit chromatographischen Techniken zur Identifizierung von Einzelkomponenten, die in auffälliger Konzentration vorhanden sind, stellen heute wichtige methodische Ansätze zur Charakterisierung der Innenraumluftsituation dar.

Letztlich bestimmt das im Einzelfall gewählte Analyseverfahren, welche Verbindungen als FOV erfaßt werden. In der Literatur sind zahlreiche unterschiedliche Vorgehensweisen beschrieben. Ein Standardverfahren ist bisher noch nicht definiert worden, gewisse methodische Grundsätze für das Vorgehen bei der Untersuchung des Gehalts an VOC in Innenräumen haben sich jedoch herausgebildet. Zu unterscheiden sind 3 grundsätzlich unterschiedliche Vorgehensweise:

1. Die *Bestimmung eines Summenparameters FOV (oder: VOC)* über eine gaschromatographische Analyse mit Flammenionisationsdetektor (FID). Oft wird das Ergebnis solcher Untersuchungen als TVOC (total volatile organic compounds) bezeichnet [261]. Bei diesem Vorgehen wird die Gesamtkonzentration relativ zu bestimmten internen Standards (häufig verwendet: Cyclooctan oder 1,2,3-Trichlorpropan oder Toluol) bestimmt und ist als ein grobes Maß für den Gehalt an Kohlenstoffverbindungen in der Luft zu verstehen. Das Analyseergebnis ist in diesem Fall stark vom gewählten analytischen Vorgehen (Probenahmetechnik, Probenaufbereitung, Trennsäule, Detektion) abhängig. Soweit sich dabei gewisse Standards herausgebildet

haben, sind diese als Konvention zu verstehen. Bei ähnlicher Zusammensetzung der analytisch zu erfassenden Gemische an FOV in der Luft – wie man sie etwa in Wohnräumen ohne spezifische Schadstoffbelastung unterstellen kann – erhält man für den Summenparameter FOV konsistente und vergleichbare Ergebnisse. Bei sehr unterschiedlichen Zusammensetzungen der Gemische, insbesondere bei einem hohen Anteil polarer Verbindungen, ist dies fraglich. Im Zusammenhang mit der Festlegung technischer Standards für die Emissionen an flüchtigen organischen Verbindungen aus Lackieranlagen haben EKLUND und NELSON [262] verschiedene Verfahren zur Bestimmung der Summe der FOV einer vergleichenden Analyse unterzogen. Dabei kamen tragbare Meßgeräte, Prozeßgaschromatographen und laboranalytische Verfahren (nach adsorptiver oder nicht-adsorptiver Probenahme) zum Einsatz. Für spezifische Fragestellungen, die sich auf eine Gruppe strukturähnlicher Verbindungen beziehen (z. B. Ermittlung des Gesamtkohlenwasserstoffgehalts) und für halbquantitative Vorprüfungen erbringen nach diesen Untersuchungen verschiedene standardisierte Verfahren verläßliche und sicher zu interpretierende Ergebnisse für die Summe der FOV. Die Autoren stellen aber auch fest, daß keine der geprüften Methoden eine gute Genauigkeit aufweist, wenn die zu untersuchenden Luftproben Gemische mit einer Vielzahl polarer Komponenten enthalten und die Kalibrierung mit einer einzelnen Kohlenwasserstoffverbindung erfolgt. In der Immissionsmeßtechnik werden kontinuierlich aufzeichnende, automatische Meßgeräte für die Bestimmung des Gesamtkohlenstoffgehalts der Luft eingesetzt. Dafür liegen Richtlinien vor [263]. Auch diese Technik ist zur Bestimmung eines Summenparameters FOV in Innenräumen benutzt und empfohlen worden [264]. Die Aussagekraft von Meßergebnissen, die mit solchen Geräten in Innenräumen erhoben werden, bleibt jedoch begrenzt, da gerade in besonderen Innenraumbelastungssituationen solche FOV eine bedeutsame Rolle spielen, die mit dem Summenparameter nicht verläßlich erkannt werden können – und sei es nur, weil ihre wirksame Konzentration so niedrig ist, daß sie neben den sonstigen Kohlenstoffverbindungen mengenmäßig nicht auffallen. Der Summenparamter FOV ist also als eine Kenngröße zu sehen, die eine grobe Einschätzung der Belastung mit flüchtigen organischen Stoffen erlaubt, im Hinblick auf eine gesundheitliche Bewertung dieser Belastungssituation aber nur schwer zu interpretieren ist.

2. Die *Bestimmung einer begrenzten Zahl von definierten Einzelverbindungen, die als Summe dann den Gehalt an VOC ergeben*. Bei diesem
   Vorgehen bestimmt die Auswahl der quantitativ zu erfassenden Verbindungen, die unter sehr unterschiedlichen Gesichtspunkten festgelegt werden können, den (numerischen) Wert und die Interpretation
   der Meßergebnisse. Bei diesem Vorgehen bieten sich wiederum eine
   Reihe methodischer Varianten an, deren Wahl von den spezifischen
   Umständen des Untersuchungsfalls abhängt:
   - Untersuchung des Probenmaterials mit hochauflösenden gaschro-
     matographischen und massenspektrometrischen Techniken und
     quantitative Bestimmung aller eindeutig identifizierbaren Einzel-
     verbindungen; damit ist ein sehr detailliertes Bild über die Luft-
     schadstoffbelastung zu gewinnen, der Aufwand kann aber außer-
     ordentlich hoch sein.
   - Unter dem Gesichtspunkt der Vereinfachung und Beschleunigung
     der Analytik (und damit auch zur Senkung des Untersuchungsauf-
     wands und der Kosten) kann man bestimmte problemrelevante
     Stoffgruppen herausgreifen [265], z.B. unpolare organische Ver-
     bindungen (d.h. vor allem Aromatische Kohlenwasserstoffe und
     höhere Alkane) oder eine Gruppe von Verbindungen, die sich
     durch ein Meßverfahren gemeinsam erfassen lassen. Es hängt von
     den besonderen Umständen des Einzelfalls ab, ob deren Summe
     dann annähernd den Gesamtgehalt an FOV repräsentiert.
     GÖEN et al. [266] haben beispielweise bei arbeitsmedizinischen
     Untersuchungen ein Verfahren zur gemeinsamen Erfassung pola-
     rer und unpolarer Lösemittelkomponenten entwickelt, mit dem
     31 Einzelkomponenten bestimmt werden können, die in der Innen-
     raumluft eine Rolle spielen. Für die besonderen Verhältnisse in der
     von ihnen untersuchten Lackfabrik waren die Ergebnisse repräsen-
     tativ. Auch bei der Klärung von Beschwerden nach Gebäuderenno-
     vierungen oder nach dem Bezug neuer Gebäude kann dieser Satz
     an Parametern gut die FOV-Belastung wiedergeben.
     Die über einen begrenzten Satz von Einzelverbindungen ermit-
     telte Summe der FOV stellt stets nur einen Bruchteil des tatsäch-
     lichen Gesamtgehalts dar. In vielen Fällen wird allerdings der
     Gesamtgehalt von einer relativ kleinen Zahl von Verbindungen
     bestimmt, so daß sich selbst bei einer recht begrenzten Zahl an
     Parametern häufig recht gute Näherungen für den Gesamtgehalt
     an FOV ergeben.

– Einen sehr differenzierten Vorschlag zur Bestimmung einer Summe der FOV hat SEIFERT [267] gemacht und mit Vorschlägen für Innenraumluftrichtwerte verbunden: er teilt die Gesamtheit der FOV in die Klassen Alkane, Aromatische Kohlenwasserstoffe, Terpene, halogenierte Kohlenwasserstoffe, Ester, Carbonylverbindungen (ohne Formaldehyd) und Sonstige ein. In jeder Verbindungsklasse werden die 10 Einzelverbindungen, die in der höchsten Konzentration in der Innenraumluft vorliegen, erfaßt und ergeben als Summe die Gesamtheit der FOV.

3. Die *Bestimmung von Einzelkomponenten, die als Leitkomponenten für bestimmte Quellen oder Situationen gelten können.* Dazu hat eine Arbeitsgruppe des Instituts für Wasser-, Boden- und Lufthygiene in Berlin die umfangreichen Innenraumluftdaten, die im Rahmen des bundesweiten Umwelt-Survey erhoben worden waren [52], daraufhin untersucht, welche der erfaßten Einzelverbindungen am besten mit der Summe aller in die Messungen analytisch einbezogenen Verbindungen korreliert [268]. Die besten Korrelationen ergaben sich für Alkane mittlerer Flüchtigkeit. So läßt sich aus den Raumluftkonzentrationen an n-Decan recht gut der Gesamtgehalt an FOV näherungsweise abschätzen.

Für spezielle Fragestellungen ist auf andere Leitkomponenten zurückzugreifen. Beispielsweise läßt sich der Einfluß des Verkehrs auf die Innenraumluftbelastung recht gut anhand der Meßwerte für Benzol und für Toluol bewerten, da zum einen eine umfangreiche Datenbasis zur Einschätzung von Meßwerten verfügbar ist, die auch eine grobe Basis zur Hochrechnung auf den Gesamtgehalt an FOV bietet, zum anderen ist aus Immissionsmessungen in verkehrsbelasteten Bereichen bekannt, daß das Verhältnis der Benzol- zur Toluolkonzentration etwa bei 1:2–3 liegt. Erhebliche Abweichungen von dieser Relation deuten auf spezifische Quellen des einen oder des anderen Stoffs in den betreffenden Innenräumen hin.

Ein anderer Ansatz zur Bestimmmung von Leitkomponenten wurde von LÜDERSDORF et al. [269] verfolgt, die unter Gesichtspunkten des Arbeitsschutzes Arbeitsplätze in der Möbelindustrie untersuchten und feststellten, daß Isobutanol die am häufigsten genannte Einzelkomponente in Lacken und Beizen ist. Sie fanden eine gute Korrelation zwischen dem Gesamtgehalt an Lösemitteln und an Isobutanol, die sich aus der spezifischen anstrichtechnischen Funktion des Isobutanol als Komponente in Lacken erklären läßt. So ist aus der

Konzentration des Isobutanol mit einer gewissen Sicherheit auf die Gesamtbelastung mit Lösemitteln zu schließen. Allerdings ist die festgestellte Korrelation kaum auf andere Situationen übertragbar, da sie sich aus den typischen betrieblichen Einsatzstoffen ergibt. Allenfalls ist in Innenräumen, die neu möbliert wurden, ein ähnliches Bild zu erwarten. Zumindest qualitativ kann der Gehalt an Isobutanol in Innenräumen als Leitkomponente zur Identifizierung von Einflüssen einer neuen Möblierung dienen.

Auch wenn prinzipiell die Zahl der potentiell in Innenräumen anzutreffenden FOV außerordentlich groß ist, so sind doch charakteristische Verteilungsmuster in Innenräumen mit einer begrenzten Zahl an Luftschadstoffen anzutreffen, die bei der Bewertung von Beschwerdefällen als Referenz dienen können.

Tabelle 3.6 gibt einen Überblick über die vom Bundesgesundheitsamt in einer bundesweiten Untersuchung erfaßten Einzelverbindungen und ihre Konzentrationen. Diese stellen ein Abbild der Verteilungs-

Tabelle 3.6. Typische Konzentrationen flüchtiger organischer Verbindungen (FOV) in Innenräumen in Deutschland (alte Bundesländer) Umwelt-Survey des Bundesgesundheitsamts 1985/86 [52]

Chemische Verbindung	Zahl der Messungen	Arithmetischer Mittelwert $[\mu g/m^3]$	Maximalwert $[\mu g/m^3]$	50. Perzentil (Median) $[\mu g/m^3]$	95. Perzentil $[\mu g/m^3]$
Summe n-Alkane	479	**69,98**	**497,5**	**49,0**	**193,1**
n-Hexan	479	9,48	143,9	7,4	22,2
n-Heptan	479	8,54	168,2	5,1	25,6
n-Octan	479	5,11	92,0	3,1	15,0
n-Nonan	479	9,43	140,3	5,0	30,9
n-Decan	479	14,74	239,1	8,3	52,0
n-Undecan	479	10,27	114,6	6,0	27,5
n-Dodecan	479	5,98	72,4	4,0	17,4
n-Tridecan	479	6,44	79,0	4,9	21,7
Summe iso-Alkane	479	**31,89**	**293,1**	**24,0**	**80,4**
Summe iso-Hexane	479	10,70	194,9	8,7	22,3
Summe iso-Heptane	479	9,99	242,2	7,2	22,9
Summe iso-Octane	479	5,94	125,3	3,3	19,1
Summe iso-Nonane	479	5,27	57,5	3,4	17,9

Tabelle 3.6 (Fortsetzung)

Chemische Verbindung	Zahl der Messungen	Arithmetischer Mittelwert [$\mu g/m^3$]	Maximalwert [$\mu g/m^3$]	50. Perzentil (Median) [$\mu g/m^3$]	95. Perzentil [$\mu g/m^3$]
Summe Cycloalkane	**479**	**19,06**	**666,5**	**13,6**	**42,7**
Methylcyclopentan	479	3,21	49,7	2,4	7,4
Cyclohexan	479	8,03	596,8	5,9	18,4
Methylcyclohexan	479	7,82	243,6	4,4	22,8
Summe Aromaten	**479**	**165,67**	**1773,2**	**135,0**	**369,4**
Summe C8-Aromaten	479	39,39	438,9	28,8	101,0
Summe C9-Aromatenzol	479	34,82	925,7	23,5	92,1
Benzol	479	9,0	90,0	7,2	22,3
Toluol	479	78,15	1713,0	62,0	190,0
Ethylbenzol	479	10,23	161,1	7,4	25,4
m- und p-Xylol	479	22,53	303,8	16,3	57,3
o-Xylol	479	6,63	44,9	5,0	17,5
iso- und n-Propylbenzol	479	4,62	88,6	3,5	13,0
Styrol	479	1,97	40,7	0,7	5,9
2-Ethyltoluol	479	3,99	103,0	2,4	12,0
3- und 4-Ethyltoluol	479	8,85	228,9	5,8	23,9
1, 2, 3-Trimethylbenzol	479	3,38	82,6	2,4	9,0
1, 2, 4-Trimethylbenzol	479	10,00	311,6	6,3	27,2
1, 3, 5-Trimethylbenzol	479	3,97	111,0	2,3	10,5
Naphthalin	479	2,35	14,2	2,2	4,9
Summe Terpene	**479**	**41,16**	**362,2**	**27,3**	**132,7**
α-Pinen	479	10,29	250,0	6,8	26,6
β-Pinen	479	1,34	14,3	0,7	4,3
α-Terpinen	479	4,41	37,2	3,5	11,8
Limonen	479	25,11	315,4	13,2	103,3
Summe Carbonyle	**479**	**25,88**	**346,9**	**19,0**	**80,5**
Hexanal	479	1,45	10,8	0,7	4,3
2-Butanon (Methylethylketon)	479	5,18	24,8	4,6	13,0

Tabelle 3.6 (Fortsetzung)

Chemische Verbindung	Zahl der Messungen	Arithmetischer Mittelwert [µg/m³]	Maximalwert [µg/m³]	50. Perzentil (Median) [µg/m³]	95. Perzentil [µg/m³]
Ethylacetat	479	10,29	204,4	6,2	27,7
n-Butylacetat	479	6,24	142,0	3,2	19,0
iso-Butylacetat	479	1,80	32,8	1,0	5,9
4-Methyl-2-pentanon	479	0,92	7,5	0,7	2,5
Summe Alkohole	**479**	**6,10**	**56,2**	**4,7**	**14,2**
n-Butanol	479	1,33	18,5	0,7	4,1
Isobutanol	479	2,32	33,0	1,2	7,1
iso-Amylalkohol	479	1,04	12,2	0,7	2,3
2-Ethyl-1-hexanol	479	1,42	10,4	0,7	4,0
Summe der chlorierten Kohlenwasserstoffe	**479**	**41,66**	**1631,1**	**19,3**	**119,2**
1.1.1 – Trichloethan	479	7,97	264,1	4,7	26,1
Trichlorethen	479	10,73	1204,0	3,6	19,6
Tetrachlorethen	479	12,05	807,0	4,5	26,5
p-Dichlorbenzol	479	10,90	1265,0	2,4	23,4
Summe aller FOV (ohne Formaldehyd) [a]	**479**	**401,41**	**2664,7**	**328,6**	**928,4**
Formaldehyd	329	58,55	309,0	55,0	106,0

[a] Die Summe aller FOV ist in diesem Fall als Summe der analytisch erfaßten Einzelverbindungen bzw. Gruppen von Isomeren zu verstehen; die Bestimmung des Summenparameters FOV erfolgte also im Sinn des unter 2. in diesem Kapitel erläuterten Verfahrens.

muster in normalen, nicht auffälligen Gebäuden dar. Die Auswahl und die Beteiligung an dem Untersuchungsprogramm basierte auf einer geschichteten 2stufigen Zufallsstichprobenziehung.

Die Einzelverbindungen, die in den höchsten Konzentrationen in Wohnräumen zu finden sind, waren also – legt man den arithmetischen Mittelwert zugrunde – nach den Untersuchungen des Bundesgesundheitsamts Toluol, Formaldehyd, Limonen und die Xylole. Damit ist natürlich noch keine Aussage über das mit dem Vorhandensein dieser Stoffe verbundene Risiko getroffen. So muß eine durchschnittliche

Benzolbelastung in Wohnräumen in Höhe von 9 μg/m³ wohl angesichts der gesichert nachgewiesenen kanzerogenen Eigenschaften als kritischer bewertet werden als eine durchschnittliche Belastung mit n-Decan in Höhe von ca. 15 μg/m³.

Bei der Bewertung der Ergebnisse solcher Untersuchungsergebnisse ist zum einen von der jeweiligen Wirkungscharakteristik der erfaßten Einzelverbindungen auszugehen – soweit darüber ausreichende Informationen vorliegen. Zumeist handelt es sich bei der Belastung von Innenräumen mit FOV um relativ niedrige Konzentrationen, deren Bewertung auf der Basis toxikologischer Erkenntnisse nur mit großen Einschränkungen möglich ist. Andererseits zeigt die Erfahrung, daß die Exposition gegenüber Gemischen von FOV auch unterhalb der Schwellen einer akuten Wirkung der Einzelkomponenten das Wohlbefinden von Menschen beeinträchtigen kann. Die *Wirkungen* niedriger Konzentrationen von FOV (als Gemisch) äußern sich in recht unspezifischen Symptomen und Reaktionen. Beschrieben werden u. a. [271, 272]:

- Irritationen von Augen, Nase, Rachen,
- Nasenlaufen und Augentränen,
- trockene Schleimhäute und trockene Haut,
- Juckreiz,
- neurotoxische Symptome (Müdigkeit, Kopfschmerzen, Einschränkungen der geistigen Leistungsfähigkeit),
- erhöhte Infektionsanfälligkeit im Bereich der Atemwege und
- unangenehme Geruchs- und Geschmackswahrnehmungen.

In der Praxis erweist es sich aber als außerordentlich schwierig, solche Effekte, die häufig generell für das Sick Building Syndrome stehen, eindeutig den FOV zuzurechnen, da viele andere raumklimatische, chemische und biologische Faktoren ebenfalls eine solche Symptomatik beeinflussen. Es gibt seit einigen Jahren Bemühungen, einen Summenparameter für die flüchtigen organischen Verbindungen, einen VOC-indicator, zu definieren, der das festzustellende Wirkungsspektrum zu beschreiben erlaubt. Wenn es sich um Wirkungen handelt, die charakteristisch für niedrige Konzentrationen von FOV-Gemischen sind, so sollten diese Wirkungen weitgehend unabhängig von der jeweiligen speziellen Mixtur an Einzelverbindungen sein.

Eingehende Untersuchungen zur Wirkung von solchen Gemischen hat insbesondere die dänische Arbeitsgruppe um Mølhave durchgeführt. Erkenntnisse über die physiologischen Wirkungen einiger kom-

Tabelle 3.7. Zusammensetzung der von MØLHAVE et al. [272–276] eingesetzten Gemische von FOV zur Untersuchung der menschlichen Reaktion bei Exposition, die relativen Konzentrationen waren in allen Gemischen 1:1, in mg/mg. Das mit der Bezeichnung M22 versehene Stammgemisch enthält alle Verbindungen, die Bestandteil der Substanzgemische Mx, My und Mz sind, sowie zuätzlich Ethoxyethylacetat

Mx	My	Mz
o-Xylol	n-Nonan	n-Hexan
Ethylbenzol	n-Decan	Cyclohexan
n-Pentanal	n-Undecan	1,2-Dichlorethan
n-Hexanal	1,2,4-Trimethylbenzol	2-Propanol
n-Butanol	n-Propylbenzol	2-Butanon
3-Methyl-2-Butanon	1-Octen	4-Methyl-2-Pentanon
	1-Decen	
	α-Pinen	
	n-Butylacetat	

plexer Substanzgemische liegen inzwischen vor [273, 274]. Dabei wurden eine Reihe verschiedener Standardmischungen eingesetzt: das Stammgemisch (mit der Kurzbezeichnung M22) enthält 22 Einzelverbindungen, die ein Abbild typischer Innenraumluftsituationen darstellen. Weitere Untersuchungen wurden mit Gemischen durchgeführt, die aus dem Stammgemisch abgeleitet sind und jeweils Stoffe mit ähnlichen physikalisch-chemischen Eigenschaften zusammenfassen.

In Tabelle 3.7 sind diese von MØLHAVE et al. [272–275] eingesetzten Gemische von FOV dargestellt: Das Gemisch Mx enthält Verbindungen mit relativ niedrigem Dampfdruck (< 3 Torr, d.h. < 400 Pa), die Gemische My und Mz enthalten Verbindungen hoher bzw. niedriger thermodynamischer Aktivität.

Nach den Erfahrungen von MØLHAVE et al. [275] mit gesunden Probanden, unter denen keiner an Asthma, Allergien oder chronischer Bronchitis gelitten hat, ist bei einer Exposition gegen ein Gemisch von FOV mit einer Konzentration von 0 mg/m^3, 5 mg/m^3 und 25 mg/m^3 eine reproduzierbare Reaktion festzustellen. Die im Experiment erfaßte Geruchswahrnehmung und die Einschätzung der Beeinträchtigung der Luftqualität sowie die Wahrnehmung von Schleimhautreizungen und Konzentrationsschwierigkeiten korrelierten mit der steigenden Konzentration an FOV. Ein Gewöhnungseffekt wurde in der Laufzeit des Experiments (2:45 h) ebensowenig beobachtet wie Folgeeffekte (hang-over-effect). Lediglich die Empfindlichkeit für Gerüche scheint durch die Exposition gegenüber den angegebenen Konzentrationen an FOV über einen etwas längeren Zeitraum beeinträchtigt zu werden.

Bei Exposition gegenüber den Teilgemischen Mx, My und Mz zeigte sich, daß die sensorischen Effekte am augeprägtesten bei dem Gemisch mit einem hohen Dampfdruck waren, während die Gemische mit hoher thermodynamischer Aktivität eher die durch Messungen objektivierbaren physiologischen Effekte auslösten [277].

Seit Beginn der Untersuchungen Anfang der 80er Jahre sind die Untersuchungstechniken weiter verfeinert worden [276] und es ist versucht worden, nicht nur relativ unspezifische Reaktionen – wozu auch gewisse neurotoxische Effekte zu zählen sind, die sich etwa als Kopfschmerz, geistige Erschöpfung oder Müdigkeit äußern – zu erfassen, sondern auch spezifische und durch Messungen objektivierbare physiologische Wirkungen. In diesem Sinne ist z. B. die akustische Rhinometrie von MØLHAVE et al. [277] als Untersuchungsverfahren genutzt worden. Das Verfahren war in früheren Untersuchungen bereits eingesetzt worden, um Einflüsse von SO_2 auf die Nasenschleimhaut zu untersuchen [278]. Durch die reizende Wirkung von gasförmigen Luftbestandteilen schwillt die Nasenschleimhaut an und das Nasenvolumen wird entsprechend kleiner. Bei der Exposition gegen 10 mg/m^3 FOV wurde eine Reduzierung des Nasenvolumens um 8 % beobachtet. Weiterhin wurde festgestellt, daß sich das Nasenvolumen auch – ohne Exposition gegen FOV – in Abhängigkeit von der Lufttemperatur verändert und mit steigender Temperatur zunimmt, allerdings findet sich diese Zunahme nicht wenn FOV in einer Konzentration von 10 mg/m^3 vorhanden sind, d. h. die beobachteten physiologischen Effekte sind auch abhängig von raumklimatischen Faktoren. Die Nasenschleimhaut reagiert also bei höheren Temperaturen empfindlicher auf die Reizwirkungen von FOV als in der Kälte.

Im Hinblick auf die *Bewertung* der in Innenräumen anzutreffenden Konzentrationen an FOV ergibt sich aus diesen Untersuchungen, daß auf jeden Fall Werte unterhalb 5 mg/m^3 anzustreben sind. MØLHAVE et al. kamen nach Auswertung anderer skandinavischer Untersuchungen [279] zunächst zu dem Schluß, daß Beschwerden über eine schlechte Luftqualität in Gebäuden nur bei Konzentrationen an FOV von mehr als 1,7 mg/m^3 auftreten, so daß dieser Wert als Orientierungsgröße für die Einschätzung von Innenraumbelastungen im Sinn eines Vorsorgewerts herangezogen werden kann. Allerdings hat die Arbeitsgruppe in neueren Arbeiten gezeigt, daß die Wirkungsschwelle für die von ihnen eingesetzten Gemische an FOV noch unter 1,7 mg/m³ liegt [277].

Immerhin läßt sich daraus schließen, daß ein Eingreifwert für FOV in der Größenordnung von 1,5 – 2 mg/m³ liegen sollte. Es ist allerdings zu unterstellen, daß bei einer FOV-Konzentration in dieser Größenordnung einzelne Verbindungen in Konzentrationen vorliegen können, die unter Gesichtspunkten der gesundheitlichen Vorsorge kritischer zu bewerten sind als dieser Summenwert. Hohe FOV-Belastungen erfordern daher auch eine zumindest qualitative Einschätzung der Zusammensetzung des FOV-Gemischs. Daher werden auch die Verbindungen und Verbindungsgruppen, die am häufigsten in signifikanten Konzentrationen in Innenräumen anzutreffen sind, anschließend etwas detaillierter dargestellt.

Als weitergehende Orientierungsgröße zur Sicherung gesundheitsverträglicher und angenehmer Raumluftverhältnisse schlagen MØLHAVE et al. [275] vor, sich an einem in den USA für die Außenluft geforderten Qualitätsstandard für Kohlenwasserstoffe zu orientieren. Dieser Standard liegt bei einer Konzentration an FOV in Höhe von 0,16 mg/m³ und läßt sich als Zielwert interpretieren.

Einen ähnlichen Zielwert hat Seifert definiert [265]. Er ist der Auffassung, daß eine Konzentration an FOV in Höhe von 0,3 mg/m³ als realistischer Zielwert anzusprechen und diese Summe den beteiligten Verbindungsklassen folgendermaßen zuzurechnen ist (Tabelle 3.8).

Als Randbedingung gilt, daß keine der Einzelverbindungen mehr als 50 % der Normkonzentration ihrer Verbindungsklasse und nicht mehr als 10 % der Summe der FOV ausmachen sollte.

Tabelle 3.8. Die stofflichen Kenngrößen des FOV-Zielwerts nach Seifert [265]

Verbindungsklasse	Konzentration
Alkane	100 µg/m³
Aromatische Kohlenwasserstoffe	50 µg/m³
Terpene	30 µg/m³
Halogenierte Kohlenwasserstoffe	30 µg/m³
Ester	20 µg/m³
Aldehyde und Ketone (ohne Formaldehyd)	20 µg/m³
Sonstige	50 µg/m³
Zielwert für die Summe der FOV	300 µg/m³

Es ist klar, daß unter besonderen Umständen, z. B. nach der Sanierung oder Renovierung eines Gebäudes oder eines Raums, diese Bedingungen nicht eingehalten werden können. Seifert schlägt daher vor, nach solchen Eingriffen in die örtlichen Verhältnisse in der ersten Woche nach Abschluß der Arbeiten eine 50fach höhere Konzentration und für weitere 6 Wochen eine 10fach höhere Konzentration zuzulassen. Mit der Trocknung und Aushärtung von Anstrichen, Klebern und anderen Werkstoffen sinkt die Konzentration an FOV rasch weiter ab, so daß nach ca. 2 Monaten wieder mit normalen Raumluftverhältnissen gerechnet werden kann.

Neben den bisher angesprochenen (leicht-)flüchtigen organischen Verbindungen können auch Verbindungen mit geringerer Flüchtigkeit (semi-volatile-organic-compounds – SVOC) und schwerflüchtige organische Verbindungen, die vorrangig an partikuläres Material gebunden sind, wie beispielsweise PAK – zur Schadstoffbelastung der Luft in Innenräumen beitragen. Als halbflüchtig (semi-volatile) werden dabei solche Verbindungen bezeichnet, die bei üblichen Raumtemperaturen einen Dampfdruck zwischen 10^{-2} und 10^{-8} kPa aufweisen [281]. In Tabelle 3.1 sind eine Reihe von Substanzen aufgeführt, deren Dampfdruck in diesem Bereich liegt. Das gilt für zahlreiche polychlorierte Verbindungen vom Hexachlorbenzol bis zu den Dioxinen und Furanen, aber auch für Holzschutzmittel, die in vielen Gebäuden anzutreffen sind, und für Pestizide, die auf vielfältige Weise in Gebäude eingetragen werden können. Auch diese Schadstoffe werden in ihrer Bedeutung für die Luftqualität in Innenräumen in speziellen, stoffspezifischen Kapiteln dargestellt.

Wegen der Fülle der möglichen Kontaminationsquellen, der Vielfalt baulicher und räumlicher Situationen und der spezifischen Eigenschaften verschiedener organischer Verbindungen lassen sich keine generell gültigen *Sanierungsstrategien* bei erhöhten FOV-Konzentrationen angeben. Grundsätzlich bieten sich zur Senkung der Belastung in Innenräumen folgende Strategien an:

- Entfernen der Quellen: Reduzierung der Emissionen in den betroffenen Räumlichkeiten,
- Kapselung der Quellen: Beschränkung der Emissionen auf nicht genutzte Raumvolumen,
- Verbesserung der Lüftung: Verdünnung der Schadstoffe,
- Installation von technischen Einrichtungen zur Reinigung der Innenraumluft: Schaffung von Senken für die Schadstoffe.

Erhöhte Konzentrationen an FOV werden häufig nach Bau- und Renovierungsmaßnahmen sowie als Folge einer neuen Raumausstattung festgestellt. In solchen Fällen ist zu unterstellen, daß die Emissionen mit der Zeit stark sinken, so daß weitergehende Sanierungsmaßnahmen nicht erforderlich sind. Durch forcierte Lüftung und in Einzelfällen möglicherweise auch durch Nutzungsbeschränkungen lassen sich dann auch vertretbare Bedingungen für die Übergangszeit schaffen.

Soweit die dann verbleibenden Restemissionen noch zu unerwünscht hohen Innenraumbelastungen führen, sind die Quellen zu identifizieren und zu entfernen. Für viele Produkte, die Lösemittel oder andere FOV enthalten und die in Innenräumen Anwendung finden, sind Alternativ- oder Ersatzprodukte verfügbar. Bei Substitution ist allerdings zu beachten, daß auch diese Produkte zumeist nicht völlig emissionsfrei sind, so daß eine Abwägung zwischen den verschiedenen Emissionsprofilen stattfinden muß.

Maßnahmen zur Kapselung und Abdichtung der Quellen sowie zur Verbesserung der Lüftung sind zumeist wesentlich aufwendiger. Sie können sinnvoll sein, wenn die Belastung aus dem unvermeidlichen Einsatz von FOV herrührt und die Emissionen gut lokalisiert sind. Das gilt beispielsweise für den Eintrag von Benzol und anderen Benzininhaltsstoffen aus Tiefgaragen und angebauten Garagen. Eine Kombination von Lüftungstechnik und Gasdiffusionssperre kann in solchen Fällen effektiv zur Reduzierung der Belastung beitragen.

Schließlich besteht auch die Möglichkeit, Raumluftreiniger zur Senkung der Schadstoffbelastung einzusetzen. Dafür kommen vorrangig Filtersysteme mit Aktivkohle oder Kunststoffgranulatfilter als Adsorbenzien in Frage. Eine wirkungsvolle Absenkung der Schadstoffbelastung ist damit jedoch nur zu erreichen, wenn für eine ausreichende Umwälzung der Luft gesorgt wird. Als Faustregel gibt WANNER [282] an, daß bei einer 5fachen Umwälzung des Raumvolumens pro Stunde die Schadstoffkonzentrationen etwa um die Hälfte gesenkt werden können. Diese Raumluftreiniger verbrauchen dabei Energie, sie müssen gewartet und gepflegt werden und sind damit kostenträchtig.

Die Entfernung der Innenraumquellen wird sich bei langfristiger Betrachtung in vielen Fällen als der kostengünstigere und effektivere Weg zur Senkung von Schadstoffbelastungen erweisen.

3.1.5.1
Alkane, Alkene und cycloaliphatische Kohlenwasserstoffe

Die reinen Kohlenwasserstoffe aus den Gruppen der Alkane (Paraffinkohlenwasserstoffe) und der Alkene (früher auch als Äthylenkohlenwasserstoffe bezeichnet) und der cycloaliphatischen Verbindungen sind Bestandteile des Erdöls und damit in einer Fülle großtechnisch verarbeiteter und flächendeckend eingesetzter Erdölprodukte (v. a. in Lösemitteln) und in Treibstoffen enthalten. Sie sind daher – auch in der freien Atmosphäre – ubiquitär anzutreffen und somit auch in Innenräumen praktisch immer vorhanden. Unter den Gesichtspunkten des Immissionsschutzes spielen die aliphatischen Kohlenwasserstoffe auch als Vorläufersubstanzen bei der Ozonbildung im bodennahen Bereich eine Rolle.

In der homologen Reihe der Alkane sind die ersten 4 Verbindungen (Methan, Ethan, Propan und Butan) gasförmig. Diese Gase spielen als Energieträger eine bedeutsame Rolle und werden daher in großen Mengen umgesetzt und verbraucht. Eine gewisse Rolle spielen Propan und Butan auch als Treibgas in der Herstellung von Schaumstoffen, die in Innenräumen zum Einsatz kommen können.

Die höheren Homologe der Alkane bis zum n-Heptadecan sind flüssig. Sie sind Bestandteile des Erdöls und vieler flüssiger Erdölprodukte, insbesondere auch der Treibstoffe und der flüssigen Heizstoffe.

Die weiteren höheren Homologe der Alkane sind Feststoffe. In Fragen der Schadstoffbelastung der Luft spielen diese eine untergeordnete Rolle.

Die gasförmigen und festen Alkane sind geruchlos, während die flüssigen Alkane den typischen Benzingeruch aufweisen. Allerdings liegen die Geruchsschwellenwerte zumeist bei Konzentrationen, die nur unter sehr ungünstigen Verhältnissen oder bei ausgesprochenen Schadensfällen in Innenräumen auftreten dürften.

Chemisch sind Alkane sehr stabile Verbindungen; daher konnten sie auch geologische Zeiträume im Erdinnern als Erdöl überdauern.

Die Alkene spielen daneben als Komponente der Schadstoffbelastung der Innenraumluft generell eine geringere Rolle. Aber genau wie die Alkane treten auch die Alkene im Zusammenhang mit Verbrennungsprozessen aller Art auf, sei es als unverbrannte Treibstoffkomponente, sei es als Produkt einer nicht optimal verlaufenden Verbrennung.

Einigen ungesättigten Verbindungen wird inzwischen in den Konzentrationen, die in städtisch-industriellen Ballungsräumen gemessen werden, eine gesundheitliche Bedeutung beigemessen. Das gilt vorrangig für 1,3-Butadien. Daneben spielen Ethen und Isopren, die beide auch von Pflanzen freigesetzt werden, unter lufthygienischen Gesichtspunkten eine gewisse Rolle.

Alkene sind als ungesättigte Verbindungen reaktiver als Alkane. Unter den Bedingungen der freien Atmosphäre reagieren sie mit OH·-Radikalen und bilden schließlich Hydroxycarbonylverbindungen oder beim Angriff eines Nitrat (NO_3·)-Radikals, Alkylnitrate. Wegen ihrer hohen Reaktivität weisen die Alkene eine kurze Verweilzeit in der Atmosphäre auf.

Neben den erwähnten aliphatischen Kohlenwasserstoffen sind auch Cycloaliphatische Kohlenwasserstoffe anzusprechen. Auch diese sind Bestandteile des Erdöls, dessen Zusammensetzung je nach Herkunftsregion stark variiert. Die wichtigste Verbindung aus dieser Gruppe dürfte im Hinblick auf die Belastung der Innenraumluft das Cyclohexan sein. Daneben sind auch Methylcyclohexan, Cyclohexen und Methylcyclopentan in Konzentrationen in Innenräumen festgestellt worden, die dafür sprechen, daß es für diese Verbindungen spezifische Quellen in den betreffenden Gebäuden gibt. Cyclohexan, Methylcyclohexan und auch die ungesättigte Schwesterverbindung Cyclohexen sowie Methylcyclopentan sind bei normaler Raumtemperatur waserklare, farblose Flüssigkeiten mit benzinartigem Geruch.

Über den Luftaustausch zwischen Gebäuden und der Umgebung gelangen die ubiquitär anzutreffenden Alkane und Alkene sowie cycloaliphatische Verbindungen stets auch in die Innenraumluft.

Daneben sind aber auch eine Reihe von *Quellen in Innenräumen* zu beachten. Die wichtigste Rolle kommt dabei dem Einsatz von Cyclohexan, Methylcyclohexan und aliphatischen Alkanen hoher und mittlerer Flüchtigkeit in Lacken und anderen Anstrichmitteln zu. In vielen Erdölprodukten sind diese Verbindungen enthalten, somit sind sie auch in Baumaterialien, wie Bodenbelägen, Dichtungsmassen und Dämmstoffen sowie in Raumausstattungsprodukten, wie in Tapeten, dekorativen Textilien und den verschiedenen Hilfsstoffen zu ihrer Verarbeitung, die unter Einsatz von Erdölprodukten hergestellt wurden, enthalten und weit verbreitet.

Weiterhin können sie in Reinigungslösungen und ähnlichen Produkten vorhanden sein.

Testbenzin (im englischen Sprachgebrauch: white spirit) bzw. Kristallöl, Lackbenzin und Petroläther (mit einem Siedebreich von

40–60 °C) sind technische Lösemittel, die in diesen Produkten häufig eingesetzt werden.

Neben den unverzweigten n-Alkanen gewinnen inzwischen auch die verzweigten iso-Alkane bzw. die iso-Aliphate eine wachsende Bedeutung als Lösemittel. Sie ersetzen häufig aromatische Kohlenwasserstoffe in Anstrichmitteln und Klebern, da sie unter toxikologischen Gesichtspunkten als unproblematisch gelten.

In neu errichteten und frisch renovierten oder gestrichenen Gebäuden sind fast immer zahlreiche Alkane und cycloaliphatische Verbindungen nachzuweisen, deren Konzentration aber innerhalb einiger Wochen oder Monate mit der Aushärtung der Klebstoffe und Anstrichmittel und dem Abdampfen von flüchtigen Komponenten aus Gegenständen der Raumausstattung wieder auf ein Belastungsniveau absinkt, das der ubiquitären Grundbelastung entspricht.

Eine solche Veränderung der Luftbelastungssituation ist in Abb. 3.9 dargestellt, die 2 Chromatogramme der Raumluft aus einem neu errichteten Bürogebäude zeigt. In beiden Fällen handelt es sich um den gleichen Raum und die gleichen untersuchungstechnischen Randbedingungen. Die Luftproben wurden im Abstand von ca. 10 Wochen genommen.

Auch in der chemischen Reinigung kommen Kohlenwasserstoffe zum Einsatz, allerdings ist dies in Deutschland – im Gegensatz zu den USA – wenig verbreitet. Es überwiegt in Deutschland bisher bei weitem der Einsatz von Tetrachlorethen (Per) als Reinigungsmittel. Generell können mit frisch gereinigten Kleidungsstücken Restmengen an Lösemitteln, die im Gewebe haften, in Innenräume eingeführt werden, zumal die Kleidungsstücke nach dem Reinigungsvorgang oft beim Abholen mit einer Kunststoffolie überzogen werden. Diese Transportverpackung verhindert das Abdampfen der Lösemittelreste. Mit der öffentlichen Debatte über die Chlorchemie ist auch Tetrachlorethen als Reinigungsmittel in Frage gestellt worden. Als eine Alternative wird zunehmend der Einsatz von Kohlenwasserstoffen gesehen. Also ist auf entsprechende Ver- und Einschleppungseffekte zu achten.

Eine besondere Belastungssituation haben BRAATHEN und SCHMIDBAUER [283] (und in ähnlicher Weise auch MOSELEY und MEYER [284]) beschrieben: Sie untersuchten die Auswirkungen eines Ölunfalls auf die Innenraumluft der Gebäude, die an das Schadensgebiet angrenzten. In dem speziellen Fall waren aus einer Tankstelle ca. 17 m³ Benzin über einen längeren Zeitraum ausgetreten und in den Untergrund ver-

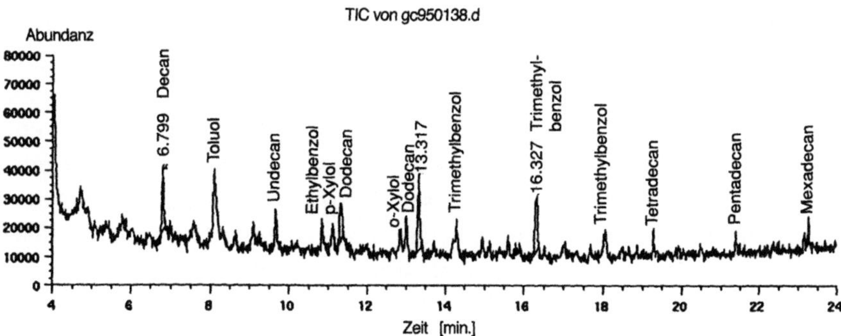

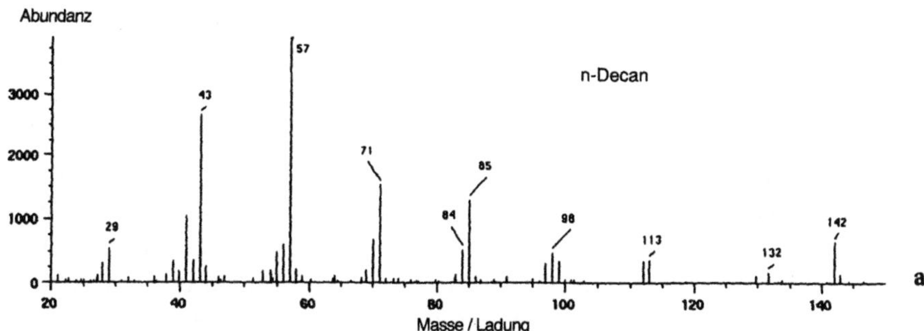

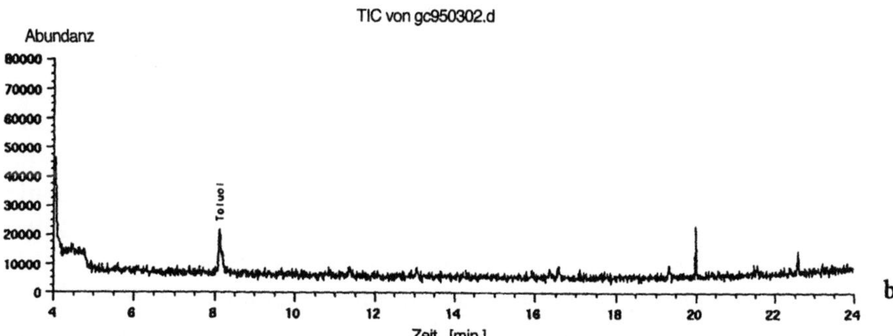

Abb. 3.9 a, b. Untersuchung eines neuen Bürogebäudes in Nürnberg-Langwasser auf die Belastung mit FOV, Probennahme mit Passivsammlern (Aktivkohle, ORSA), Expositionszeit: 1 Woche, GC-Screening mit FID (Flammenionisationsdetektor), Identifizierung der Verbindungen mit dem Massenspektrometer; a Probennahme im Februar 1995 (kurz nach Bezug des Gebäudes), unter dem Chromatogramm ist das Massenspektrum von n-Decan wiedergegeben, b Probennahme im Mai 1995 (nach Abklingen der Belastung durch Lösemittel und andere flüchtige Verbindungen, die zu Beschwerden über die Luftqualität in den Büroräumen geführt hatte)

sickert. Der Schadensfall wurde entdeckt, da Anwohner in ihren Wohnungen einen unerklärlichen Benzingeruch wahrnahmen. Die daraufhin durchgeführten Messungen erbrachten für die Summe der analytisch erfaßten Kohlenwasserstoffe (6 verschiedene Alkane, Pentene, 5 verschiedene aromatische Kohlenwasserstoffe und Cyclohexan) Raumluftkonzentrationen bis zu 53,64 mg/m^3. Über einen Zeitraum von mehr als 2 Jahren müssen in den untersuchten Gebäuden erhebliche Belastungen mit Kohlenwasserstoffen vorgelegen haben.

Neben der ubiquitären Grundbelastung, die vorrangig aus dem Einsatz von Treibstoffen und damit aus dem Verkehr herrührt, können also aliphatische und cycloaliphatische Kohlenwasserstoffe über eine recht große Zahl von Produkten in Innenräume und aufgrund von Schadensfällen auch aus dem Untergrund in Gebäude eingetragen werden.

Typischerweise finden sich in frisch renovierten bzw. neu erstellten Räumlichkeiten neben vielen anderen Lösemittelkomponenten auch Kohlenwasserstoffe. ROTHWEILER et al. [285] haben in der Schweiz in 22 renovierten oder neu errichteten Wohnhäusern Innenraumluftuntersuchungen unmittelbar nach Bezugsfertigkeit der Gebäude durchgeführt und diese Messungen in einer Reihe von Fällen nach einigen Wochen oder Monaten wiederholt, um unter realen Nutzungsverhältnissen das Abklingen der Belastung zu verfolgen. Unter der Fülle der festgestellten flüchtigen und sehr flüchtigen Einzelverbindungen sind in mehr als der Hälfte der Gebäude auch aliphatische und cycloaliphatische Kohlenwasserstoffe festgestellt worden. Die bei weitem am häufigsten gefundene Verbindung dieser Gruppe war das Cyclohexan. Daten über die Häufigkeit des Auftretens und über *typische Konzentrationen* der verschiedenen Verbindungen in Innenräumen und in der Außenluft sind in Tabelle 3.9 zusammengefaßt. Weitere Informationen über die in Deutschland in Wohnungen festgestellten Konzentrationen einiger ausgewählter Kohlenwasserstoffe sind auch Tabelle 3.6 zu entnehmen.

Alkane sind reaktionsträge Verbindungen, denen man daher auch nur eine geringe physiologische Aktivität zuschreibt. Allerdings ist von KJAERGAARD et al. [291] gezeigt worden, daß selbst eine chemisch so stabile Verbindung wie n-Decan auch in niedrigen Konzentrationen, wie sie mitunter auch in Innenräumen auftreten können, reproduzierbare körperliche Reaktionen auslöst. Für n-Alkane sind auch zytotoxische Effekte in vitro beobachtet worden [292], wobei aber vermutet wird, daß es sich bei den unmittelbar toxisch wirkenden Agenzien um Metaboliten der Kohlenwasserstoffe handelt [293].

Den Kohlenwasserstoffen werden generell narkotische *Wirkungen* zugeschrieben. Das gilt auch für die Alkane [294], die Alkene und die cycloaliphatischen Verbindungen. Die Untersuchungen von KJAERGAARD et al. zeigten, daß n-Decan auch in niedrigen Konzentrationen durchaus reproduzierbare Wirkungen auslöst, die sich sowohl als subjektive Beschwerden über eine schlechte Luftqualität äußerten, als auch durch physiologische Messungen zu belegen waren. Die Beschreibung der Eindrücke durch die (gesunden) Probanden deckte ein Spektrum an Symptomen ab, das dem Sick-Building-Syndrome in vieler Hinsicht ähnelte.

Über diese Wirkungen hinaus ist bei einigen in der Außen- und der Innenraumluft anzutreffenden Verbindungen zu beachten, daß sie als kanzerogen eingeschätzt werden. So ist das in Autoabgasen enthaltene und auch bei anderen Verbrennungsprozessen gebildete 1,3-Butadien als Stoff klassifiziert, der sich im Tierversuch eindeutig als krebserzeugend erwiesen hat. Ethen zählt zu den Stoffen, bei denen ein begründeter Verdacht auf ein krebserzeugendes Potential besteht, der der weiteren Abklärung bedarf.

Bei der *Bewertung* der Alkane, Alkene und cycloaliphatischen Verbindungen ist diesen Unterschieden Rechnung zu tragen.

Für das üblicherweise in der Raumluft anzutreffende Gemisch wenig reaktiver, nicht-aromatischer Kohlenwasserstoffe läßt sich ein Zielwert für die Innenraumbelastung aus dem von SEIFERT entwickelten Konzept zur Bewertung der Belastung mit FOV entnehmen (s. Abschn. 3.1.5 [267]). Er hat einen (allerdings nicht toxikologisch abgeleiteten, sondern unter Vorsorgegesichtspunkten am Ziel einer möglichst weitgehenden Reduzierung der Exposition gegen FOV orientierten) Zielwert für die Summe der FOV in Höhe von 300 $\mu g/m^3$ definiert und als Anteil der Summe der Alkane eine Konzentration von 100 $\mu g/m^3$ festgelegt mit der Nebenbedingung, daß keine Einzelverbindung mehr als 50 % dieser Zielkonzentration ausmachen soll. Weiterhin soll keine Einzelverbindung eine höhere Konzentration als 10 % der Summe der FOV ausmachen. Aus diesem Konzept resultiert also ein Zielwert für jede Einzelverbindung der Gruppe der Alkane in Höhe von 30 $\mu g/m^3$, soweit nicht besondere toxische Eigenschaften einzelner Verbindungen strengere Zielwerte erfordern.

Im Hinblick auf die Festlegung von Sanierungsanforderungen kann bei der Bewertung der Belastung von Innenräumen mit Alkanen, Alkenen und cycloaliphatischen Verbindungen auf Vorsorgewerte zurückgegriffen werden, die – wie auch das Konzept von SEIFERT – für die Summe der FOV definiert worden sind. Nach den Untersuchungen von MØLHAVE et al. [275–277] ist bei Konzentrationen an FOV im Bereich von 1,5–2 mg/m³ weitgehend sichergestellt, daß keine Beschwerden über die Luftqualität und keine gesundheitlichen Beeinträchtigungen zu registrieren sind. Es ist zu unterstellen, daß im Durchschnitt ca. $^1/_3$ der FOV den Alkanen, den Alkenen und den cycloaliphatischen Verbindungen zuzuschreiben ist. Daraus ergibt sich als Vorschlag ein Vorsorgewert von ca. 500–700 µg/m³ für die Summe dieser Verbindungen. Bei Unterschreiten dieser Konzentration sollten spezifische Belästigungen und Beeinträchtigungen ausgeschlossen sein. Das ist aber wiederum nur gewährleistet, wenn die Einzelverbindung mit der höchsten Konzentration einen Wert von ca. 100–200 µg/m³ nicht überschreitet. Typische Innenraumluftkonzentrationen der verbreitetsten Alkane, Alkene und cycloaliphatischen Verbindungen (s. Tabelle 3.9) liegen weit unter diesem Niveau. Konzentrationen von mehr als 200 µg/m³ für eine einzelne Verbindung und von mehr als 500 µg/m³ für die Summe der Aromatischen Kohlenwasserstoffe sind also auf jeden Fall als Hinweis auf eine spezifische Innenraumbelastung und das Vorliegen besonderer Quellen zu werten und müßten Maßnahmen zur Minderung der Luftbelastung auslösen, zumal es bei den höheren Homologen bei Konzentrationen in dieser Größenordnung auch zu Geruchsbelästigungen kommt.

Weitergehende Forderungen, als nach den Konzepten von SEIFERT und von MØLHAVE et al. abgeleitet, sind für solche Verbindungen zu stellen, die kanzerogene Eigenschaften aufweisen. Das gilt etwa für das 1,3-Butadien, für das, ähnlich wie für Benzol, eine Abschätzung des Krebsrisikos erfolgen muß. Für 1,3-Butadien hat die US-amerikanische Umweltbehörde EPA einen Unit-risk-Wert (die zusätzliche Wahrscheinlichkeit, bei einer lebenslangen Exposition gegen eine Konzentration von 1 µg/m³ des betrachteten Wirkstoffs an Krebs zu sterben) in Höhe von $2{,}8 \cdot 10^{-4}$ festgestellt, d.h. ein kanzerogenes Potential, das höher ist als das von Benzol (s. Abschn. 3.1.5.2) [295].

Erhöhte Konzentrationen an Alkanen, Alkenen und Cycloalkanen werden oft nach Bau- und Renovierungsmaßnahmen sowie als Folge einer neuen Raumausstattung festgestellt. In solchen Fällen ist zu unterstellen, daß die Emissionen mit der Zeit stark sinken, so daß weitergehende *Sanierungsmaßnahmen* nicht erforderlich sind, aber durch forcierte Lüftung und in Einzelfällen möglicherweise auch durch Nut-

Tabelle 3.9. Typische Konzentrationen von gesättigten und ungesättigten aliphatischen und cycloaliphatischen Kohlenwasserstoffen in Innen-räumen und in der Außenluft

Chemische Verbindungen	Charakterisierung des Orts und der Umstände der Untersuchung								
	Jahresmittelwerte, erhoben an 41 Luft-meßstationen im Rhein-Ruhr-Gebiet (maximaler und minimaler Wert) [286]	Durchschnittswerte für Außen- und Innen-raumluft in den USA/ nationale Datenbasis [287]		Neuer Bürobau, kurz nach Eröffnung, Werte in Klammern wurden 7 Monate später erhoben [288]		17 Leipziger Wohnungen, Mittelwerte für die über das Stadtgebiet verteilten Wohnungen; sie um-fassen Alt- und Neubau-bestand [289]		Außenluft und Innenraumluft in einer Garage (nach Kaltstart eines Fahrzeugs) in Göteborg/Schweden [290]	
	Außenluft [µg/m³]	Raumluft [µg/m³]	Außenluft [µg/m³]	Raumluft [µg/m³]	Außenluft [µg/m³]	Raumluft [µg/m³]	Außenluft [µg/m³]	Raumluft [µg/m³]	Außenluft [µg/m³]
n-Pentan	3,3–18,8								
n-Hexan	1,4– 7,90	–	–	–	–	9,3	–	46	2,8–22
n-Heptan	–	–	–	–	–	3,6	–	–	–
n-Octan	–	4,2	–	–	–	3,8	–	–	–
n-Nonan	–	6,2	–	–	–	4,2	–	–	–
n-Decan	–	(0,78)	–	436,4 (15,2)	–	7,0	–	–	–
n-Undecan	–	5,4	5,4	210,8 (33,9)	–	9,9	–	–	–
n-Dodecan	–	–	–	–	–	9,7	–	–	–
n-Tridecan	–	(1,48)	–	–	–	4,3	–	–	–
Ethen	4,4–19,0	–	–	–	–	–	–	56	9,8–68
Propen	1,1– 5,30	–	–	–	–	–	–	24	3,8–28
1,3-Butadien	–	–	1,8	–	–	–	–	6,8	0,8– 6,2
Cyclohexan	–	4,8	–	–	–	–	–	–	–

zungsbeschränkungen vertretbare Bedingungen für die Übergangszeit geschaffen werden können.

Soweit die dann verbleibenden Restemissionen noch zu unerwünscht hohen Innenraumbelastungen führen, sind die in Abschn. 3.1.5 dargestellten Sanierungsstrategien zu verfolgen.

3.1.5.2
Aromatische Kohlenwasserstoffe: Benzol, seine Homologe und einige entfernte Verwandte

Unter dem Begriff aromatische Kohlenwasserstoffe (bzw. monozyklische Arene) werden das Benzol und seine Homologe zusammengefaßt. Die BTX-Aromaten (Benzol, Toluol, Xylole) gehören heute zu den im Immissionsschutz und bei Innenraumluftuntersuchungen standardmäßig erfaßten Verbindungen, da sie weit verbreitet sind und häufig zu den Verbindungen gehören, die die lufthygienischen Verhältnisse mit prägen. BTX-Aromaten können in diesem Sinn häufig als Leitparameter für die Schadstoffbelastung mit FOV herangezogen werden.

Unter einer Reihe von Gesichtspunkten haben die aromatischen Kohlenwasserstoffe als Luftschadstoffe speziell auch in Innenräumen Beachtung gefunden:

- Einige Verbindungen aus dieser Gruppe gehören zu den am weitesten verbreiteten und der Einsatzmenge nach bedeutendsten Lösemitteln. Das gilt v. a. für Toluol, die Xylole und Ethylbenzol. Aber auch die Trimethylbenzole (1,2,3-Trimethylbenzol/Hemellitol; 1,2,4-Trimethylbenzol/Pseudocumol und 1,3,5-Trimethylbezol/Mesitylen), Ethyltoluole und Cumol werden in beträchtlichen Mengen eingesetzt.
  Da zudem viele dieser Verbindungen auch als Kraftstoffkomponenten in die Umwelt freigesetzt und bei Verbrennungsprozessen aller Art gebildet und emittiert werden, sind sie in bedeutsamen Konzentrationen ubiquitär anzutreffen.
- Mit dem Benzol ist dieser Gruppe eine Verbindung zuzurechnen, die wegen ihrer gesichert nachgewiesenen kanzerogenen Eigenschaften einer besonderen Beachtung und Überwachung bedarf. Der Einsatz von Benzol in technischen Produkten spielt heute – zumindest in Deutschland – keine große Rolle mehr, da nach der Gefahrstoffverordnung Produkte mit einem Benzolgehalt von mehr als 0,1 % nicht mehr in den Verkehr gebracht werden dürfen.

Ausgenommen von dieser Regel sind lediglich Treibstoffe sowie die der Treibstoffgewinnung dienenden Rohmaterialien und der Einsatz von Benzol in geschlossenen industriellen Verfahren bzw. zu Forschungs- und Analysezwecken [296]. Somit ist Benzol in Treibstoffen nach wie vor in Prozentmengen enthalten und daher ubiquitär anzutreffen, letztlich auch in Innenräumen, ganz besonders wenn diese über eine räumliche Verbindung zu Garagenanlagen, Tankeinrichtungen oder zu ähnlichen Räumlichkeiten verfügen. MÜCKE et al. [297] haben aus der amtlichen Überwachung Daten zum Benzolgehalt von Ottokraftstoffen für den Zeitraum von 1978–1991 zusammengestellt. Die Mittelwerte lagen demzufolge im Bereich von ca. 1,4 bis ca. 4,2 %.

Unter toxikologischen Gesichtspunkten hat EIKMANN die Einschätzung geäußert, daß es „keinen vergleichbaren Stoff mit einem so hohen Gefahrenpotential" in der Umgebungsluft gibt [298] wie das Benzol. Es besteht ein breiter Konsens, daß generell die heute noch festzustellende Luftbelastung mit Benzol gesenkt werden muß.

- Weiterhin sind auch im Zigrettenrauch beträchtliche Mengen an aromatischen Kohlenwasserstoffen enthalten, insbesondere wiederum Benzol [299, 300]; je Zigarette werden davon ca. 10–100 µg freigesetzt; es werden sogar Werte > 650 µg/Zigarette berichtet [301].
- Die Belastung von Innenräumen mit aromatischen Kohlenwasserstoffen ist über die lufthygienische Bewertung hinaus auch unter dem Gesichtspunkt einer möglichen Kontamination von Lebensmitteln [302, 303] zu sehen und zu untersuchen, da all diese Verbindungen ausgeprägt lipophile Eigenschaften aufweisen und somit in fetthaltigen Lebensmitteln akkumuliert werden können, allerdings werden die dabei aufgenommenen Mengen zumeist nur eine untergeordnete Rolle für die Gesamtbelastung des Menschen mit aromatischen Kohlenwasserstoffen spielen.

Neben den aromatischen Kohlenwasserstoffen, die als Lösemittel, als Bestandteil von Treib- und Brennstoffen sowie als Produkt aus Verbrennungsprozessen eine Rolle spielen, sind auch einige Verbindungen als Komponenten in polymeren Materialien, die im Haus Einsatz finden, zu erwähnen. Dazu gehören das Styrol (bzw. nach heutiger chemischer Nomenklatur: Styren), in untergeordneter Weise auch Ethylbenzol und eine Reihe von Verbindungen, die aus Fußbodenbelägen oder deren Rückenmaterial freigesetzt werden können.

Styrol ist die monomere Ausgangsverbindung für die Herstellung von Polystyrol und Polyesterharzen. Polystyrolprodukte (wie Styropor) und Polyesterharze spielen sowohl im Bauwesen und im Heimwerker-Sektor (z. B. als Dämmaterial) als auch für viele haushaltsübliche Produkte eine große Rolle und finden breite Anwendung. Da in den Kunststoffmaterialien in wechselnden Mengen Restmonomere enthalten sein können, kann Styrol auch aus solchen Produkten ausdampfen und in die Raumluft gelangen. Kritische Belastungen (über dem Geruchsschwellenwert von 70 µg/m³) wurden zumeist dann gefunden, wenn styrolhaltige Kunststoffmassen vor Ort verarbeitet und dabei die geforderten Einsatzbedingungen nicht genau eingehalten wurden.

Im Hinblick auf diese Probleme und Fragestellungen sind bereits eine Fülle von Untersuchungen über die *Quellen* und Verteilungsmechanismen von aromatischen Kohlenwasserstoffen durchgeführt worden. Eine herausragende Rolle spielt für viele aromatische Kohlenwasserstoffe der Verkehr, da diese Verbindungen Bestandteile des Treibstoffs sind. Sie können in die Umwelt gelangen:

- durch Verdunstung aus dem Treibstofftank und aus dem Vergaser sowie bei Umfüll- und Betankungsvorgängen,
  sowie
- mit den Motorabgasen – dabei kann es sich um die Emission unverbrannter Restmengen aus dem Treibstoff oder um de novo im Verbrennungsprozeß gebildete Verbindungen handeln.

Am Beispiel des Benzols, das zu ca. 90% aus dem Verkehr stammt, lassen sich die Anteile der verschiedenen Quellen relativ genau angeben. Eine grobe Bilanz der Emissionen ist in Tabelle 3.10 dargestellt.

Spezielle Benzolquellen dürfte es heute in Innenräumen außer dem Tabakrauch nicht mehr geben. SCHERER et al. [304] haben bei einer vergleichenden Untersuchung von Raucher- und Nichtraucherwohnungen im Stadtgebiet von München sowie in Stadtrandlagen den Einfluß des Zigarettenrauchs auf die häusliche Benzolbelastung ermittelt. Demzufolge lassen sich bei Nichtrauchern, die gemeinsam mit Rauchern in einer Wohnung leben, ca. 15% der Benzolexposition dem Zigarettenrauch zuschreiben. Die anderen 85% sind – in Übereinstimmung mit anderen Studien [305] – vorrangig durch verkehrsbedingte Immissionen verursacht.

Die *typischen Konzentrationsniveaus* in verschiedenen Umweltsituationen und in Innenräumen sind für Benzol und eine Reihe weiterer

Tabelle 3.10. Benzolemissionen in der Bundesrepublik Deutschland im Jahr 1989 [306]

Quellen		Benzolemissionen	
		[t/Jahr]	[%]
Kfz-Verkehr, davon		41 200	89
– Pkw mit Ottomotor:	33 000		
– Motorisierte Zweiräder:	3 000		
– Fahrzeuge aus Landwirtschaft und Militär:	1 300		
– Pkw mit Dieselmotor:	1 300		
– Verdunstung aus Ottomotoren:	2 600		
Lagerung/Umschlag/Transport von Ottokraftstoff		1 900	4
Industrielle und gewerbliche Aktivitäten		3 000	7
Summe		46 100	100

aromatischer Kohlenwasserstoffe gut bekannt. Auch über luftchemische Reaktionen und Abbauprozesse der aromatischen Kohlenwasserstoffe, natürliche und künstliche Senken [307] liegen Ergebnisse vor. Das gilt insbesondere für Benzol, zu dessen Verhalten in der Umwelt inzwischen auch Modellrechnungen erstellt wurden [308].

In Tabelle 3.11 sind eine Reihe von Informationen zusammengefaßt.

Neuere Untersuchungen zeigen, daß die Belastung von Innenräumen durch Benzol, Toluol und andere aromatische Kohlenwasserstoffe deutlich geprägt ist von den Verkehrsverhältnissen in der Umgebung und von den Einflüssen räumlich verbundener Kfz-Stellplätze (Tiefgaragen, Hausgaragen) [311] sowie von Tankstellen. Besonders hohe Belastungen sind in Kraftfahrzeuginnenräumen anzutreffen [312, 313].

Unter ungünstigen Randbedingungen werden auch in Innenräumen Benzolkonzentrationen beobachtet, die über dem Grenzwert von 15 µg/m^3 (nach dem Willen des Gesetzgebers ab 1.7.1998: 10 µg/m^3) liegen, dessen Überschreitung nach § 40 des Bundesimmissionsschutzgesetzes Verkehrsbeschränkungen auslösen könnte [314]. So ermittelten WICHMANN et al. [315] bei ihren Untersuchungen in Duisburger Haushalten für die Inneraumluftbelastung mit Benzol einen 90 %-Wert von 21,7 µg/m^3, d. h. ein beträchtlicher Teil der untersuchten Räumlichkeiten weist eine Benzolbelastung auf, die über dem benannten Grenzwert liegt.

Tabelle 3.11. Aromatische Kohlenwasserstoffe, typische Immissionskonzentrationen, Innenraumbelastungen und wichtige Quellen [µg/m³]

Verbindung	Wichtigste Quellen (in Innenräumen)	Typische Immissionen in städtischen Gebieten[a]	Typische Immissionen in ländlichen Gebieten[a]	Typische Innenraumluftkonzentration (Normbereich) [52][b]
Benzol	Zigarettenrauch, Kfz (Eintrag aus der Außenluft oder aus Garagen)	5–20[c]	< 1[c]	1,5–22,3
Toluol	Farben/Druckfarben [309] Kfz (Eintrag aus der Außenluft und aus Garagen) Klebstoffe, lösemittelhaltige Haushaltsprodukte	10–100	1–10	26,5–190,0
Ethylbenzol	Farben und Anstrichmittel, Polymere	Um 10 [310]	≤ 1,0	3,9–25,4
m-/p-Xylol	Farben und Anstrichmittel	3–50	0,5–10	8,8–57,3
o-Xylol	Farben und Anstrichmittel	2–20	0,2–1,0	2,7–17,5
Styrol	Polymere, textile Bodenbeläge	ca. 0,3–30 [259]	≤ 1,0	< 1–5,9
Trimethylbenzole:				
– 1,2,3-Trimethylbenzol	Klebstoffe			1,0–9,0
– 1,2,4-Trimethylbenzol	Anstrichmittel			3,0–27,2
– 1,3,5-Trimethylbenzol	Textilhilfsmittel			1,2–10,5

[a] Die angeführten Immissionskonzentrationen sind – mit Ausnahme der mit eigenen Zitaten versehenen Werte – aus einer umfangreichen Zusammenstellung von Meßdaten von MÜCKE et al. [297] entnommen und als Langzeitmittelwerte zu verstehen.

[b] Als typische Innenraumluftkonzentrationen bzw. als unterer und oberer Wert des Normbereichs werden der 10- und der 95%-Wert der im Rahmen des bundesweiten Umwelt-Survey 1985/86 vom Institut für Wasser-, Boden- und Lufthygiene in Wohnungen (in den alten Bundesländern) ermittelten Kennwerte angegeben [52].

[c] Die angeführten Benzolimmissionskonzentrationen in der Umgebungsluft sind als arithmetische Jahresmittelwerte zu verstehen; dabei ist mit Konzentrationen > 10 µg/m³ vorrangig in Straßenschluchtsituationen zu rechnen.

In Berlin erbrachten vergleichende Untersuchungen von Wohnungen, die im Einflußbereich von Tankstellen (direkt darüber bzw. neben Tankstellen) liegen, mit Wohnungen, deren unmittelbare Umgebungsluft von Tankstellen unbeeinflußt ist, signifikante Unterschiede (Tabelle 3.12).

Ähnliche Untersuchungsergebnisse wie in Berlin wurden auch in Frankfurt dokumentiert [317], wobei dort die in der Außenluft gefundenen Meßwerte gut mit den in Innenräumen festzustellenden BTX-Konzentrationen übereinstimmten. Im Innenraum wurden im Durchschnitt die höheren Belastungen festgestellt, dabei spielte die Entfernung zur Tankstelle im Nahbereich (bis ca. 50 m) keine Rolle, und die Belastung erwies sich auch als weitgehend unabhängig vom Stockwerk des Gebäudes.

In einem städtischen Gebiet in München, in dem Benzolimmissionskonzentrationen in der Größenordnung von $15-20\ \mu g/m^3$ gemessen worden sind, ist vom Verwaltungsgericht München der Besitzer eines im verkehrsnahen Bereich stehenden Wohngebäudes von den Anforderungen der Zweckentfremdungsverordnung befreit worden [318], da aufgrund der Luftbelastungssituation die Vermietung der Räumlichkeiten ausschließlich zu Wohnzwecken nicht mehr zumutbar sei. Bei gewerblicher Nutzung halten sich die dort arbeitenden Menschen nur ca. 8 h in den Räumen auf. Das erlaubt es, andere Maßstäbe anzulegen – so die Richter, die sich bei der Einschätzung der Benzolkonzentration auf den in der 23. Bundesimmissionsschutzverordnung ab 1.7.1998 vorgesehenen Benzol-Grenzwert von $10\ \mu g/m^3$ bezogen.

Mit einer Reduzierung dieser verkehrsbedingten Belastung, die mit der Außenluft auch in Innenräume eindringt, ist erst zu rechnen, wenn die Zusammensetzung der Treibstoffe geändert wird. Insbesondere eine Absenkung des Benzolgehalts ist europaweit geplant. Damit dürfte zumindest für diese eine, toxikologisch besonders problematische Komponente eine Verbesserung der Immissionsverhältnisse und damit auch eine Besserung der Luftqualität in Innenräumen möglich werden. Allerdings ist zu bedenken, daß ein Teil der verkehrsbedingten Benzolemissionen durch die Bildung von Benzol bei der Treibstoffverbrennung im Motor verursacht wird.

Sehr hohe Konzentrationen an aromatischen Kohlenwasserstoffen sind regelmäßig in Neubauten und in renovierten Räumlichkeiten zu finden, da Toluol, Ethylbenzol, Trimethylbenzole, Xylole und eine Reihe weiterer Verbindungen in zahlreichen bauchemischen Produkten, in

Tabelle 3.12. Benzolkonzentrationen in der Innenraumluft von Wohnungen in der Nachbarschaft von Tankstellen (Berlin 1992/93 [316]) [µg/m³] *AM* Arithmetischer Mittelwert, *s* Standardabweichung, *GM* Geometrischer Mittelwert, *VI* Vertrauensintervall (des Geometrischen Mittelwerts)

Lage der Wohnräume	Zahl der Proben	Perzentile					Maxi-mum	Mini-mum	AM	s (AM)	GM	VI (GM)
		10	25	50	75	90						
Über Tankstellen[a]	28	7,5	8,9	12,1	17	21	21,6	2	13,2	5,4	11,7	9,5 –14,5
Neben Tankstellen[b]	37	4,0	5,7	7,0	8,6	10,3	13	4	7,1	2,3	6,8	6,1 –7,6
Ohne Tankstellen[c]	106	2	2	3	4	5	10	1	3,3	1,7	2,9	2,7 –3,2

[a] Entfernung von der nächsten Zapfsäule 8–12 m.
[b] Entfernung von der nächsten Zapfsäule 10–40 m.
[c] Entfernung von der nächsten Zapfsäule > 200 m.

Anstrichmitteln, Klebern und Dichtmassen, enthalten sind. Die Luftqualität wird unter diesen Bedingungen zumeist als schlecht erlebt. Häufig ist Toluol als die dominante Komponente in solchen Räumen auch schon geruchlich zu identifizieren. Mit der Trocknung der Kleber und Anstrichstoffe und der Alterung anderer lösemittelhaltiger Produkte sinkt aber die Konzentration an aromatischen Kohlenwasserstoffen (wie die anderer Lösemittel und leichtflüchtiger Verbindungen) innerhalb einiger Wochen stark ab. GUNNARSEN und VALBJØRN [319] haben bei Untersuchungen in einem großen Bürokomplex nach Renovierung festgestellt, daß es 6–8 Monate dauert, bis die Luftqualität ein allgemein akzeptiertes Niveau erreicht. Dieser Verlauf korreliert gut mit der Abnahme der Geruchsintensität in dem Gebäude. Während dieser Zeit wurde die Luftqualität zunächst von den Emissionen der Bau- und Ausstattungsmaterialien geprägt, deren Einfluß aber mit der Zeit abnahm und überlagert wurde von den Einträgen aus anderen Quellen, die im Gebäude anzutreffen waren. Auch wenn es sich bei der Gesamtheit der wirksamen Verbindungen nicht ausschließlich um aromatische Kohlenwasserstoffe handelt, so bilden diese doch eine bedeutende und häufig mengenmäßig sogar bestimmende Gruppe unter den flüchtigen Verbindungen. CAVALLO et al. [320] stellten bei der Untersuchung von Bürogebäuden fest, daß aromatische Kohlenwasserstoffe etwa $^1/_3$ der in den Gebäuden festgestellten FOV ausmachen, über ähnliche Verhältnisse berichteten früher schon MIKSCH et al. [321].

Einen typischen Konzentrationsverlauf für eine der Komponenten in der Raumlauft nach häuslichen Renovierungsmaßnahmen haben SEIFERT et al. [322] beobachtet: sie bestimmten die Konzentration an Toluol nach Verlegen eines Teppichbodens in einem Wohnraum und stellten fest, daß innerhalb von ca. 4 Monaten die Konzentration auf ein dann relativ konstantes Niveau abgefallen ist. Der Verlauf ist in Abb. 3.10 dokumentiert.

Neben dem Einfluß von Bau-, Renovierungs und Ausstattungsmaterialien, Bürogegenständen und lösemittelhaltigen Haushaltsprodukten sind auch aromatische Verbindungen in der Innenraumluft zu finden, die aus Kunststoffen sowie aus textilen Materialien herrühren. Besondere Beachtung hat Styrol gefunden, da es eine Verbindung ist, die einerseits unter dem Verdacht steht, Krebs auslösen zu können (zumindest wird sie von der International agency for research on cancer/IARC entsprechend eingestuft) und andererseits in großen Mengen zu Polymeren verarbeitet wird. Auch wenn potentiell kritische Belastungen

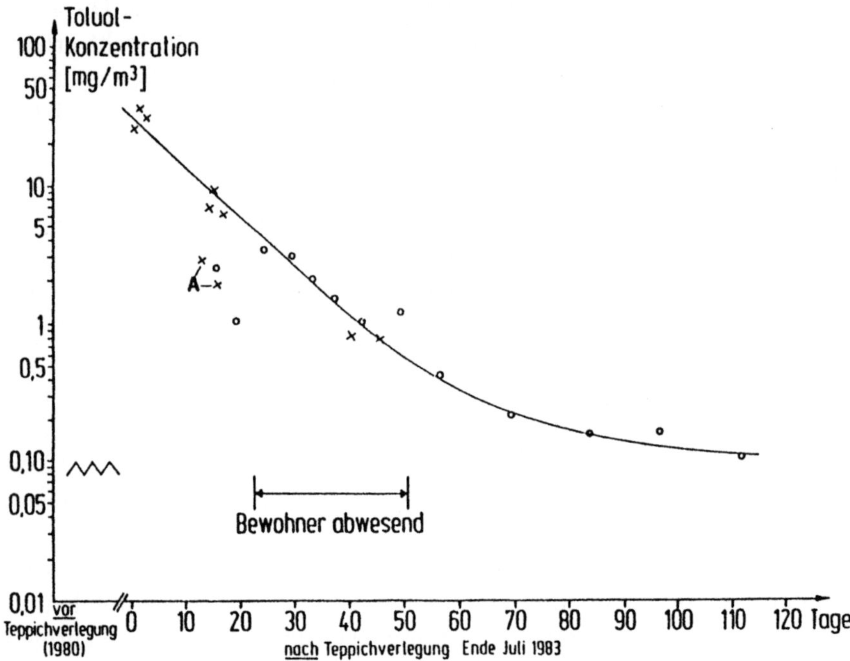

Abb. 3.10. Zeitlicher Verlauf der Toluolkonzentration in der Luft einer Wohnung nach Verkleben eines Teppichbodens; *x* Aktivprobennahme, *o* Passivprobennahme, *A* Probennahme kurz nach intensiver Lüftung des Raums

mit Styrol vorrangig an Arbeitsplätzen in der einschlägigen Industrie zu erwarten sind [323, 324], so ist doch auch die Styrolbelastung in Innenräumen, die mit Polystyrolkunststoffen ausgestattet sind, verschiedentlich untersucht worden. Neben dem Einsatz von Polystyrolhartschaumplatten ist auch an Bodenbeläge und Teppichböden, insbesondere an deren Rückenmaterial, als (schwache) Styrolquelle zu denken. Styrolkonzentrationen in der Größenordnung von einigen µg/m³ sind weit verbreitet. In Einzelfällen sind aber auch deutlich höhere Belastungen gefunden worden. So berichten ROTHWEILER et al. [325] über ein renoviertes Gebäude in der Schweiz, in dem eine Styrol-Konzentration von 146 µg/m³ gefunden worden war, ohne dafür eine spezielle Quelle anzugeben. PUHAKKA und KÄRKKÄINEN [259] fanden in zwei mehrstöckigen Wohnhäusern, die zur Wärmedämmung mit Platten aus Polystyrolmaterial versehen waren, sogar in einigen Appartements Styrolkonzentrationen bis zu 3030 µg/m³. In diesen Gebäuden war es wegen der mit solchen Styrolkonzentrationen verbundenen Geruchsbelästigungen zu massiven Beschwerden gekommen. Offensichtlich war bei der Verarbeitung von Polyesterharzen bei diesen Gebäuden ein Produkt mit einem sehr hohen Restmonomerengehalt zum Einsatz gekommen und bei sommerlich heißen Außentemperaturen konnte das monomere Styrol ausdampfen und mit dem Luftwechsel in die Innenräume eingetragen werden. Das Problem ließ sich nur durch Entfernen der styrolhaltigen Bauteile lösen.

Als weitere, entfernt verwandte Verbindungen, die in Innenräumen von Bedeutung sein können und in ähnlichen Konzentrationen wie Styrol gefunden werden, sind Stoffe anzusprechen, die erfahrungsgemäß aus Teppichböden und ähnlichen textilen Ausstattungsmaterialien ausdampfen können, soweit diese einen ähnlichen stofflichen Aufbau haben. Häufig zu finden ist 4-Phenyl-cyclohexen [326], das einen ausgeprägten, starken Eigengeruch aufweist. Gleiches gilt für das Trimer des 2-Methyl-1-propen [327], 2-Ethyl-1-hexanol und eine Reihe weiterer Verbindungen. Auch wenn 4-Phenylcyclohexen seiner chemischen Charakteristik nach eher als substituiertes Cyclohexen zu sehen ist und nicht als aromatische Verbindung im engeren Sinn (und die weiteren benannten Verbindungen sind dies noch weniger), so ist es doch wegen der Quellensituation und ähnlicher zeitlicher Verteilungsmuster im engen Zusammenhang mit Styrol und anderen Aromatischen Kohlenwasserstoffen zu behandeln.

SEIFERT et al. [328] und später auch HODGSON et al. [329] haben 4-Phenylcyclohexen und Styrol bei der Untersuchung einer Reihe von Teppichböden als die bedeutsamsten flüchtigen Komponenten festgestellt, die zusammen mehr als $^1/_3$ der gesamten Menge an FOV ausmachten. Nach dem Verlegen eines neuen Teppichbodens ist für die Konzentration an 4-Phenylcyclohexen ein ähnlicher Verlauf zu beobachten wie für die Toluolkonzentration in Abb. 3.10, wobei das Maximum der Innenraumbelastung einige Tage nach dem Verlegen auftritt und nach ca. 2 Monaten in etwa stabile Verhältnisse mit einer gewissen Restemission erreicht werden. Die Restemissionen haben HODGSON et al. am Beispiel von 5 verschiedenen Teppichböden ermittelt, von denen 3 Teppichböden Styrol und 4-Phenylcyclohexen emittierten. Diese Teppichböden wiesen einen Latexrücken (SBR – Styrene Butadien Rubber) auf. Die Restemissionen lagen für Styrol 1 Woche nach dem Verlegen bei Werten zwischen 2,0 und 16,1 µg/m²/h, für Phenylcyclohexen ergaben sich Werte zwischen 48,5 und 64,0 µg/m²/h. Die

Tabelle 3.13. Geruchsrichtungen und -häufigkeiten bei Reklamationen von neu verlegten Teppichböden [331]

Geruchsklassen	Geruchsrichtung	Häufigkeit der Nennung
Natürliche Gerüche	Moder, Kloake	104
	Schaf, Wolle, Tier	66
Chemiegerüche	Stechend, beißend, scharf	53
	Chemie, allgemein	24
	Süßlich	19
	Kleber, Lösungsmittel	16
	Aromatisch	6
	Seifig	5
Neugeruch		27

beiden anderen Teppichböden zeigten ein breiteres Emissionsspektrum. Die mengenmäßig bedeutsamsten Einzelverbindungen waren dabei Vinylacetat, 1,2-Propandiol, 2-Ethyl-1-hexanol und 2,6-Di-tert-butyl-4-methylphenol. Diese Verbindungen können zu geruchlichen Belästigungen führen, ihre gesundheitliche Bedeutung ist noch weitgehend ungeklärt.

Die nach dem Verlegen neuer Teppichböden häufig anzutreffenden besonderen Gerüche, die Beschwerden bei den Nutzern der betroffenen Räume auslösen, lassen sich zumeist auf derartige Emissionen des Teppichs zurückführen [330]. SCHRÖDER [331] hat im Rahmen der Arbeiten des deutschen Teppichforschungsinstituts auf der Basis von Reklamationen die häufigsten angegebenen Geruchsbelästigungen klassifiziert und dabei folgende Auflistung erhalten (Tabelle 3.13).

Auffällig ist bei den von Teppichböden und anderen textilen Materialien ausgehenden Geruchsbelästigungen, daß die zu beobachtenden Geruchsbelästigungen je nach Produktionscharge stark variieren können [332], so daß in großen Gebäuden, die durchgehend mit dem gleichen Bodenbelag ausgestattet sind, sehr unterschiedliche Geruchssituationen anzutreffen sein können, wenn das Teppichmaterial aus verschiedenen Chargen stammt. Auch die Art und Weise der Lagerung und der Verpackung von Teppichmaterialien beeinflußt ihr Emissionsverhalten.

Neben dem Aspekt der Geruchsbelästigung, der insbesondere beim Styrol eine Rolle spielt, da Styrol zudem auch eine ausgeprägte Reizwirkung entfaltet, ist hinsichtlich der *Wirkungen* der aromatischen Kohlenwasserstoffe zu unterscheiden zwischen solchen Wirkungen, die in mehr oder weniger ausgeprägter Form allen Verbindungen dieser Gruppe zugeschrieben werden, besonderen Wirkungen einzelner Verbindungen (z. B. kanzerogene Eigenschaften) und Wirkungen, die nur bei Gemischen solcher Verbindungen – nicht aber bei den Einzelverbindungen – beobachtet werden.

Generell müssen aromatische Kohlenwasserstoffe als neurotoxische Verbindungen gelten. Die ausgeprägte Lipophilie dieser Verbindungen erlaubt es ihnen, die Blut-Hirn-Schranke zu passieren und damit auf das Zentralnervensystem einzuwirken. Eine Reihe von Symptomen werden bei einer Exposition gegen aromatische Kohlenwasserstoffe angegeben (allerdings bei Konzentrationen, die deutlich über dem normalerweise in Innenräumen anzutreffenden Niveau liegen):

- Schwindelgefühl und Benommenheit,
- Kopfschmerzen,
- Konzentrationsschwäche und Müdigkeit,
- Übelkeit, Brechreiz,
- neuromuskuläre Störungen, Muskelzuckungen.

In Tabelle 3.14 sind einige grundsätzliche Informationen zur Toxizität von Benzol, Toluol und Xylol zusammengefaßt [333].

In Laborexperimenten konnte mit Hilfe elektrophysiologischer Techniken gezeigt werden, daß – auch beim Fehlen subjektiver Beschwerden – neurotoxische Einflüsse bei der Exposition gegenüber aromatischen Kohlenwasserstoffen zu beobachten sind [334].

Derartige akute Vergiftungserscheinungen und körperliche Beeinträchtigungen sind in Innenräumen bei normalen Nutzungs- und Lüftungsverhältnissen kaum zu erwarten, es sind jedoch auch die subakuten oder chronischen Wirkungen einiger Verbindungen zu beachten. Das gilt insbesondere für Benzol. Die Aufnahme von Benzol führt zu toxischen Wirkungen auf das blutbildende System [335]. Diese hämatotoxischen Wirkungen gehen nach heutigem Kenntnisstand nicht vom Benzol selbst aus, sondern von bestimmten Metaboliten des Benzols (v. a. t,t-Mucondialdehyd und 1,4-Benzochinon [336], die neben verschiedenen Entgiftungsprodukten in geringer Menge entstehen [337]), was erklärt, wieso seine Homologe, die auf anderem Weg metabolisiert werden, keine vergleichbare hämatotoxische und kanzerogene Wirkung haben wie das Benzol [338]. Auch die kanzero-

Tabelle 3.14. Toxische Wirkungen von Benzol, Toluol und Xylol für Menschen und Säugetiere in Abhängigkeit von der Dosis. Die angegebenen Zahlenwerte sind als Größenordnung zu verstehen, die Übersicht wurde von Merian und Zander [333] erstellt, Übersetzung in gekürzter Fassung vom Autor

Art der Wirkung	Konzentrationsbereich des Benzol [mg/m^3]	Konzentrationsbereich des Toluol [mg/m^3]	Konzentrationsbereich des Xylol [mg/m^3]
Akute letale Vergiftung	15 000 – 65 000	5000 – 50 000	10 000 – 60 000
Vergiftung, Bewußtlosigkeit, Schleimhautentzündungen, Schlafstörungen, Störungen des Zentralnervensystems	600 – 3000	400 – 4000	1300 – 4000
Chronische Vergiftung, Veränderungen im Stoffwechsel und im Blutbild, Veränderung der Zahl der weißen Blutkörperchen, Leukozytose, Anämie, chromosomale Veränderungen	Zumindest 10 – 1000 und mehr	3000 – 20 000[a] Viele Fallbeschreibungen enthalten keine Konzentrationsangabe	[a]
Geruchsschwellenwerte	2,8 – 5	0,1 – 2	0,6 – 0,7
Beeinflussung elektrischer Signale der Großhirnrinde, biochemische Veränderungen bei schwangeren Säugetieren	1 – 2	0,6	0,2

[a] Da das meist verwendete technische Toluol und Xylol Verunreinigungen enthalten, ist eine Zuordnung der beobachteten Wirkungen grundsätzlich schwierig.

genen Eigenschaften des Benzols, die Verursachung von Leukämien, werden den Metaboliten zugeschrieben. Der Zusammenhang zwischen einer Benzolexposition und dem Auftreten von Leukämie ist seit den 20er Jahren bekannt und durch epidemiologische Untersuchungen umfassend belegt [339].

Der Metabolismus des Benzols kann durch die Präsenz anderer Verbindungen (Phenobarbital, Toluol, Ethanol) modifiziert und seine Toxizität dadurch vermindert werden.

Unter den aromatischen Kohlenwasserstoffen, die in der Praxis eine Rolle als Komponenten der Innenraumluft spielen, steht auch das Styrol unter dem Verdacht, kanzerogen zu sein, allerdings sind die Belege dafür nicht so eindeutig wie im Falle des Benzols und bisher ist Styrol in Deutschland auch noch nicht als Arbeitsstoff mit potentiell krebserzeugenden Wirkungen eingestuft worden.

Über die Wirkungen von Gemischen aromatischer Kohlenwasserstoffe liegen weniger Erfahrungen vor. Auf die antagonistische Wirkung des Toluols auf die Toxizität des Benzols ist bereits hingewiesen worden.

Verschiedene Studien zur Bewertung der toxischen Eigenschaften der aus Teppichböden und anderen textilen Ausstattungsmaterialien ausdampfenden Stoffgemische, die v. a. in den USA durchgeführt wurden, lassen auf toxische Eigenschaften dieser Emissionen schließen. In diesen Gemischen spielen aromatische Kohlenwasserstoffe mengenmäßig eine wesentliche Rolle. ANDERSON [340] hat in Tierversuchen (mit Mäusen) eine erhebliche neuromuskuläre Toxizität der Emissionen von Teppichböden festgestellt, ohne sie allerdings einer bestimmten Stoffgruppe zuordnen zu können. Diese Untersuchungsergebnisse waren Anlaß für die US-amerikanische Umweltbehörde EPA, die Emissionen von Teppichböden auf ihre stoffliche Zusammensetzung zu untersuchen und in Zusammenarbeit mit den betroffenen Industrieverbänden auf eine Reduzierung der Emissionen von Teppichböden hinzuarbeiten [341]. Allerdings ist eine eindeutige Zuordnung von beobachteten Wirkungen zu einzelnen Komponenten der emittierten Stoffgemische bisher nicht möglich.

Für Trimethylbenzole sind in älteren Arbeiten Einflüsse auf die Blutzellen beschrieben worden [342], die in neueren Veröffentlichungen bezweifelt werden. GAGE [343] konnte bei seinen Tierversuchen mit 1,2,4-Trimethylbenzol keine derartigen Wirkungen beobachten, stellte aber bei der Exposition gegen diese Verbindung zunächst Augen- und Nasenreizungen fest, die im Verlauf des Experiments abklangen.

Ethylbenzol führte im Tierversuch bei inhalativer Exposition zu Veränderungen im Blut [344] (Verminderung der Leukozyten, der Erythrozyten und des Hämoglobins); auch wurden histologische Veränderungen an Leber und Niere beobachtet. Chronische Vegiftungen beim Menschen manifestieren sich ebenfalls in Schädigungen an Leber, Niere und Lunge. Bei den Tierversuchen waren solche Schädigungen bei Konzentrationen unter 1 mg/m³ nicht mehr festzustellen.

Zur *Bewertung* der in Innenräumen anzutreffenden Konzentrationen an aromatischen Kohlenwasserstoffen sind nur wenige toxikologisch begründete Orientierungswerte außerhalb rein arbeitsmedizinischer Analysen greifbar.

Auf eine gesicherte und systematisch entwickelte Bewertungsgrundlage ist beim Benzol zurückzugreifen. Im Hinblick auf die kanzerogenen Eigenschaften des Benzols haben WAHRENDORF und BECKER [500] eine quantitative Risikoabschätzung vorgenommen. Nach ihrer Untersuchung liegt der Unit-risk-Wert für Benzol (die zusätzliche Wahrscheinlichkeit, bei einer lebenslangen Exposition gegen eine Konzentration von $1\,\mu g/m^3$ des betrachteten Wirkstoffs an Krebs zu sterben) im Intervall von $5,58 \cdot 10^{-6}$ bis $2,28 \cdot 10^{-5}$ bei einem Medianwert der verschiedenen Risikobetrachtungen von $9,17 \cdot 10^{-6}$. In Kenntnis dieser Risikobewertung hat die Konferenz der Umweltminister der Länder [135] im Jahre 1991 für den Immissionsschutz einen Zielwert für Benzol in Höhe von $2,5\,\mu g/m^3$ vereinbart. Die WHO kam bei einer analogen Analyse der Risikosituation zu einem Zielwert von $1\,\mu g/m^3$. Da diese Werte noch unter den in Ballungsräumen weiträumig anzutreffenden Grundbelastungen mit Benzol liegen, ist ihre verbindliche Einhaltung in natürlich belüfteten Innenräumen derzeit nicht möglich und muß als langfristiges Ziel verstanden werden.

Als Eingreifwert im Immissionsschutz kann für Benzol der Grenzwert von $15\,\mu g/m^3$ gelten, der in die 23. Bundesimmissionsschutzverordnung (vorläufig) aufgenommen wurde und ab dem 1.7.1998 auf $10\,\mu g/m^3$ abgesenkt werden soll und der analog auch auf Innenräume anwendbar ist.

Eine Abschätzung der gesundheitlichen Bedeutung der Benzolbelastung der Allgemeinbevölkerung hat FROMME [345] vorgenommen und den Anteil der verschiedenen Belastungspfade abgeschätzt. Die in die Modellbetrachtungen eingehenden Benzolkonzentrationen sind Durchschnittsgrößen, die aus einer Reihe von Untersuchungen zusammenfassend ermittelt wurden. Unter Annahme eines Unit-risk-Wertes von $9 \cdot 10^{-6}$, der in Einklang steht mit den Untersuchungen von WAHRENDORF und BECKER, ergeben sich ca. 6 zusätzliche Krebserkrankungen pro 100 000 Exponierter in 70 Jahren. Insgesamt wird dem Benzol ein Anteil von knapp 5 % an dem von kanzerogenen Luftschadstoffen verursachten Gesamtkrebsrisiko zugerechnet [346].

In Tabelle 3.15 sind Anteile der einzelnen Belastungspfade an der Gesamtaufnahme von Benzol dargestellt:

Diese Daten zeigen, daß der Grundbelastung in Innenräumen wegen der langen Aufenthaltszeiten im Innern von Gebäuden

Tabelle 3.15. Tägliche Benzol-Aufnahme eines Erwachsenen [345]

Belastungspfad	Durchschnittliche Benzolkonzentration im Umweltmedium [µg/m³]	Expositionszeit [h/Tag]	Atemvolumen bezogen auf die Expositionszeit [m³]	Resorptionsrate [%]	Aufnahme [µg/d]	Anteil an der Gesamtaufnahme [%]
Im Freien	7	2	1,7	50	6	9
Innenraum	4	21	17,5	50	35	53
Kfz-Innenraum	50	1	0,8	50	20	30
Über Nahrungsmittel	–	–	–	100	5	8

die größte Bedeutung zukommt. Wegen der sehr hohen Belastung, die in Kraftfahrzeugen festzustellen ist, ist aber nahezu $^1/_3$ der Gesamtaufnahme an Benzol und damit auch fast $^1/_3$ des dem Benzol anzulastenden Krebsrisikos dem Aufenthalt in Kraftfahrzeugen zuzurechnen.

Für andere aromatische Kohlenwasserstoffe, deren akute Wirkungen ebenfalls vorrangig über Funktionsstörungen im Zentralnervensystem ausgelöst werden [347], sind zwar auch schon in den 6oer Jahren maximale Immissionskonzentrationen abgeleitet worden, allerdings auf einer damals noch recht begrenzten toxikologischen Erkenntnisbasis und im Zweifelsfall orientiert an der Faustregel der (alten, inzwischen außer Kraft gesetzten) VDI-Richtlinie 2306 [348], für den Immissionsschutz $^1/_{20}$ der MAK-Werte als Grenzwert für die Allgemeinbevölkerung (einschließlich der Risikogruppen) anzusetzen. Erst in jüngster Zeit sind für einige Stoffe Orientierungswerte für den Immissionsschutz auf der Basis aktueller toxikologischer Erkenntnisse entwickelt worden.

Ein Zielwert für die Innenraumbelastung mit aromatischen Kohlenwasserstoffen läßt sich aus dem von SEIFERT entwickelten Konzept zur Bewertung der Belastung mit FOV entnehmen (s. Abschn. 3.1.5 [267]). Er hat einen (allerdings nicht toxikologisch abgeleiteten, sondern unter Vorsorgegesichtspunkten am Ziel einer möglichst weitgehenden Reduzierung der Exposition gegen FOV orientierten) Zielwert für FOV in Höhe von 300 µg/m³ definiert und als Anteil der Summe der aromatischen Kohlenwasserstoffe daran eine Konzentration von 50 µg/m³ festgelegt mit der Nebenbedingung, daß keine Einzelverbindung mehr als 50 % dieser Zielkonzentration ausmachen soll. Aus diesem Konzept resultiert also ein Zielwert für jede Einzelverbindung der Gruppe der Aromatischen Kohlenwasserstoffe in Höhe von 25 µg/m³, soweit nicht besondere toxische Eigenschaften einzelner Verbindungen strengere Zielwerte erfordern. Diese Forderung geht für einige Verbindungen deutlich über toxikologisch begründete Zielwerte hinaus.

So haben KÜHLING und PETERS [156] in einer Zusammenstellung von Luftqualitätsstandards zum Schutz des Menschen Zielwerte für folgende Verbindungen aufgelistet, die sich analog auch auf Innenraumsituationen anwenden lassen:

Benzol	< 0,2 µg/m³	(als Jahresmittel),
Ethylbenzol	130 µg/m³	(Tagesmittel [349]),
Styrol	10 µg/m³	(Jahresmittel),
Toluol	200 µg/m³	(Jahresmittel [36]).

Im Hinblick auf die Definition eines Eingreifwerts bieten die Geruchs-schwellenwerte einiger Verbindungen einen Anhaltspunkt. Das gilt für Styrol, für das die WHO unter diesem Gesichtspunkt einen Orientie-rungswert in Höhe von 70 µg/m³ definiert hat, der sich als Eingreifwert – zur Vermeidung geruchlicher Belästigungen und von Streßsituatio-nen – interpretieren läßt. Für andere geruchlich auffällige (nicht-aromatische) Verbindungen, die in diesem Kapitel angesprochen wur-den, wie 4-Phenylcyclohexen, 2-Ethyl-1-hexanol oder das Trimer des 2-Methyl-1-propen liegen nur in Einzelfällen methodisch gesicherte Geruchsschwellenwerte vor. Für Phenylcyclohexen liegt die Geruchs-schwelle noch unter 0,5 ppb. Als Eingreifschwelle ist für all diese Ver-bindungen auf jeden Fall eine Konzentration, bei der ihr starker Eigen-geruch zu unangenehmen Raumluftverhältnissen führt, zu sehen.

Soweit die geruchlichen Eigenschaften der Verbindungen keine Intervention erfordern, kann bei der Bewertung der Belastung von Innenräumen mit aromatischen Kohlenwasserstoffen auf Vorsorge-werte zurückgegriffen werden, die – wie auch das Konzept von SEIFERT – für die Summe der FOV definiert worden sind und auf einer experi-mentellen Prüfung der körperlicher Reaktionen beruhen. Nach den Untersuchungen von MØLHAVE et al. [272–275, 277] und MØLHAVE [276] ist bei Konzentrationen an FOV im Bereich von 1,5–2 mg/m³ weitgehend sichergestellt, daß keine Beschwerden über die Luftqualität und keine gesundheitlichen Beeinträchtigungen zu registrieren sind. Es ist zu unterstellen, daß im Durchschnitt ca. $^1/_3$ der FOV den aromati-schen Kohlenwasserstoffen zuzuschreiben ist. Daraus ergibt sich als Vorschlag ein Vorsorgewert von ca. 500–700 µg/m³ für die Summe der aromatischen Kohlenwasserstoffe. Bei Unterschreiten dieser Konzen-tration sollten spezifische Belästigungen und Beeinträchtigungen aus-geschlossen sein. Das ist aber wiederum nur gewährleistet, wenn die Einzelverbindung mit der höchsten Konzentration einen Wert von ca. 200–300 µg/m³ nicht überschreitet. Typische Innenraumluft-konzentrationen der verbreitetsten aromatischen Kohlenwasserstoffe (s. Tabelle 3.11) liegen unter diesem Niveau. Konzentrationen von mehr als 200 µg/m³ für eine einzelne Verbindung und von mehr als 500 µg/m³ für die Summe der aromatischen Kohlenwasserstoffe sind also auf jeden Fall als Hinweis auf eine spezifische Innenraumbelastung und das Vorliegen besonderer Quellen zu werten.

Wenn in Innenräumen Belastungen mit aromatischen Kohlenwas-serstoffen festgestellt werden, die deutlich über den als Vorsorgewert angegebenen Niveaus liegen, dann sind Maßnahmen zur Senkung der Belastung und zur *Sanierung* angeraten. Die möglichen Sanierungsstrategien sind in Abschn. 3.1.5 in ihren Grundzügen dargestellt worden.

Die Entfernung der Innenraumquellen wird sich zumeist als der kostengünstigste und effektivste Weg zur Senkung von Schadstoffbelastungen erweisen. Für die meisten Produkte, die aromatische Kohlenwasserstoffe enthalten, stehen Ersatzprodukte vergleichbarer Qualität zur Verfügung.

3.1.5.3
Isoprenoide: Terpene, Campher und verwandte Verbindungen

Isoprenoide sind Stoffe, deren Grundkörper aus Isopren (C_5H_8)-Bausteinen aufgebaut sind. Isopren wird auch als Hemiterpen bezeichnet, da aus 2 Isoprenmolekülen ein Monoterpen – im einfachsten Falle nämlich Limonen ($C_{10}H_{16}$) – aufgebaut werden kann (Abb. 3.11).

Eine große Zahl an Naturstoffen folgt diesem Muster, darunter zahlreiche Verbindungen mit starkem, aromatischem Geruch. Im Hinblick auf technische Anwendungen und im Hinblick auf das Vorkommen in der Innenraumluft spielen v. a. eine Reihe monocyclischer und bicyclischer Terpene sowie verschiedene Sauerstoffderivate (Campher und campherartige Verbindungen), eine Rolle (Abb. 3.11 und 3.12). Daneben sind als pflanzliche Inhaltsstoffe auch acyclische Terpenoide, wie z. B. das Myrcen, das außer von Nadelhölzern auch von Luzerne freigesetzt wird, in der Atmosphäre zu finden (Abb. 3.11). Weiterhin kann auch p-Cymol (p-Isopropyltoluol) wegen seiner engen strukturellen Beziehungen zu den Terpenen und seines Gehalts in ätherischen Ölen bei den Terpenen mitbehandelt werden.

Die Stammverbindung selbst, das Isopren, wird von Pflanzen – insbesondere von Laubbäumen – ebenso freigesetzt [350] wie zahlreiche Terpene. In Waldgebieten ist das Isopren der Menge nach die bedeutendste Komponente der stoffwechselbedingt freigesetzten natürlichen flüchtigen organischen Verbindungen [351]. In der freien Atmosphäre spielen das Isopren und die Terpene eine gewisse Rolle in sommerlichen Smogsituationen bei der Entstehung von Photo-oxidantien [352, 353] und bei der Ozonbildung. Über den Luftaustausch zwischen Gebäuden und der Umgebungsluft kann dieser Chemismus sich natürlich auch auf die Luftqualität in Innenräumen auswirken.

Isopren Limonen

Myrcen

Campher

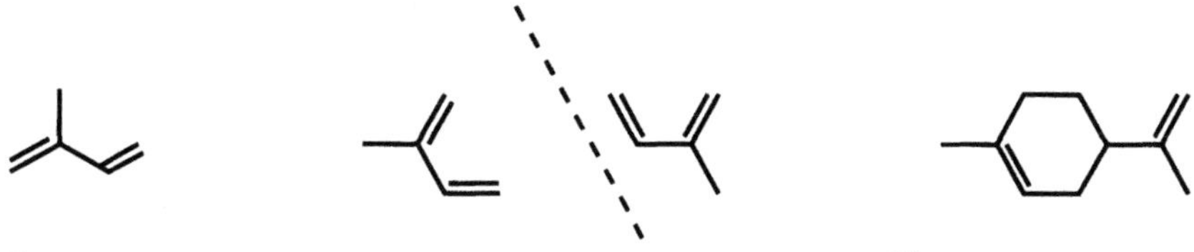

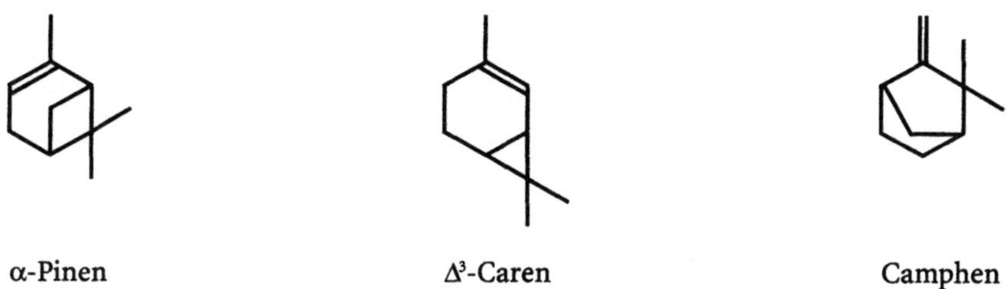

Abb. 3.11. Aufbau von Limonen, einem Monoterpen aus 2 Isoprenmolekülen; Struktur von Mycren als Beispiel eines acyklischen Terpenoids und von Campher als Beispiel eines cyclischen Terpens

α-Pinen

Δ^3-Caren

Camphen

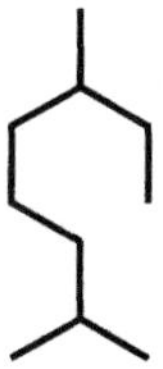

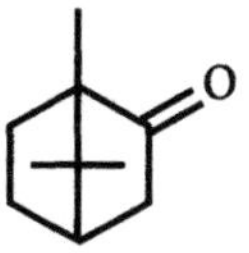

Abb. 3.12. Struktur von α-Pinen, Δ^3-Caren und Camphen

Wichtiger jedoch für die Belastung von Innenräumen mit isoprenoiden Verbindungen ist das Vorhandensein von Quellen in Gebäuden selbst, da erst dadurch Konzentrationen von Terpenen und isoprenoiden Verbindungen aufgebaut werden, die zu einer Beeinträchtigung der Raumluftqualität führen.

Aus zahlreichen *Quellen in Innenräumen* können Terpene freigesetzt werden. Weite Verbreitung und vielfältige technische Anwendungen im Haus findet Terpentinöl, das als Lösemittel in zahlreichen Produkten auch heute noch – und derzeit als Naturprodukt sogar wieder in steigendem Maße – zum Einsatz kommt. Weiterhin werden aus Terpentinöl zahlreiche Substanzen im großtechnischen Maßstab gewonnen, die dann wiederum in einer Fülle von alltäglichen Produkten eingesetzt werden. Für die Belastung der Innenraumluft mit Terpenderivaten können folgende Einsatzformen von Terpentinöl und der aus Terpentinöl gewonnenen Substanzen Bedeutung haben:

- als Lösemittel (Terpentinöl und Einzelkomponenten wie p-Cymol, p-Menthan),
- in Öl- und Alkydharzlacken und Lackharzen (z. B. Terpenphenole),
- als Weichmacher,
- als Riech- und Geschmacksstoffe (z. B. Campher, Menthol und Limonen – Limonen gehört nach den Ergebnissen des Umwelt-Survey des Bundesgesundheitsamtes [52] zu den in Innenräumen mengenmäßig bedeutsamsten Verbindungen, was wohl v. a. auf seine Beliebtheit als Duftstoff zurückzuführen ist),
- in Pharmazeutika und Desinfektionsmitteln (z. B. Menthol, Terpineol, p-Cymol),
- als Antioxidantien (z. B. Isobornylphenole),
- als Textilhilfsmittel (z. B. Terpineol).

Terpentinöl ist ein Naturprodukt von wechselnder Zusammensetzung. Zumeist ist das α-Pinen die Hauptkomponente, gefolgt vom β-Pinen und dem Δ^3-Caren (Abb. 3.12). Limonen und Camphen sind in geringeren Mengen enthalten. Bei speziellen Sorten können auch p-Cymol (als terpenoide Verbindung), Borneol, α-Terpinen und zahlreiche weitere Verbindungen mengenmäßig eine Rolle spielen.

Immerhin haben ROTHWEILER et al. [285] in renovierten oder neu gebauten Gebäuden für α-Pinen Konzentrationen bis zu 1670 µg/m^3 und für β-Pinen bis zu 166 µg/m^3 gefunden. Für Limonen wurde ein Maximalwert von 222 µg/m^3 registriert. Insgesamt stellten ROTHWEILER et al. [285] allerdings fest, daß die Terpene auch in neu gebauten bzw. renovierten Gebäuden im Durchschnitt weniger als 5 % der gesamten FOV ausmachen, wobei der Anteil in den 22 untersuchten Fällen je nach Produktwahl zwischen ≤ 0,1 und 69,6 % variierte.

In Untersuchungen zur Raumluftqualität ist den Terpenen und ihren Verwandten bisher keine besonders große Aufmerksamkeit geschenkt worden, da ihnen in den üblicherweise anzutreffenden Konzentrationen keine Bedeutung beigemessen wurde. Mit der Verbreitung von Naturmaterialien zur Innenraumausstattung und -gestaltung ist aber zumindest in Einzelfällen mit höheren Konzentrationen der Komponenten des Terpentinöls zu rechnen. Zumindest Limonen erwies sich bei den bisher in Deutschland durchgeführten Untersuchungen als weit verbreitet und ist bei einer Bilanzierung der Belastung mit FOV nicht außer acht zu lassen.

Es ist bei der Bewertung des Gehalts an isoprenoiden Verbindungen in der Innenraumluft in Rechnung zu stellen, daß isoprenoide Verbindungen als Naturstoffe in erheblichen Mengen direkt aus Pflanzen freigesetzt werden und gerade in waldreichen Gebieten unter bestimmten klimatischen Voraussetzungen in der Umgebungsluft gut nachweisbar sind. Die Terpene gehören zu den wenigen Verbindungen, deren Konzentrationen in Reinluftgebieten und abgelegenen waldreichen Regionen höher sein können, als in städtisch-industriellen Ballungsgebieten.

Isopren kann in der Größenordnung von einigen $\mu g/m^3$ in der Außenluft gefunden werden. Etwas niedriger liegen zumeist die Konzentrationen der verschiedenen Terpene, von denen Limonen, α- und β-Pinen, Camphen und Campher die größte Rolle spielen. Über den Austausch der Innenraumluft mit der Umgebung dringen diese Substanzen natürlich auch in Gebäude ein, spielen aber in den doch recht niedrigen natürlichen Konzentrationen unter lufthygienischen Gesichtspunkten nur selten eine Rolle. Da sie über einen ausgeprägten, gut wahrnehmbaren Eigengeruch verfügen, fallen sie schon weit unter ihrer Wirkungsschwelle auf.

Terpene werden aber nicht nur von der lebenden Pflanze emittiert, sondern auch aus Holz und aus Holzwerkstoffen (insbesondere aus Nadelholz), die in Innenräumen verbaut sind. SHELDON et al. [354] haben eine Emissionsrate von 25 $\mu g/m^2$ und h für α-Pinen aus Holzmaterial ermittelt, d.h. zusätzlich zu der ubiquitär anzutreffenden Grundbelastung können neben den verschiedenen Terpentinöl-Produkten auch Holzwerkstoffe als Quellen in Innenräumen ganz erhebliche Beiträge zur Konzentration an isoprenoiden Verbindungen leisten.

Der Gehalt an α- und β-Pinen in der Innenraumluft ist somit auch in gewissem Maße ein Charakteristikum der Baukultur. In Finnland wird Holz sehr häufig im Wohnungsbau und in der Wohnungsausstattung eingesetzt. Es ist daher nicht überraschend, daß eine in Finnland durchgeführte Studie von SAARELA et al. [355] zeigte, daß in der Raumluft aller 19 untersuchten Wohngebäude α-Pinen zu finden war, und zwar in einer durchschnittlichen Konzentration von 14,2 $\mu g/m^3$ bei einem

Maximum von 37,4 µg/m³. Gleichermaßen weit verbreitet sind in den finnischen Wohnhäusern nur noch die Lösemittel Toluol und Xylol. Ähnliche Ergebnisse haben auch FELLIN und OTSON [356] in Kanada erhoben, wo ebenfalls die Holzbauweise weit verbreitet ist. In einem breit angelegten Untersuchungsprogramm, in das 754 Wohnhäuser bzw. Wohnungen, die nach einem Zufallsverfahren ausgewählt worden waren, einbezogen wurden, erwies sich α-Pinen als eine der am häufigsten gefundenen FOV, die neben Toluol, n-Decan, Dichlormethan, 1,4-Dichlorbenzol und Limonen auch zu den Verbindungen mit den höchsten Innenraumkonzentrationen zählte. Die Durchschnittswerte zeigten eine gewisse jahreszeitliche Variation, die für α-Pinen zwischen 14,1µg/m³ (im Sommer) und 24,2 µg/m³ (im Winter) sowie für Limonen zwischen 8,6 µg/m³ (im Sommer) und 30,3 µg/m³ (im Winter) lag.

Im Vergleich dazu liegen die von GEBEFÜGI et al. [357] in Südbayern ermittelten durchschnittlichen Belastungen mit Terpenen deutlich niedriger, nämlich für α-Pinen bei 4,7 µg/m³ (beobachtetes Maximum: 57,0 µg/m³), für Limonen bei 8,1µg/m³ (beobachtetes Maximum: 62,4 µg/m³). Daneben bestimmten GEBEFÜGI et al. auch die Konzentration an Δ^3-Caren mit einem Mittelwert von 4,4 µg/m³ und von p-Cymol mit einem Mittelwert von 0,4 µg/m³.

Typische Konzentrationen einiger isoprenoider Verbindungen in der Innenraumluft und in der Außenluft sind in Tabelle 3.16 zusammengefaßt.

Über die *Wirkungen* von Terpenen in den relativ geringen Konzentrationen, die üblicherweise in Innenräumen angetroffen werden, liegen wenige Erkenntnisse vor.

Generell sind auch die Terpene und ihre Verwandten als lipophile Verbindungen zu sehen, die ein ähnliches Wirkungsspektrum aufweisen wie die bereits behandelten Kohlenwasserstoffe, d.h. es sind Einflüsse auf das Zentralnervensystem möglich. Narkotische und neurotoxische Wirkungen sind bei erhöhten Konzentrationen festzustellen.

Bei der Aufnahme akut toxischer Dosen sind Schädigungen von Leber und Niere beobachtet worden. Allerdings liegen die üblicherweise in Innenräumen anzutreffenden Konzentrationen der Terpene um Größenordnungen unter dem Niveau, bei dem akut toxische Wirkungen zu befürchten wären.

Die umfangreichsten toxikologischen Erfahrungen mit Terpenen und verwandten Verbindungen sind im Zusammenhang mit dem Ein-

Tabelle 3.16. Isopren und Terpene, typische Immissionskonzentrationen, Innenraumbelastungen und wichtige Quellen. Die Angaben der bekannten Quellen beziehen sich auf die Gesamtheit der Terpene

Verbindung	Wichtigste Quellen in Innenräumen	Typische Immissionen (Bandbreite von atmosphärischen Meßwerten) für D: [358] $[\mu g/m^3]^a$	Typische Innenraumluft-Konzentration (Normbereich) für D: [359] $[\mu g/m^3]$
Isopren	Pflanzliche Emissionen (Isopren von Laubbäumen, Monoterpene von Nadelhölzern),	USA: < 0,3–11 [360]	–
α-Pinen	Holz und Holzwerkstoffe,	USA: 0,1–6 [361] D: 0,0004–0,290	USA: 0,04–14 [362] D: 2,6–26,6
β-Pinen	Terpentinöl und terpentinölhaltige Produkte (z.B. Öl- und Alkydharzlacke)	D: 0,0005–0,124	D: 0,7–4,3
Limonen	Duft- und Wirkstoffe in Wasch-, Reinigungs- und Pflegemitteln,	USA: 0,1–6 [363] D: 0,0009–0,089	USA: 0,01–29 D: 2,2–103,3
α-Terpinen	Desodoranzien und	–	D: 0,7–11,8
Camphen	Duftöle,	USA: 0,04–0,05 [364] D: 0,0009–0,388	USA: 0,07–50
Campher	Arzneimittel	D: 0,0088–0,041	–

[a] Bei der Angabe von Immissionsmeßdaten für Isopren, Terpene und Terpenoide ist zu beachten, daß die Freisetzung aus den Pflanzen und die stoffliche Dynamik in der Atmosphäre zu einem ausgeprägten Tagesgang der Immissionswerte führt [365]. Die Maxima liegen zwischen 13 und 16 Uhr, in den Nacht- und Morgenstunden werden nur sehr geringe Konzentrationen gefunden. Die angegebenen Meßwerte sind in ihrer Bandbreite Ausdruck dieser Dynamik.

satz von Terpentinöl gesammelt worden. Dieses wirkt – auch als Dampf – ausgeprägt reizend auf Haut und Schleimhäute, wenn Konzentrationen von mehr als 100 ppm vorliegen. Bei sehr hohen Konzentrationen sind starke Reizungen der Atemwege und auch Entzündungen festgestellt worden. Ausgeprägte Vergiftungserscheinungen wurden bei Arbeitern einer Schuhcremefabrik, die ständig Umgang mit Terpentinöl hatten, beschrieben; die dort beobachteten Symptome wurden vorrangig dem α-Pinen zugeschrieben [366]. Die sensibilisierende Wirkung des Terpentinöls ist bekannt, allerdings sind nicht alle im Öl vorhandenen Einzelverbindungen in gleicher Weise wirksam. Gesichert ist die sensibilisierende Wirkung des Δ^3-Caren bei Mensch und Tier, während andererseits Camphen und Limonen bisher als nicht sensibilisierend beim Menschen bewertet werden.

Neben der inhalativen Aufnahme ist im Umgang mit Terpentinöl auch daran zu denken, daß es und seine Inhaltsstoffe auch leicht über die Haut aufgenommen werden können. Die hautreizende Wirkung des Terpentinöls kann zu Entzündungen und Abszessen führen, bei chronischer Exposition sind Ekzeme beobachtet worden. Verschiedene ätherische Öle können lichtsensibilisierende Wirkungen bei Hautkontakt auslösen, allerdings scheint die Wirkung nicht durch isoprenoide Komponenten, sondern durch andere Bestandteile dieser Öle ausgelöst zu werden [367].

Bekannt sind weiterhin spezifische toxische Wirkungen einiger anderer Terpene oder terpenoider Verbindungen. Das gilt für Campher, der auch bei inhalativer Aufnahme Vergiftungserscheinungen auslösen kann. Solche Fälle wurden im industriellen Bereich bei der Produktion von Zelluloid beobachtet, im häuslichen Bereich, in Innenräumen, sind bei Verwendung von campherhaltigen Präparaten als Mottenmittel gesundheitliche Beeinträchtigungen festgestellt worden [368]. Ähnliches gilt für Menthol, das als Auslöser leicht rauschhafter Zustände schon Anfang des Jahrhunderts beschrieben wurde [369] und nach wie vor in vielerlei Präparaten, wie z.B. Einreibmitteln, breite Anwendung findet.

Zur *Bewertung* der Innenraumbelastung mit Terpenen und verwandten Verbindungen kann wiederum auf die Konzepte zurückgegriffen werden, die für die Summe der FOV entwickelt wurden.

Als Zielwert für die Innenraumbelastung mit Terpenen ergibt sich aus dem von SEIFERT entwickelten Konzept zur Bewertung der Belastung mit FOV (s. Abschn. 3.1.5 [267]) ein (allerdings nicht toxikologisch abgeleiteter, sondern unter Vorsorgegesichtspunkten am Ziel einer möglichst weitgehenden Reduzierung der Exposition gegen FOV orientierter) Zielwert für die Summe der Terpene in Höhe von 30 µg/m³ mit der Nebenbedingung, daß keine Einzelverbindung mehr als 50 % dieser Zielkonzentration ausmachen soll. Aus diesem Konzept resultiert also ein Zielwert für jede Einzelverbindung der Gruppe der Terpene in Höhe von 15 µg/m³, soweit nicht besondere toxische Eigenschaften einzelner Verbindungen strengere Zielwerte erfordern. Nach den bisher vorliegenden Erfahrungen wird dieser Zielwert für Limonen häufig und für α-Pinen mitunter überschritten. Auch für Camphen sind vereinzelt deutlich höhere Werte berichtet worden.

Aus Vorsorgegründen sollten bei auffällig erhöhten Niveaus solcher Verbindungen Maßnahmen zur Senkung der Innenraumluftkonzentration ergriffen werden.

Ähnlich wie bei den sonstigen Kohlenwasserstoffverbindungen kann für die *Sanierung* beim Vorliegen unakzeptabel hoher Belastungen mit Terpenen und verwandten Verbindungen keine spezielle Vorgehensweise empfohlen werden. Die sicherste Lösung sensorischer und lufthygienischer Probleme stellt die Entfernung der Schadstoffquelle dar. Dies ist bei den Terpenen häufig problemlos möglich. Die üblicherweise in den höchsten Konzentrationen in Innenräumen anzutreffende Verbindung, das Limonen, wird vorwiegend als Duftstoff und Geruchsverbesserer in die Gebäude eingetragen. In dieser Form kommt ihm außer der Vermittlung eines Eindrucks von Frische und Reinheit der Luft keine funktionale Bedeutung zu. Der Verzicht auf derartige geruchsintensive Reinigungs- und Pflegemittel sowie sonstige Haushaltsprodukte ist also ohne nachteilige Auswirkungen leicht möglich.

Schwieriger kann sich die Situation beim α-Pinen darstellen, insbesondere wenn Einrichtungsgegenstände aus Holz als Hauptquelle identifiziert werden. Wenn es sich um neue Möbel oder sonstige Artikel aus Holz handelt, dann ist für eine gewisse Zeit ein erhöhtes Niveau an α-Pinen zu akzeptieren. Verstärkte Lüftung kann dazu beitragen, in den ersten Wochen nach der Einrichtung die erhöhte Belastung auf ein akzeptables Maß zu senken. Sollte die Konzentration an Terpenen und anderen aus dem Holz emittierten Stoffen dann nicht in zufriedenstellender Weise sinken, könnte mit geeigneten Anstrichen eine gewisse Ausdampfsperre geschaffen werden, was natürlich den Nachteil hat, daß auch der Anstrich zumindest zeitweilig wieder als zusätzliche Emissionsquelle wirken kann.

3.1.5.4
Hydroxylverbindungen, Carbonylverbindungen, organische Säuren und Ester

Die organische Chemie sauerstoffhaltiger Verbindungen ist außerordentlich vielfältig und von großer praktischer Bedeutung. Das gilt sowohl hinsichtlich der Rolle der sauerstofforganischen Verbindungen in der Natur und in physiologischen Prozessen als auch im Hinblick auf die Bedeutung sauerstofforganischer Verbindungen für die chemische Industrie und für ihren Einsatz in Technik, Bauwesen und Haushalt. Dementsprechend groß ist die Vielfalt der in der Atmosphäre anzutreffenden Stoffe und die Vielfalt der *Quellen.*

Viele sauerstofforganische Verbindungen entstehen auch bei Verbrennungsprozessen als Produkte der nicht vollständig (nämlich zu CO_2) verlaufenen Oxidation. Formaldehyd, Acrolein, Acetaldehyd und Benzaldehyd gelangen auf diese Weise in die Umwelt und auch in Innenräume.

Bewußt oder unbewußt wird der Mensch daher schon immer von sauerstofforganischen Verbindungen begleitet. Das gilt beispielsweise für:

- Alkohole, wie Methanol oder Ethanol; Alkohol wird schon lange häuslich oder technisch als Genußmittel hergestellt und auch in der Heilkunde, bei der Zubereitung von Duftwässern und Parfüm oder bei der Farbenherstellung eingesetzt. Über all diese Produkte und Nutzungsformen gelangt Ethanol schon immer und auch heute noch in kleinen Mengen in die Innenraumluft. Heute sind weitere Alkohole, wie n-Butanol und Isobutanol als technisch viel verwendete Lösemittel oder das 2-Ethylhexanol, das als geruchsintensive Komponente aus Teppichböden ausdampfen kann, häufig in Innenräumen zu finden.
- Organische Säuren, wie die Essigsäure, die als Gärungsprodukt schon lange Bestandteil der menschlichen Ernährung ist, aber wegen ihrer mäßigen Flüchtigkeit selten in größeren Konzentrationen in der Innenraumluft angetroffen wird. Höhere Carbonsäuren werden von manchen Bodenbelägen, insbesondere von Linoleum, emittiert; sie können auch als Produkt oxidativer Prozesse in Innenräumen entstehen. Eine Reihe von Anhydriden organischer Säuren, die v. a. als Komponenten in polymeren Materialien eine Rolle spielen, werden als

potentielle Luftschadstoffe in Innenräumen gesehen, die wegen ihrer sensibilisierenden Eigenschaften Probleme verursachen können [24]. Dazu zählen das Phthalsäureanhydrid (PA) und seine Tetrahydro (THPA)- und Hexahydro (HHPA) – Derivate, das Anhydrid der Maleinsäure (MA) und weitere Verbindungen. Erhöhte Konzentrationen sind aber unter normalen Raumnutzungsbedingungen kaum zu erwarten, können jedoch in Sondersituationen, wie z.B. nach Brandereignissen und anderen Hitzeeinwirkungen, auftreten.
Einige organische Säuren werden auch durch luftchemische Prozesse in der freien Atmosphäre aus Vorläuferverbindungen gebildet und sind damit ubiquitär anzutreffen. Das gilt insbesondere für Ameisen- und Essigsäure.

- Ester, wie Ethylacetat oder Butylacetat, die als Lösemittel Verwendung finden, in Klebern enthalten sein können [370] und in Hilfsstoffen zur Lederverarbeitung (Lederlacke, Lederimprägniermittel) eingesetzt werden. Weit verbreitet ist der Einsatz von Methylbenzoat als Flüssigkeit in Geräten zur Heizenergiemessung, die an den Heizkörpern befestigt werden – aus diesen Meßeinrichtungen dampfen geringe Mengen des Esters aus. Manche der aromatisch riechenden Ester fanden wegen ihres häufig angenehmen fruchtigen Geruchs auch als künstliche Aromen und Essenzen Verwendung: das gilt beispielsweise für Ethylformiat (Rum, Arrak) oder iso-Butylacetat (Banane) – auch bei dieser Einsatzform gelangen geringe Mengen der Ester – geruchlich gut wahrnehmbar – in die Innenraumluft.
- Aldehyde, von denen das Formaldehyd in Innenräumen die größte Rolle spielt und in zahlreichen Fällen die Ursache von Beschwerden über eine unzureichende Qualität der Raumluft war. Wegen seiner besonderen raumlufthygienischen Bedeutung ist dem Formaldehyd ein eigenes Kapitel gewidmet. Andere Aldehyde, die in der Innenraumluft anzutreffen sind, sind Acetaldehyd (meist als Produkt einer unvollständigen Verbrennung und als Produkt des menschlichen Stoffwechsels, das sich in der Ausatemluft findet) und Aldehyde, die als Komponenten in Anstrichmitteln enthalten sein können, wie z.B. Hexanal (Capronaldehyd). Als ungesättigter Aldehyd, der beim Kochen und Braten sowie bei Verbrennungsprozessen aller Art freigesetzt wird, ist Acrolein (2-Propenal) anzuführen. Glutaraldehyd, der zur Desinfektion von Endoskopen verwendet wird, kann im entsprechenden medizinischen Umfeld eine Rolle als Luftschadstoff spielen [371].

- Ketone, wie z. B. das Aceton oder das Methylethylketon (2-Butanon), die als leichtflüchtige, wasserklare Flüssigkeiten mit einem hervorragenden Lösevermögen weite Verwendung gefunden haben. Schnelltrocknende Lacke und Klebstoffe sind Produkte mit Bedeutung für die Innenraumluftqualität, in denen Ketone zum Einsatz kommen.

In der freien Atmosphäre sind Aldehyde (vorrangig Formaldehyd und Acetaldehyd), Ketone und organische Säuren (v. a. Ameisensäure und Essigsäure) ebenfalls anzutreffen. Sie stammen aus einer Vielzahl anthropogener Quellen, wie den bereits erwähnten technischen Produkten sowie aus dem Verkehr (viele Verbindungen sind auch in Kfz-Abgasen enthalten) und aus anderen Verbrennungsprozessen, aus biogenen Quellen (d. h. v. a. aus pflanzlichen Stoffwechselprozessen, die zur Emission von sauerstofforganischen Verbindungen in die Atmosphäre führen) und aus luftchemischen Prozessen. Verschiedene Verbindungen, wie z. B. niedere organische Säuren, werden als Sekundärschadstoffe aus reaktiven Vorläuferverbindungen (Prekursoren) gebildet. Beobachtet werden in der Außenluft Konzentrationen im Bereich von weniger als $1\,\mu g/m^3$ bis zu einigen $10\,\mu g/m^3$ [372, 373]. Systematische Untersuchungen über das Verhältnis der Konzentrationen sauerstofforganischer Verbindungen in der Innenraumluft zur Außenluft wurden bisher nur selten durchgeführt. Zumindest für Aldehyde läßt sich aber feststellen, daß für die mengenmäßig bedeutsamsten Verbindungen zumeist die Konzentrationen in der Innenraumluft größer sind als in der Außenluft [374–376], d. h. in Innenräumen sind häufig Quellen für diese Aldehyde vorhanden.

Der unter Gesichtspunkten der Luftqualität in Innenräumen wichtigste Verwendungszweck von sauerstofforganischen Verbindungen ist der als Lösemittel. Von dem gesamten weltweiten Lösemittelverbrauch waren 1990 etwas über 50 % den sauerstofforganischen Verbindungen zuzurechnen, und es wird erwartet, daß deren Anteil bis zum Jahr 2000 weiter bis auf ca. 65 % ansteigen wird. Gegenüber den aliphatischen oder aromatischen Kohlenwasserstoffen, die gleichermaßen an Marktbedeutung verlieren, verfügen die sauerstofforganischen Verbindungen über ein geringeres Potential zur Ozonbildung, wenn sie in die Atmosphäre freigesetzt werden. Daher werden sie – insbesondere in den USA – bei einer Vielzahl technischer Anwendungen bevorzugt.

Allerdings weisen die sauerstofforganischen Verbindungen überwiegend eine höhere Reaktivität als die Kohlenwasserstoffe auf; damit ist generell auch eine stärkere Reizwirkung verbunden.

Neben dem Eintrag aus einer Vielzahl von Produkten können sauerstofforganische Verbindungen auch als Produkt oxidativer Prozesse in Innenräumen auftreten. WESCHLER et al. [100] haben beobachtet, daß unter dem Einfluß starker Oxidantien – speziell von Ozon – eine Reihe von Verbindungen, die aus frisch verlegten Teppichböden ausdampfen, im Innenraum oxidiert werden. Als Konsequenz ist unter der Einwirkung selbst relativ geringer, in Innenräumen zeitweilig anzutreffender Konzentrationen von Ozon ($60-90\,\mu g/m^3$) eine Verringerung der Konzentration dieser Verbindungen, wie 4-Phenylcyclohexen, Styrol, 4-Ethenylcyclohexen oder 2,6-Ditertbutyl-4-methylphenol, festzustellen. In gleichem Maße aber steigen die Konzentrationen verschiedener Aldehyde. Für Acetaldehyd ist ein Anstieg bis auf das 20fache des Ausgangswertes beobachtet worden, aber auch höhere Aldehyde (C_5-C_{10}) sind in Konzentrationen von einigen $\mu g/m^3$ zu finden.

In Tabelle 3.17 sind *typische Konzentrationen* für einige ausgewählte sauerstofforganische Verbindungen zusammengefaßt.

Die in Tabelle 3.17 angegebenen typischen Konzentrationswerte für eine Reihe sauerstofforganischer Verbindungen dürfen nicht darüber hinwegtäuschen, daß in der Praxis unter besonderen Bedingungen auch wesentlich höhere Konzentrationen in Innenräumen anzutreffen sind. Das gilt insbesondere für Neubauten und für frisch renovierte Räumlichkeiten. ROTHWEILER et al. [285] haben bei ihren Untersuchungen in der Schweiz einzelne sauerstofforganische Verbindungen in Konzentrationen bis zu fast $10\,mg/m^3$ in renovierten Gebäuden gefunden. Besonders häufig fanden die Autoren folgende Verbindungen mit Werten bis über $1\,mg/m^3$: n-Butanol und Isobutanol, 1,2-Propylenglycoldiacetat, Hexanal, 1-Methoxy-2-propanol, Methylisobutylketon, Benzylalkohol, iso-Butylacetat.

Sie stellten fest, daß die Bewohner in vielen der untersuchten Gebäude für einige Wochen mit Schleimhautreizungen im Nasen- und Augenbereich rechnen müssen, da die Konzentrationen an renovierungsbedingten Luftschadstoffen entsprechend erhöht sind. Mit dem Austrocknen und Aushärten der verwendeten Werkstoffe, Kleber und Anstrichmittel gehen die Belastungen zurück bis sich schließlich Raumluftverhältnisse einspielen, die etwa dem Normbereich entsprechen, der in Tabelle 3.17 dokumentiert ist.

Tabelle 3.17. Typische Konzentrationen für eine Auswahl sauerstofforganischer Verbindungen in der Atmosphäre und in verschiedenen Innenräumen. USA: für Acetaldehyd und Aceton sind Mittelwerte aus 8 verschiedenen Wohngebäuden und ihrer Umgebungsluft [378] in Boise/Idaho bzw. für Benzaldehyd und Hexanal von 6 Wohngebäuden und ihrer Umgebungsluft in Stadtrandlagen in New Jersey angegeben; *D*: als typische Inneraumluftkonzentrationen bzw. als unterer und oberer Wert des Normbereichs werden der 10%-Wert und der 95%-Wert der im Rahmen des bundesweiten Umwelt-Survey 1985/86 vom Institut für Wasser-, Boden- und Lufthygiene [52]) in Wohnungen (in den alten Bundesländern) ermittelten Kennwerte angegeben; *F*: als typische Innenraumluftkonzentrationen werden die Mittelwerte von 19 finnischen Wohnhäusern angegeben [379]

Verbindung	Wichtigste Quellen in Innenräumen sowie über den Eintrag von Außen	Typische Immissionen in der Außenluft (Bandbreite von atmosphärischen Meßwerten) [µg/m³][a]	Typische Innenraumluft-Konzentration bzw. (Normbereich) [µg/m³]	I/O-Verhältnis
Acetaldehyd	Verbrennungsprozesse (z.B. Gasherd, Kfz), Tabakrauch, Haarspray	USA: 3,6 UK [380]: n. n.[a]	USA: 16,2 UK: 7–9	4,5– ≤6,5 –
Benzaldehyd	Parfümerie- und Toilettenprodukte, Kfz-Abgase [381]	USA: 1,1 –	USA: 1,7 F: 2,3	1,5 –
Hexanal	Lacke und Farben, Linoleum, Kfz-Abgase	D: – USA: 2,5 –	D: 0,7–4,3 USA: 5,3 F: 24,1	– 2,1 –
Aceton	Lacke und Farben, Lackentferner/Nagelreiniger	USA: 4,8	USA: 31,3	6,5
2-Butanon	Lacke und Farben	–	D: 0,7–13,0	–
Ethylacetat	(Schnelltrocknende Lacke und Farben	– –	D: 2,9–27,7 F: 0,8	– –
n-Butylacetat	Lacke und Farben	– –	D: 0,7–19,0 F: 4,3	– –
iso-Butylacetat	Lacke und Farben	–	D: 0,7–5,9	–
n-Butanol	Lacke und Farben	– –	D: 0,7–4,1 F: 6,1	– –
Isobutanol	Lacke und Farben	–	D: 0,7–7,1	–

Tabelle 3.17 (Fortsetzung)

Verbindung	Wichtigste Quellen in Innenräumen sowie über den Eintrag von Außen	Typische Immissionen in der Außenluft (Bandbreite von atmosphärischen Meß-werten) [μg/m^3] [a]	Typische Innenraum-luft-Konzen-tration bzw. (Normbereich) [μg/m^3]	I/O-Verhältnis
2-Ethyl-1-hexanol	Textile Bodenbeläge Hilfsmittel in der Textil-, Lack- und Druckfarbenindu-strie	– –	D: 0,7 – 4,0 F: Ca. 3 (in Büro-gebäuden)	– –
Essigsäure	Reinigungs- und Entkalkungsmittel, Speisen, sekundäre Bildung in der freien Atmosphäre (bio-gene Prekursoren)	USA [364]: 5,0 – 4,0 D [363]: 2,5 – 7,5 (In Bodennähe) 0,4 – 5,5 (In 150 – 3000 m Höhe)	– –	– –

[a] n.n. – nicht nachweisbar.

Weiterhin ist zu Tabelle 3.17 anzumerken, daß sie nur einen Ausschnitt aus der Fülle der in Innenräumen potentiell anzutreffenden sauerstoff-organischen Verbindungen enthält. Die Erfahrung lehrt, daß die Formu-lierungen der bauchemischen Produkte, die in Innenräumen eingesetzt werden, außerordentlich vielfältig sind und sich häufig ändern. Dement-sprechend vielfältig sind auch die in Innenräumen anzutreffenden Luft-belastungssituationen. In der angesprochenen Arbeit von SCHLATTER et al. variierte der Anteil verschiedener sauerstofforganischer Verbindun-gen an der Gesamtbelastung mit FOV zwischen ca. 2 % und 75 %, im ein-zelnen ergab sich folgendes Bild (Tabelle 3.18).

Diese Zahlen machen deutlich, daß zumindest im Fall von Neubau-ten oder frisch renovierten Räumlichkeiten jedes Gebäude als Einzelfall zu sehen ist und im Fall von Beschwerden eine Abklärung des Spek-trums der eingesetzten bauchemischen Inhaltsstoffe sinnvoll ist, um für die Untersuchung und Analyse der Innenraumluft orientierende Hin-weise zu erhalten.

Tabelle 3.18. Der Anteil sauerstofforganischer Verbindungen an der Gesamtbelastung mit FOV bzw. TVOC in frisch renovierten Schweizer Wohnhäusern, n = 22 [285]

Konzentration an FOV (TVOC) [mg/m³] (100 %)	Anteil von Aldehyden [%]	Anteil von Alkoholen und Ethern [%]	Anteil von Estern [%]	Anteil von Ketonen [%]
1,6 – 35,6	0,0 – 58,1	0,2 – 60,3	≤ 0,1 – 66,9	≤ 0,1 – 26,8

Die leicht flüchtigen Verbindungen dampfen im Laufe einiger Monate normalerweise weitgehend aus und es stellen sich dann zumeist die Raumluftkonzentrationen ein, die den Normwerten in Tabelle 3.17 entsprechen.

Sauerstofforganische Verbindungen werden bei der Untersuchung der Innenraumluft und der Bewertung der Raumluftverhältnisse wesentlich seltener berücksichtigt als Kohlenwasserstoffe, da sie wegen ihrer stofflichen Vielfalt erheblich mehr analytischen Aufwand erfordern. Da sie andererseits wegen ihrer Reaktivität und ihrer irritativen Wirkungen durchaus die Luftqualität in Innenräumen prägen können, sind sie aber im Fall von Beschwerden unbedingt zu berücksichtigen und in Untersuchungsprogramme einzubeziehen.

So vielfältig wie ihre chemischen Eigenschaften sind auch die *Wirkungen* der sauerstofforganischen Verbindungen. Toxikologische Untersuchungen zum Verhalten von Aldehyden und Ketonen wurden bereits zu Beginn des 20. Jahrhunderts durchgeführt. IWANOFF [382] verglich u.a. die Wirkungen von Formaldehyd, Acetaldehyd und Acrolein und beobachtete (im Tierversuch):

- Reizungen der Schleimhäute der Luftwege,
- Respirationsstörungen,
- Augentränen,
- Nasensekretion,
- Speichelsekretion.

Bei einigen Verbindungen können auch narkotische Wirkungen festgestellt werden; daneben wurde Brechreiz beobachtet.

Dieses Wirkungsspektrum charakterisiert auch aus heutiger Sicht die Wirkungen vieler sauerstofforganischer Verbindungen und die

Erkenntnisse von IWANOFF wurden bei neuen Untersuchungen durchaus bestätigt, so z. B. auch die deutlich stärker irritativen Eigenschaften von Acrolein beim Vergleich mit Formaldehyd [383]. Im Vergleich mit dieser Verbindung weist Formaldehyd eine wesentlich geringere Toxizität und Reizwirkung auf.

Von den sauerstofforganischen Verbindungen ist nur für das Formaldehyd ein amtlicher Richtwert für Innenräume in Höhe von 0,1 mg/m³, der als Empfehlung zu verstehen ist, festgelegt worden. Dieser Richtwert ist als Eingreifwert zu intepretieren, dessen Überschreitung Maßnahmen zur Minderung der Belastung auslösen sollte [384].

Zur *Bewertung* der Belastung der Innenraumluft mit anderen sauerstofforganischen Verbindungen kann auf das von SEIFERT [267] entwickelte Konzept zurückgegriffen werden, das auch für andere Verbindungsgruppen aus dem Spektrum der FOV Richtgrößen enthält. Nach SEIFERT ist eine Konzentration an FOV in Höhe von 0,3 mg/m³ als realistischer Zielwert anzusprechen und zu dieser Gesamtkonzentration sollen sauerstofforganische Verbindungen in Form der Ester nicht mehr als 20 µg/m³ und in Form der Aldehyde und Ketone (ohne Formaldehyd) ebenfalls nicht mehr als 20 µg/m³ beitragen. Carbonsäuren und ihre Anhydride, Ether und Alkohole sind dann der Gruppe der sonstigen Verbindungen zuzurechnen, die wiederum nicht mehr als 50 µg/m³ in die Bilanz einbringen sollen. Daraus ergibt sich ein Zielwert für die Gesamtheit der sauerstoff-organischen Verbindungen von maximal 90 µg/m³.

Als Randbedingung gilt weiterhin, daß keine der Einzelverbindungen mehr als 50 % der Normkonzentration ihrer Verbindungsklasse ausmachen soll. Im Interesse an einer guten Luftqualität in Innenräumen – nicht im Sinne einer toxikologisch abgeleiteten Forderung – läßt sich aus dem von SEIFERT entwickelten Konzept für Ester, Aldehyde und Ketone eine Raumluftkonzentration von ≤ 10 µg/m³ und für alle anderen sauerstofforganischen Verbindungen eine Konzentration von ≤ 25 µg/m³ als Zielwert ableiten.

Diese Anforderungen sind grundsätzlich sicherlich erfüllbar, wenn die im Innenraum eingesetzten Materialien sorgfältig gewählt und sachgerecht verarbeitet werden. Aber es ist klar, daß unter besonderen Umständen, z. B. nach der Sanierung oder Renovierung eines Gebäudes oder eines Raums, diese Bedingungen nicht eingehalten werden können. SEIFERT schlägt daher vor, nach solchen Eingriffen in die örtlichen Verhältnisse in der ersten Woche nach Abschluß der Arbeiten eine 50fach höhere und für weitere 6 Wochen eine 10fach höhere Konzentration zuzulassen.

In der Praxis sind allerdings Eingreifwerte von größerer Bedeutung als die Zielwerte, mit denen keine direkten Aufforderungen zum Handeln verknüpft sind.

Eingriffe in ein Gebäude sind erforderlich, wenn die Belastungssituation gesundheitliche Risiken bietet oder zu einem nicht tolerierbaren Streß für die Nutzer der Räumlichkeiten führt. Systematisch toxikologisch abgeleitete Eingreifwerte für Innenräume sind für sauerstofforganische Verbindungen bisher nicht entwickelt worden. Anhaltspunkte dafür bieten die MAK-Werte, zumindest lassen sich aus ihnen Aussagen über die relative Gefährlichkeit der verschiedenen Stoffe ableiten. Auch in der internationalen Fachliteratur sind zumindest einige Ansätze zur Definition von Richtwerten zu finden, auch wenn diese nicht im strengen Sinne als Eingreifwerte zu interpretieren sind.

So hat die Australische Gesundheitsverwaltung das von SEIFERT entwickelte Konzept zur Bewertung der Belastung mit FOV modifiziert [385]. Dort wird eine Konzentration an FOV in Höhe von 0,5 mg/m³ als Richtwert (level of concern) herangezogen. Keine Einzelverbindung soll mehr als 50% dieser Konzentration ausmachen. Daraus ergäbe sich ein genereller Richtwert für alle FOV in Höhe von 250 µg/m³, sofern im Einzelfall nicht toxikologische Erkenntnisse für einen niedrigeren Wert sprechen. Das gilt beispielweise für Acrolein, dessen MAK-Wert gerade bei 250 µg/m³ liegt. Dieser Fall ist von der Kanadischen Gesundheitsverwaltung geprüft worden, die schließlich beim Acrolein für einen Eingreifwert in der Innenraumluft in Höhe von 50 µg/m³ plädiert hat.

Für die Summe der Aldehyde ist in Kanada eine Regelung vorgeschlagen worden [386, 387], bei der Formaldehyd, Acrolein und Acetaldehyd als Leitparamter fungieren, deren Konzentration bestimmt wird. Für diese 3 Verbindungen gilt:

$$\sum \frac{c_i}{C_i} \leq 1 \qquad\qquad (3.2)$$

Dabei ist c_i die gemessene Konzentration der jeweiligen Verbindung und C_i nimmt für die 3 Leitparameter folgende Werte an:

- Formaldehyd   120 µg/m³,
- Acrolein   50 µg/m³,
- Acetaldehyd   9000 µg/m³.

Dies scheint ein geeignetes Bewertungskonzept für Aldehyde zu sein, die alle ähnliche irritative Eigenschaften aufweisen, sich jedoch in ihrer irritativen Potenz deutlich unterscheiden.

Weiterhin ergeben sich für einige Verbindungen aus ihrem intensiven Geruch Konsequenzen für die Festlegung von Richtwerten, da in Innenräumen geruchliche Dauerbelastungen nicht akzeptabel sind. Daraus lassen sich Richtwerte entwickeln, nämlich für:

- Hexanal   50 μg/m^3,
- Benzaldehyd   200 μg/m^3,
- Acetaldehyd   200 μg/m^3.

Bei Überschreitung von solchen Richtwerten ist davon auszugehen, daß relativ starke Quellen für die betreffenden Verbindungen in den Innenräumen vorhanden sind. Diese sollten identifiziert und so weit wie möglich beseitigt werden, da die von ihnen ausgehende Belastung in einem Bereich liegt, in dem zumindest Belästigungen und deutliche Beeinträchtigungen des Wohlbefindens für die Nutzer der Räumlichkeiten auftreten können.

Die *Sanierung* der Räume wird in solchen Fällen stets mit der Entfernung oder der Versiegelung der Quellen verbunden sein.

Soweit die Emissionen von frischen Anstrichen, dem Verlegen und Verkleben von Raumausstattungsmaterialien sowie anderen bauchemischen Produkten herrühren, kann das Abklingen der Emissionen abgewartet und durch eine intensivere Raumlüftung begleitet werden. Sollte es sich um Quellen handeln, die dauerhaft oder immer wieder die Freisetzung der betreffenden Verbindungen verursachen, so sind diese Quellen zu identifizieren und zu entfernen. Bei den vorrangig aus Verbrennungsprozessen freigesetzten Verbindungen, wie z.B. dem Acrolein oder dem Benzaldehyd, ist zu prüfen, ob die Ableitung der Verbrennungsgase sachgerecht erfolgt oder verbesserungsfähig ist. Bei technisch einwandfrei betriebenen Öfen, Heizungen, Gasherden und sonstigen Verbrennungsanlagen treten in der Innenraumluft keine Überschreitungen der angeführten Richtwerte auf.

3.1.6
Formaldehyd: allgegenwärtig, vielfältig eingesetzt und „ein Fall für sich"

Aus der großen Gruppe der Carbonylverbindungen ist das Formaldehyd herauszugreifen und gesondert zu behandeln. Das rechtfertigt sich aus chemischer Sicht durch sein etwas von den sonstigen Carbonylverbindungen abweichendes Reaktionsverhalten. Vor allem aber ist auf das Formaldehyd als Luftschadstoff in Innenräumen vertieft einzugehen, da es in vielen Produkten des täglichen Bedarfs, in Baustoffen und in Ausstattungsgegenständen sehr weit verbreitet ist und entsprechend häufig zu Problemen in Innenräumen führt.

Formaldehyd spielte lange Zeit – insbesondere in den 80er Jahren – die Rolle des Luftschadstoffs par excellence in Innenräumen. Die Freisetzung von Formaldehyd aus Spanplatten und aus anderen verleimten Holzwerkstoffen prägte seit Mitte der 70er Jahre die öffentliche Debatte über Luftschadstoffe in Innenräumen. Besonderes Aufsehen erregte in einer breiten Öffentlichkeit die Formaldehydbelastung in Schulen und Kindertagesstätten. Ausgelöst wurden diese Debatten Mitte der 70er Jahre durch einzelne bemerkenswerte Fälle. Umfassend dokumentiert sind die Verhältnisse in 3 im Jahre 1975 neu eröffneten Schulen in Köln [388]. In den Wochen nach der Eröffnung der Schulen nahmen die Beschwerden der Schüler und des Lehrpersonals über Geruchsbelästigungen, Augen- und Rachenreizungen, Kopfschmerzen und andere Symptome auffällig zu. Bei den daraufhin durchgeführten Untersuchungen wurden Formaldehydkonzentrationen bis zu 1 ppm festgestellt [389, 390]. In der Folge wurden zahlreiche ähnliche Fälle dokumentiert, bei denen zumeist Spanplatten die Hauptquelle der Formaldehydemission darstellten [391–393]. Daneben wurde auch über die Bedeutung von Harnstoff-Formaldehyd-Isolationsschäumen für die Formaldehydbelastung in Innenräumen berichtet [394, 395].

Formaldehyd ist eine außerordentlich vielfältig eingesetzte Chemikalie, die in einer Fülle von Produkten des alltäglichen Gebrauchs enthalten ist und insofern auf vielerlei Wegen zur Belastung der Innenraumluft beitragen kann. In Innenräumen ist eine Vielzahl von *Formaldehydquellen* identifiziert worden, besonderes Augenmerk ist zu richten auf:

- verleimte Holzwerkstoffe [396, 397],
- verleimte Produkte aus anderen Materialien (z. B. können auch Korkplatten und vergleichbare Produkte mit formaldehydhaltigen Klebern verarbeitet sein),
- Dämmstoffe und Ausschäummaterial aus Formaldehyd-Harnstoff-Schäumen [398],
- Anstrichstoffe, Farben und Lacke, die Formaldehyd als Topfkonservierer und als Komponente in Lackbindemitteln enthalten können

(bis Mitte der 8oerJahre war Formaldehyd sogar bis in den %-Bereich in Fingerfarben für Spielzwecke enthalten [399]); Lacke mit Aminoplast- oder Phenoplastkomponenten können einen Gehalt an freiem Formaldehyd bis zu einigen Prozent haben, dieser freie Formaldehyd wird beim Lackieren emittiert,
- Kleber, Aminoplastparkettversiegelung und ähnliche Hilfsmittel in der Gebäudeausstattung,
- Glas- und Steinwolle sowie Fasermatten, die mit formaldehydhaltigen Bindemitteln behandelt sind,
- Textilien [400] und textile Bodenbeläge, die mit Harnstoff-Formaldehyd-Harzen veredelt werden [401],
- (frische) Druckerzeugnisse, die u. U. Formaldehyd in Innenräume einschleusen, da zum einen in Druckfarben mitunter Formaldehyd enthalten ist, zum anderen aber auch in Produkten für die Papierbehandlung,
- Reinigungs-, Pflege- [402] und Desinfektionsmittel [403],
- Kosmetika, die nach der Kosmetik-Verordnung allgemein bis 0,2 % Formaldehyd enthalten dürfen, bei Mundspülmitteln 0,1 % und bei Nagelhärtern bis zu 5 %,
- Tabakrauch [404, 405]; auch beim Abbrand von Kerzen wird Formaldehyd gebildet, allerdings in Mengen, die – bezogen auf die Menge an verbranntem Material – wesentlich geringer sind als beim Abbrand von Zigaretten und anderen Rauchwaren [406],
- Emissionen von Gasherden [407].

Daneben ist Formaldehyd in niedriger Konzentration von ca. 1 bis 10 $\mu g/m^3$ auch in der Umgebungsluft nachweisbar [408]. Insbesondere in sommerlichen Photosmogsituationen können jedoch auch noch höhere Gehalte bis 100 $\mu g/m^3$ erreicht werden [409]. Formaldehyd ist in den Abgasen von Kraftfahrzeugen enthalten [410], wobei der Gehalt an Formaldehyd bei unterschiedlichen Treibstoffen variiert. Beim Einsatz von Alkoholgemischen oder reinem Alkoholtreibstoff steigen die Formaldehydemissionen im Vergleich zum konventionellen Treibstoff noch an [411].

In den meisten aufgeführten technischen Produkten ist Formaldehyd als Komponente in polymeren Materialien enthalten. Bei der Vernetzung der linearen Polymere bilden sich Hydroxymethylengruppen, die sich in einer Retroreaktion unter Freisetzung von Formaldehyd zurückbilden können. Mit steigender Temperatur wird der Rückbildungsprozeß begünstigt, insbesondere aber unterstützt auch Feuchte diesen Prozeß.

Die Freisetzung von Formaldehyd aus Klebern und anderen polymeren Materialien steigt also stark mit einer erhöhten Luftfeuchte und auch mit höheren Temperaturen an. STÖGER [412] hat 1965 die Zusammenhänge zwischen der Formaldehydraumluftkonzentration, der Raumbeladung mit Spanplatten und den Lüftungsbedingungen als erster modellhaft dargestellt. Seither sind diese Zusammenhänge in zahlreichen Untersuchungen detailliert beschrieben worden [413–416]. Von besonderer Bedeutung ist bei dieser Art der Formaldehydfreisetzung aus polymeren Materialien, daß es sich dabei um einen Prozeß handelt, der während der gesamten Lebensdauer eines solchen Produkts zu beobachten ist. So klingt die Anfangsemission neu produzierter Spanplatten zwar rasch ab, nähert sich dann aber einem über lange Zeit nahezu konstanten Wert, und selbst nach vielen Jahren gehen von Spanplatten noch Formaldehydemissionen aus. Es sind also zum einen die bauphysikalischen und raumklimatischen Bedingungen in einem Gebäude, die die Formaldehydemission von Werkstoffen beeinflussen, zum anderen sind es aber natürlich die Materialeigenschaften der Produkte selbst. Diese sind durch die Wahl der Einsatzstoffe, durch die Art der Produktion und durch die produktionstechnische Sorgfalt zu beeinflussen. Im Lauf der Entwicklung ist es gelungen, das Emissionsverhalten der verschiedensten Produkte, insbesondere aber auch von Spanplatten im Hinblick auf eine Minimierung der Formaldehydemissionen zu beeinflussen.

Die wesentlichen Einflußfaktoren auf die Formaldehydkonzentration in einem Raum sind in Abb. 3.13 im Überblick dargestellt.

Speziell die Abhängigkeit der Formaldehydraumluftkonzentration von der relativer Luftfeuchte, der Temperatur und der Luftwechselrate ist von MEHLHORN [417] für den Fall der Formaldehydfreisetzung aus Spanplatten untersucht und mathematisch beschrieben worden. Demzufolge lassen sich die Formaldehydkonzentrationen für verschiedene raumklimatische Bedingungen umrechnen. Das von ihm dafür ausgearbeitete Modell basiert auf einem Konzept von ANDERSEN et al. [418, 419]. In der Fassung von MEHLHORN ist die durch ein bestimmtes Spanplattenstück verursachte Formaldehydraumluftkonzentration durch Gl. (3.3) beschrieben:

$$C_{HCHO} = \frac{K_1 \cdot (t_L + K_2) \cdot (U + K_3)}{1 + (n/a \cdot K_4)} \tag{3.3}$$

mit

C_{HCHO} Formaldehydraumluftkonzentration,

t_L Raumlufttemperatur,

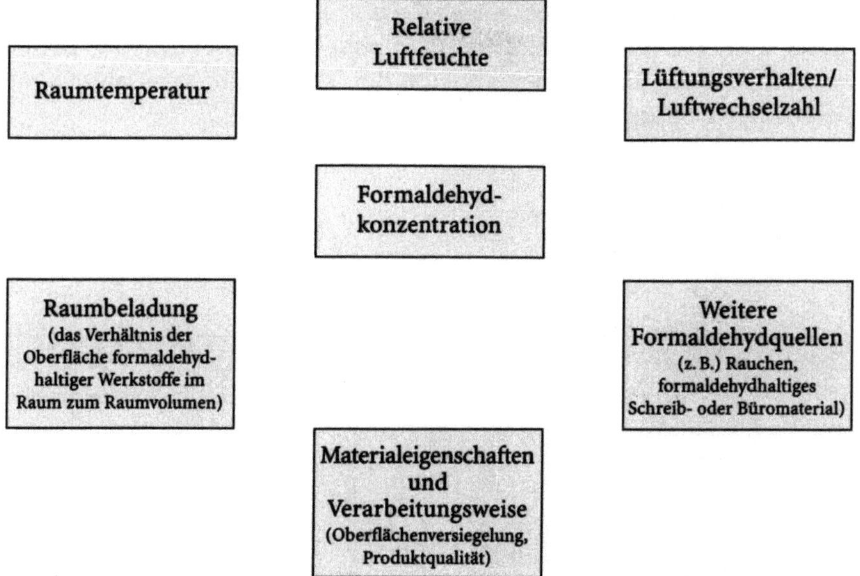

Abb. 3.13. Einflußfaktoren auf die Formaldehydkonzentration eines Raums bei der Ausstattung mit verleimten Holzwerkstoffen und verwandten Produkten [417]

U	relative Luftfeuchte,
n	Luftwechselzahl,
a	Raumbeladung, d.h. das Verhältnis von Spanplatten-oberfläche zu Raumvolumen,
K_1, K_2, K_3, K_4	Parameter, die durch das spezifische Emissionsverhalten einer Spanplatte definiert sind (diese Größen sind unabhängig von t, U, n und a).

MEHLHORN hat in diese Ausgangsgleichung noch eine Größe zur Charakterisierung der Materialeigenschaften der Spanplatten eingeführt, nämlich den Gasanalysewert (GW), der sich bei der Bestimmung der Formaldehydabgabe nach DIN 52368 in mg HCHO/h und m² ergibt. Mit der Einführung dieses Materialkennwerts konnte das nur für einen bestimmten Spanplattentyp gültige Modell von ANDERSEN et al. verallgemeinert und auf unterschiedliche Spanplattentypen angewandt werden. Die erweiterte Gleichung nimmt damit folgende Form an:

$$C_{HCHO} = \frac{K_1 (GW + K_2) \cdot (t + K_3) \cdot (U + K_4)}{1 + n/a \cdot K_5} \tag{3.4}$$

Die Werte für die dimensionslosen Parameter K_1 bis K_5 konnte MEHLHORN anhand eigener Meßdaten mit einem Parameterschätzverfahren näherungsweise bestimmen. Er gibt für handelsübliche Spanplatten folgende Werte an:

$$K_1 = 4{,}37 \cdot 10^{-5}$$
$$K_2 = -0{,}046$$
$$K_3 = -6{,}07$$
$$K_4 = 32{,}3$$
$$K_5 = 0{,}968$$

Damit läßt sich die Formaldehydraumluftkonzentration einfach berechnen. Aus Gl. (3.4) und den von MEHLHORN ermittelten Zahlenwerten für die Parameter K_1 bis K_5 ergibt sich:

$$C_{HCHO} = \frac{4{,}37 \cdot 10^{-5}\,(GW - 0{,}046) \cdot (t - 6{,}07) \cdot (U + 32{,}3)}{(1 + n/a \cdot 0{,}968)} \qquad (3.5)$$

Mit Hilfe eines Nomogramms lassen sich die Formaldehydraumluftkonzentrationen unter verschiedenen raumklimatischen Verhältnissen rasch ablesen. Aus dem Nomogramm läßt sich der Umrechnungsfaktor κ, der für Normalraumbedingungen (d.h.: $t = 23\,°C$ und $U = 45\%$) bei einer Luftwechselzahl von 1/h und einer Raumbeladung von $1\,m^2/m^3$ gleich 1 zu setzen ist, direkt ablesen. Es ergibt sich dann:

$$C_{t,U} = C_{23,45} \cdot \kappa \,[ppm] \qquad (3.6)$$

In Abb. 3.14 ist ein Nomogramm zur Ermittlung des Umrechnungsfaktors κ wiedergegeben [78].

Ein solcher Zusammenhang mit der Luftfeuchte, wie in vorstehendem Modell für die Formaldehydemissionen von Spanplatten dargestellt, ist nicht festzustellen, wenn Formaldehyd in freier Form in Produkten enthalten ist und freigesetzt werden kann. Das gilt für Anwendungsfälle, in denen Formaldehyd als Konservierungsmittel dient (in Reinigungs- und Desinfektionsmitteln, mitunter in Farben und Lacken, in Schneid- und Bohrölen, in Holz- und Pflanzenschutzmitteln, in geringen Mengen u.U. auch in Kosmetika und Lebensmitteln).

Weiterhin ist zu beachten, daß Formaldehyd an vielen Oberflächen adsorbiert wird und damit Sekundärquellen bildet, die einen wesentlichen Beitrag zur Formaldehydbelastung eines Raums leisten können.

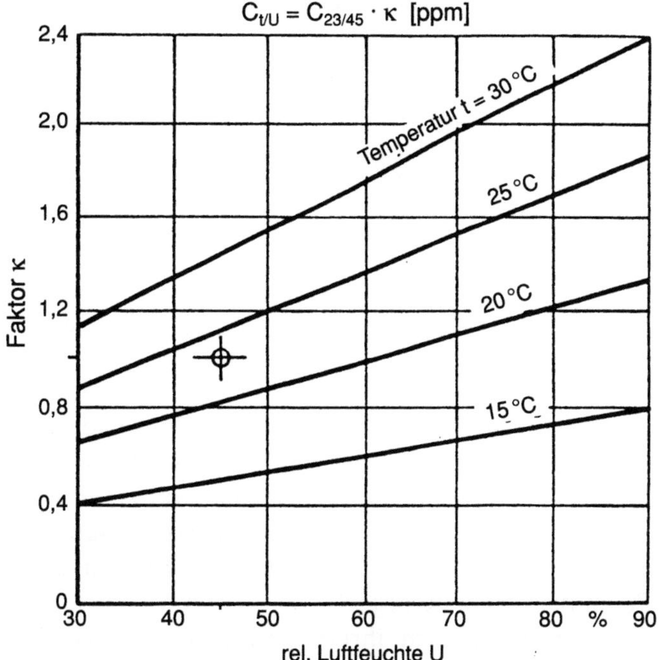

Abb. 3.14. Nomogramm zur Ermittlung des Faktor κ zur Umrechnung der Formaldehydraumluftkonzentration in Abhängigkeit von der Temperatur und der relativen Luftfeuchte; Temperatur 23 °C, relative Luftfeuchte 45 %, Luftwechsel 1/h, Raumbeladung 1 m²/m³

In sanierten Räumen kann von Sekundärquellen noch über Wochen und Monate eine Emission an Formaldehyd ausgehen, so daß der Sanierungseffekt erst nach einer gewissen Abklingphase der Sekundäremissionen in vollem Umfang zu beurteilen ist.

Wegen der Fülle der Anwendungsmöglichkeiten kann es mitunter recht schwierig sein, alle bedeutsamen Formaldehydquellen in einem Gebäude zu erfassen, was aber im Fall von Richtwertüberschreitungen für die Entwicklung einer Sanierungsstrategie notwendig ist.

Erhöhte Formaldehydkonzentrationen in Innenräumen konnten freilich in der größten Zahl der Fälle auf die Freisetzung von Formaldehyd aus Spanplatten und anderen verleimten Holzprodukten sowie im weiteren auf den Einsatz von Harnstoff-Formaldehyd-Ortschäumen wegen der weiten Verbreitung dieser Materialien in Gebäuden zurückgeführt werden.

Tabelle 3.19. Kennwerte der Emissionsklassen für Spanplatten nach ETB-Richtlinie [420, 421]

Emissionsklasse	Formaldehydausgleichs-konzentration (gemessen im Prüfraum nach max. 240 h) [ppm]	Formaldehydgehalt (bestimmt nach der Perforatormethode DIN EN 120) [mg/100 g]
E 1	$\leq 0{,}1$	≤ 10
E 2	$> 0{,}1 - 1{,}0$	$> 10 - 30$
E 3	$> 1{,}0 - 2{,}3$	$> 30 - 60$

Wenn seit Mitte der 70er Jahre bis heute die Formaldehydbelastung in Innenräumen generell abgenommmen hat, ist dies v. a. der Verbesserung dieser Produkte unter dem Gesichtspunkt einer Minimierung ihrer Formaldehydemissionen zuzurechnen. Von besonderer Bedeutung war dabei die Einführung von Richtlinien für den Einsatz dieser Werkstoffe im Bauwesen [420, 421].

Spanplatten werden nach ihrem Formaldehydgehalt (und damit nach ihrem Emissionspotential) klassifiziert (Tabelle 3.19).

Das Emissionsverhalten von Spanplatten verschiedenen Typs ist eingehend untersucht worden. Nach einem raschen Abklingen der Emissionen des frischen Produkts stellen sich dabei recht konstante Emissionsverhältnisse ein (siehe Abb. 3.15), die sich über lange Zeiträume kaum mehr ändern.

Die Anforderungen an Holzwerkstoffe (Spanplatten sowie beschichtete Spanplatten, Tischler-, Furnier,- und Faserplatten) hinsichtlich der Formaldehydabgabe sind in Deutschland seit dem 1.1.1988 durch die Gefahrstoffverordnung bzw. durch das Chemikaliengesetz geregelt. Diese dürfen nur in Verkehr gebracht werden, wenn die durch den Holzwerkstoff verursachte Ausgleichskonzentration des Formaldehyds in der Luft eines Prüfraums 0,1 ppm nicht überschreitet [422], d. h. seither dürfen in Deutschland nur noch Spanplatten mit E 1-Qualität produziert und vertrieben werden. Diese Entwicklung ist auch anhand von Wirtschaftsstatistiken zu erkennen, die den Anteil der auf den Markt gebrachten Spanplatten der verschiedenen Güteklassen wiedergeben (Abb. 3.16).

Das Vorgehen bei der Prüfung von Holzwerkstoffen nach den Regeln der Gefahrstoffverordnung bzw. der Chemikalien-Verbotsverordnung

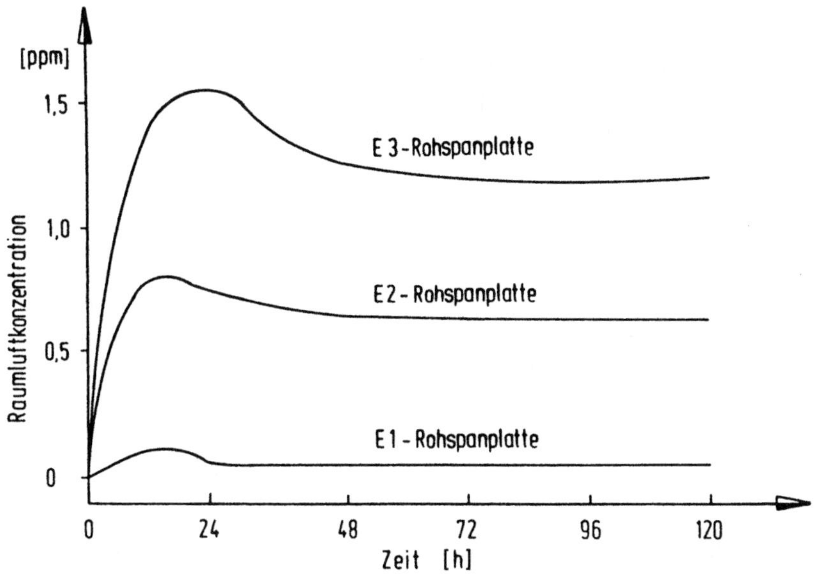

Abb. 3.15. Verlauf der Formaldehydraumluftkonzentration in einem Prüfraum unter definierten Bedingungen bei unbeschichteten Holzspanplatten verschiedener Emissionsklassen [396]

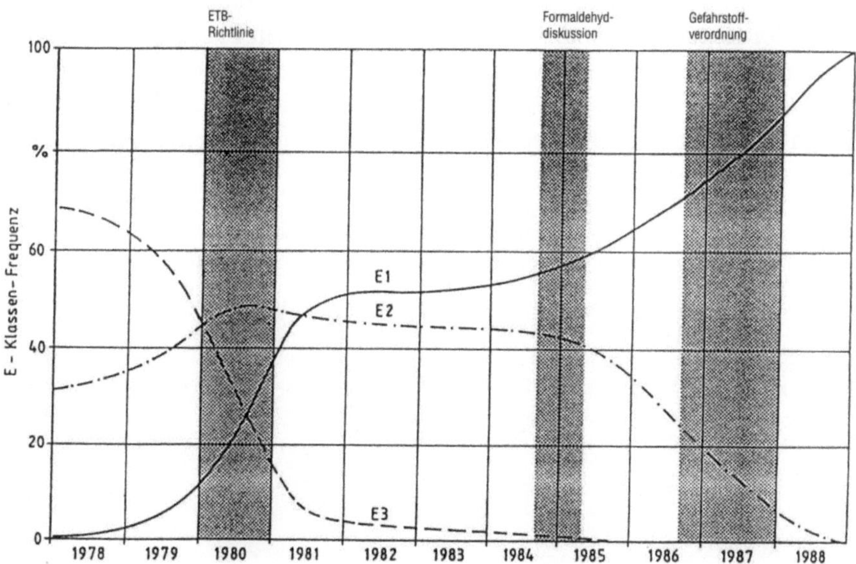

Abb. 3.16. Emissionsklassenanteile von Spanplatten bei der Güteüberwachung in der Bundesrepublik Deutschland zwischen 1978 und 1988 [423]

wurde durch die Festlegung der zugelassenen Untersuchungsverfahren im Juni 1989 definiert [424]. Als Referenzverfahren ist die Bestimmung der Ausgleichskonzentration in einem (mindestens) 12 m³ großen Prüfraum festgelegt worden. Die Meßwerte werden dabei innerhalb eines Zeitraums von mindestens 96 und höchstens 600 h nach Einbringen des Materials in den Prüfraum erhoben; die Versuche werden bei einer Raumbeladung von 1 m² Plattenoberfläche (beidseitig) je 1 m³ Luftvolumen durchgeführt (die Schmalflächen der Platten gehen nicht in die Berechnung der Oberfläche ein). Da dieses Prüfverfahren sowohl technisch als auch zeitlich außerordentlich aufwendig ist und europaweit nur wenige Prüfstellen mit einer dafür geeigneten Ausstattung existieren, wurden abgeleitete Prüfmethoden entwickelt, die in der Praxis einfacher durchzuführen sind und eine raschere Kontrolle der Qualität von Werkstücken erlauben. Wegen der unterschiedlichen Materialeigenschaften von Spanplatten, Tischler- und Furnierplatten sowie Faserplatten (Sperrholz ist von diesen Regelungen ausgenommen) sind diese an bestimmte Analysenverfahren gebundenen Kennwerte materialspezifisch definiert. Für Spanplatten gilt, daß sie nur dann in den Verkehr gebracht werden dürfen, wenn die Materialkennwerte der täglichen Eigenüberwachung des Herstellers den Wert B in Tabelle 3.20 nicht überschreiten. Zusätzlich darf das gleitende Mittel aus höchstens 10 aufeinander folgenden Produktionstagen des gleichen Platten- oder Werktyps nicht den Wert A überschreiten. Platten mit Materialkennwerten über dem Wert B, aber unter dem Wert C dürfen nur in beschichteter Form und mit einer entsprechenden Kennzeichnung vertrieben werden.

Tabelle 3.20. Analytische Materialkennwerte für Spanplatten bei Anwendung abgeleiteter Prüfmethoden (Perforatorwert [425], Gasanalysewert [426])

Dicke der Spanplatten [mm]	Perforatorwert in Anlehnung an DIN EN 120 [mg Formaldehyd/100 g trockene Platte]			Gasanalysewert gemäß DIN 52368 [mg Formaldehyd/h und m²]		
	A (Mittelwert)	B (Einzelwert)	C (Maximalwert)	A (Mittelwert)	B (Einzelwert)	C (Maximalwert)
≤ 25	6,0	7,0	8,0	4,0	5,0	6,0
≤ 25	7,5	8,5	9,5	5,5	6,5	7,5

Diese Qualitätsstandards konnten innerhalb relativ kurzer Zeit – wie auch Abb. 3.16 zeigt – weitgehend durchgesetzt werden, so daß Beschwerden über zu hohe Innenraumbelastungen mit Formaldehyd deutlich zurückgegangen sind. Probleme treten dennoch immer wieder auf, da zum einen vereinzelt Produkte von schlechterer Qualität auf den Markt gebracht werden, zum anderen aber auch mitunter sehr hohe Raumbeladungen durch Bauweise und Ausstattung von Räumlichkeiten festzustellen sind, bei denen selbst bei Einhaltung aller Grenzwerte die Formaldehydraumluftkonzentration auf Werte über 0,1 ppm ansteigen kann.

Unter realen baulichen Verhältnissen ist auch in Rechnung zu stellen, daß die heute überall zur Abdichtung verwendeten Ortschäume auf Polyurethanbasis ebenfalls erhebliche Mengen an Formaldehyd abgeben und dabei in der ersten Zeit nach dem Schäumen eine ähnliche Emissionscharakteristik zeigen wie frische Spanplatten. Das hat MARUTZKY [427] in Versuchen in einer Prüfkammer und bei Messungen auf einer Baustelle zeigen können. Der Verlauf der Formaldehyd-Emissionen aus Ortschäumen ist für diese beiden Fälle in Abb. 3.17 wiedergegeben:

Typische Formaldehydkonzentrationen in der Innenraumluft sind in Tabelle 3.21 zusammengestellt.

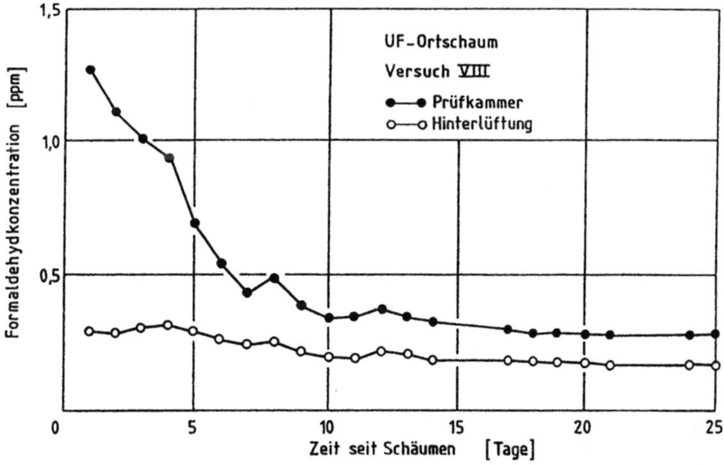

Abb. 3.17. Verlauf der Formaldehydemissionen aus UF-Ortschäumen innerhalb der ersten 4 Wochen nach dem Schäumen; Meßwerte aus einem Prüfkammerexperiment und aus der Hinterlüftung eines Ortschaums

Tabelle 3.21. Typische Formaldehydkonzentrationen in Innenräumen

Untersuchungsrahmen (in Klammern die Zahl der untersuchten Gebäude bzw. Räumlichkeiten)	Mittelwert und Bandbreite der beobachteten Formaldehydkonzentrationen [μg/m^3]	Erläuterung des Untersuchungskonzepts und der Vorgehensweise	Quelle
Wohnräume (n = 329) 1985–1986, in Westdeutschland	59 (< 30–309)	Erhebung im Rahmen des bundesweiten Umwelt-Survey	UBA/BGA [52]
Kinderzimmer (n = 580) 1987–1989, in verschiedenen ostdeutschen Städten	36	Kl. 1: Alte Ausstattung/alte Möbel in Wohnung und Kinderzimmer Kinderzimmer	Kaulbach und Hogh [428]
	34	Kl. 2: Kinderzimmer alt/Wohnung erneuert	
	63	Kl. 3: Neue Ausstattung/neue Möbel in Wohnung und Kinderzimmer	
Schulen (n = 4) 1976, in Köln	685 (310–1900)	Aus allen 4 Schulen wurden Meßwerte für jeweils 8 verschiedene Räume erhoben	Deimel [388]
Kindergärten (n = 107) 1984–1991, in Nürnberg	73,8 (< 3–340)	Insgesamt wurden 931 Einzelmessungen durchgeführt	Pluschke und Hantusch [392, 429]
Bürogebäude (n = 5) 1993, in Nürnberg	30 (< 10–58)	Alle untersuchten Räumlichkeiten waren Teil eines neu errichteten Bürokomplexes	Pluschke und Packebusch [430]
Öffentliche Gebäude, Zusammenfassung der Daten aus 9 europäischen Studien, 1987–1990 veröffentlicht	74,8 (0–1430)	In dieser Zusammenfassung werden Daten aus ganz unterschiedlich konzipierten Studien zusammengefaßt	Hoskins und Brown [431]

Bei der Bewertung der Innenraumluftmeßdaten ist zu berücksichtigen, unter welchen Bedingungen die Messungen vorgenommen wurden. In Deutschland sind die Untersuchungen der Formaldehydkonzentration in Innenräumen darauf angelegt, nachzuweisen, daß es auch bei ungünstigen Bedingungen zu keinen Überschreitungen von Richtwerten kommt [432]. Demzufolge werden die Räume vor der Messung über längere Zeit geschlossen und die Türen der im Raum befindlichen Schränke geöffnet gehalten, um die Einstellung einer „Gleichgewichtskonzentration" zu ermöglichen. Im normalen Tagesbetrieb mit Lüftungsvorgängen über Fenster und Türen, mancherlei Aktivitäten und einer stärkeren Bewegung der Luft im Innenraum sind zumeist niedrigere Konzentrationen an Formaldehyd festzustellen – es sei denn durch die Aktivitäten in den Räumlichkeiten würden Formaldehydquellen (z. B. frische Druckerzeugnisse, formaldehydhaltiges Schreib- und Büromaterial, sonstige Ausstattungsgegenstände, formaldehydhaltige Reinigungsmittel) eingetragen, die dann die Formaldehydkonzentration der Innenraumluft noch erhöhen.

Über die *Wirkungen der Formaldehydbelastung von Innenräumen und die Toxikologie des Formaldehyds* liegen umfangreiche Untersuchungen vor.

Wie auch viele andere Ketoverbindungen und Aldehyde wirkt Formaldehyd irritativ. Darüber hinaus sind eine Reihe weiterer toxischer Wirkungen des Formaldehyds und sein potentielles kanzerogenes Potential bei der Bewertung von Formaldehydraumluftkonzentrationen zu beachten. Im Zusammenhang mit Innenraumluftuntersuchungen sind folgende *Wirkungen bei inhalativer Exposition* beschrieben und auch in experimentellen Untersuchungen bestätigt worden [433]:

– Augen- und Schleimhautreizungen [434 – 436]: Die Schwelle für die Wahrnehmung solcher Wirkungen liegt individuell sehr unterschiedlich im Bereich zwischen 0,05 und 1,5 mg/m^3.
In einer umfangreichen Untersuchung mobiler Wohneinheiten in Kalifornien fanden LIU et al. [437], daß in Wohnungen mit Formaldehydkonzentrationen im Bereich von 0,06 bis 0,08 mg/m^3 deutlich mehr und stärkere Beschwerden festzustellen sind .
Die Wirkung des Formaldehyds tritt kurzfristig als Reizung von Augen, Nase und Kehle ein, kann zu Unbehagen und bei Konzentrationen deutlich über 1 mg/m^3 auch zu Tränenfluß führen.

Besonders ausgeprägt sind die Symptome, wenn die Exposition mit einem schnellen Anstieg der Formaldehydkonzentration verbunden ist.

Andererseits tritt bei länger anhaltender Exposition eine erhebliche Gewöhnung ein, so daß schließlich der Geruch von Formaldehyd auch bei höheren Konzentrationen nicht mehr wahrgenommen wird.

– Reizungen im Bereich der Atemwege und die Beeinträchtigung von Lungenfunktionen [438, 439]: Eine Reihe von Symptomen werden in diesem Zusammenhang angegeben, wie Husten, chronische und akute Bronchitis, Beklemmungsgefühl, Kurzatmigkeit. In experimentellen Untersuchungen konnten Einflüsse auf verschiedene Lungenfunktionsparameter festgestellt werden.

  Allerdings liegen ebenso Studien vor, die auch bei Konzentrationen in der Größenordnung von 2 mg/m^3 keinen Einfluß der Formaldehydbelastung auf die Lungenfunktionen fanden [440].

  Verschiedene Studien an Arbeitsplätzen, an denen mit Formaldehyd umgegangen wird, erbrachten Hinweise darauf, daß erhöhte Formaldehydkonzentrationen v. a. im Zusammenwirken mit der Exposition gegenüber Fasern und Stäuben zu einem erhöhten Asthmarisiko führen [441, 442].

– Unspezifische funktionelle Störungen: Zu dieser Symptomatik sind Beschwerden über Kopfschmerzen, Konzentrationsschwäche und auffällige Müdigkeit, Schwindelerscheinungen und auch Übelkeit zu rechnen.

– Neurotoxische Effekte [443, 444]: In diesem Zusammenhang sind auch neuere Arbeiten von SCHMIDT und APFELBACH [445, 446] zu sehen, die sich mit Veränderungen des Riechepithels unter dem Einfluß von Duft- und Schadstoffen, wie auch Formaldehyd, befassen. Als Tiermodell diente dabei das Frettchen, bei dem bei Belastung mit 0,1 ppm Formaldehyd Deformationen und Auflösungserscheinungen an den reizaufnehmenden Riechsinnesknöpfchen morphometrisch festzustellen sind. Die Bedeutung dieser Erkenntnisse für den Menschen sind noch unklar. Immerhin geben diese Untersuchungen aber Anlaß, ein möglichst niedriges Formaldehydkonzentrationsniveau anzustreben.

Darüber hinaus steht Formaldehyd im Verdacht, kanzerogen zu sein. Die ersten Hinweise darauf stammen aus Tierversuchen [447], aber auch epidemiologische Untersuchungen haben inzwischen Verdachtsmomente erbracht [448, 449]. Allerdings sind die Ergebnisse verschiedener epidemiologischer Studien nicht einheitlich [450]; bei umfassenden Analysen des verfügbaren Datenmaterials fiel auf, daß eine Assoziation von Formaldehydexposition und erhöhtem Krebsrisiko gefunden wurden, wenn die Exposition mit weiteren Risikofaktoren verbunden war (co-exposures).

Für die *Bewertung* von Formaldehydbelastungen in Innenräumen gibt es eine gesicherte Rechtsgrundlage, insofern in der Gefahrstoffverordnung ein Verbot ausgesprochen wird, Holzwerkstoffe in den Verkehr zu bringen, die in einem Prüfraum eine Ausgleichskonzentration von 0,1 ppm (entsprechend 120 µg/m³) überschreiten.

Der dieser Regelung zugrundeliegende, vom Bundesgesundheitsamt vorgeschlagene Richtwert für Formaldehyd in Höhe von 0,1 ppm hat sich in der Praxis bewährt und gewährleistet i. allg. eine gute Raumluftqualität.

Unter dem Hinweis auf Untersuchungen, die eine Beeinträchtigung des Wohlbefindens bereits bei Formaldehydkonzentrationen im Bereich zwischen 0,05 und 0,5 ppm feststellten, wurden verschiedentlich strengere Richtwerte gefordert. KRUSE [452] schlägt für die Langzeit-Belastung einen Richtwert in Höhe von 0,01 ppm (entsprechend 12 µg/m³) und für die Kuzzeitbelastung einen in Höhe von 0,05 ppm (entsprechend 60 µg/m³) vor.

Die Stadt Nürnberg hat speziell für Kindertagesstätten und andere Örtlichkeiten, an denen sich Kleinkinder aufhalten, einen Vorsorgewert in Höhe von 0,075 ppm [453](entsprechend 90 µg/m³) festgelegt, der nicht toxikologisch begründet wurde, sondern den Anspruch zum Ausdruck brachte, ein möglichst niedriges Niveau an Formaldehyd zu erreichen. Es erwies sich als praktikabel, diesen Richtwert in den ca. 100 städtischen Einrichtungen in Nürnberg, auf die er angewandt wurde, einzuhalten.

Mit der *Sanierung* formaldehydbelasteter Gebäude und Räumlichkeiten sind in den letzten 20 Jahren umfangreiche Erfahrungen gesammelt worden. Die zahlreichen Sanierungsprojekte haben dazu geführt, daß die Belastung durch Formaldehyd generell stark zurückgegangen ist. Insbesondere haben dazu auch produktbezogene Maßnahmen beigetragen: Spanplatten weisen heute wesentlich geringere Gehalte an Formaldehyd auf und emittieren nur noch Bruchteile der ehedem üblichen Mengen. Ebenso ist der Einsatz von Formaldehyd als Topfkonservierer, Desinfektionsmittel und als Komponente in Reinigungsmitteln stark rückläufig.

Unter ungünstigen Verhältnissen werden aber auch heute noch Überschreitungen des Richtwerts von 120 µg/m³ beobachtet, die Maßnahmen zur Reduzierung der Belastung erforderlich machen.

Dazu bieten sich die folgenden Techniken und Vorgehensweisen an (in Anlehnung an MARUTZKY [454]):

- Im Sinne einer zumeist rasch realisierbaren Abhilfe sind Maßnahmen zur *Verbesserung der Belüftungssituation* und der raumklimatischen Verhältnisse (z. B. bei hoher Luftfeuchte) zu treffen. Das kann von der Einhaltung regelmäßiger Lüftungsintervalle über den Einsatz von einfachen, mechanischen Lüftern bis hin zur Entfeuchtung der Luft reichen. In vielen Fällen mit nur geringen Richtwertüberschreitungen bis ca. 180 µg/m³ kann damit die Einhaltung des Formaldehydrichtwertes gewährleistet werden. Als Sanierung sind solche Maßnahmen allerdings nur eingeschränkt zu bezeichnen, da die Quellen unverändert erhalten bleiben und nur bei sorgfältiger Einhaltung der Regeln die Formaldehydkonzentrationen sicher in den gebotenen Grenzen gehalten werden können.
- Anders als bei anderen flüchtigen organischen Verbindungen bietet sich bei der Belastung mit Formaldehyd nur in begrenztem Maße die *Entfernung der Quellen* als Sanierungmethode an. Diese ist nur realisierbar, wenn Formaldehyd aus nicht-baulichen Quellen (wie Anstrichmitteln, Desinfektions- und Reinigungsmitteln) freigesetzt wird oder aus kleinflächigen bzw. einzelstehenden Ausstattungs- und Einrichtungsgegenständen herrührt. Diese lassen sich gegen formaldehydarme oder formaldehydfreie Produkte austauschen. Im Falle formaldehydhaltiger Versiegelungen von Parkett kann beispielsweise diese Oberflächenbeschichtung abgeschliffen und durch einen Neuanstrich ersetzt werden.
  In den meisten Fällen werden hohe Formaldehydbelastungen aber bei umfangreichem und großflächigem Einsatz von formaldehydhaltigen Bau- und Werkstoffen beobachtet, deren Entfernung mit sehr hohen Kosten verbunden wäre.
- Vielfältige Möglichkeiten bestehen zur *Abdichtung* formaldehydhaltiger Holzmaterialien und anderer Werkstoffe. Je nach den spezifischen Umständen kann auf Mittel zur Bekleidung (Auftrag von Folien aus Kunststoff oder Aluminium) und Beschichtung (z. B.

durch Kunstharzlacke) zurückgegriffen werden. Kanten und Schmalflächen von Möbeln und anderen Holzwerkstücken lassen sich mit Umleimern gut abdichten. Bei solchen Maßnahmen ist darauf zu achten, daß auch die der Sicht entzogenen Teile entsprechend behandelt werden und eine allseitige Abdichtung hergestellt wird. Bohrungen und Bodenstiftlöcher lassen sich mit Kunststoffkappen oder mit Fugendichtungsmassen abdichten. Viele Möbel werden heute bereits so ausgestattet geliefert, so daß sich eine Nachbearbeitung erübrigt.

Einige Firmen bieten formaldehydbindende Anstrichsysteme für Decken und Wände an, die einer Eignungsprüfung von unabhängiger Seite unterzogen werden. Diese wasserdampfdurchlässigen Dispersionsanstriche, denen formaldehydbindende Stoffe zugesetzt sind, bleiben als Formaldehydsperre über viele Jahre wirksam und können immer wieder erneuert werden.

– Bei extrem großflächigen Formaldehydquellen kann die *chemische Behandlung* als Sanierungsstrategie in Frage kommen. Dabei wird das Gebäude mit Ammoniakgas oder mit ammoniakhaltigen Lösungen behandelt. Das freie Formaldehyd bildet dabei mit Ammoniak Hexamethylentetramin, eine Verbindung mit sehr geringer Flüchtigkeit. Allerdings unterliegt das Hexamethylentetramin unter dem Einfluß der Luftfeuchte einer langsamen Hydrolyse und kann dann wieder in geringem Umfang Formaldehyd freisetzen. Diese Behandlung ist also als Maßnahme zur Senkung der Formaldehydkonzentration zu sehen, nicht aber als vollständige Beseitigung der Quellen.

Eine Kindertagesstätte, die in Nürnberg Mitte der 80er Jahre in diesem Sinn behandelt worden ist, wird seither alljährlich untersucht. Vor der Ammoniakbehandlung waren dort Formaldehydkonzentration bis zu einer Größenordnung von 200 µg/m³ festgestellt worden. Nach der Behandlung sind die Konzentrationen im gesamten Gebäude bis in eine Größenordnung von 20 µg/m³ abgesunken. Im Verlauf von 10 Jahren ist kein Anstieg der Formaldehydkonzentration zu beobachten gewesen. Über ähnliche Erfahrungen berichtet MÜCKE [455], der ein Bürogebäude aus Holzfertigbauteilen auf diese Weise behandelt hat.

Dieses Verfahren hat jedoch auch eine Reihe von Nachteilen. Zunächst einmal findet die Behandlung eines Gebäudes mit einem stark riechenden und giftigen Gas bei den Nutzern der Räumlichkei-

ten nur wenig Akzeptanz. Das beruht zum einen auf der Abneigung gegen den Umgang mit derartigen Stoffen, zum anderen aber auch auf den Umständen der Behandlung. Zu diesem Zweck muß das Gebäude komplett geräumt werden. Die Behandlung erfordert einen Zeitraum von einigen Tagen. In der Praxis wird zumeist ca. 1 Woche angesetzt. Danach muß die Ammoniakbelastung abklingen. MÜCKE beschreibt in seiner Fallstudie, daß bereits nach 10 Tagen ein Wiederbezug möglich war. Im Falle der in Nürnberg behandelten Kindertagesstätte wurden die Raumluftverhältnisse erst nach ca. 8 Wochen von den Beteiligten als akzeptabel empfunden, so daß erst dann die Nutzung wieder aufgenommmen werden konnte. Häufig ist es schwierig, über so lange Zeiträume Ersatz für die aufgelassenen Räumlichkeiten zu schaffen. Als Nebeneffekte dieser Behandlung kann eine Verfärbung mancher Hölzer und Kunststoffe auftreten, Kupfermaterialien können korrodieren, wenn sie während der Behandlung feucht sind.
Unter diesen Bedingungen bleibt die chemische Behandlung sicherlich auf Ausnahmefälle und besondere Umstände beschränkt.

– Immer wieder wird über die Luft-Reinigungswirkung von Pflanzen und über die *botanische Formaldehydminderung* berichtet. Bereits um die Jahrhundertwende haben sich GRAFE und VIESER [458] mit der Assimilierbarkeit von Formaldehyd durch Bohnenpflanzen (Phaseolus) befaßt und gewisse Effekte festgestellt. Bei einer Reihe von Pflanzen (z. B. für Philodendron und für Chlorophytum elatum) sind auch in jüngster Zeit Potentiale zur Bindung von Luftschadstoffen beobachtet oder zumindest behauptet worden [457]. GODISH und GUINDON [458] stellten bei neueren systematischen Studien mit Chlorophytum elatum fest, daß eine Senkung der Formaldehydkonzentration um 29–50 % beim Eintragen von Pflanzen in Versuchskammern erzielt werden kann. Allerdings lassen sich solche Effekte auch durch das Einbringen von Töpfen mit Wasser oder mit verschiedenen Bodenmaterialien erzielen. Den größten Effekt beobachteten sie sogar bei völlig entlaubten Topfpflanzen. GODISH und GUINDON kommen zu dem Schluß, daß die signifikante Reduzierung des Formaldehydgehalts in der Luft nicht als botanische Luftreinigung anzusehen ist, sondern als ein Effekt, der mit den Bodenoberflächen zusammenhängt. Dabei können die Bodenfeuchte, die Bodenoberfläche, Bodenmikroorganismen und möglicherweise auch die Pflanzenwurzeln eine Rolle spielen.

Wegen der nicht genau zu definierenden Wirkungen läßt sich eine Sanierungsstrategie kaum auf solche Effekte aufbauen, allerdings kann das Einbringen von Pflanzen in Innenräume durchaus eine die Sanierung unterstützende Wirkung haben. Allerdings ist zu beachten, daß feuchte Oberflächen und Pflanzen auch höhere Luftfeuchten verursachen können, die eine stärkere Freisetzung von Formaldehyd aus Klebern begünstigen.

In der Praxis hat sich gezeigt, daß häufig eine Kombination der erläuterten Maßnahmen sinnvoll und notwendig ist, um die Formaldehydkonzentration im geforderten Umfang abzusenken, da zumeist mehrere Quellen mit unterschiedlicher Emissionscharakteristik zu der Belastung beitragen. Die Identifikation der Quellen stellt daher eine wesentliche Voraussetzung für eine erfolgreiche Sanierung dar.

3.1.7
Leichtflüchtige halogenierte Kohlenwasserstoffe (LHKW) und chlorierte Benzole: Tetrachlorethen aus der Nachbarschaft und andere überraschende Befunde

Chlorierte Kohlenwasserstoffe (CKW) und gemischthalogenierte Verbindungen wie die Fluorchlorkohlenwasserstoffe (FCKW) haben als Löse- und als Treibmittel eine Reihe von Vorteilen gegenüber nichthalogenierten Kohlenwasserstoffen: sie sind kaum brennbar, haben ein sehr gutes Lösevermögen und sind chemisch relativ inert, allerdings müssen sie z. T. gegen Abbauprozesse unter Einfluß von Licht, Luft, Wärme und Wasser durch Zusatz von Stabilisatoren geschützt werden. Sie haben in technischen und industriellen Verfahren – z. B. zur Entfettung von Metallteilen und allgemein zu Reinigungszwecken, zur Extraktion sowie als Treib- und Kühlmittel – eine breite Anwendung gefunden und sind auch in Gegenständen des täglichen Bedarfs zum Einsatz gekommen. Weltweit wurden leichtflüchtige halogenierte Kohlenwasserstoffe in Mengen von einigen Millionen Tonnen pro Jahr produziert, verarbeitet und zu einem beträchtlichen Teil in die Umwelt freigesetzt.

Von besonderer Bedeutung sind die leichtflüchtigen chlorierten Verbindungen, von denen Chloroform (Trichlormethan), Tetrachlorethen (Tetrachlorethylen, Perchlorethylen Per), Trichlorethen (Tri) und 1,1,1-Trichlorethan für die Belastung von Innenräumen heute noch die größte Bedeutung haben. Daneben können weitere chlorierte Verbindungen in Innenräumen gefunden werden: Vinylchlorid als Restmonomer aus PVC-Produkten, Methylenchlorid (Dichlormethan) und Tetrachlormethan (Tetrachlorkohlenstoff, Tetra) als Lösemittel, in Einzelfällen auch Abbauprodukte, wie das in chemischen Altlasten anzutreffende cis-Dichlorethen. Allerdings ist davon auszugehen, daß durch technische Maßnahmen zur Reduzierung des Restmonomerengehalts in Kunststoffen, durch Umstellungsprozesse in der Stoffausstattung von Produkten und durch die Reduzierung der Einsatzfelder der leichtflüchtigen chlorierten Kohlenwasserstoffe deren Bedeutung seit den 80er Jahren abgenommen hat [459]. Wegen ihrer toxischen oder umweltgefährdenden Eigenschaften und der zunehmend kritischen Haltung der Öffentlichkeit gegen Produkte der Chlorchemie kommen in vielen Anwendungsfällen inzwischen nichtchlorierte oder teilhalogenierte Ersatzprodukte mit besseren Abbaueigenschaften zum Einsatz. Für eine Reihe von Verbindungen sind Anwendungsbeschränkungen oder Verbote ausgesprochen worden. Das gilt z. B. für Tetrachlormethan und verschiedene chlorierte Ethanverbindungen nach der Chloraliphatenverordnung [460], die insbesondere auch darauf abzielt, diese flüchtigen chlorierten Verbindungen aus Innenräumen fernzuhalten.

Weiterhin sind auch die technischen Einrichtungen und Gerätschaften, in denen chlorierte Kohlenwasserstoffe heute noch eingesetzt werden, ganz erheblich verbessert worden. Zu denken ist etwa an die technische Entwicklung im Bereich der chemischen Reinigungen und der Metallentfettungsanlagen, in denen Tetrachlorethen eingesetzt wird. Diese Prozesse werden heute weitgehend im geschlossenen Kreislauf unter Rückgewinnung der Verdampfungsverluste geführt. Demzufolge sind auch die von solchen Anlagen auf die Umwelt und die benachbarten Räumlichkeiten ausgehenden Einflüsse erheblich reduziert worden. Der Verbrauch an CKW ist in Deutschland von 180 000 t im Jahre 1986 auf 43 000 t im Jahre 1993 zurückgegangen, und selbst wenn manche technische Umstellungsprozesse nur zögerlich verlaufen [461], so ist damit das Kontaminationspotential durch CKW generell schon stark gesunken.

Als zweite Gruppe von Verbindungen sind die FCKW anzusprechen, die seit Beginn ihrer industriellen Produktion etwa im Jahre 1930 vielfältige Anwendung gefunden haben und schließlich auch in Haushaltsprodukten und weit verbreiteten Gerätschaften zum Einsatz kamen, entweder in offenen Anwendungsformen, wie als Aerosoltreibmittel in Spraydosen und zur Kunststoffverschäumung, oder in geschlossenen

Systemen, wie beispielsweise als Kältemittel in Kühlanlagen. Gegenüber den chlorierten Verbindungen hatten sie den Vorteil, nur eine sehr geringe Toxizität aufzuweisen und weder durch ihren Geruch noch durch sonstige Eigenschaften störend zu wirken. Daher sind die FCKW trotz weiter Verbreitung und ihrer anwendungsbedingt zeitlich und räumlich begrenzten hohen Innenraumluftkonzentrationen kaum aufgefallen.

Ihre hohe chemische Stabilität und die damit verbundene lange Lebenszeit von einigen Jahrzehnten unter Bedingungen der Erdatmosphäre ließ sie aber zu einem Umweltschadstoff von besonderer Bedeutung werden, da sie aufgrund ihrer langen atmosphärischen Verweilzeit bis in die Stratosphäre und in die Höhe der Ozonschicht gelangen können, wo photolytisch Chloratome abgespalten werden, die mit angeregtem Sauerstoff oder OH·-Radikalen ClO_x-Radikale bilden und in Folgereaktionen zum Ozonabbau beitragen. Zum Schutz der Ozonschicht wurde im Montrealer Protokoll international vereinbart, Herstellung und Handel mit FCKW zu beschränken. Mit einer Reihe EG-weiter und nationaler ergänzender Maßnahmen (z.B. der FCKW-Halon-Verbots-Verordnung [462]) ist es gelungen, die Verwendung von FCKW innerhalb weniger Jahre massiv einzuschränken, betrug die deutsche Produktion 1986 noch 126 000 Tonnen, so lag sie 1992 noch bei 59 000 Tonnen und wurde bis 1995 völlig eingestellt. Der Verbrauch belief sich in Deutschland 1995 noch auf 1000 Tonnen. Dieses Material wird vorwiegend in Asthmasprays eingesetzt [463]. Als Komponente in der Innenraumluft spielen die FCKW kaum eine Rolle.

Als dritte Gruppe der CKW sollen noch die chlorierten Benzole angesprochen werden, die zwar nicht mehr als leichtflüchtig zu bezeichnen sind, aber in ihrem Verhalten in der Umwelt doch einige Parallelen zu den chlorierten C_1- und C_2-Kohlenwasserstoffen zeigen. In Innenräumen ist v. a. das p-Dichlorbenzol aufgefallen. Diese stark riechende Verbindung ist bei Raumtemperatur fest und kommt als Geruchsübertöner in Toilettensteinen sowie zur Mottenbekämpfung zum Einsatz. Diese Anwendungen führen dazu, daß p-Dichlorbenzol auch in die Innenraumluft gelangt und zumindest als Geruchsbelästigung empfunden werden kann.

Die weiteren chlorierten Benzole sind in Innenräumen kaum untersucht und festgestellt worden. Allenfalls Monochlorbenzol kann wegen seines Einsatzes als Löse- und Reinigungsmittel in Einzelfällen als Komponente der FOV eine Rolle spielen.

Als LHKW sind im Hinblick auf die Innenraumluft also heute vorrangig die chlorierten aliphatischen Verbindungen zu behandeln. Die Methan-, Ethan- und Ethenderivate werden unter dem Begriff C_1- und C_2-Halogenkohlenwasserstoffe zusammengefaßt. Aus einer Reihe von Untersuchungen ist zu erkennen, daß in dem Maße, in dem die Einsatzmengen dieser Verbindungen generell rückläufig sind, auch deren Konzentrationen in der Innenraumluft sinken. Ein Hinweis in diesem Sinn läßt sich den von HEINZOW et al. [464] im Jahre 1994 vorgelegten Untersuchungen der Innenraumluft von Schulen und Kindergärten, in dem insgesamt 890 Räume erfaßt wurden, entnehmen. Die Autoren stellten einen Vergleich zwischen ihren Untersuchungsergebnissen und den vom Bundesgesundheitsamt im Jahre 1987 im Rahmen des Umwelt-Survey vorgelegten Meßdaten aus Wohnungen an. Obwohl der Vergleich von Schul- und Kindergartenräumen mit der Innenraumbelastung von Wohnungen wegen der unterschiedlichen Kontaminationspotentiale sicherlich nur mit Einschränkungen möglich ist, sind die Unterschiede bei den CKW doch besonders auffällig. Bei der Mehrzahl der untersuchten Alkane, Aromate und sonstigen quantitativ in der Innenraumluft bestimmten Verbindungen beobachteten die Autoren ein Verhältnis von ca. 1:2 bis ca. 1:6 zwischen ihren Werten und den älteren Daten des Umwelt-Survey, also generell eine deutlich niedrigere Belastung. Für die CKW läßt sich aus dem Datenmaterial der beiden Untersuchungen beim Vergleich der Medianwerte ein Verhältnis von 1:72 für Trichlorethen und von 1:15 für Tetrachlorethen ermitteln. Lediglich beim 1,1,1-Trichlorethan ergab sich mit einem Verhältnis der Median-Werte von ca. 1:3,5 ein im Bereich der sonstigen Relationen liegendes Ergebnis. Die auffällig geringen Konzentrationen der CKW lassen sich durchaus auf dem Hintergrund der rückläufigen Verwendung dieser Verbindungen in Produkten des alltäglichen Gebrauchs sehen.

Auch die Ergebnisse von ROTHWEILER et al. [285], die in neuen bzw. renovierten Wohngebäuden in der Schweiz feststellten, daß CKW nur einen Anteil von 2,7 % an der Gesamtbelastung mit FOV haben, verweisen auf die nur noch geringe Bedeutung dieser Stoffgruppe für die lufthygienischen Verhältnisse in Innenräumen.

Als *Quellen* für CKW spielen einige Produkte noch eine Rolle. Dazu rechnen:

- Fußbodenpflegemittel,
- Teppichreiniger,

- Möbelpolitur,
- Fleckentferner,
- Schuhpflegemittel,
- Lösemittelklebstoffe (SCHRIEVER und MARUTZKY [465] geben 1,1,1-Trichlorethan als übliche Komponente an)
- Kunststoffe (z.B. fanden Methylenchlorid [466] und Chloroform [467] Einsatz bei der Polyurethan(PUR)-Verschäumung).

Lange Zeit fanden Trichlorethen und 1,1,1-Trichlorethan auch in Büromaterialien, wie z.B. in Korrekturflüssigkeiten für Schriftstücke, Verwendung. GIRMAN et al. [468] konnten in Laborexperimenten zeigen, daß unter realistischen Verhältnissen (10 Korrekturen/h) immerhin Emissionsraten für Trichlorethen im Bereich zwischen 0,72 und 2,52 g/h zu erwarten sind, die zu einer durchschnittlichen Raumluftkonzentration in einem Büro über einen 8stündigen Arbeitstag in der Größenordnung von 6 µg/m³ führen.

Für Pflegemittel, Klebstoffe und Fleckenwasser gaben die auf diesen Gebieten tätigen Industrieverbände Verzichtserklärungen für den Einsatz chlorierter Lösemittel ab. Es ist davon auszugehen, daß heute nur noch in wenigen Fällen CKW-haltige Produkte dieser Art angeboten werden.

Eine größere Rolle als der Eintrag aus technischen Produkten kann unter speziellen räumlichen Verhältnissen der Eintrag von CKW in Innenräume spielen, wenn diese in der Nähe von technischen Anlagen und Betrieben liegen, die diese Stoffe noch ein- und in die Atmosphäre freisetzen. Dazu liegen umfangreiche Erfahrungen aus der Untersuchung des Umfelds von chemischen Reinigungen vor, und zwar sowohl im Hinblick auf die Belastung der Innenraumluft mit Tetrachlorethen [469, 470] als auch unter dem Gesichtspunkt der über die Luft erfolgende Kontamination von Lebensmitteln [471, 472], die wegen des ausgeprägt lipophilen Charakters des Tetrachlorethen und der anderen chlorierten Kohlenwasserstoffe festzustellen ist. Es kommt also unter dem Einfluß von CKW-Immissionen zu einer Anreicherung vorrangig in fettreichen Lebensmitteln. Lebensmittelrechtlich ist 1990 über eine Verordnung ein Grenzwert für Tetrachlorethen in Nahrungsmitteln in Höhe von 0,1 mg/kg und für die Summe von Tetrachlorethen, Trichlorethen und Trichlormethan (Chloroform) in Höhe von 0,2 mg/kg festgelegt worden. Bei gegebenem Verdacht auf Kontaminationen durch Halogenkohlenwasserstoffe kann also auch die Untersuchung von

Lebensmitteln, insbesondere von solchen, die längere Zeit gelagert werden, Hinweise auf die Belastungssituation erbringen. Als Grundbelastung mit Tetrachlorethen sind ca. 0,01 mg/kg anzusetzen.

Für Innenräume im Umfeld von Chemischen Reinigungen ist in der 2. Bundesimmissionsschutzverordnung [104] ein Grenzwert für Tetrachlorethen in Höhe von 0,1 mg/m³ festgelegt worden, bei dessen Überschreitung Maßnahmen zur Minderung der Belastung getroffen werden müssen. Dies ist der einzige im Rahmen des Immissionsschutzrechts eindeutig definierte Grenzwert für die Belastung der Innenraumluft. Nach den Erfahrungen im Vollzug dieser Verordnung wurde dieser Grenzwert häufig überschritten. HENTSCHEL et al. [470] berichteten, daß nach Inkrafttreten der Verordnung bei Untersuchungen in Frankfurt der Mittelwert für die Tetrachlorethenbelastung in Wohnungen im unmittelbaren räumlichen Umfeld chemischer Reinigungen von ca. 5 mg/m³ im Jahre 1987/88 auf ca. 1,5 mg/m³ im Jahre 1990/91 gesunken ist, aber immerhin lagen in 80 % der untersuchten Fälle die Raumluftkonzentrationen auch 1990/91 noch bei Werten über 0,1 mg/m³. Einen ähnlichen Trend haben FROMME et al. [474] auch für Berlin dokumentiert. Inzwischen haben sich in diesem Gewerbe mit dem Auslaufen der letzten Übergangsfristen, die die Verordnung bis zum 31.12.1994 zuließ, aber neue Anlagentechniken flächendeckend durchgesetzt, so daß die Zahl der Grenzwertüberschreitungen weiter reduziert werden konnte.

Nicht nur in den Räumlichkeiten im unmittelbaren Umfeld von chemischen Reinigungen wurden erhöhte Belastungen mit Tetrachlorethen gefunden, sondern auch in den Wohnungen von Mitarbeitern chemischer Reinigungen sind signifikant erhöhte Tetrachlorethenkonzentrationen beobachtet worden. Die an der Kleidung anhaftenden Mengen an Tetrachlorethen reichen demzufolge aus, um auch Wohnräume zu kontaminieren. AGGAZZOTTI et al. [475] berichteten über eine durchschnittliche Konzentration an Tetrachlorethen in Höhe von 265 µg/m³ in den Wohnräumen von Familien, in denen einzelne Mitglieder in chemischen Reinigungen arbeiten. In der Kontrollgruppe hingegen ergab sich eine durchschnittliche Konzentration an Tetrachlorethen in Höhe von 2 µg/m³. Auch in der Atemluft konnten deutlich unterschiedliche Gehalte an Tetrachlorethen festgestellt werden. Es ist allerdings fraglich, ob diese vor einigen Jahren in Italien erhobenen Daten ohne weiteres auf die heutigen deutschen Verhältnisse zu übertragen sind, da der Ausstattungsstandard der chemischen Reinigungen in Deutschland inzwischen sehr hoch ist. Die technische Entwicklung der letzten Jahre hat auch eine erhebliche Reduzierung der Tetrachlorethenbelastung für die Mitarbeiter chemischer Reinigungen mit sich gebracht. Dieser Standard ist in Italien noch nicht in der gleichen Breite zu finden, so daß dort im Durchschnitt wohl auch noch ein höheres Kontaminationspotential für die Mitarbeiter, ihre Kleidung und ihre Wohnungen besteht. Nichtdestotrotz sind derartige Verschleppungseffekte im Grundsatz auch in Deutschland zu beobachten, wobei das in beschränktem Umfang auch für das Reinigungsgut und damit für die Kunden der chemischen Reinigungen gilt.

Eine weitere Quelle für leichtflüchtige CKW kann in Innenräumen die Wasserversorgung [476, 477] bzw. – wie im Falle von Schwimmbädern – die Wasseraufbereitung sein. Es ist bekannt, daß bei der Chlorung des Wassers chlororganische Verbindungen entstehen, insbesondere die Bildung von Trihalomethanen ist eingehend untersucht worden [478–480]. Daneben kann auch die Verunreinigung des Rohwassers mit CKW zur Gesamtbelastung beitragen. Als Trihalomethanverbindungen werden Bromdichlormethan, Dibromchlormethan, Bromoform und – als mengenmäßig bedeutendste Komponente – Chloroform beobachtet. Insbesondere in Hallenbädern können so im Innenraum erhebliche Chloroformkonzentrationen in der Luft auftreten, da durch die Bewegung des Wassers und die erhöhten Temperaturen gute Voraussetzungen für den Übergang in die Gasphase bestehen. BÄTJER et al. [481] haben Ende der 70er Jahre in Bremer Hallenbädern Chloroformkonzentrationen bis zu 384 µg/m³ beobachtet. Die über ca. 10 Monate erhobenen Mittelwerte für die einzelnen Bäder variierten zwischen 36 und 241 µg/m³. FAUST et al. [482] berichteten 1993 über Chloroformkonzentrationen in Hallenbädern im Bereich zwischen 60 und 190 µg/m³ und über die Belastung der Atemluft der Schwimmer mit Trihalomethanen. Auch neuere Untersuchungen [483] erbrachten ähnliche Ergebnisse mit Werten in der Hallenluft zwischen ca. 3 und 300 µg/m³ Chloroform sowie erhöhten Chloroformgehalten im Blut von Schwimmbadbenutzern.

Aber auch beim häuslichen Gebrauch von Wasser werden die flüchtigen chlorierten Verbindungen freigesetzt [484]. Beim Duschen beobachtete ANDELMAN [484], daß ca. 50 % des im Wasser enthaltenen Chloroforms und etwa 80 % des Tetrachlorethen in die Innenraumluft übergehen.

Die Belastung der Innenraumluft mit flüchtigen CKW variiert stark. In Tabelle 3.22 sind typische Meßergebnisse und die dabei festgestellten Maximalwerte aus Untersuchungen der Umgebungsluft und der Innen-

Tabelle 3.22. Typische Konzentrationen leichtflüchtiger chlorierter Kohlenwasserstoffe (LHKW) und chlorierter Benzole

Verbindung		Wichtigste Quellen (in Innenräumen)	Typische Innenraumluft-konzentration in Wohnräumen (Normbereich) [$\mu g/m^3$] [52, 287, 122]	Maxima der Innenraumluft-konzentration in Wohnräumen [$\mu g/m^3$] [52, 287, 492]	Typische Immissionen in städtischen Gebieten [$\mu g/m^3$]	Typische Immissionen in ländlichen Gebieten/im städtischen Umland [$\mu g/m^3$]
Chloroform (Trichlormethan)	$CHCl_3$	Gechlortes Trink- und Brauchwasser	n.n.[b] – 3,4[a, c]	k.A.[d]	0,3 – 0,6[e]	0,2 – 0,6[e]
1,1,1-Trichlorethan (Methylchloroform)	$C_2H_3Cl_3$	Kleber Lösemittel	1,9 – 26,1	264,1	2,7 – 43,0[e]	2,2 – 2,8[e]
Trichlorethen	C_2HCl_3	Lösemittel	1,1 – 19,6	1204,0	1,2 – 18,5[e]	0,8 – 1,3[e]
Tetrachlorethen	C_2Cl_4	Eintrag aus benach-barten gewerblichen Anlagen Reinigungsmittel	1,8 – 26,5	807,0	1,8 – 70,8[e]	2,0 – 2,8[e]
Chlorbenzol	C_6H_5Cl	Lösemittel	n.n.[b] – 0,07[c]	k.A.[d]	k.A.[d]	k.A.[d]
p-Dichlorbenzol	$C_6H_4Cl_2$	Geruchsübertöner/ Toilettensteine Mottenkugeln	0,7 – 23,4	1265,0	0,08 – 03[e]	0,1 – 0,2[e]

[a] Als typische Innenraumluftkonzentrationen bzw. als unterer und oberer Wert des Normbereichs werden der 10- und der 95 %-Wert der im Rahmen des bundesweiten Umwelt-Survey 1985/86 vom Institut für Wasser-, Boden- und Lufthygiene in Wohnungen (in den alten Bundesländern) ermittelten Kennwerte angegeben [52].

[b] n. n. nicht nachweisbar.

[c] Chloroform und Chlorbenzol sind im Rahmen des Umwelt-Survey des Bundesgesundheitsamts nicht erfaßt worden. Referenzwerte werden daher aus anderen Untersuchungen entnommen: für Chloroform: SHAH und SINGH [287]. Als untere und obere Grenze sind in diesem Fall der 25- und der 75%-Wert zu verstehen. Für Chlorbenzol: SHELDON und JENKINS [491]. In den meisten Fällen konnte bei deren Untersuchungen Chlorbenzol nicht gefunden werden. Der angegebene Wert wurde mit personal sampler bestimmt, ist also nicht als reine Innenraumluftkonzentration anzusehen.

[d] k. A. keine Angaben.

[e] BRUCKMANN et al. [493]; MÜLLER [310] berichtet für Chloroform 1,1,1-Trichlorethan, Trichlorethen und Tetrachlorethen über Meßwerte vom Schauinsland (Schwarzwald), die etwa um einen Faktor zwischen 2 und 4 unter den hier für ländliche Gebiete angegebenen Immissionskonzentrationen liegen.

raumluft zusammengefaßt. Zu der ubiquitären, also auch in abgelegenen Gebieten zu beobachtenden Grundbelastung mit CKW tragen auch Sekundärquellen bei, d.h. Stoffe, die durch (photo-)chemische Reaktionen in der Atmosphäre aus Vorläuferverbindungen gebildet werden [485, 486]. Das gilt etwa für Chloroform, das durch Decarboxylierung von Trichloressigsäure und von Chloral entsteht. Trichloressigsäure und Chloral wiederum werden durch atmosphärische Oxidation verschiedener anderer CKW gebildet, wie bereits seit langem bekannt ist [487, 488]. Speziell beim Chloroform (und noch ausgeprägter gilt das für bromierte C_1- und C_2-Halogenkohlenwasserstoffe) tragen auch biogene Quellen zu der globalen Grundbelastung bei [489, 490].

Auch wenn das durchschnittliche Belastungsniveau mit CKW relativ niedrig ist, so werden für CKW in Einzelfällen doch immer wieder auch außerordentlich hohe Belastungen festgestellt, so daß sie bei der Abklärung der Ursachen von Beschwerden über die Luftqualität in Innenräumen auch stets als Untersuchungsparameter in Erwägung gezogen werden sollten, zumal dies mit einem relativ beschränkten analytischen Aufwand möglich ist.

Im Hinblick auf die *Wirkungen* der in Innenräumen anzutreffenden CKW lassen sich die Verbindungen in verschiedenen Gruppen zusammenfassen.

Toxikologisch werden insbesondere die di- und trichlorierten Methane (Chloroform und Tetrachlorkohlenstoff) und das Vinylchlorid (Monochlorethylen) sowie die 1,2-Dichlor-, 1,1,2-Trichlor- und 1,1,2,2-Tetrachlorverbindungen des Ethans kritisch bewertet, da sie gesicherte karzinogene Eigenschaften aufweisen.

1,1,1-Trichlorethan, Trichlorethen und Tetrachlorethen werden als weniger toxisch eingestuft.

All diesen Verbindungen und auch den mono- und dichlorierten Benzolen gemeinsam sind narkotische Eigenschaften, die auf einem ähnlichen strukturbedingten Wirkungsmechanismus beruhen; Chloroform ist früher viel als Inhalationsnarkotikum eingesetzt worden.

Die akuten toxischen Eigenschaften der aliphatischen Halogenkohlenwasserstoffe gehen vorrangig von ihren Metaboliten aus. Je nach Art der Metabolisierung wirken sie in unterschiedlichem Maße toxisch auf Stoffwechselvorgänge und führen zu Leber- oder Nierenschäden.

Die geringste Toxizität wird dabei dem 1,1,1-Trichlorethan zugeschrieben, da es im Körper nicht metabolisiert und in unverändertem Zustand wieder ausgeschieden wird. Andererseits wurden im Tierversuch bei Einsatz des 1,1,1-Trichlorethan als Narkotikum Einflüsse auf die Herzfunktionen und auf die kardiovaskuläre Dynamik beobachtet [495], die als Hinweise auf eine Beeinflussung des vegetativen Nervensystems bewertet werden. Die chemische Stabilität des 1,1,1-Trichlorethans und seine lange Lebensdauer in der Atmosphäre lassen die Verbindung darüber hinaus zu einer möglichen Chlorquelle in der Stratosphäre und damit zu einer Bedrohung für die Ozonschicht werden [496], ähnlich wie die FCKW.

Dämpfende Einflüsse auf das Zentralnervensystem haben Fodor und Roscovanu [497] für verschiedene halogenierte Kohlenwasserstoffe gefunden. Insbesondere beobachteten Sie aber auch erhöhte Blut-CO-Gehalte beim Menschen bei Exposition gegen Di- und Trihalormethane. Aus diesen Versuchen wird geschlossen, daß eine maximale Immissionskonzentration als Langzeitwert in Höhe von 50 mg/m^3 einen ausreichenden Schutz gegen gesundheitlich nachteilige Auswirkungen durch einen erhöhten Blut-CO-Spiegel bietet.

Bei den in Innenräumen – außerhalb der Arbeitswelt – anzutreffenden Konzentrationen sind akut toxische Schädigungen bislang nicht gesichert festgestellt worden.

Auch die Ergebnisse epidemiologischer Untersuchungen von beruflich gegen Tetrachlorethen und gegen Trichlorethen im ppm-Bereich exponierten Personen sind widersprüchlich [498], in einer umfangreichen europäischen Studie [499] sind jedoch signifikante Abweichungen von Nierenfunktionsparametern in der untersuchten Gruppe der Tetrachlorethenexponierten (mittlere Exposition: 15 ppm, entsprechend ca. 100 mg/m^3, mittlere Expositionsdauer: 10 Jahre) beobachtet worden.

Soweit Beschwerden über die Innenraumbelastung mit CKW dokumentiert sind, stehen neurotoxische Symptome im Vordergrund. In einer Darstellung der Bundesärztekammer [500] zur „Belastung der Bevölkerung durch Perchlorethylen" sind die typischen Symptome zusammenfassend dargestellt (Tabelle 3.23).

Viele der für Tetrachlorethen dokumentierten Symptome entsprechen denen, die allgemein den FOV zugeschrieben werden, allerdings scheinen die CKW ihre diesbezüglichen Wirkungen eher bei höheren Konzentrationen zu entfalten als FOV-Gemische, in denen überwiegend Kohlenwasserstoffe und Carbonylverbindungen enthalten sind, wie in Abschn. 3.1.5 dokumentiert.

Die WHO kommt in ihren Leitlinien für die Luftreinhaltung [36] bei der *Bewertung* der vorliegenden toxikologischen Erkenntnisse zu

Tabelle 3.23. Symptomatik bei Intoxikationen mit Tetrachlorethen

Akute Symptome	Symptome bei Langzeitexposition
– Benommenheit	– Beeinträchtigung des
– Schwindel	Kurzzeitgedächtnisses
– Müdigkeit	– Schlafstörungen
– Kopfschmerzen	– Ataxie
– Übelkeit	– Desorientierung
– Erschöpfung	– Reizbarkeit
– Beeinträchtigte Koordination	– Alkoholintoleranz
– Augenreizung	
– Nasenreizung	
– Lungenödem	– Leberschaden
	– Niereninsuffizienz

Richtwertempfehlungen für drei leichtflüchtige halogenierte Kohlenwasserstoffe, nämlich für Tetrachlorethen in Höhe von 5 mg/m³ und für Trichlorethen in Höhe von 1 mg/m³, während für Vinylchlorid wegen seiner kanzerogenen Eigenschaften kein gesundheitlich unbedenkliches Konzentrationsniveau angegeben werden kann.

Unter Gesichtspunkten der gesundheitlichen Vorsorge ist für Innenräume in der 2. Bundesimmissionsschutzverordnung ein Grenzwert von 0,1 mg/m³ für Tetrachlorethen festgelegt worden. Vergleichbare Regelungen gibt es für andere Verbindungen aus der Gruppe der flüchtigen CKW nicht.

Ältere Immissionsrichtwerte, wie die maximalen Immissionskonzentrationen der inzwischen zurückgezogenen VDI-Richtlinie 2306, können noch als Anhaltswerte dienen, reflektieren aber nicht den aktuellen toxikologischen Kenntnisstand. Für die hier erörterten Verbindungen waren MIK_D-Werte (als Grenzwerte für die Dauereinwirkung) von 3 mg/m³ für Tetrachlorkohlenstoff, 5 mg/m³ für Chlorbenzol, 10 mg/m³ für Chloroform, 30 mg/m³ für 1,1,1-Trichlorethan und Trichlorethen sowie 35 mg/m³ für Tetrachlorethen definiert worden.

Aus heutiger Sicht erscheint es sinnvoll, trotz der zweifellos gegebenen Unterschiede in der Toxizität der einzelnen Verbindungen, den für Tetrachlorethen festgelegten Grenzwert von 0,1 mg/m³ als Bezugsgröße für alle leicht flüchtigen CKW zu nehmen und zur Sicherstellung guter Raumluftverhältnisse diesen Wert als Vorsorgewert heranzuziehen.

Damit ist allerdings den kanzerogenen Eigenschaften einiger Verbindungen noch nicht Rechnung getragen.

Eindeutig als krebserzeugend ausgewiesen ist Vinylchlorid (und daher in die Gruppe III A 1 der MAK-Werte-Liste aufgenommen). Bei Chloroform, Trichlorethen und Tetrachlorethen besteht ein begründeter Verdacht auf ein krebserzeugendes Potential (Einstufung in die Gruppe III B der MAK-Werte-Liste).

Bei Chlorbenzol, 1,4-Dichlorbenzol und 1,1,1-Trichlorethan liegen derzeit keine derartigen Verdachtsmomente vor.

Im Fall der krebserzeugenden bzw. im Verdacht krebserzeugender Wirkungen stehenden Verbindungen wird mit Risikomodellen und quantitativen Risiokoabschätzungen versucht, zu Richtwerten für die betreffenden Stoffe zu gelangen. Häufig wird dabei das Unit-risk-Konzept herangezogen, das als Kenngröße die zusätzliche Wahrscheinlichkeit verwendet, in einer bestimmten Population an einer Krankheit zu sterben, die durch die lebenslange Exposition gegenüber einem bestimmten Stoff hervorgerufen wird, wenn dessen Konzentration $1\,\mu g/m^3$ beträgt [501].

Kühling und Peters [140] haben für einige kanzerogene Verbindungen Zielwerte im Hinblick auf eine Bagatelleschwelle formuliert. Dafür werden Werte für ein als akzeptabel angenommmenes Individualrisiko einer Krebserkrankung im Bereich zwischen ca. 10^{-3} und 10^{-6} (virtually safe dose) in den USA diskutiert [502]. Im amerikanischen Bundesstaat Kalifornien ist im Rahmen von Ausführungsbestimmungen zum Chemikalienrecht ein Risiko von 1 zusätzlichem Krebsfall unter 100 000 Menschen bei einer Expositionsdauer von 70 Jahren, also ein Individualrisiko von 10^{-5}, als Bezugsgröße gewählt worden [503]. Auch in Deutschland orientieren sich die gutachterlichen Bewertungen mehrheitlich auf einen Wert von 10^{-5}.

Kühling und Peters haben je nach Evidenz der vorliegenden Kenntnisse zum kanzerogenen Potential der Halogenkohlenwasserstoffe ein Individualrisiko von 10^{-5} oder 10^{-6} der Ableitung von Richtwerten zugrunde gelegt und gelangen damit zu folgenden Konzentrationswerten:

- Vinylchlorid: $0,01\ \mu g/m^3$ (Individualrisiko: 10^{-6}),
- Dichlormethan: $1\ \ \ \mu g/m^3$ (Individualrisiko: 10^{-5}),
- Tetrachlorethen: $0,5\ \ \mu g/m^3$ (Individualrisiko: 10^{-6}),
- Tetrachlormethan: $0,1\ \ \mu g/m^3$ (Individualrisiko: 10^{-6}),
- Trichlorethen: $<3\ \ \ \mu g/m^3$ (Individualrisiko: 10^{-5}).

Diese Werte lassen sich als Zielwerte für die Innenraumluftqualität und für den Immissionschutz verstehen. Sie liegen aber z.T. über der als ubiquitär anzusehenden Grundbelastung und sind daher in Innenräumen kaum zu garantieren.

Für praktische Maßnahmen zur Sicherung der Innenraumluftqualität im Hinblick auf flüchtige CKW wird daher eher ein verallgemeinerter Vorsorgewert von 0,1 mg/m³ als Orientierungsgröße dienen können. Sofern dieser Wert überschritten wird, ist mit hoher Sicherheit von internen Quellen in dem betroffenen Gebäude auszugehen und eine Reduzierung der Belastung anzustreben.

Die *Sanierung* solcher Räume und die Verringerung der Schadstoffkonzentrationen flüchtiger CKW in Innenräumen setzt voraus, daß die Quellen bekannt sind. Soweit erhöhte Belastungen von CKW-haltigen Produkten herrühren, kann praktisch in allen Fällen durch Verwendung CKW-freier Alternativen schnell und nachhaltig eine Verbesserung der Raumluftqualität herbeigeführt werden. Es gibt kaum mehr Anwendungsfälle, in denen der Einsatz von CKW zwingend erforderlich wäre.

Anders stellt sich die Situation dar, wenn die Belastung durch benachbarte Betriebe verursacht wird, die CKW in ihren Arbeitsprozessen einsetzen. Bei weitem die häufigsten Probleme sind in diesem Sinn durch den räumlichen Verbund von chemischen Reinigungen und Wohnräumen bzw. Geschäftsräumen, in denen Lebensmittel umgeschlagen oder verkauft werden, aufgetreten. In diesen Fällen muß die Sanierung in dem betreffenden Betrieb ansetzen. Ziel der Sanierung muß es sein, die Ausbreitung der Halogenkohlenwasserstoffe aus dem Arbeitsbereich, in dem sie eingesetzt werden, in die angrenzenden Räumlichkeiten zu verhindern. Dazu sind eine Reihe von Maßnahmen möglich:

- Maschinentechnische Maßnahmen im Betrieb, der Halogenkohlenwasserstoffe einsetzt; dazu sind zu rechnen
  • Bestimmung der Verdampfungsverluste (die z.B. bei modernen geschlossenen Anlagen in chemischen Reinigungen noch bei ca. 2 % liegen), Feststellung und Beseitigung von Leckagen,
  • Optimierung der Betriebsabläufe im Hinblick auf eine Minimierung der Löse- bzw. Reinigungsmittelverluste (z.B. durch Verkürzung von Arbeitsschritten, die mit der Freisetzung von Löse- und Reinigungsmitteln verbunden sind),

- Verbesserung der Lüftungssysteme und der Abluftführung z. B. durch automatische Absaugeinrichtungen an emissionsrelevanten Anlagenteilen und Reinigung der Abluft mit Filtersystemen (vorrangig kommen dazu Aktivkohlefilter zum Einsatz),
- Erhöhung des Luftwechsels und Ableiten der Luft über Dach;
- Prüfung des betroffenen Gebäudes auf zusätzlich vorhandene Quellen für Halogenkohlenwasserstoffe und Identifizierung von betrieblich verursachten Nebenquellen, das können z. B. zwischengelagerte Produkte, ausgebaute Anlagenteile oder das Abwasserbehandlungs- und -ableitungssystem sein;
- Bauliche Maßnahmen zur Abschottung des Betriebsbereichs gegenüber den sonstigen Gebäudeteilen, dazu gehören
  - das Verschließen von Undichtigkeiten und Luftübertragungswegen zu anderen Räumen (z. B. Risse, Rohrdurchführungen zwischen Geschossen und Einzelräumen, gemeinsam genutzte Zugangswege und Lüftungsschächte, Schornsteinanlagen),
  - Einbau von Diffusionssperren, z. B. durch Verkleiden der Betriebsräume mit gasdichten Abdeckmaterialien; dazu werden aluminiumbeschichtete oder -kaschierte Folien und Tapeten eingesetzt;
- Sanierung des Baukörpers und des Untergrunds (Grundwasser, Boden); dies kann erforderlich werden, wenn nach langjährigem Betrieb Decken, Wände und Fußböden mit Halogenkohlenwasserstoffen belastet sind. In solchen Fällen ist häufig auch eine Kontamination des Bodens und des Grundwassers unter dem betroffenen Betriebsbereich festzustellen. Halogenkohlenwasserstoffe durchdringen auch Betonbauteile und können bei Leckagen im Untergeschoß eines Gebäudes auch durch massive Bodenplatten austreten und andererseits aus kontaminierten Bodenbereichen auch wieder in ein Gebäude eindiffundieren. Derartige Altlasten unterliegen umweltschutzrechlichen Bestimmungen. Sie werden daher unabhängig von Innenraumluftproblemen zu behandeln sein. Vorgaben für die Sanierung von Boden- und Grundwasserkontaminationen werden von den zuständigen Umweltschutzbehörden formuliert.

Sinnvollerweise sollte darauf verzichtet werden, Betriebe, die auf den Einsatz von CKW nicht verzichten können, im räumlichen Verbund mit Wohnräumen und anderen Innenräumen mit sensibler Nutzung (z. B. Lagerung und Umschlag von Lebensmitteln) anzusiedeln.

Kaum eine Stoffgruppe kann ansonsten heute durch Nutzungsverzicht bzw. durch Produktumstellung so umfassend aus Innenräumen verbannt werden wie die leichtflüchtigen halogenierten Kohlenwasserstoffe.

3.1.8
Polychlorierte Aromatische Kohlenwasserstoffe: Polychlorierte Biphenyle (PCB), Polychlorierte Naphthaline (PCN), Polychlorierte Dibenzodioxine und -furane (PCDD/F) sowie ihre Verwandten, ubiquitäre chemische Altlasten

Seit nahezu 100 Jahren werden hochchlorierte aromatische Verbindungen in technischem Maßstab produziert. Als erste Stoffgruppe dürften die polychlorierten Naphthaline (PCN) eine breitere Anwendung gefunden haben. AYLSWORTH [504] hat sich zu Beginn des 20. Jahrhunderts den Einsatz von wachsartigen Produkten auf der Basis von PCN als Holzschutzmittel und zur Imprägnierung anderer Materialien in den USA patentieren lassen. Die bedeutendste Produktion an PCN wurde zunächst aber noch während des Ersten Weltkriegs in Deutschland aufgebaut. Das Produkt kam unter dem Handelsnamen Perna auf den Markt und fand anfangs insbesondere auch für die Imprägnierung von Papiereinlagen in Gasmasken Verwendung [505].

In vieler Hinsicht gibt es Parallelen zwischen der industriellen Geschichte der PCN und der der polychlorierten Biphenyle (PCB), da es sich um chemische Verbindungen mit sehr ähnlichen Materialeigenschaften und demzufolge auch mit ähnlichen Einsatzgebieten handelt. PCN und PCB werden durch direkte Chlorierung von Biphenyl bzw. Naphthalin mit Chlorgas unter Einsatz von Eisen oder Eisen(III)chlorid bzw. auch von Antimon(V)chlorid als Katalysator hergestellt. Je nach Reaktionsbedingungen bilden sich bei dieser Umsetzung Gemische von Verbindungen verschiedenen Chlorierungsgrads, die aufgereinigt und in verschiedene Fraktionen aufgetrennt werden. Technische Produkte, die stets Gemische eines bestimmten Spektrums von Isomeren sind, werden nach Siedebereich, Chlorgehalt und Viskosität charakterisiert. Die wichtigsten Marktprodukte waren bei den PCB das Clophen® (von Bayer) und Arochlor® (von Monsanto bzw. Mitsubishi-Monsanto-Chemical), bei den PCN dürften Halowax® (von Koppers/USA) und Nibren® (von Bayer) die bekanntesten Markenzeichen sein.

Zahl der Chloratome An Ring I	An Ring II				
	0	1	2	3	4
0	Naphthalin	2	4	2	1
1		6	12	8	2
2			13	12	4
3				6	2
4					1

Abb. 3.18. Naphthalin und seine Chlorderivate; Zahl der möglichen Isomere durch Besetzung verschiedener Ringpositionen mit Chloratomen

Für bestimmte Einsatzzwecke werden aber auch durch die Aufbereitung der Substanzgemische (relativ) reine Stoffe gewonnen. So ist im Holzschutz beispielsweise vorrangig Monochlornaphthalin zum Einsatz gekommen, das durch fraktionierte Destillation aus den Produktgemischen zu gewinnen ist [506]. Das Chlornaphthalin kann als Vorläufer des Pentachlorphenols im Holzschutz gelten (z. B. als Wirkstoff auch in Xylamon® eingesetzt). Durch Zusatz von Chlornaphthalin lassen sich aber auch andere Eigenschaften von Schutzanstrichen, wie etwa die Ultraviolettbeständigkeit, verbessern [18].

Theoretisch lassen sich 75 verschiedene Chlorderivate von Naphthalin herstellen, wie aus Abb. 3.18 ersichtlich.

Die industrielle Geschichte der PCB war kürzer, aber auch heftiger als die der PCN: Sie wurden seit 1864 im Labormaßstab synthetisiert und ab 1929 – in zunächst geringem Umfang – industriell hergestellt. Gegen Ende der 50er Jahre stieg die weltweite Produktion drastisch an, fiel aber nach Bekanntwerden ihrer toxischen Eigenschaften seit Mitte der 70er Jahre ebenso drastisch wieder ab, während chlorierte Naphthaline auch heute noch – wenn auch in relativ geringen Mengen – hergestellt und eingesetzt werden.

Da die Stammverbindung der PCB, das Biphenyl, an jedem Ring über 5 mit Chloratomen besetzbare Ringpositionen verfügt, ist die Zahl der möglichen Isomere noch erheblich größer als bei den PCN, und es lassen sich theoretisch 209 verschiedene Einzelverbindungen herstellen (Abb. 3.19).

PCN und PCB sind sehr stabile, gegen chemische und physikalische Einflüsse resistente Verbindungen. Sie kamen in einer Fülle von Pro-

Zahl der Chloratome an beiden Ringen	0		1	2	3	4	5	6	7	8	9	10
Zahl der möglichen Isomeren		Biphenyl	3	12	24	42	46	42	24	12	3	1

Abb. 3.19. Biphenyl und seine Chlorderivate; Zahl der möglichen Isomere durch Besetzung verschiedener Ringpositionen mit Chloratomen

dukten zum Einsatz, wobei allerdings die Herstellung von PCB gegenüber PCN weitaus bedeutender war. Die Produktion und die technische Verwendung von PCN soll in etwa 10 % der Menge bei PCB betragen haben. Zu den besonderen stofflichen Eigenschaften dieser Verbindungen zählen:

- ihre hohe thermische Stabilität,
- die chemische Resistenz auch gegenüber Säure- und Alkalibehandlung,
- ihre minimale Wasserlöslichkeit,
- ihre hohe Dielektrizitätskonstante und ihr hoher spezifischer Widerstand,
- ihre hohe Viskosität,
- ihr niedriger Dampfdruck.

Diese Kombination von Eigenschaften erwies sich insbesondere als außerordentlich vorteilhaft für den Einsatz des PCB als Isolier- und Kühlflüssigkeit in Transformatoren, als Dielektrikum in Kondensatoren, als Weichmacher für Kunststoffe, Dichtungsmassen, Harze und Lacke. Zahlreiche dieser technischen Produkte können auch zu *Quellen* der Luftbelastung mit PCN und PCB in Innenräumen werden. Über die Fülle der Anwendungsfälle gibt Tabelle 3.24 Auskunft [507].

Neben der Freisetzung aus technischen Produkten trägt auch die Bildung von PCB und PCN in thermischen Prozesen und ihr Austrag mit der Abluft in die Umwelt zu einer weiträumigen Immissionsgrundbelastung bei. Vorrangig geht es dabei um Kfz-Abgase [519], Emissionen aus Müllverbrennungsanlagen [520], die Schrottverwertung und um Metallschmelzen sowie andere großtechnische thermische Prozesse. Über den Luftaustausch von Innenräumen mit der Umgebung wird diese Immissionsgrundbelastung auch in Innenräumen wirksam. Berichtet wird über Konzentrationswerte im Bereich zwischen 0,1 und ca. 50 ng/m³ in der Umgebungsluft [521, 522]. Im Zuge eines Immissionsmeßprogramms sind in Nürnberg 1993/94 weiträumig Monatsmittelwerte bis zu 0,2 ng/m³ festgestellt worden und diese Resultate können – auch beim Vergleich mit neueren Meßwerten von anderen Standorten – als repräsentativ für Regionen ohne spezifische PCB-Quellen gelten. Es ist davon auszugehen, daß Immissionsschutzmaßnahmen, die in den letzten Jahren durchgesetzt wurden, um die Allgemeinbelastung mit hochchlorierten Aromatischen Kohlenwasserstoffen (insbesondere aber von PCDD/F) zu senken, auch sehr wirksam zu einer Senkung der diffusen Allgemeinbelastung durch PCB beigetragen haben (z.B. der Verzicht auf chlorierte Scavenger-Verbindungen in Treibstoffen, die Emissionsminderungsmaßnahmen bei Müllverbrennungsanlagen nach der 23. Bundesimmissionsschutzverordnung), so daß generell von flächenhaften Immissionsbelastungen mit PCB unterhalb 1 ng/m³ ausgegangen werden kann, während in der Innenraumluft bei Vorhandensein von offenen PCB-Quellen bzw. bei Leckagen von geschlossenen Systemen wesentlich höhere Konzentrationen auftreten können.

Heute müssen Kontaminationsfälle durch PCB und PCN als chemische Altlastenprobleme gesehen werden, wobei allerdings Monochlornaphthalin bis in die Mitte der 80er Jahre noch eine gewisse Rolle als Holzschutzmittel spielte. In der Positivliste der bei sachgemäßer Anwendung gesundheitlich unbedenklichen Wirkstoffe in Holzschutzmitteln erscheint Chlornaphthalin heute nicht mehr.

Die offene Anwendung von PCB wurde in der Bundesrepublik im Jahre 1978 mit der 10. Bundesimmissionsschutzverordnung [523] weitgehend verboten, im Jahre 1989 folgte dann auch ein Verbot des Einsatzes in geschlossenen Systemen [524]. Zwischen 1965 und 1975 wurde sowohl in der Bundesrepublik als auch weltweit die größte Menge an PCB verbraucht. Auf diese Zeit lassen sich auch die meisten Innenraumluftkontaminationen durch PCB und PCN zurückführen.

Nach den Erhebungen des deutschen Städtetags, dessen Umweltausschuß Unterlagen über PCB-Untersuchungsprogramme aus zahlreichen deutschen Städten auswertete [525], haben vorrangig die folgenden Primärquellen erhöhte PCB-Belastungen der Innenraumluft verursacht:

- Kondensatoren in Leuchtstofflampen,
- Fugendichtmassen,
- Deckenplatten,

Tabelle 3.24. Anwendungen von polychlorierten Biphenylen (PCB) und polychlorierten Naphthalinen (PCN) im Bereich von Technik und Bauwesen

Anwendungsfall	Eingesetzte Produkte	Erläuterung von Art und Bedeutung des Einsatzgebiets	Bedeutung für die Luftbelastung in Innenräumen
Elektrobauteile – Kondensatoren (Einsatz als Zusatzdielektrikum) – Transformatoren und Gleichrichter (Einsatz als Isolier- und Kühlflüssigkeit) – Leuchtstoffröhren	PCB, PCN	Weit mehr als die Hälfte der PCB-Produktion und bedeutende Teile der PCN-Produktion wurden in elektrischen Bauteilen verwendet – im Grundsatz handelt es sich dabei um den Einsatz in geschlossenen Systemen [508][a]	Freisetzung von PCB und PCN aus defekten Bauteilen kann zu hohen Konzentrationen in der Innenraumluft führen [509–511]
Hydrauliköl	PCB	Wichtiges Einsatzgebiet, dabei handelt es sich um geschlossene Systeme	Keine Einsatzfälle mit Auswirkungen auf die Innenraumluft beschrieben
Weichmacher für Lacke und Harze, Zusatz in Anstrichmitteln	PCB, PCN	Einsatz in Öl- und Emulsionsfarben, Polyurethan- und Chlorkautschukanstrichen sowie weiteren Anstrichen und Überzügen	Anstriche mit stark PCB-haltigen Farben (z. B. Chlorkautschukanstriche) können zu erheblichen Schadstoffbelastungen führen
Weichmacher für Kunststoffe	PCB, PCN	Bedeutendes Einsatzgebiet für PCB	Keine spezifischen Innenraumkontaminationen durch PCB-haltige Kunststoffe dokumentiert; möglicherweise ist ein Beitrag in der PCB-Hintergrundbelastung enthalten
Schmiermittel	PCB, PCN	Offene Verwendung in Getriebeölen, Bohrölen, Hochdruckpumpenölen, Schraubenfetten, Immersionsflüssigkeiten	Diese Einsatzfälle führten u. U. zu Luftbelastungen an Arbeitsplätzen; Probleme in Innenräumen sind nicht dokumentiert [152][b]

Imprägnier- und Flammschutz-mittel	PCB, PCN	Mengenmäßig wenig bedeutender Anwendungsfall	Innenraumluftbelastungen durch diesen Anwendungsfall möglich
Papierbeschichtungsmittel	PCB	Bedeutende Anwendung in kohlefreiem Durchschlagspapier; über diesen Einsatz wurden große Mengen PCB in das Papierrecycling eingeschleppt [513, 514]	Bei Lagerung großer Mengen an PCB-behandeltem Papier kann es zu hohen Belastungen der Innenraumluft kommen
Klebstoffe	PCB	Wenig bedeutsames Einsatzgebiet	Keine Auswirkungen auf Innenraum-luftbelastung dokumentiert
Zusatz in Kitten, Spachtel- und Vergußmassen sowie dauer-elastischen Dichtungsmassen	PCB	Breite Verwendung in Dichtungs-massen	Dauerelastische Dichtungsmassen stellen eine bedeutende Quelle für PCB-Belastungen der Innenraumluft dar [515 – 516]
Zusatz zu Insektiziden, Einsatz als Holzschutzmittel	PCB, PCN	PCB wurde vorrangig als Formulierungshilfsmittel eingesetzt, chlorierte Naphthaline als Fungizid und Holzschutzmittel [517] [c]	Kritische Innenraumbelastungen können durch den Einsatz von PCN als Holzschutzmittel verursacht werden [518]

[a] Dabei ist auch an Elektrohaushaltsgeräte zu denken. So stellte sich bei einer 1992 von den Berliner Stadtreinigungsbetrieben (BSR) durchgeführten Erhebung heraus, daß die in der DDR hergestellten Haushaltsgroßgeräte, insbesondere Waschmaschinen, zu einem ganz hohen Anteil mit PCB-haltigen Kondensatoren ausgestattet sind. Wegen der langen Lebensdauer solcher Geräte werden somit potentielle PCB-Quellen noch viele Jahre in den betreffenden Haushalten vorhanden sein [508].

[b] OATMAN und ROY [512] beschreiben einen PCB-Kontaminationsfall durch den Einsatz von PCB-haltigen Immersionsflüssigkeiten in der Mikroskopie; dabei handelt es sich allerdings nach der Funktion der betroffenen Räumlichkeiten um eine Arbeitsplatzsituation.

[c] In der vom Bundesgesundheitsamt im Jahr 1986 veröffentlichten Positivliste von Holzschutzmitteln wurden Präparate mit einem Gehalt von bis zu 10 % Monochlornaphthalin (Chlornaphthaline) für bestimmte Einsatzzwecke empfohlen.

Tabelle 3.25. Zusammensetzung einer PCB-haltigen dauerelastischen Dichtungsmasse

Komponente der Rezeptur	eingesetzte Menge in Gew.-Teilen
Thiokol	100
PCB (Aroclor,Clophen)	35
Füllstoffe	67
Haftmittelzusatz	5
Schwefel	0,1
Stearinsäure	1
Härtepasten	1,5

- Flammschutz- und Imprägniermittel,
- Wand- bzw. Deckenanstriche und Oberflächen-Beschichtungen,
- Kunststoffe,
- Kabelummantelungen.

Als besonders problematisch erwiesen sich dabei Kontaminationen durch den Einsatz dauerelastischer Fugendichtungsmassen, die etwa 5–45 Gewichts% PCB enthalten können [526]. In Tabelle 3.25 ist eine Richtrezeptur für ein solches Produkt, eine Polysulfid-Kautschuk-Dichtung (Thiokol), dokumentiert.

An die 20 000 t solcher Dichtungsmassen sind in Deutschland verbaut worden, und zwar (nach OCKELMANN [526]) in:

- Dehnungsfugen zwischen Gebäudeabschnitten,
- Fugen zwischen Betonfertigbauteilen,
- Glasanschlußfugen im Fensterbereich,
- Anschlußfugen zwischen Boden und Wand,
- Dehnungsfugen in Fußböden,
- Anschlußfugen zwischen Treppen und Wand,
- Fugen um Türzargen,
- (in seltenen Fällen) Fugen im Sanitärbereich.

Die Sanierung solcher Kontaminationsfälle kann mit einem beträchtlichen Aufwand [527] verbunden sein. Die vollständige Entfernung oder die dauerhaft sichere Einkapselung können technisch schwierig durchzuführen und sehr arbeitsaufwendig sein. Auch ist bei der Bewertung der Kontaminationssituation zu beachten, daß die langjährige Emission von PCB – und gleiches gilt im Grundsatz auch für die offene Anwendung von PCN – zum Aufbau von Sekundärquellen führt. Insbesondere die adsorp-

Tabelle 3.26. Dibenzodioxin und Dibenzofuran und ihre isomeren und homologen Chlorderivate

Chloratome im Molekül	Homologe	Anzahl der isomeren	
		Dioxine	Furane
1	Monochlor – DD/F	2	4
2	Dichlor – DD/F	10	16
3	Trichlor – DD/F	14	28
4	Tetrachlor – DD/F	22	38
5	Pentachlor – DD/F	14	28
6	Hexachlor – DD/F	10	16
7	Heptachlor – DD/F	2	4
8	Octachlor – DD/F	1	1
Summe der	PCDD/F	75	135

tiv an textilen Materialien, an Decken, Wänden und Ausstattungsgegenständen gebundenen PCB (bzw. PCN) können erheblich zur Belastung von Innenräumen beitragen. Im oberflächennahen Bereich können Sekundärquellen PCB-Konzentrationen im ppm-Bereich aufweisen.

Als dritte Stoffgruppe sind die polychlorierten Dibenzodioxine und -furane (PCDD/F) etwas eingehender in ihrer Bedeutung für die Luftqualität von Innenräumen darzustellen (s. Tabelle 3.26).

Diese Verbindungen unterscheiden sich zwar grundlegend von den PCB und den PCN, insofern sie nie gezielt für den Einsatz in technischen Prozessen oder Produkten hergestellt wurden, sondern stets nur als unerwünschte Nebenprodukte bei thermischen Prozessen und bei bestimmten chemischen Umsetzungen auftreten. Sie sind aber unter toxikologischen Aspekten und im Hinblick auf ihre chemische Struktur und ihr Reaktionsverhalten eng mit den PCB und den PCN verwandt.

PCDD/F, PCB und PCN bilden eine Gruppe von Verbindungen, die durch ein einheitliches toxikologisches Bewertungsschema [528] immer in einen engen Zusammenhang gebracht werden, zumal die PCDD/F auch im Herstellungsprozeß der PCB und PCN in Spuren entstehen. Als ein unerwünschtes Nebenprodukt vieler Chlorierungsreaktionen und einer Fülle von thermischen Prozessen werden sie gebildet und gelangen so auch als Spurenbestandteil in technischen Produkten in die Umwelt – neben den PCB und PCN ist auch an chlorierte Benzole und Phenole zu denken.

In bestimmten Farbstoffen, in Papierprodukten und anderen Gegenständen des täglichen Bedarfs können produktionsbedingt PCDD/F auftreten und mit solchen Produkten in die Umwelt und in Innenräume eingetragen werden. Darüber hinaus spielen viele Verbrennungsprozesse – wie die Müllverbrennung, die Verbrennung von Treibstoffen in Motoren, das Erschmelzen von Metallen – eine bedeutsame Rolle für die Freisetzung von PCDD/F und ihr ubiquitäres Auftreten.

Dioxin ist seit dem Unfall im italienischen Seveso, bei dem es am 10. Juli 1976 in der Kesselanlage der Trichlorphenolproduktion der Chemiefabrik ICMESA zu einer Explosion und zur Freisetzung beträchtlicher Mengen von 2,3,7,8-Tetrachlor-dibenzo-p-dioxin kam [529, 530], weltweit zu einem Symbolbegriff für „die tödlichen Risiken der Chemie" [531] geworden (auch wenn es bereits vorher eine Reihe von Unglücksfällen mit Dioxinfreisetzungen gegeben hatte). Das ausgetragene Material ging auf die Böden im Umfeld der Anlage nieder. Großflächig wurden Bodenkontaminationen von einigen µg/kg gefunden. Unter den Kindern, die in der betroffenen Region lebten, wurden ca. 200 Chloraknefälle festgestellt und noch heute laufen in der Region epidemiologische Untersuchungsprogramme, um die langfristigen Folgen des Unfalls festzustellen. Dioxin wird seither als Ultragift bezeichnet und gefürchtet. Seine inzwischen erkannte Allgegenwart hat diese Verbindung und ihre vielen Verwandten nur noch bedrohlicher erscheinen lassen. Wenn PCDD/F in Innenräumen gefunden werden, dann ist – unter dem Druck der damit ausgelösten Ängste – eine nüchterne Untersuchung und Lösung der Problematik häufig sehr schwierig.

Die bisher beschriebenen Fälle einer Kontamination von Innenräumen mit PCDD/F sind im Zusammenhang mit dem Einsatz von Holzschutzmitteln, wie Pentachlorphenol und Lindan, zu sehen, die aufgrund des Herstellungsprozesses in Spuren mit PCDD/F verunreinigt sind [532]. Der zweite Problemkomplex, der mit dem Eintrag von PCDD/F in Innenräume verbunden ist, sind Haus- und Wohnungsbrände oder auch nur Brände von Ausstattungsgegenständen, die Materialien enthalten, aus denen unter dem Einfluß erhöhter Temperaturen PCDD/F gebildet werden können [533]. Neben der Gefährdung von Feuerwehrleuten und anderen bei der Brandbekämpfung Beteiligten ist in diesem Zusammenhang auch an die Kontamination der in den Räumlichkeiten verbleibenden Gegenstände durch die adsorbierten oder mit dem Staub abgelagerten PCDD/F zu denken. Als die wichtigsten Ausgangsprodukte für die Bildung von PCDD/F bei Bränden müssen Materialien aus PVC gelten sowie Kunststoffe, die mit polybromierten Diphenylethern (PBDPE) als Flammschutz ausgerüstet sind.

Die meisten Erhebungen zur Belastung von Inneräumen mit polychlorierten aromatischen Kohlenwasserstoffen liegen für die PCB vor, nicht zuletzt, weil diese in den größten Mengen produziert und in die Umwelt eingetragen wurden.

Wesentlich weniger Informationen liegen über die Belastung mit Chlornaphthalinen vor. Die umfangreichsten Erfahrungen dazu wurden in Hamburg gesammelt, wo mehr als 20 in Leichtbauweise errichtete Holzkonstruktionen, die mit Chlornaphthalin imprägniert waren, Gegenstand umfangreicher Untersuchungen waren. Dabei ist auch ein breites Spektrum an Fragen zur Sicherung, zur Sanierung und zum Abriß und der Entsorgung solcher Gebäude behandelt worden.

Über PCDD/F in Innenräumen liegen inzwischen ebenfalls einige Erfahrungen vor.

In den Tabellen 3.27–3.29 sind *typische Konzentrationen* von PCB, PCN und PCDD/F aus Untersuchungen von Innenräumen und von Messungen in der Außenluft zusammengetragen.

Diese Daten repräsentieren das üblicherweise zu findende Spektrum an Konzentrationen. Beim Vergleich der Daten ist zu beachten, daß die analytische Vorgehensweise und insbesondere auch die Ermittlung der Gesamtbelastung mit PCB auf sehr unterschiedlichen Wegen erfolgen können, was die Vergleichbarkeit der Daten einschränkt.

Informationen über PCN in der Innenraumluft sind vergleichsweise rar (Tabelle 3.28) und leiden auch darunter, daß es keine standardisierten analytischen Verfahren gibt. Je nach Quelle bzw. Produkt, das die Belastung verursacht, sind auch Verbindungen verschiedenen Chlorierungsgrads von Belang. Aktuelle Daten zur Belastung der Umgebungsluft mit PCN liegen nicht vor.

Der Vergleich von Meßwerten aus verschiedenen Untersuchungsprogrammen stellt sich bei den PCDD/F noch etwas schwieriger dar als bei den PCB und den PCN, da zum einen die analytische Vorgehensweise sehr unterschiedlich sein kann, zum anderen aber auch die Analysendaten rechnerisch verschieden umgesetzt werden können. Es hat sich heute durchgesetzt, die gemessenen Konzentrationen in Toxizitätsäquivalente (TE) umzurechnen. Dabei sind in der Vergangenheit verschiedene Umrechnungsmodelle herangezogen worden, so daß die Ergebnisse nicht immer kompatibel sind. Erst seit wenigen Jahren hat

Tabelle 3.27. Typische PCB-Konzentrationen in der Innenraum- und der Umgebungsluft [534]

Charakterisierung des Untersuchungorts	Ergebnisse [$\mu g/m^3$] Mittelwert oder Bereich der Meßwerte (Zahl der Messungen in Klammern)	Vorgehen bei Probenahme und Analytik	Emissionsquelle
Lagerplatz für Büromaterial [535]	Bis zu 70,0 ?	In der zitierten Arbeit nicht spezifiert	Kohlefreies Kopierpapier
Private Wohnung	0,310 (39)	PUR-Schaum[a]/ GC-ECD[b, d]	Nicht spezifiziert
Außenluft/Wohngebiet	0,004		
Industrie-Büro	0,100	id.	id.
Industrie-Labor	0,210	id.	id.
Außenluft/ Industrieareal	0,020	id.	id.
Kontaminierter Raum [536]	11,600	id.	Defekte Leuchtstoffröhre
Bürogebäude [510]	n.d. – 0,07 (20)	Florisil/GC-ECD[e]	Defekte Leuchtstoffröhre, Sekundärquellen (?)
Schulgebäude, natürliche Belüftung	0,082 – 2,069 (41)	Glasfaserfilter und PUR-Schaum/GC-ECD[f]	Elastische Dichtungsmassen
Schulgebäude, mechanisch belüfteter	0,037 – 0,640	id.	id.
Bereich Schulgebäude, während der Sanierungsarbeiten [515]	bis zu 12359	id.	id.
Bürogebäude (aus Betonfertigteilen) [516]	n.d. – 1,251 (45)	Florisil/Glaswolle / GC-ECD[g]	Thiokoldichtungsmasse Sekundärquelle
Verschiedene Innenraumluft-Situationen [537]	< 0,06 – > 3,0 (500)	Wird in der zitierten Literatur nicht näher spezifiziert	Elastische Dichtungsmasse
Tranformatoren-/ Kondensatoren Raum [537]	0,205 (1)	GC-ECD[f]	Undichter Kondensator

Tabelle 3.27 (Fortsetzung)

Charakterisierung des Untersuchungorts	Ergebnisse [µg/m³] Mittelwert oder Bereich der Meßwerte (Zahl der Messungen in Klammern)	Vorgehen bei Probenahme und Analytik	Emissionsquelle
Außenluft/Mittelwert für 4 europäische Städte [538]	0,0002–0,004 (96)	Glasfaserfilter/ PUR Schaum GC-ECD und GC-MSD [c,h]	Nicht spezifiziert
Schulgebäude/ Eingangshalle Außenluft [522]	1,974 (25) 0,047 (25)	Verschiedene Arbeitstechniken id.	Elastische Dichtungsmassen
Technisches Gebäude/ Labor [540]	< 0,0005–1,125 (17)	Glasfaserfilter/ Florisil; GC-ECD [f]	Wandfarben/ Latexfarben

[a] PUR — Polyurethan.
[b] GC-ECD — Gaschromatograph mit Elektroneneinfangdetektor.
[c] GC-MSD — Gaschromatograph mit massenselektivem Detektor. Methoden zur Ermittlung der Summe der PCB:
[d] „According to EPA Report No. 600/4-79-022".
[e] NIOSH 5503: „sum the area for five or more selected peaks".
[f] die Summe der Konzentrationen der Kongenere PCB-28, PCB-52, PCB-101, PCB-138, PCB-153, PCB-180 wird mit 5 multipliziert.
[g] die Summe der Konzentrationen der Kongenere PCB-28, PCB-52, PCB-101, PCB-138 wird mit 6 multipliziert.
[h] die Summe der Konzentrationen der Kongenere PCB-28, PCB-52, PCB-77, PCB 101, PCB-118, PCB-153, PCB-138, PCB 180.

sich ein einheitliches Schema durchgesetzt. Die damit errechneten Werte werden als internationale Toxizitätsäquivalente (ITE) bezeichnet.

Der hohe Stellenwert, der heute in der öffentlichen Debatte über Schadstoffe den chlororganischen Verbindungen eingeräumt wird, hat seine Ursache ganz wesentlich in der toxikologischen Bewertung der PCDD/F, die das Bezugssystem darstellen.

Alle 3 hier zusammenfassend dargestellten Verbindungsgruppen weisen sehr ähnliche toxikologische Merkmale auf. Die einzelnen Verbin-

Tabelle 3.28. Typische PCN-Konzentrationen in der Innenraumluft

Charakterisierung des Untersuchungorts	Ergebnisse [µg/m³] Mittelwert oder Bereich der Meßwerte (Zahl der Messungen in Klammern)	Vorgehen bei Probenahme und Analytik	Emissionsquelle
Schleswig-Holstein Schulen Kindergarten [518]	2,1–45,5 (9) 5,8 (1)	Aktivkohle/ eluiert mit CS2, GC-FID und GC-MSD	Spanplatten (aus den 70er Jahren), die mit Chlornaphthalin behandelt worden waren
Hansestadt Hamburg, Schule [144]	14,44–30,54 (4)	Keine näheren Angaben in der zitierten Literatur	Holz- und Isolierungsmaterial in Schulpavillons
Nürnberg, Schule [541]	n.n.–27,9 (40) (in den Kassetten der Fehlbodendecken des Gebäudes wurden in den Bereichen, in denen PCN-behandelte Holzbauteile eingebaut worden waren, auch höhere Konzentrationen gefunden)	Aktivkohle eluiert mit CS_2, GC-MSD	Holzbauteile, die bei der Beseitigung von Gebäudeschäden ersetzt und mit PCN behandelt worden waren; nur Teile des Gebäudes erwiesen sich als kontaminiert

dungen unterscheiden sich in ihrer Toxizität jedoch erheblich, so daß ihre Risikopotentiale um Größenordnungen voneinander abweichen können.

Bei der Frage nach den *Wirkungen* dieser Stoffe in Innenräumen liegt das Risiko kaum je im Bereich akuter toxischer oder unmittelbar belästigender Wirkungen, sondern es geht zumeist darum, aus Vorsorgegründen Langzeitwirkungen dieser Substanzen sicher auszuschließen. Die Empfehlungen für Richtwerte orientieren sich dabei an den Grundsätzen des vorbeugenden Gesundheitsschutzes.

Eine gewisse Ausnahme ist bei den Chlornaphthalinen zu sehen, da diese bei recht niedrigen Konzentrationen im Bereich von einigen $\mu g/m^3$ schon deutlich zu riechen sind und auf diese Weise zumindest belästigend, aber auch gesundheitlich beeinträchtigend wirken können (Kopfschmerzen, Unwohlsein u. ä.).

PCB und PCDD/F sind in den Konzentrationen, die in Innenräumen auftreten können, geruchlich nicht wahrzunehmen.

Die toxischen Eigenschaften der PCN, PCB und PCDD/F sind zu differenzieren nach dem Verhalten der Homologen und Isomeren, die in ihrer chemischen Struktur und damit auch in ihrer Toxizität Analogien zum 2,3,7,8-Tetrachlor-dibenzodioxin (2,3,7,8-TCDD), dem „Seveso-Dioxin", aufweisen und nach den Homologe und Isomere, die aufgrund ihrer strukturellen Merkmale nicht die typischen Dioxinwirkungen zeigen. Folgende Kriterien werden für diese Differenzierung herangezogen [548]:

- die strukturelle Ähnlichkeit mit den PCDD/F,
- die Fähigkeit, eine Bindung mit dem Ah-Rezeptor einzugehen,
- die Fähigkeit Dioxin-spezifische biochemische und toxische Reaktionen auszulösen,
- eine hohe Persistenz und die Akkumulation in der Nahrungskette.

Es hat sich inzwischen durchgesetzt, die Verbindungen, die diesen Kriterien entsprechen, mit biochemischen Testsystemen zu prüfen und ihre dabei zu beobachtenden und zu messenden toxischen Eigenschaften auf die des 2,3,7,8-TCDD zu beziehen. Auf diese Weise lassen sich Toxizitätsäquivalenzfaktoren (Toxic equivalency factors/TEF) für Dioxine und Furane bestimmen.

Auch wenn dieses Konzept in der Toxikologie nicht unumstritten ist [549], so hat es sich doch international durchgesetzt und ist inzwischen auch in einer Reihe von gesetzlichen Regelwerken für die Risikobewertung von Materialien, die PCDD/F enthalten, verankert worden (so in

Tabelle 3.29. Typische PCDD/F-Konzentrationen in der Innenraum- und der Umgebungsluft, ausgedrückt in Toxizitätsäquivalenten (ITE)

Characterisierung des Untersuchungorts	Ergebnisse [µg ITE/m³] Mittelwert oder Bereich der Meßwerte (Zahl der Messungen in Klammern)	Vorgehen bei Probenahme und Analytik	Emissionsquelle
Hamburg [542] Außenluft 1985–1989:			
– Innenstadt	0,1–0,3	In der zitierten	
– Innenstadt-fern	bis zu 0,05	Literatur nicht	
Außenluft 1990		dargestellt	
– städtischer Bereich	0,08–0,15 2,3,7,8-TCDD: < 16 fg/m³		
Außenluft „neuere Messungen“, Hamburg			
– Billesiedlung	0,022–0,067		
Kindergärten	0,018–2,46	Glasfaserfilter/ PUR-Schaum GC-MSD	Holzschutzmittel (PCP, Lindan)
Außenluft [543]	0,045–1,102		
Kindergärten	0,1–1,7		
Außenluft [544]	0,1–0,2		

Hessen, Außenluft (Jahresmittelwerte von 6 Meßstellen) [545]	0,064–0,175	Glasfaserfilter/PUR- Schaum, GC-MSD	
Messungen an Arbeitsplätzen – In einer Müllverbren- nungsanlage,	0,1–90,7 (4)	Mikrofaserglasfilter/ Silika Gel GC-MSD	Betriebsbedingte Freisetzung aus kontaminierten
– In einer Altmetallauf- bereitungsanlage	0,1–6,2 (4)		Materialien oder durch prozeßbedingte
– In einer Papierfabrik Außenluft/Wohngebiet [546]	0,01–0,06 (5) 0,1 (1)		Bildungsreaktionen
Außenluft (Mittelwerte aus 4 Städten (London, Manchester, Cardiff, Stevenage) [547]	0,17 (n.n. – 1,8)	Glasfaserfilter/ PUR-Schaum, GC-MSD	Alle Standorte sind als städtisch-industrielle Ballungsgebiete zu bezeichnen

Deutschland in der Gefahrstoffverordnung und in der Klärschlamm-verordnung).

Nach den benannten Kriterien sind inzwischen auch 13 PCBs (von insgesamt 209) und 6 PCNs (von insgesamt 75) als Dioxin-analoge Verbindungen toxikologisch eingeordnet worden. Allerdings ist bisher die Bewertung Dioxin-analoger PCB und PCN in Deutschland noch nicht offiziell in solche Regelwerke übernommen worden. In einem gemeinsamen Bericht haben Bundesgesundheitsamt und Umweltbundesamt nach einer fachöffentlichen Anhörung im November 1992 ausdrücklich von einer solchen Einordnung von PCB abgeraten [550]. Nachdem aber inzwischen in der internationalen Debatte die Einbeziehung der PCB in die Bewertung nach 2,3,7,8-TCDD-bezogenen Toxizitätsäquivalenten zunehmend Bestätigung findet [551], ist davon auszugehen, daß sich dieses Konzept durchsetzen wird. Hilfsweise werden die in der Fachliteratur dokumentierten TEF-Werte auch heute schon zur Bewertung herangezogen.

Die bisher definierten internationalen Toxizitätsäquivalente (ITE) (die Bezeichnung der PCB folgt der von Ballschmiter et al. [552] entwickelten Systematik) sind in den Tabellen 3.30 und 3.32 zusammengefaßt.

Die als Dioxinanaloge zu bezeichnenden PCB ähneln der Bezugsverbindung 2,3,7,8-TCDD hinsichtlich der Stellung ihrer Chlorsubstituenten und hinsichtlich der sterischen Verhältnisse. Es handelt sich dabei um koplanare und orthogonale Verbindungen.

Die *Bewertung* von Innenraumbelastungen mit PCN, PCB und PCDD/F kann wegen der relativ geringen Flüchtigkeit und der potentiellen Wirksamkeit über den Hautkontakt [553] nicht nur anhand der Konzentration in der Luft erfolgen, sondern muß stärker als bei anderen Innenraumluftschadstoffen auch Maßstäbe für die Einschätzung der oberflächlichen Kontamination von Materialien entwickeln. Nicht zuletzt sind Sanierungsziele häufig nur im Hinblick auf die Dekontamination der Oberflächen zu definieren (das gilt etwa für Kontaminationen aufgrund von Bränden). Dazu werden Wischproben genommen, mit denen das direkt auf einer Oberfläche locker anhaftende und adsorbierte Material erfaßt wird. Insbesondere aus der Untersuchung von Brandfolgeschäden haben sich Erfahrungen über Kontaminationsniveaus und -risiken gewinnen lassen.

Weiterhin kann aus der Untersuchung von Materialproben, die weniger Aufwand bei Probenahme und Analytik verursachen als Luftproben, auf die Belastung der Innenraumluft geschlossen werden. Für PCB und PCDD/F sind Leitwerte für den Gehalt in Materialien definiert

Tabelle 3.30. Zusammenstellung der internationalen Toxizitätsäquivalente (ITE) für PCDD/F

Kurzbezeichnung der Substanz bzw. Substanzgruppe	Toxizitätsäquivalente
Dioxine	
– 2,3,7,8-TetraCDD	1,0
– 1,2,3,7,8-PentaCDD	0,5
– 1,2,3,4,7,8-HexaCDD	0,1
– 1,2,3,6,7,8-HexaCDD	0,1
– 1,2,3,7,8,9-HexaCDD	0,1
– 1,2,3,4,6,7,8-HeptaCDD	0,01
– OctaCDD	0,001
– Summe der TetraCDD	0
– Summe der PentaCDD	0
– Summe der HexaCDD	0
– Summe der HeptaCDD	0
Furane	
– 2,3,7,8-TetraCDF	0,1
– 1,2,3,7,8-PentaCDF	0,05
– 2,3,4,7,8-PentaCDF	0,5
– 1,2,3,4,7,8-HexaCDF	0,1
– 1,2,3,6,7,8-HexaCDF	0,1
– 1,2,3,7,8,9-HexaCDF	0,1
– 2,3,4,6,7,8-HexaCDF	0,1
– 1,2,3,4,6,7,8-HeptaCDF	0,01
– 1,2,3,4,7,8,9-HeptaCDF	0,01
– OctaCDF	0,001
– Summe der TetraCDF	0
– Summe der PentaCDF	0
– Summe der HexaCDF	0
– Summe der HeptaCDF	0

worden, bei deren Unterschreiten sichergestellt ist, daß die unter toxikologischen Gesichtspunkten abgeleiteten Raumluftrichtwerte eingehalten werden.

Ein Schema, nach dem die Ableitung von Richtwerten erfolgt, ist für PCB in Anlehnung an eine Darstellung von ROSSKAMP [554] in Abb. 3.20 wiedergegeben.

Für den Fall einer Schule, in der PCB-Konzentrationen um 3800 ng/m³ (die publizierte Konzentrationsangabe von 3800 µg/m³ muß als druckfehlerhaltig gesehen werden) gemessen worden waren, hat RÜDIGER [555] eine Risikoabschätzung vorgenommen. Die

Tabelle 3.31. Vorgeschlagene Toxizitätsäquivalente für PCB und PCN [528, 548]

Kurzbezeichnung der Substanz bzw. Substanzgruppe	Chemische Formel	Toxizitäts-äquivalente
Polychlorierte Biphenyle (Kurzbezeichnung nach Ballschmiter [552])		
Nicht-ortho-substituierte PCB		
– 77	3,3',4,4'-TCB	0,0005
– 126	3,3',4,4',5-PeCB	0,1
– 169	3,3',4,4',5,5'-HxCB	0,01
Monoortho-substituierte PCB		
– 105	2,3,3',4,4'-PeCB	0,0001
– 114	2,3,4,4',5-PeCB	0,0005
– 118	2,3',4,4',5-PeCB	0,0001
– 123	2',3,4,4',5-PeCB	0,0001
– 156	2,3,3',4,4',5-HxCB	0,0005
– 157	2,3,3',4,4',5'-HxCB	0,0005
– 167	2,3',4,4',5,5'-HxCB	0,00001
– 189	2,3,3',4,4',5,5'-HpCB	0,0001
Diortho-substituierte PCB		
– 170	2,2',3,3',4,4',5-HpCB	0,0001
– 180	2,2',3,4,4',5,5'-HpCB	0,00001
PolychlorierteNaphthaline		
	1,2,3,5,6,7-HxCN	0,002
		0,003
	HxCN-B1	0,00002
	HxCN-C1	0,002
		0,001
	1,2,4,5,6,8-HxCN	0,000007
	HxCN-E1	0,002
	1,2,3,4,5,6,7-HpCN	0,003

Krebserkrankung von zwei langjährig an dieser Schule tätigen Lehrkräften hatte Anlaß zu dieser Untersuchung gegeben. Mit einer Reihe von Annahmen (Atemvolumen von 1 m³/Arbeitsstunde, Halbwertszeit von PCB im Fettgewebe in Höhe von 10 Jahren, vollständige Resorption der inhalativ aufgenommenen PCB, tägliche PCB-Aufnahme mit der Nahrung bei 0,06 µg/kg Körpergewicht, was innerhalb der Bandbreite

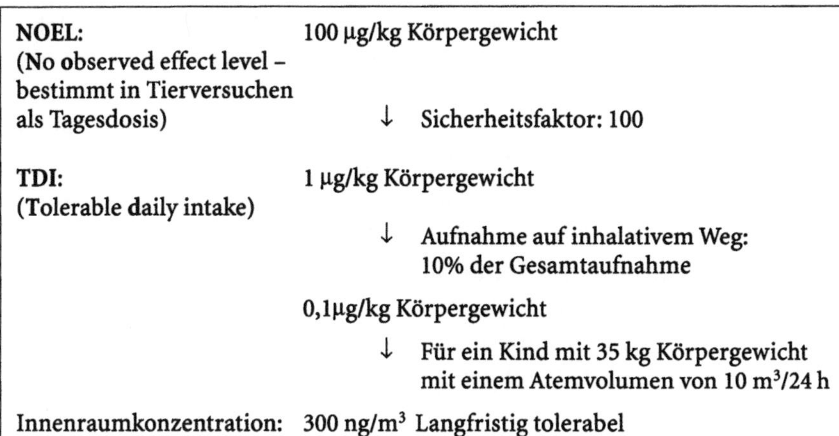

Abb. 3.20. Ableitung von Richtwerten für die Innenraumluftkonzentration an PCB

international publizierter Aufnahmeraten liegt [556, 557]) gelangte RÜDIGER unter Bezug auf vorliegende epidemiologische Untersuchungen zu der Einschätzung, daß ein Zusammenhang zwischen den Krebserkrankungen an der Schule und der festgestellten PCB-Belastung als „hochgradig unwahrscheinlich" zu bezeichnen ist. Die in verschiedenen Richtlinien benannten Richtwerte von 3000 ng/m³ PCB (als Eingreifwert) und von 300 ng/m³ (als Vorsorgewert) sind nach dieser Auffassung geeignet, gesundheitliche Beeinträchtigungen auszuschließen.

Verschiedentlich werden aber unter dem Gesichtspunkt des für kanzerogene Stoffe anzuwendenden Minimierungsgebots noch niedrigere Grenzwerte gefordert, insbesondere um den dioxin-ähnlichen toxischen Eigenschaften einiger Kongenere Rechnung zu tragen. LUDEWIG et al. [558] haben solche Forderungen erhoben, ohne allerdings einen Zahlenwert vorzuschlagen.

Für PCN liegen bei weitem nicht so umfangreiche toxikologische und analytische Daten vor wie für PCB. Wegen der stofflichen und toxikologischen Analogien können für komplexe Gemische von PCN mit erheblichen Anteilen an hexa- und heptachlorierten Isomeren näherungsweise die gleichen Leitgrößen herangezogen werden wie für PCB.

Für die mono- und dichlorierten Isomere ist von einer deutlich niedrigeren Toxizität auszugehen. Die in der Literatur zu findenden Richtwerte basieren auf Erfahrungen, die – soweit sie sich auf den Menschen beziehen – v. a. aus der Arbeitsmedizin stammen. In Tabelle 3.32 sind Richtwerte zusammengefaßt.

Für PCDD/F basieren Richtwerte für die Innenraumluft auf einem international anerkannten NOEL (No observed effect level) von 1 pg/kg Körpergewicht und Tag. Die weitere Ableitung erfolgt im Grundsatz nach dem gleichen Schema wie für PCB angegeben.

Für die Belastung von Innenräumen mit PCN, PCB und PCDD/F sind bislang keine rechtlich verbindlichen Grenzwerte festgelegt worden. In der Praxis haben sich aber die bereits erörterten Leitgrößen bewährt und durchgesetzt. Sie sind in Tabelle 3.32 zusammengefaßt:

Das Vorgehen bei der *Sanierung* von Kontaminationsfällen mit PCN, PCB und PCDD/F muß sich nach den besonderen Umständen des Einzelfalls richten.

Die Fälle mit inakzeptabel hohen Konzentrationen an PCN und PCDD/F beruhen zumeist auf dem Einsatz von PCN bzw. von PCP, das mit PCDD/F verunreinigt war, als Holzschutzmittel. Die Entfernung der kontaminierten Holzbauteile bietet die beste Gewähr für einen Erfolg der Sanierung. Daneben kann auch durch Einkapselung, Beschichtung oder Anstrich der kontaminierten Bauteile eine erhebliche Reduzierung der Raumluftkonzentrationen erreicht werden. Die Identifikation der Quellen ist eine wesentliche Voraussetzung für den Sanierungserfolg. Bei einem systematischen und durchgängigen Einsatz der Holzschutzmittel läßt sich der Sanierungsbedarf mit stichprobenartigen Untersuchungen gut definieren. Ein sehr hoher Untersuchungsaufwand kann beim unsystematischen Einbau einzelner behandelter Bauelemente entstehen. Ein solcher Fall wurde in Nürnberg beschrieben [545]. In einem alten Schulhaus wurden zum einen Kriegsschäden und zum anderen von Schadinsekten zu einem späteren Zeitpunkt verursachte Bauschäden unter Einsatz von PCN-getränktem Holz ausgebessert. Da keine Aufzeichnungen über die Sanierungsmaßnahmen existierten, mußten beim Auftreten von Geruchsbelästigungen sehr umfangreiche Untersuchungen zur genauen Ermittlung der als PCN-Quellen wirkenden Bauteile erfolgen. Deren Entfernung führte schließlich zur Beseitigung der Geruchsbelästigung und der Beschwerden über unzureichende Raumluftverhältnisse.

Zu beachten ist, daß neben der Entfernung der Primärquellen auch eine Sanierung von Sekundärquellen erforderlich ist. Alle höhermolekularen chlororganischen Verbindungen können an Oberflächen adsorbiert werden und auch durch Migration in Materialien eindringen. Oberflächliche Kontaminationen lassen sich durch Reinigungsmaßnahmen oder durch Abtrag (Abschleifen, Hobeln o.ä.) erheblich reduzieren, allerdings muß dabei eine Arbeitsweise gewählt werden, bei der eine großflächige Sekundärkontamination durch Freisetzung kontaminierter Feinstaubpartikel unterbleibt. Ergänzend kann es sinnvoll sein – insbesondere wenn damit zu rechnen ist, daß die Schadstoffe auch in Materialien eindringen konnten – die im Raum vorhandenen Sekundärquellen abzudichten. BORK [571] berichtete über zumeist gute Erfolge durch Aufbringen einer Glasfasertapete auf kontaminierte Wandflächen mit einem zusätzlichen Latex-Dispersionsfarbenanstrich. Nicht immer erweisen sich aber Maßnahmen zur Abdichtung von kontaminierten Materialien und Oberflächen als erfolgreich. So stellte SCHECTER [527] fest, daß kontaminierte Betonböden nicht durch Reinigen mit Dampfstrahlgeräten unter Einsatz von Detergentien sowie eine nachfolgende Beschichtung mit Epoxyharzen abzudichten waren. Auch die Dekontamination von belasteten Kunststoffrohren erwies sich in dem gleichen Projekt als außerordentlich schwierig.

Speziell für PCB-belastete Gebäude sind inzwischen von den Bundesländern im Rahmen baurechtlicher Bestimmungen Richtlinien für die Bewertung und Sanierung belasteter Baustoffe und Bauteile erlassen worden. Diese Richtlinien basieren auf einem Konzept, das vom Deutschen Institut für Bautechnik im Auftrag der Arbeitsgemeinschaft der Bauministerien der Länder (ARGEBAU) unter Beteiligung von Bundesgesundheitsamt, Umweltbundesamt, Bundesanstalt für Arbeitsmedizin und den Bauberufsgenossenschaften erarbeitet wurde. Als erstes Bundesland hatte Hessen entsprechende Richtlinien erlassen [572]. In Bayern wurde die Richtlinie als Technische Baubestimmmung nach Art. 3 Abs. 2 Satz 1 der Bayerischen Bauordnung erlassen [573]. Grundsätzlich sind im Sinn dieser Richtlinien Primärquellen von Hand oder unter Einsatz staubarm arbeitender Werkzeuge zu entfernen. Bei stärkerer Staubentwicklung, z.B. durch Einsatz eines Elektrofugenschneiders, sind Maßnahmen zur Erfassung der Stäube zu treffen. In Einzelfällen können sich auch die Vereisung verformbarer Bauteile (wie Fugendichtungsmassen) und die anschließende Entfernung durch Herausschlagen als sinnvoll erweisen. Die Anschlußbereiche von Primärquellen sind zu säubern und mit einer Beschichtung zu versehen. Dazu können Epoxidharze, Acryl- oder Alkydharzlacke dienen.

Tabelle 3.32. Leitgrößen zur Bewertung der Innenraumbelastung mit PCN, PCB und PCDD/F

Substanzklasse bzw. Substanzen	Interventionswert Raumluft-konzentration	(Sanierungs-) Zielwert Raumluft-konzentration	Leitwert für Material proben [a]	Leitwert für Wischproben
Mono- und Dichlor-naphthaline	20 µg/m^3 [559][b]	–	–	–
Polychlorierte Naphthaline (Substanz-gemische mit hexa- und heptachlorierten Isomeren)	3000 ng/m^{3} [c,d]	300 ng/m^{3} [c]		
PCB [560]	3000 ng/m^{3} [e]	300 ng/m^{3} [e]	10 g/kg [56] (1 % [562]) alternativ: 0,1 %[f] [563]	0,1 mg/m^2 [g] [564]
PCDD/F	10 pg ITE/m^3 [565] Zielwert für 2,3,7,8-TCDD: 16 fg/m^3 [135] [i]	0,5 pg ITE/m^3 [566] 2,5 pg ITE/m^3 [567]	5 µg/kg 100 µg/kg	10 ng/m^2

[a] Bei Überschreiten des Leitwerts für Materialproben besteht das Risiko, daß die Bewertungsgrößen für die Raumluftkonzentration überschritten werden.

[b] Ein Wert von 20 µg/m^3 wurde in Hamburg zur Bewertung der Raumluftverhältnisse in Gebäuden herangezogen, in denen Chlornaphthalin als Holzschutzmittel eingesetzt worden war, d. h. es waren vorrangig 1-Chlornaphtalin und 1,4-Dichlornaphthalin zu finden (mit geringen Mengen an Trichlornaphthalin und ca. 5 % Naphthalin). Diese Regelung folgt einem Beschluß der Arbeitsgruppe Innenraumluft der Gesundheitsbehörden der Länder, ist aber im Sinne einer Empfehlung zu verstehen, die nicht bindend ist.

c Diese Werte sind in ihrer Begründung und Anwendung in Analogie zu den entsprechenden Werten für PCB zu sehen, allerdings ohne daß damit ein verbindliches Verfahren zur Ermittlung der Gesamtkonzentration der PCN verbunden wäre, wie es bei den PCB durch die von BALLSCHMITER und anderen empfohlene Vorgehensweise definiert ist [532, 568]. WILLIAMS et al. [569] haben in den letzten Jahren aber Verfahren für die Bestimmung der PCN entwickelt, die eine Basis für eine Standardisierung der Analytik bieten.

d In den USA ist für alle hexachlorierten Naphthaline ein TLV-Wert (Threshold limit value) für den Umgang mit gefährlichen Stoffen in der Arbeitswelt in Höhe von 200 µg/m^3 gültig, d. h. der hier angegebene, in Analogie zu PCB vorgeschlagene Interventionswert steht in einem Verhältnis von 1:66 zu dem für die Arbeitswelt definierten Wert. Das liegt im Bereich üblicher Sicherheitsfaktoren.

e Nach den Empfehlungen des Bundesgesundheitsamtes aus dem Jahre 1992 gilt [570], „bei Konzentrationen zwischen 300 und 3000 ng PCB/m^3 sollte die Quelle der Raumluftverunreinigung aufgespürt und nach Möglichkeit beseitigt werden; eine Verminderung der PCB-Konzentration ist (z.B. durch regelmäßiges Lüften sowie durch gründliche Reinigung und Entstaubung der Räume) anzustreben".

f Es wird davon ausgegangen, daß bei einem Gehalt von Materialproben aus Innenräumen unter 0,1 % auf die Messung der PCB-Konzentrationen in der Luft verzichtet werden kann, weil dann nicht davon auszugehen ist, daß dieses Material kritische Belastungen hervorrufen kann [102].

g Dieser Wert wurde in Hessen in einem Erlaß verbindlich festgelegt.

h Nach den Ausführungen von ROTARD sind bei Konzentrationen von 2,5 pg/m^3 Äquivalenten bezogen auf 2,3,7,8-TCDD „weder akute noch langfristige Gesundheitsschäden zu befürchten".

i Die Länderarbeitsgemeinschaft Immissionsschutz (LAI) hat für kanzerogene Luftschadstoffe Beurteilungsmaßstäbe (im Sinn von Immissionszielwerten) vorgeschlagen. Auch wenn diese Werte als allgemeine Immissionswerte und nicht als spezifische Innenraumluftwerte definiert wurden, sind sie methodisch doch in einer Weise entwickelt worden, die im Grundsatz auch auf Innenraumluftsituationen anzuwenden wäre. Daher wird der Immissionszielwert für 2,3,7,8-TCDD hier aufgenommen [135].

Alternativ zur Entfernung der PCB-haltigen Bauteile ist auch eine dauerhaft luftdichte Verkleidung zulässig. Für eine spätere Entsorgung sind solche Bauteile zu kennzeichnen und in den Bauunterlagen zu dokumentieren.

Für Sekundärquellen wird empfohlen, diese zu entfernen oder durch Abtragen der kontaminierten Oberflächen (z.B. von Lackschichten oder von Innenputz) eine weitgehende Dekontamination zu erreichen. Danach sind diffusionshemmende Beschichtungen aufzutragen. Dazu zählen die Richtlinien: hochabgebundene Latexdispersionsfarben, zweikomponentige Epoxidharz- oder Polyurethanbeschichtungen und Isoliertapeten. Unterstützt werden die mit solchen Oberflächenanstrichen bzw. -beschichtungen erreichbaren Effekte durch die Kombination mit Glasfasertapeten. Grundsätzlich sind alle Sanierungsmaßnahmen mit einer 2stufigen Reinigung abzuschließen: zunächst mit einer (trockenen) Feinreinigung und anschließend mit einer manuell durchzuführenden Feuchtreinigung unter Einsatz handelsüblicher Reinigungsmittel.

3.1.9
Biozide Wirkstoffe im Haus: Holzschutzmittel, Schädlingsbekämpfungsmittel sowie andere Wirkstoffe in Baumaterial, Ausstattungs- und Bedarfsgegenständen

In den letzten Jahren ist bioziden Wirkstoffen in Innenräumen eine wachsende Bedeutung beigemessen worden. Das öffentliche Interesse richtete sich insbesondere auf die Kontamination von Gebäuden mit Pentachlorphenol und Lindan, da die Anwendung dieser Wirkstoffe in Innenräumen mit gesundheitlichen Beeinträchtigungen verschiedener Art in Zusammenhang gebracht wurde [49]. Diese Wirkstoffe wurden lange Zeit gemeinsam als Holzschutzmittel eingesetzt. Es sind in Innenräumen jedoch auch zahlreiche andere, in der Öffentlichkeit weniger beachtete biozide Wirkstoffe anzutreffen. Dabei handelt es sich zumeist um schwerflüchtige Moleküle mit einem Dampfdruck im Bereich zwischen 10^{-7} und 10^{-2} Pa, die Molmassen von ca. 200–500 g/mol aufweisen.

Auch wenn heute auf einen chemischen Holzschutz im Gebäudeinneren weitgehend verzichtet wird, sind dennoch biozide Wirkstoffe aus einer Reihe von *Quellen* zu finden. Sie können aus der Behandlung von textilen Ausstattungsmaterialien (Teppichböden, Dekorationsstoffen, Tapeten etc.) stammen, aus Kleidungsstücken und aus Lederprodukten, aus dem Einsatz biozidhaltiger Farben und Anstrichmittel, auch durch die Pflege von Zimmerpflanzen und mit Schnittblumen [574] und Topfpflanzen können Biozide in Innenräume eingetragen werden.

Rückstände von Insektiziden sind weiterhin nach Durchführung von Schädlingsbekämpfungsmaßnahmen in Innenräumen (einschließlich der Behandlung von Haustieren) zu finden und können durch das Ausbringen von Wirkstoffen zur Abwehr von Insekten (Repellents) in die Innenraumluft gelangen.

Eine besondere Kontaminationsquelle können weiterhin RLT-Anlagen darstellen. Das betrifft insbesondere Luftbefeuchter, die wegen ihrer besonderen Milieubedingungen zur Quelle von Keimen und Mikroorganismen werden können. Zur Vorbeugung wird daher häufig empfohlen, dem Befeuchterwasser biozide Wirkstoffe zuzusetzen. Sehr häufig werden beispielsweise 2-Methylisothiazolone zu diesem Zweck verwendet. Diese Wirkstoffe können dann mit der befeuchteten Luft in die Innenräume gelangen [575].

Das Spektrum an bioziden Wirkstoffen, die in Innenräume eingetragen werden, ist stark von den örtlichen klimatischen und ökologischen Bedingungen sowie von kulturellen Faktoren abhängig [576]. So werden in den USA Holzschutzmittel als Faktoren der Innenraumluftbelastung nur wenig beachtet, während Insektizide eine erhebliche Rolle spielen. Eine in Florida durchgeführte Studie [577], in der in einer Pilotphase 9 Wohnungen (und in einer anschließenden umfassenden Untersuchung 260 Wohnungen) auf ihre Belastung mit den 28 am häufigsten in den USA eingesetzten bioziden Wirkstoffen untersucht wurden, zeigte, daß tatsächlich für einzelne Wirkstoffe Belastungen bis in Konzentrationen von einigen $\mu g/m^3$ festzustellen sind. Als die am weitesten verbreiteten Wirkstoffe zeigten sich Chlorpyrifos, Diazinon, Chlordan, Propoxur und Heptachlor, die alle typischerweise gegen Haushaltsinsekten, wie z.B. Küchenschaben, oder gegen Termiten eingesetzt werden. PCP spielte als Schadstoff in der Innenraumluft eine völlig untergeordnete Rolle, Permethrin wurde in keiner der untersuchten Wohnungen nachgewiesen. Allerdings ist in Rechnung zu stellen, daß in nennenswerten Konzentrationen auch nur solche Verbindungen in der Raumluft zu finden sein können, die über einen ausreichenden Dampfdruck verfügen. Die in der Raumluft gefundenen Mengen spiegeln also eher die physikalisch-chemischen Eigenschaften der Wirkstoffe wieder als das stoffliche Inventar eines Gebäudes oder die Einsatzmenge.

Ein ähnliches Bild wie in Florida ergab sich bei einer in 22 Wohnhäusern in Australien durchgeführten Untersuchung [47]. Die höchsten durchschnittlichen Wirkstoffkonzentrationen wurden für Chlorpyrifos (2,2 µg/m³), Heptachlor (1,2 µg/m³), Aldrin (0,38 µg/m³), Chlordan (0,13 µg/m³), und für Dieldrin (0,08 µg/m³) gefunden. Der höchste Einzelwert lag bei 16 µg/m³ für Chlorpyrifos. Wie auch bei den Untersuchungen in den USA waren in Innenräumen wesentlich höhere Konzentrationen an bioziden Wirkstoffen festzustellen als in der Außenluft.

Die Auswirkungen der Lagerung von bioziden Wirkstoffen auf die Belastung in angrenzenden Arbeits- und Büroräumen haben WRIGHT et al. [579] in 10 verschiedenen einschlägig tätigen Firmen in den USA untersucht. Sie fanden in einer Reihe von Fällen in Büroräumen Biozidkonzentrationen im Bereich von einigen µg/m³. Dabei war eine deutlicher Einfluß der Außentemperatur zu erkennen, d.h. bei warmen sommerlichen Temperaturen konnten höhere Wirkstoffkonzentrationen festgestellt werden als im Winter. Die höchsten Innenraumbelastungen in Büroräumen wurden für Dichlorvos (bis zu 8,28 µg/m³), Malathion (bis zu 3,57 µg/m³), Chlorpyrifos (bis zu 2,94 µg/m³) und für Cypermethrin (bis zu 2,4 µg/m³) ermittelt.

In anderen Regionen – v. a. in Entwicklungsländern, wie z.B. in Indien – spielen chlororganische Biozide nach wie vor eine beträchtliche Rolle bei der Bekämpfung von Moskitos und anderen Insekten. Dementsprechend sind dort Wirkstoffe wie DDT und Lindan auch in Innenräumen zu finden [580].

Auf europäischer Ebene ist eine Biozid-Richtlinie in Vorbereitung, die Prüfung und Zulassung biozider Wirkstoffe regeln soll. Noch vor Inkrafttreten dieser Richtlinie hat das Bundesministerium für Gesundheit eine Verordnung zur Beschränkung bestimmter Schädlingsbekämpfungsmittel [581] im Entwurf vorgelegt, mit der ein besserer Schutz des Verbrauchers angestrebt wird. Danach ist vorgesehen (über eine Neufassung der Bedarfsgegenständeverordnung) nur noch folgende Wirkstoffe zur Insektenvertilgung im häuslichen Bereich zuzulassen:

- Natur-Pyrethrum (Pyrethrine),
- Allethrin,
- d-Allethrin,
- Bioallethrin,
- Piperonylbutoxid (als Synergist),

- S-Bioallethrin,
- Bioresmethrin,
- Dichlorvos (in Erzeugnissen, die diesen Wirkstoff kontinuierlich abgeben),
- Benzylbenzoat (in Zubereitungen bis zu 2 %, die als Fraßgift bestimmt sind).

In Deutschland sind jedoch die meisten dokumentierten Fälle einer Innenraumkontamination durch biozide Wirkstoffe nach wie vor mit dem Einsatz von Holz als Baumaterial und als Schmuckelement im Haus verbunden. Häufig spielen dabei auch unsachgemäße Anwendungen dieser Wirkstoffe eine Rolle.

Holz gehört von alters her zu den wichtigsten Baustoffen und erfreut sich wegen seiner vielseitigen Verwendbarkeit großer Beliebtheit. In jüngster Zeit gewinnt Holz im Wohnungsbau eine stärkere Bedeutung, da Holzkonstruktionen vergleichsweise kostengünstig hergestellt werden können und auch im Rahmen von staatlichen Förderprogrammen zur Entwicklung preiswerter Bauformen besondere Beachtung finden.

Mehr als alle mineralischen Baustoffe ist Holz aber auch durch Insektenfraß, durch die Auswirkungen von Feuchte im Gebäude und durch Schwamm und Pilze bedroht und bedarf daher – zumindest beim Einsatz im Außenbereich von Gebäuden – der Pflege und des Schutzes. Die Behandlung von Holz mit chemischen Schutzmitteln und bioziden Wirkstoffen hat eine lange Tradition. Holzschutzmittel sind nach der Definition des Bundesgesundheitsamtes [582]:

- *„vorbeugend wirkende Mittel zum Schutz vor holzzerstörenden Pilzen und Insekten sowie Mittel zum Schutz des Holzes vor verfärbenden Pilzen. (Die Bläue beeinträchtigt zwar nicht die Festigkeit, aber sie verfärbt das Holz, erhöht seine Feuchtigkeitsaufnahme und beeinträchtigt dadurch die Maßhaltigkeit von Bauteilen, führt zu Wertverlust und zur Zerstörung von Deckanstrichen).*
- *Mittel zur Bekämpfung holzzerstörender Insekten mit Schutzwirkung gegen Neubefall.*
- *Mittel zur Bekämpfung von holzzerstörenden Pilzen (Schwamm) in Mauerwerk."*

Um den angestrebten Schutz von Holzwerkstoffen zu erreichen, ist es erforderlich, daß die eingesetzten Wirkstoffe chemisch stabil sowie beständig gegen Auslaugung und Verdunstung sind. Sie sollten geruchlos, farblos und verträglich mit anderen Oberflächenbehandlungsmitteln für Holz sein. Die Umweltverträglichkeit und die toxikologische Unbedenklichkeit für den Menschen sind weitere Kriterien für die Anwendung von Holzschutzmitteln. Da Holzschutzmittel stets biozide Substanzen enthalten, ist eine Abwägung zwischen dem Interesse an einem wirksamen Schutz des Baumaterials Holz und dem Interesse an einer Minimierung potentieller Risiken für die Bewohner und Nutzer der mit behandeltem Holz ausgestatteten Räumlichkeiten zu treffen. Im Grundsatz ist der Einsatz von Holzschutzmitteln auf das unbedingt notwendige Maß zu beschränken. Schon seit vielen Jahren hat das Bundesgesundheitsamt darauf hingewiesen, daß großflächige Holzverkleidungen in Innenräumen nicht mit Holzschutzmitteln behandelt werden sollten, da bei einem solchen Einsatz von Holz das Befallsrisiko recht gering ist. Nach den einschlägigen technischen Regeln [583] und den gesetzlichen Vorschriften sind Holzbauteile, die tragenden Charakter haben oder aussteifenden Zwecken in einem Gebäude dienen, gegen Zerstörung zu schützen, wenn auch in der Neufassung dieser Regeln Ausnahmen zugelassen werden. Die dafür geeigneten Holzschutzmittel werden vom Institut für Bautechnik in Berlin auf Wirksamkeit und Unbedenklichkeit geprüft und bei Eignung mit einem Prüfzeichen versehen. Ein gesetzlich geregeltes Zulassungsverfahren für Holzschutzmittel gibt es jedoch nicht (die in der ehemaligen DDR praktizierten Zulassungsverfahren sind aufgehoben), allerdings hat das Umweltbundesamt ein Konzept für die Prüfung und Bewertung der Umweltverträglichkeit von Holzschutzmitteln bereits ausgearbeitet [584]. Für den Bereich der EU ist eine Richtlinie in Vorbereitung, die das Inverkehrbringen nichtagrarischer Pestizide, u. a. von Holzschutzmitteln, regeln soll.

Für Holzschutzmittel, die im nicht-konstruktiven Holzbau einzusetzen sind, ist eine RAL-Holzschutzmittel (nach den Richtlinien des deutschen Instituts für Gütesicherung und Kennzeichnung e. V. – früher: Reichs-Ausschuß für Lieferbedingungen) geschaffen worden. Holzschutzmittel, die den Anforderungen der Gesundheitsbehörden entsprechen, können ein RAL Gütezeichen erhalten.

Für Entwesungsmittel, die in Innenräumen zur Anwendung kommen, wird vom Bundesgesundheitsamt bzw. seinen Nachfolgeinstituten ein Anerkennungsverfahren nach dem Bundes-Seuchengesetz durchgeführt. Die Prüfung bezieht sich auf die Tilgungswirksamkeit und die toxikologische Unbedenklichkeit bei sachgerechter Anwendung, d.h. unter Einhaltung der vorgeschriebenen Einwirk- und Lüftungszeiten sowie unter Beachtung der notwendigen Abschirm-und Dekontaminationsmaßnahmen. Die Liste der geprüften und anerkannten Mittel ist abschließend und wird im Bundesgesundheitsblatt veröffentlicht [585].

Ungeachtet der Bemühungen um die Durchsetzung fortgeschrittener Standards für die Formulierung und den Einsatz von bioziden Wirkstoffen zur Schädlingsbekämpfung und zum Holzschutz führt der Einsatz moderner chemischer Wirkstoffe zur Verbreitung biozider Stoffe in vielen Bereichen der Lebenswelt.

Im Zuge von Untersuchungen zur Verbreitung von Holzschutzmitteln haben RUH und GEBEFÜGI [586] bei Untersuchungen aus den 80er Jahren auch nachgewiesen, daß selbst Holzwerkstoffe, die als unbehandelt deklariert wurden, z.T. erhebliche Mengen an PCP und Lindan enthalten können.

Ähnlich wie bei der Behandlung von Holz dient die Behandlung von textilen Materialien und von Lederprodukten mit bioziden Wirkstoffen dem Werterhalt: Sie sollen gegen Schimmel und Insektenbefall – zu denken ist etwa an die Gefahr des Mottenbefalls bei Wollprodukten – geschützt werden, um damit ihren Wert über einen langen Zeitraum zu erhalten. TEPPER et al. [587] haben in den USA bei umfangreichen Untersuchungen der von Teppichböden ausgehenden Emissionen und ihrer toxikologischen Wirkungen im Tierversuch auch die Freisetzung von Bioziden geprüft. In Einzelfällen stellten sie beträchtliche Belastungen fest (für Chlorpyrifos und in geringerem Maße für Malathion, Dieldrin, Aldrin und weitere Wirkstoffe).

Viele Wirkstoffe können sowohl im Holzschutz als auch bei der Ausrüstung von textilen Materialien und im Pflanzenschutz eingesetzt werden, so daß ihr Auftreten im Innenraum von verschiedenen Quellen herrühren kann. Gerade für den Holzschutz wurden aber auch spezielle Mittel und Rezepturen entwickelt, die nur in diesem Anwendungsbereich eine Rolle spielen. In Tabelle 3.33 ist ein Überblick über Wirkstoffe gegeben, die im Holzschutz und für andere Anwendungszwecke – insbesondere als Entwesungs- bzw. Schädlingsbekämpfungsmittel – im Innenraum eine Rolle spielten bzw. immer noch spielen. BRÜCKNER und WILLEITNER [588] stellten bei einer Marktanalyse fest, daß in kommmerziellen Holzschutzmitteln mehr als 25 anorganische Wirkstoffe und mmehr als 50 organische Biozide Einsatz finden.

Tabelle 3.33. Biozide Wirkstoffe und Behandlungsmittel für den Holzschutz, für die Ausrüstung von Materialien zur Raumausstattung und zur Schädlingsbekämpfung

Wirkstoffgruppe	Wirkstoffe bzw. typische Wirkstoffkombinationen	Vorrangiger Anwendungszweck
1. Anorganische, salzartige Behandlungsmittel	– CF-Salze (Chromat-Fluorid-Gemische)	Holzschutz
	– CFA-Salze (Chromat-Fluorid-Arsenat-Gemische)	Holzschutz
	– SF-Salze (Silicofluoride)	Holzschutz
	– HF-Salze (Bifluoride)	Holzschutz
	– B-Salze (anorganische Borverbindungen, ortho-Borsäure/H_3BO_3)	Holzschutz Insektenbekämpfung (Ameisen, Schaben)
	– CK-Salze (Chromat-Kupfersalz-Gemische)	Holzschutz
	– CFB-Salze (Chromat-Fluorid-Borat-Gemische)	Holzschutz
	– CKB-Salze (Gemische aus Chromat, Kupfersalzen und Borverbindungen)	Holzschutz
	– CKF-Salze (Gemische aus Chromat, Kupfersalzen und Fluoriden)	Holzschutz
2. Teeröl- und Holzpechpräparate	– Teeröl (Carbolineum)	Holzschutz (nicht in Innenräumen anzuwenden)
	– Steinkohleteerpräparate	Holzschutz (nicht in Innenräumen anzuwenden)
	– Holzpechpräparate	Holzschutz (nicht in Innenräumen anzuwenden)
3. Organische Fungizide	– Chlornaphthaline (die bereits in Kap. 3.1.8 behandelt wurden),	Holzschutz
	– Organo-Zinn-Verbindungen, wie Tributylzinn-naphthenat oder Bis-tributylzinnoxid (TBTO),	Holzschutz
	– Pentachlorphenol (PCP),	Holzschutz, Textil- und Lederausrüstung
	– Sulfamide, z. B. Dichlofluanid,	Holzschutz, Zusatz in Farben und Lacken
	– Amide, z. B. Furmecyclox,	Holzschutz, Textilausrüstung

Tabelle 3.33 (Fortsetzung)

Wirkstoff-gruppe	Wirkstoffe bzw. typische Wirkstoffkombinationen	Vorrangiger Anwendungszweck
	– Triazolderivate, wie Propiconazol und Tebuconazol,	Holzschutz
	– Carbendazim,	Holzschutz
	– Dithiocarbamate, wie Thiram	
	– Iprodion	Behandlung von Schnittblumen
	– Chlorthalonil [589]	Gegen Pilzerkran-kung von Pflanzen
	– Isothiazolderivate, wie 2-Methylisothiazolon	Luftbefeuchter
4. Organische Insektizide	– CKW, wie Lindan (γ-Hexachlorcyclohexan) und DDT, Toxaphen und Endosulfan; in tropischen und subtropischen Klimaten sind weitere Verbindungen im Einsatz, wie Aldrin, Dieldrin, Chlordan, Heptachlor	Gegen Schaben, Moskitos, Flöhe und Wanzen Als Termitizide
	– Organische Phosphorsäureester, wie Chlorpyrifos, Ethylparathion, Phoxim, Diazinon und Dichlorvos	Gegen Schaben und andere Haushalts-insekten, Phoxim speziell als Larvizid
	– Carbamate, wie z. B. Baycarb und Propoxur	Gegen Fliegen, Flöhe, Schaben und andere Haushaltsinsekten (auch gegen solche, die resistent sind gegen CKW)
	– Pyrethrum	Gegen Haushalts-insekten
	– Pyrethroide (wie Permethrin, Deltamethrin, Cypermethrin, Bioallethrin)	Gegen Schaben und andere Haushalts-insekten
	– Fenitrothion	Gegen Schaben und andere Haushalts-insekten

Die mit bioziden Wirkstoffen behandelten Holzmaterialien können beim Einsatz in Innenräumen ebenso als Schadstoffquelle wirken wie die im Zuge von Schädlingsbekämpfungsmaßnahmen in ein Gebäude oder mit Blumen und anderem Material eingebrachten Insektizide und Fungizide. Viele Wirkstoffe kommen zwar wegen ihres ausgeprägten Eigengeruchs und wegen ihrer sonstigen Nachteile (Neigung zum Ausschwitzen, mangelhafte Überstreichbarkeit mit sonstigen Anstrichmitteln) grundsätzlich nicht für die Anwendung in Innenräumen in Frage. Das gilt für die Teeröle und ihre Verwandten sowie für chlorierte Naphthaline. In zahlreichen Fällen sind aber auch schon solche Präparate unsachgemäß in Innenräumen eingesetzt worden.

Bei salzartigen Verbindungen besteht die Gefahr des Ausgasens nicht, aber bei vielen organischen Wirkstoffen ist – trotz der zumeist relativ niedrigen Dampfdrücke – mit einem Übergang des Wirkstoffs in die Gasphase, aber auch mit einem partikelgebundenen Austrag in die betroffenen Räumlichkeiten zu rechnen.

Die relativ schwer flüchtigen bioziden Wirkstoffe kondensieren an Partikeloberflächen. Sie sind daher im Schweb- und Hausstaub von Gebäuden analytisch gut nachzuweisen. Auch partikuläres Material, das sich bei Alterung der mit bioziden Wirkstoffen behandelten Materialien und Gegenstände ablöst oder durch Abrieb und andere Einflüsse freigesetzt wird, trägt zur Belastung des Hausstaubs mit bioziden Wirkstoffen bei. Zur Beschreibung der Belastung eines Gebäudes mit bioziden Wirkstoffen können daher neben Raumluftuntersuchungen auch Untersuchungen von Hausstaub [590], von Materialien und Werkstoffen und von Körperflüssigkeiten beitragen. Wegen der leichten Aufnahme von PCP und anderen Wirkstoffen über die Haut kann die dermale Aufnahme für die Ganzkörperaufnahme eine größere Rolle spielen als die inhalative Aufnahme [147, 591, 592].

In Beschwerdefällen ist also immer abzuklären, ob neben den verdächtigten Holzbauteilen auch andere Kontaminationsquellen zu der vermuteten oder belegten Belastung mit den in Holzschutzmitteln zu findenden Wirkstoffen beitragen.

Als Beispiel läßt sich ein in Nürnberg beobachteter Fall anführen: Bei einer jungen Frau war nach Beschwerden, die während der Schwangerschaft auftraten, u. a. auch der PCP-Spiegel im Blut untersucht worden. Dabei waren sehr hohe Konzentrationen festgestellt worden, die Anlaß gaben, sowohl den Wohnbereich, als auch die Arbeitsstätte – einen Kindergarten – auf die Ausstattung mit Holzmaterialien zu untersuchen.

Tatsächlich handelte es sich bei dem Kindergartengebäude um einen Bau mit zahlreichen Holzbauteilen, die als Ursache der PCP-Belastung gesehen wurden. Als die Analyse von Holz- und von Staubproben jedoch keine Hinweise auf eine Behandlung mit PCP erbrachte, mußte diese Hypothese verworfen werden. Im Gespräch stellte sich dann heraus, daß die junge Frau eine begeisterte Motorradfahrerin ist und regelmäßig Lederkleidung trägt – bei heißem Wetter auch direkt auf der Haut. Eine Analyse dieser Kleidungsstücke zeigte, daß die bevorzugte und am häufigsten getragene Kombination aus Leder sehr hohe Gehalte an PCP aufwies, die – bei der verhältnismäßig leichten Aufnahme des PCP über die Haut – sehr gut die beobachteten hohen PCP-Spiegel im Blut erklärten.

Da der Einsatz von Holzschutzmitteln nach wie vor einen Einsatzschwerpunkt für biozide Wirkstoffe in Innenräumen darstellt, soll die Entwicklung auf diesem Markt und das Spektrum der dabei dabei verwendeten Verbindungen kurz skizziert werden:

Die Entwicklung moderner Holzschutzmittel begann bereits in der ersten Hälfte des 19. Jahrhunderts, als erstmals Teerprodukte zur Holzimprägnierung verwendet wurden. Seither spielen Teeröle eine wichtige Rolle im Holzschutz [593].

Bereits seit Anfang dieses Jahrhunderts sind auch Schutzsalze im Holzschutz zum Einsatz gekommen, das gilt insbesondere für Fluor-Verbindungen.

Von den sonstigen in Tabelle 3.33 aufgelisteten Stoffen ist – nach den Teerölen und den Fluoriden – Chlornaphthalin am längsten als Holzschutzmittel im Einsatz. Seit den 20er Jahren werden die insektiziden Eigenschaften von Chlornaphthalinen [594] genutzt. Chlornaphthaline – vorrangig 1-Monochlornaphthalin und 1,4- bzw. 1,5-Dichlornaphthalin, anfangs noch mit höher chlorierten Naphthalinen verunreinigt – stellten dann bis in die 50er Jahre die wichtigsten synthetischen organischen Wirkstoffe mit fungiziden und insektiziden Eigenschaften in Holzschutzmitteln dar [595]. Als bekanntestes Handelsprodukt konnte sich seit den 20er Jahren Xylamon® etablieren, das aber im Lauf seiner Produktgeschichte auch in anderen Formulierungen mit neuen Wirkstoffen, wie z. B. PCP ausgestattet wurde. Chlornaphthalin zeigt neben fungiziden auch insektizide Eigenschaften [596], war aber stets wegen seines starken Eigengeruchs in seinem Einsatz beeinträchtigt. Auf seine Bedeutung als Luftschadstoff in Innenräumen wurde bereits in Abschn. 1.3.1.8 eingegangen.

Chlornaphthalin – und auch einige andere Wirkstoffe – wurden durch den Einsatz von PCP weitgehend vom Markt verdrängt. PCP wirkt vorrangig als Fungizid und ist als Insektizid erst bei wesentlich höheren Konzentrationen wirksam. Daher ist PCP sehr oft in Kombination mit dem Insektizid Lindan (γ-Hexachlorcyclohexan) eingesetzt worden, das sich als außerordentlich wirksam gegen die Larven des Hausbocks erwies.

PCP ist wohl der am weitesten verbreitete Wirkstoff in Holzschutzmitteln gewesen. Es wurde in Konzentrationen von ca. 5% in Holzschutzanstrichen eingesetzt. Von seiner Anwendung in Innenräumen wurde aber spätestens seit 1983 massiv abgeraten. Bereits seit 1977/78 ist von den Bundesländern in den Regelungen zur Bauordnung verankert worden, daß PCP nicht in Räumen anzuwenden ist, die zum Aufenthalt von Menschen bestimmt sind [597]. Mit der Gefahrstoffverordnung vom 26.8.1986 war der Einsatz in Aufenthaltsräumen förmlich verboten worden. Mit der 1989 verabschiedeten PCP-Verbotsverordnung [598] ist das Inverkehrbringen PCP-haltiger Erzeugnisse generell geregelt und weitestgehend verboten worden. Diese Verordnung wurde inzwischen durch neue Regelungen der Chemikalienverbotsverordnung [599] abgelöst. Auch die Produktion des letzten deutschen Herstellers von PCP (Dynamit Nobel, Rheinfelden) wurde bereits vor Jahren eingestellt.

Der Einsatz von PCP in Innenräumen hat wegen der vielfach beobachteten gesundheitlichen Beeinträchtigungen [49] eine Reihe von Prozessen ausgelöst, bei denen die Hersteller des Holzschutzmittels für die gesundheitlichen Folgen (Holzschutzmittelsyndrom) verantwortlich gemacht wurden. Das Frankfurter Landgericht hat 1993 in diesem Zusammenhang zunächst 2 Angeklagte der fahrlässigen Körperverletzung und der fahrlässigen Freisetzung von Giften für schuldig befunden [600], allerdings wurde dieses Urteil in der nächsten Instanz wieder aufgehoben [601].

Auf europäischer Ebene war das in Deutschland ausgesprochene Verwendungsverbot für PCP umstritten, und es stand lange Zeit in Frage, ob diese nationale Regelung von der EG wegen der damit geschaffenen Handelshemmnisse angefochten werden würde. Die EG-Kommission [602] gelangte aber am 14.9.1994 zu der Auffassung, daß die in Deutschland getroffene PCP-Regelung sachlich gerechtfertigt ist, so daß der Einsatz von PCP in Deutschland verboten bleibt, jedoch kann er bei Importprodukten nicht ausgeschlossen werden.

Auch wenn die deutsche Position damit rechtlich Bestand hat, ist doch davon auszugehen, daß mit einer Vielzahl von Produkten, die in ihren Herkunftsländern mit PCP behandelt worden sind, auch heute noch PCP-Quellen in Innenräume gelangen.

Der breite und mengenmäßig bedeutsame Einsatz von PCP führte dazu, daß diese Verbindung als ubiquitär auftretende Umweltchemikalie bewertet wurde, die in der Gesamtbevölkerung in den Körperflüssigkeiten festzustellen ist. GRIMM et al. [603] fanden in Untersuchungen, die 1978 begonnen wurden, immerhin bei $1/4$ der Probanden, in deren Wohnbereich wahrscheinlich PCP-haltige Holzschutzmittel zum Einsatz gekommen waren, PCP-Konzentrationen in Blut und Urin, die den Normbereich überschritten. Als Normwerte werden von den Autoren folgende Größen benannt: 150 μg PCP/l Serum, 55 g PCP/l Harn und 50 μg/g Kreatinin. Folgeuntersuchungen in den Jahren bis 1984 erbrachten dann Hinweise auf ein Absinken dieser Belastung. Dies wird auf den Rückgang der PCP-Verwendung und auf durchgeführte Sanierungsmaßnahmen zurückgeführt.

In Kombination mit PCP fand Lindan als insektizide Komponente in Holzschutzmitteln eine sehr breite Verwendung. Lindan zeigt eine lange Wirksamkeitsdauer, obwohl es in gewissem Maß aus den behandelten Materialien verdunstet [604]. Im Gegensatz zum PCP ist der Einsatz von Lindan auch heute noch zulässig. Es findet auch als Pflanzenschutzmittel und in der Medizin, z.B. als Wirkstoff gegen Kopfläuse, Verwendung.

PETROWITZ [605] zeigte in einer Reihe von Versuchen, daß auf die Emissionsraten von Lindan bei Einsatz als Wirkstoff in Holzschutzmitteln sowohl die Art des Holzes, als auch die Formulierung des Holzschutzmittels oder des Anstrichs Einfluß nehmen. Einige Monate nach Behandlung des Holzes gleichen sich allerdings die Emissionsraten an.

Nach dem Verbot des PCP sind eine Reihe von Ersatzstoffen in die Formulierungen von Holzschutzanstrichen aufgenommen worden. In Tabelle 3.33 sind dazu Angaben enthalten.

Wegen des niedrigen Dampfdrucks dieser Verbindungen, der bei den meisten Wirkstoffen erheblich unter dem des PCP liegt, sind selbst bei einer mengenmäßig bedeutsamen Verwendung in Innenräumen im allgemeinen nur sehr niedrige Konzentrationen der Wirkstoffe in der Luft zu finden. Für das relativ leicht flüchtige PCP liegt die Gleichgewichtskonzentration in (geschlossenen) Räumen bei 20 °C um 220 μg/m³, die aber wegen der instationären Verhältnisse in Innenräumen bei weitem nicht erreicht wird. Die Messung der flüchtigeren Wirkstoffe PCP und Lindan in der Innenraumluft erfolgt zumeist nach den Regeln der VDI-Richtlinie 4300 (Blatt 4) [606], wobei eine Reihe von Varianten in der Analytik beschrieben sind (z. B. in [607, 608] Für alle anderen Wirkstoffe liegen die Gleichgewichtskonzentrationen deutlich unter dem Wert für PCP. So sind selbst bei sehr intensiver Anwendung von Pyrethroiden diese allenfalls in Spuren in der Innenraumluft zu finden, während Staub und Oberflächen hohe Belastungen aufweisen können. Daher erfolgt die Prüfung auf etwa bestehende Kontaminationen zumeist über die Untersuchung von Hausstaub- oder Materialproben (vorrangig Holz, u. U. aber auch textiles Material von Teppichen/Teppichböden, Vorhängen und Markisenstoffen, Wandbehängen oder Leder). Dabei kann differenziert werden zwischen dem oberflächlichen Bereich des Materials (typischerweise bei einer Abtragtiefe von 1–2 mm) und dem Gesamtmaterial. Auch Sekundärquellen – insbesondere textile Oberflächen – sind in die Untersuchungen einzubeziehen. Bei glatten Oberflächen können auch Wischproben Hinweise auf die Kontaminationsverhältnisse erbringen.

Dementsprechend ergibt sich das Bild von der Belastungssituation eines Gebäudes oder eines Raums aus mehreren Kenngrößen [147]. Allein die Schadstoffkonzentration in der Luft reicht dazu nicht aus. In Tabelle 3.34 sind *typische Konzentrationen* einiger in Holzschutzmitteln enthaltener Wirkstoffe in verschiedenen Untersuchungsmatrizes zusammengestellt.

Biozidbelastungen in Innenräumen werden mit einem Spektrum von *Wirkungen* in Zusammenhang gebracht. Eine Fülle von Symptomen, die in wechselnden Kombinationen angeführt werden, stehen für das Holzschutzmittelsyndrom. TRÄDER [616] nennt aus den Erfahrungen, die bei der Arbeit der Umweltambulanz der Kassenärzte Schleswig-Holsteins gewonnen wurden, folgende Merkmale, die allerdings nicht im Sinn eines einheitlichen Rasters von Symptomen zu beobachten waren:

- raschere Ermüdbarkeit,
- Antriebsarmut, Gefühl allgemeiner Schwäche,
- verminderte Konzentrationsfähigkeit, Gedächtnisprobleme,
- erschwerte Auffassung und fehlender Überblick bei komplexen Aufgaben,
- allgemeine motorische Ungeschicklichkeit,

- Kopfschmerzen,
- diffuse Schmerzen in Knochen, Weichteilen und Gelenken,
- Magen-Darm-Beschwerden,
- Infekthäufung, Nebenhöhlenaffektionen,
- vermehrte Schleimproduktion, vermehrter Speichelfluß,
- Augenbrennen,
- allgemeine Ruhelosigkeit, innere Unruhe, Reizbarkeit,
- Leistungsknicks im Beruf und bei Hobbies.

Weitere Symptome, die möglicherweise durch biozide Wirkstoffe ausgelöst oder mitverursacht werden können und von Träder beobachtet wurden, sind:

- kalte Hände und Füße,
- bläuliche, bläßliche oder rötliche Verfärbung der Hände oder Füße,
- Schwellungen im Bereich der Augenlider und des Gesichts,
- Spannungsgefühl im Bereich der Arme und/oder Beine,
- Tremor,
- Brennen im Bereich der Extremitäten,
- Hautjucken und vermehrtes Auftreten von Akne,
- vermehrtes Schwitzen,
- Verwechseln von Worten, Silben etc.,
- depressive Verstimmung, Ängste,
- Schlafstörungen,
- Interessenverlust, soziale Rückzugstendenz,
- Alkoholintoleranz.

Bisher standen im Hinblick auf die gesundheitlichen *Wirkungen* des Einsatzes von Bioziden in Innenräumen vorrangig PCP und Lindan im Blickpunkt, die häufig als Ursache der von Träder beschriebenen Symptome gesehen werden. Allerdings hat sich inzwischen das Spektrum der als kritisch eingestuften Biozide erweitert. Insbesondere Pyrethroide sind bei unsachgemäßem Einsatz nach der Einschätzung des bgvv [617] geeignet, bei empfindlichen Personen schon in geringen Konzentrationen Gesundheitsstörungen auszulösen. Im Vordergrund stehen Reizungen der Schleimhäute, der Atemwege und der Augen. Mißempfindungen und Taubheitsgefühle der Haut werden nach beruflichem Umgang mit Pyrethroiden berichtet; auch Benommenheit und Kopfschmerz und eine Bandbreite neurotoxischer Wirkungen [618] können nach Angaben des bgvv [619] durch Pyrethroide ausgelöst werden.

Tabelle 3.34. Typische Konzentrationen biozider Wirkstoffe aus Holzschutzmitteln in verschiedenen Matrizes aus Innenräumen. Die Werte entstammen zum einen breit angelegten Untersuchungen und geben dann die Bandbreite der anzutreffenden Meßwerte wieder, und zum anderen aus Fallstudien, bei denen Analysenwerte von verschiedenen Untersuchungsmatrices synchron erhoben wurden.

Wirkstoff	Typische Konzentrationen in der Innenraumluft [µg/m³]	Typische Konzentrationen in im Hausstaub [mg/kg]	Typische Konzentrationen in Materialien [mg/kg]	Typische Konzentrationen im Blut exponierter Personen [µg/l]	Kommentar zu den Meßwerten
(1- und 2-) Monochlornaphthalin Fallstudie [610]	< 0,23 µg/m³ (In Räumen ohne Quelle – 20,9 µg/m³ (In Räumen mit PCN-behandelten Holzbauteilen)	–	Bis zu 680 mg/m² (Probenahme durch Abheben dünner Holzspäne von der Oberfläche, daher flächenbezogene Konzentrationsangabe)	–	Bei ergänzenden Untersuchungen wurden Raumluftkonzentrationen bis zu 60 µg/m³ festgestellt die Kontamination wurde durch PCN-behandelte Holzbauteile verursacht, die bei der Behebung von Bauschäden ersatzweise eingebaut worden waren
Pentachlorphenol (PCP) Bandbreite der Meßwerte (n = 573) [611]	< 0,01 – > 2,0 (> 1,0: 1,1 % der Messungen)	–	Holz: 21,2 – 370 (an der Oberfläche/ 1 mm Tiefe: 372, in Lackschichten: bis 521)	–	Sekundär belastete Materialien (Kunststoffe, Textilien, Bodenbeläge) weisen Konzentrationen von 8,5 – 37,7 mg/kg auf

Fallstudie [612]	0,5	125	Holz: 207–411	768	Ca.20 Jahre nach Anwendung einer PCP-haltigen Lasur in Innenräumen
Permethrin Bandbreite der Meßwerte [82]	–	< 1 bis > 100 (Ab 5 mg/kg ist vom Einsatz von Permethrin auszugehen)	Holz: < 1 bis > 100 (Ab 5mg/kg ist vom Einsatz von Permethrin auszugehen	–	Die Daten stammen aus den Jahren 1989–1993
Fallstudie [609]	0,0047	< 1–320	Teppichboden: 13–27	–	Die Meßwerte wurden nach Anwendung von Pyrethroiden, darunter Permethrin, zur Bekämpfung von Schaben in einem Wohnblock erhoben
Furmecyclox Fallstudie [614]	< 0,004	6,1–1,8	–	–	In Teppichen wurde Furmecyclox in Konzentrationen bis 3,3 mg/kg gefunden
Dichlofluanid Fallstudie [614]	bis zu 0,0086	1,6–3,0	–	–	In Teppichen wurde kein Dichlofluanid festgestellt
Lindan Bandbreite der Meßwerte [611] (n = 573)	< 0,01–2,0 (> 1,0: 0,4 % der Messungen	–	0,6–41,6 (An der Oberfläche/ 1 mm Tiefe: 87	–	Sekundär belastete Materialien (Kunststoffe, Textilien, Bodenbeläge) weisen Konzentrationen von < 0,1–7,1 mg/kg auf

Tabelle 3.34 (Fortsetzung)

Wirkstoff	Typische Konzentrationen in der Innenraumluft [µg/m³]	Typische Konzentrationen in im Hausstaub [mg/kg]	Typische Konzentrationen in Materialien [mg/kg]	Typische Konzentrationen im Blut exponierter Personen [µg/l]	Kommentar zu den Meßwerten
Endosulfan Fallstudie [615]	4,3–11,8	–	–	–	Daten aus einem Holzgebäude; nach Behandlung mit 7,6 kg Holzschutzmittel (0,3 % α-Endosulfan) wurden in dem Raum (Volumen = 29 m³) hohe Konzentrationen im ersten Monat nach Anstrich gemessen, innerhalb 1 Jahr nahm die Konzentration etwa um den Faktor 1,4 ab

PERGER und SZADKOWSKI [620] konnten allerdings keine Anhaltspunkte für eine chronisch-neurotoxische Potenz der Pyrethroide finden. Das bgvv [621] kommt nach detaillierter Untersuchung von 23 Personen, bei denen der Verdacht auf eine Gesundheitsschädigung nach Anwendung pyrethroidhaltiger Schädlingsbekämpfungsmittel bestand, zu der Einschätzung, daß keine irreversiblen Schäden durch Pyrethroid-Vergiftungen festzustellen waren. Für den Einsatz bei Entwesungsmaßnahmen und in der Therapie von Ektoparasiten ist auf den Einsatz von Pyrethroiden und Pyrethrum nach Auffassung des bgvv derzeit nicht zu verzichten [622], so daß diese Wirkstoffe auch weiterhin unter Gesichtspunkten der Innenraumhygiene zu beachten sind, zumal Fehlanwendungen immer wieder beobachtet werden.

Über die Wirkungen anderer biozider Wirkstoffe in Innenräumen liegen wenig Erfahrungen vor, so daß eine begründete Gefährdungsabschätzung für die Bewohner und Nutzer betroffener Gebäude beim Einsatz von Wirkstoffen wie Furmecyclox oder Dichlofluanid nur sehr schwer möglich ist. EIKMANN et al. [623] haben unter diesen Bedingungen im Sinn der Gesundheitsvorsorge empfohlen, den Einsatz von Schädlingsbekämpfungsmitteln in Innenräumen weitestgehend einzuschränken.

Zur *Bewertung* der mit der Aufnahme von bioziden Wirkstoffen verbundenen Risiken lassen sich die im Bundesgesundheitsblatt veröffentlichten ADI (*A*cceptable *d*aily *i*ntake)- und DTA-Werte (*d*uldbare *T*agesaufnahme) heranziehen. Die ADI-Werte sind von der WHO in Zusammenarbeit mit der Welternährungsorganisation (FAO) entwickelt worden, die DTA-Werte hat das Bundesgesundheitsamt ermittelt. Auch wenn diese Werte nicht im Zusammenhang mit Fragen der Schadstoffbelastung von Innenräumen entwickelt wurden, können sie doch bei der Risikoabschätzung helfen und die Ableitung von Richtwerten im Sinne des für PCB dargestellten Schemas (Abb. 3.20) ermöglichen.

Für die wichtigsten in Innenräumen mitunter anzutreffenden bioziden Wirkstoffe sind die Daten in Tabelle 3.35 zusammengefaßt.

Neben diesen toxikologisch begründeten Kenngrößen haben sich in der Praxis Orientierungswerte für verschiedene analytische Vorgehensweisen herausgebildet, die es erlauben, die festgestellten Belastungsverhältnisse zu qualifizieren und Rückschlüsse für die Sanierungserfordernisse zu ziehen. Sie sind in Tabelle 3.36 zusammengefaßt.

Tabelle 3.35. ADI- und DTA-Werte für biozide Wirkstoffe (Pflanzenschutzmittel) [624]

Wirkstoff	ADI-Wert [mg/kg] Körpergewicht	DTA-Wert [mg/kg] Körpergewicht
Aldrin und Dieldrin	0,0001	–
Bendiocarb	0,004	–
Carbendazim	0,01	0,065
Chlordan	0,0005	–
Chlorpyrifos	0,01	0,01
Chlorthalonil	0,03	0,0075
Cypermethrin	0,05	0,05
Deltamethrin	0,01	0,01
Diazinon	0,002	0,002
Dichlofluanid	0.3	0,3
Dichlorvos	0,004	0,004
Dieldrin	0,0001	–
Endosulfan	0,006	0,006
Fenitrothion	0,005	–
Heptachlor	0,0001	–
Iprodion	0,2	0,2
Lindan	0,008	0,005
Permethrin	0,05	0,05
Phoxim	0,001	0,001
Piperonylbutoxid	0,03	0,03
Propiconazol	0,04	0,04
Pyrethrum	0,04	0,04
Tebuconazol	–	0,03
Thiram	0,01	0,01
Ziram	0,02	–

Für die *Sanierung* von Gebäuden, die nicht tolerierbare Belastungen mit bioziden Wirkstoffen aufweisen, bieten sich im Grundsatz 3 Strategien an:

- Dekontamination durch Abtrag von Oberflächen, durch Reinigung mit den verschiedensten Hilfsmitteln, durch Abbau der Kontaminanten unter Einwirkung von Licht oder von Reagenzien und durch sonstige Techniken,
- Versiegeln durch bauliche Maßnahmen (luftdichte Einkapselung) oder Beschichtungen (mit Anstrichen oder durch Verleimung mit Tapeten, Kunststoffmaterialien, Holz o.ä.),
- Entfernen der kontaminierten Bauteile durch Abbruch, Austausch und Umbau.

Tabelle 3.36. Orientierungswerte zur Beurteilung der Kontamination von Innenräumen mit bioziden Wirkstoffen

Wirkstoff	Kategorie	Konzen-tration in der Innenraumluft [µg/m³]	Konzen-tration in Holzwerkstoffen [mg/kg]	Konzen-tration im Hausstaub [mg/kg]	Konzen-tration in Wischproben [µg/m²]	Konzen-tration im Blutplasma [µg/l]
Chlorthalonil, Dichlofluanid, Endosulfan, Lindan [147]	Hintergrundbelastung:	0,025	–	< 0,5	–	–
	Geringe Belastung:	0,025 – 0,25		0,5 – 1		
	Deutliche Belastung:	0,25 – 0,5		1 – 3		
	Hohe Belastung:	0,5 – 1		3 – 15		
	Sehr hohe Belastung:	1		> 15		
	Interventionswert [625]:	Lindan: 1	Lindan: 2	Lindan: 1	–	–
Pentachlorphenol (PCP)	Hintergrundbelastung/ unbelastet:	0,025	–	< 1	–	–
	Geringe Belastung:	0,025 – 0,25		1 – 2	–	–
	Deutliche Belastung:	0,25 – 0,5		5 – 30		
	Sehr hohe Belastung:	1		> 30		
	Interventionswert [626]:	1	5	5	–	25
Permethrin [147] und andere Pyrethroide [627]	Geringe Belastung:	< 0,25	–	1 – 3	10 – 100	–
	Deutliche Belastung:	0,25 – 0,5		3 – 30	100 – 1000	
	Hohe Belastung:	0,5 – 1		30 – 100	1000 – 10000	
	Sehr hohe Belastung:	1		> 100	> 10000	

Bei größeren Sanierungsprojekten ist meist mit einer Kombination von Techniken zu arbeiten, um allen Situationen und Kontaminationsfällen gerecht werden zu können. Es sind aber auch Fälle bekannt, in denen ein Totalabriß erfolgte, da die Sanierungskosten in keinem vernünftigen Verhältnis zum Wert der betroffenen Gebäude standen. So wurde etwa in Hamburg mit einigen Schulpavillons in Holzbauweise verfahren, die mit chlorierten Naphthalinen kontaminiert waren. In den weitaus meisten Fällen sind aber durch geeignete Sanierungsmaßnahmen akzeptable und gute Raumluftverhältnisse herstellbar [628].

Umfangreichere vergleichende Studien liegen zu einer Reihe von Dekontaminationstechniken sowie zur Verhinderung von Schadstoffemissionen durch Oberflächenversiegelung vor. STOLZ et al. [627] berichteten über Untersuchungen zu Dekontaminationseffekten bei Behandlung von Oberflächen, die mit Pyrethroiden belastet waren. Dabei kamen zur Reinigung der Oberflächen Wasser, tensidhaltige Reinigungsmittel und alkalische Spezialreiniger zum Einsatz. Weiterhin wurden verschiedene kontaminierte Materialien mit UV-Strahlung behandelt, um die Pyrethroide photolytisch abzubauen. Die Reinigungseffekte mit Wasser und verschiedenen wäßrigen Reinigungslösungen waren mäßig (Absenkung der Pyrethroidkonzentration um ca. 10–66%), so daß diese Reinigungsverfahren lediglich als Begleit- und Abschlußmaßnahmen, nicht aber als Dekontaminationsmaßnahmen bewertet werden können. Soweit Textilien für die chemische Reinigung geeignet sind, stellt dies einen praktikablen Weg zur Dekontamination dar.

Die UV-Bestrahlung kontaminierter Materialien erbrachte nach KLENCKE et al. [629] wesentlich bessere Dekontaminationsleistungen als die Reinigung mit wäßrigen Medien. Diese Methode weist aber eine Reihe von praktischen Nachteilen auf:

- begrenzte Einsetzbarkeit, da nur die Rückstände abgebaut werden, die von der UV-Strahlung erreicht werden, was z. B. bei hochflorigem textilen Material zu Schwierigkeiten führt,
- die bestrahlten Materialien können durch die UV-Strahlung beschädigt werden (Ausbleichen von Farben, Verspröden von Material),
- beim Arbeiten mit UV-Strahlung sind spezielle Schutzmaßnahmen zu treffen, zudem kommt es zur Ozonbildung,
- über die durch den photochemischen Abbau entstehenden Produkte ist wenig bekannt, auch mit den Restprodukten können Risiken verbunden sein.

Verschiedene Techniken zur Versiegelung von Materialien, die mit bioziden Wirkstoffen behandelt worden sind, haben FRANKE und WESSEL-
MANN [630] über 2 Jahre einer vergleichenden Untersuchung unterzogen.
Sie behandelten Kiefernholz-Stücke mit den Wirkstoffen Lindan, Endosulfan, Dichlofluanid, Permethrin und Pentachlorphenol und testeten
den Rückhalteeffekt von 14 verschiedenen Beschichtungs- oder Anstrich-
materialien. Dabei wurde auch der Einfluß einer Reihe von Umweltein-
flüssen (Luftfeuchte, Temperaturschwankungen, UV-Strahlung) auf die
Materialeigenschaften geprüft. Die Untersuchungen zeigten, daß Alkyd-
harze und Naturöle keine ausreichende Wirkung zur Versiegelung von
biozidhaltigen Materialien haben, während alle anderen Anstriche und
Beschichtungen die Schadstoffabgabe um 90 % oder mehr verminderten
und EP-Harze bis zu 99 % Rückhaltevermögen erreichten. Auch 2kompo-
nentige DD-Lacke, verschiedene wäßrige Dispersionen (auf der Basis von
PMMA, PVDC, PU sowie Acryl-PU) und Schellackprodukte weisen ein
gutes Rückhaltevermögen auf. Im Falle des PCP ist durch Anwendung
eines alkalisch eingestellten Grundierungsmittels vor der Beschichtung
eine Emission nahezu völlig zu verhindern.

Beim Einsatz solcher Beschichtungssysteme ist darauf zu achten, daß
mit den Beschichtungen nicht wiederum neue Schadstoffe in die Räumlichkeiten eingetragen werden. Versiegelung und Beschichtung von
Schadstoffquellen können allerdings nur dann als Sanierungsmaßnahmen Erfolg haben, wenn alle relevanten Quellen in einem Raum
oder Gebäude bekannt sind. Dies ist nur mit erheblichem Aufwand zu
gewährleisten. Auf jeden Fall sollte die Innenraumluft in derart behandelten Räumlichkleiten in gewissen zeitlichen Abständen (ca. alle
1–2 Jahre) immer wieder stichprobenartig auf den Gehalt an bioziden
Wirkstoffen untersucht werden.

Der sicherste Weg zur Sanierung eines Gebäudes bei einer Belastung
mit bioziden Wirkstoffen liegt in der Entfernung der Quellen. Das ist in
vielen Fällen mit erheblichen baulichen Aufwendungen verbunden, hat
aber den Vorteil, dauerhaft zu sein und zu keinen Folgemaßnahmen zu
führen.

3.1.10
Asbest

Die finanziell wohl aufwendigsten Kampagnen zur Sicherung gesundheitsverträglicher Verhältnisse in Innenräumen sind in den letzten

Jahren zur Entfernung asbesthaltiger Materialien aus Gebäuden durchgeführt worden, nachdem seit den 70er Jahren die gesundheitlichen Folgen und Risiken einer Exposition gegenüber Asbestfasern immer deutlicher wurden. Dabei stellen nach GROSSGARTEN und WOITOWITZ [631] (in diesem Fall besonders offensichtlich) *„Berufskrankheiten ... aus der Sicht der medizinischen Ökologie das Paradigma der Umweltkrankheiten dar"*. Auch wenn seit den 30er Jahren bereits ein Zusammenhang zwischen der Exposition gegen Asbestfasern und der Krebsentstehung bekannt ist, so wurde das Ausmaß des Risikos doch erst in den 60er und 70er Jahren deutlich und auch für Belastungen außerhalb der Arbeitswelt bewertet [632]. Erst 1977 wurde in der Bundesrepublik das Mesotheliom des Rippenfells und des Bauchfells (ein sehr bösartiger Tumor) als Folge des beruflichen Umgangs mit Asbestprodukten neben den bereits definierten Asbeststaublungenerkrankungen in die Liste der Berufskrankheiten aufgenommen. Das Bundesgesundheitsamt und das Umweltbundesamt haben in den Jahren zwischen 1978 und 1981 mehrere Berichte [633–635] zum Themenkomplex „Asbest in der Umwelt – Belastung und Bewertung" veröffentlicht und einen Richtwert für die Asbestfaserimmissionen (in Höhe von 1000 Fasern/m^3) vorgeschlagen. Aus diesen Zusammenhängen heraus wurde die Asbestfaserbelastung auch zu einem Thema für das öffentliche Gesundheitswesen und die Umweltmedizin [636–638] sowie für eine breitere Öffentlichkeit.

Asbest hat wegen seiner vorteilhaften Materialeigenschaften und seiner geringen Kosten eine sehr weite Verwendung im Bauwesen und in der Technik gefunden. Duch den Einbau asbesthaltiger Materialien und die Verwendung zahlreicher asbesthaltiger technischer Produkte konnte Asbest auch in Gebäude und in Innnenäume gelangen.

Bei Asbest handelt es sich um einen anorganischen Faserstoff, der schon im Altertum aus natürlichen Mineralvorkommen, z. B. im Mittelmeerraum, gewonnen wurde. Die Eigenschaften des Asbests, die seine sehr spezielle und recht breite Verwendung ermöglichten, sind v. a. seine hohe Wärmebeständigkeit und Unbrennbarkeit, die Geschmeidigkeit und Verspinnbarkeit der Fasern, das gute Isoliervermögen, die gute Einbindefähigkeit in verschiedenste Bindemittel und auch die relativ gute chemische Beständigkeit.

Mineralogisch sind die Serpentin- und die Amphibolasbeste zu unterscheiden. Im technischen Einsatz hat das Chrysotil (Weißasbest) – der Serpentinasbest – den mengenmäßig größten Anteil. Daneben spielt, v. a. in der Verwendung als Spritzasbest, das Krokydolith (Blauasbest) eine Rolle. Als dritter technisch wichtiger Asbesttyp ist noch Amosit (Braunasbest) zu nennen. Die Asbesttypen unterscheiden sich in ihrer chemischen Zusammensetzung, in der Morphologie und in ihren physikalischen Eigenschaften (Abb. 3.21).

Chrysotil ist geschmeidig, die Fasern sind weich und biegsam und eignen sich daher sehr gut für die Verarbeitung zu textilen Materialien (Hitzeschutzkleidung und -gewebe, aber auch als Filtermedium, für die Herstellung von Dichtungen und von faserverstärkten Kunststoffmaterialien sowie für die Herstellung von Asbestzement). Chrysotil ist sehr gut zerfaserbar und kaum zu zerreiben oder zu zermahlen.

Die Amphibolasbeste hingegen wirken eher spröde, lassen sich mahlen und zerreiben; sie sind nicht zum Verspinnen und zur Verabeitung zu textilen Materialien geeignet.

Krokydolith und in geringerem Umfang auch Amosit sind im Spritzasbest eingesetzt worden. Auch als Asbestwolle, die in der Technik und in der Laboratoriumspraxis als Wärmeisoliermaterial Verwendung fand, dienten die Amphibolasbeste, da ihre wenig geschmeidigen, sperrigen Fasern gut verfilzen und die Form halten.

Der Asbesteinsatz in der Bundesrepublik Deutschland war in den Nachkriegsjahren rasch angestiegen und hatte sein höchstes Niveau in den Jahren zwischen 1960 und 1980 mit einem Jahresverbrauch in der Größenordnung von etwa 130 000 bis 180 000 t/Jahr erreicht (nur alte Bundesländer). Nach 1980, nachdem eine Reihe von Nutzungen nicht mehr zulässig waren und Programme zur Substitution des Asbests in Technik und Bauwesen in Gang kamen, ist der Verbrauch rasch zurückgegangen und heute mengenmäßig völlig unbedeutend. Nach einer Vereinbarung der Bundesregierung mit dem Verband der Faserzementindustrie (früher Wirtschaftsverband Asbestzement) ist seit 1991 völlig auf den Einsatz von Asbest in Hochbauprodukten verzichtet worden [639], d. h. die *Quellen* für Asbestfasern in Innenräumen und die heute festzustellenden Sanierungsfälle gehen auf den Einbau und die Verwendung asbesthaltiger Produkte während der letzten 40 Jahre zurück.

Im Bauwesen werden verschiedene Produkttypen unterschieden. Eine Gruppe bildet Asbestzementprodukte mit einem Asbestanteil von weniger als 15 %, wie

– kleinformatige Platten, die z. B. für Fassadenverkleidungen und Dachdeckung Verwendung fanden,

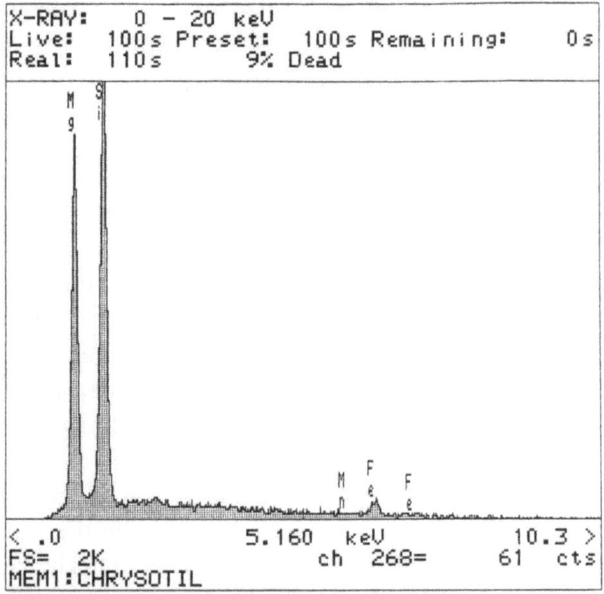

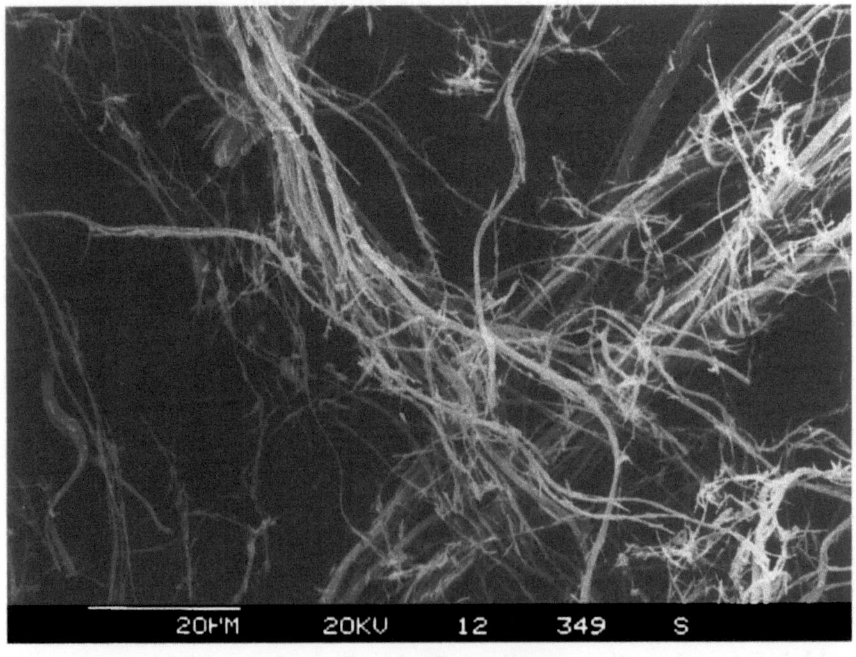

a

Abb. 3.21a–c. Rasterelektronenmiskroskopische Aufnahmen und die zugehörigen Röntgenspektren der technisch bedeutsamsten Asbesttypen **a** Chrysotil (Weißasbest),

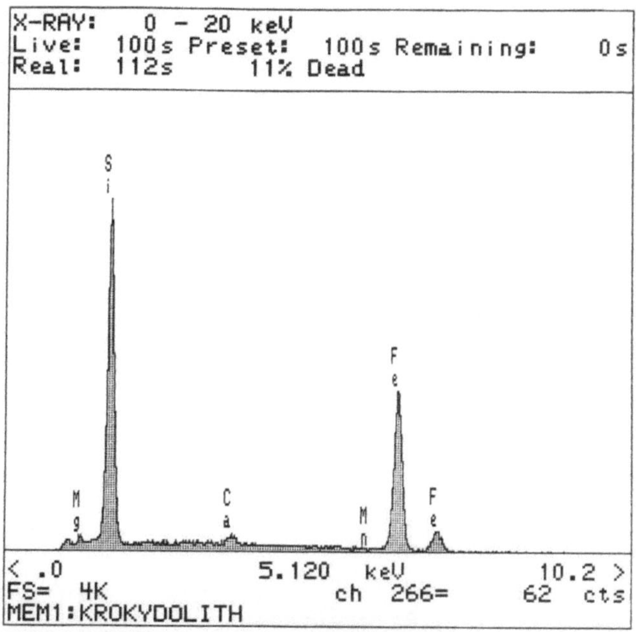

b

Abb. 3.21 (Fortsetzung) **b** Krokydolith (Blauasbest)

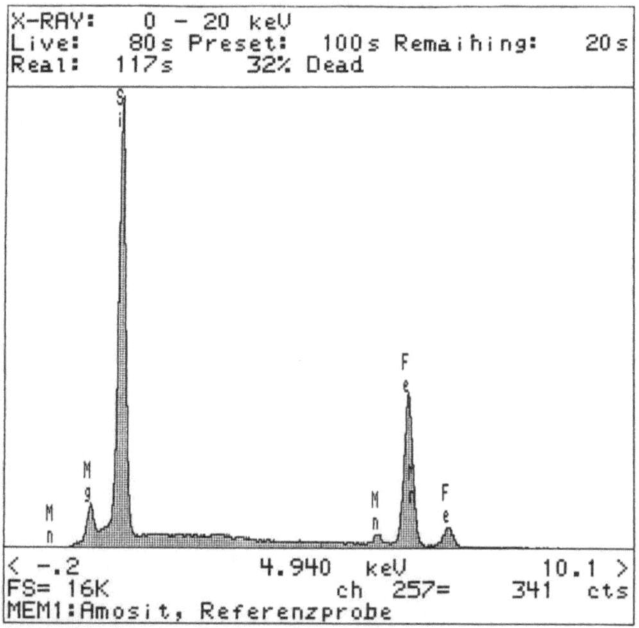

c

Abb. 3.21 (Fortsetzung) c Amosit (Braunasbest)

- großformatige ebene oder profilierte Platten, die einen breiten Einsatz für Dachbedeckungen, Bekleidung von Innenraumflächen und Fassaden und für die Herstellung von Lüftungskanälen fanden,
- Rohre für Wasser- und Abwasserleitungen, Lüftungs- und Abgasführungen,
- Formstücke verschiedenster Art (z.B. Blumenkästen und andere Gartenelemente, Dacheinläufe).

Im Gegensatz dazu weisen die schwach gebundenen Asbestprodukte, als zweite Gruppe der asbesthaltigen Bauprodukte, sehr hohe Asbestgehalte auf, die zumeist über 60 % liegen. Derartige Produkte sind vorrangig unter Brandschutzgesichtspunkten eingesetzt worden. Zu diesen Bauprodukten sind zu rechnen [640]:

- der Einsatz von Asbest in Spritzputz oder anderen Spritzbeschichtungen (Spritzasbest, bis 1979 zulässig) sowie in konventionell aufgetragenem Asbestputz,
- Asbestmatten und -platten, die als Isolier- und Dämmstoff zu verwenden waren,
- Asbestschnüre und -ringe zum Einsatz als Dichtungen,
- Leichtbauplatten für Brandschutzbekleidungen, den Bau von Kanälen für Klimatisierungsanlagen und ähnliche Zwecke,
- Asbestmassen (z.B. für Kabelabschottungen),
- Dämmstoffe in Wänden in Ständerbauart,
- Heizkörperverkleidungen.

Asbesthaltige Dichtmaterialien fanden genauso wie asbesthaltige Platten aller Art auch in der Technik weite Verwendung, so daß viele Geräte und Apparate, die auch in Innenräumen Verwendung finden, mit Asbest belastet sein können. Das gilt z.B. für Overheadprojektoren, Diaprojektoren und – nach Art und Umfang der Anwendung besonders bedeutsam – auch für Elektrospeicheröfen. In diese wurden bis etwa 1976 asbesthaltige Bauteile als Kernsteinträger, Kernabdeckplatten, Platten zwischen Wärmedämmung und Kernsteinen, asbestumsponnene Anschlußdrähte, Dichtungsstreifen, Dämmscheiben am Ventilatorgehäuse und als Dämmstoffhülsen der Steuerpatronen des Aufladereglers (für diesen Zweck auch über das Jahr 1976 hinaus üblich) eingesetzt [641, 642].

In Innenräumen fanden darüber hinaus Kunststoffbodenbeläge mit geringen Asbestanteilen Verwendung, deren Beitrag zur Faserbelastung der Innenraumluft grundsätzlich als gering einzuschätzen ist. Bei Aus- und Umbaumaßnahmen kann es aber durch die mechanische Beschädigung des Materials auch zu Faserfreisetzungen kommen, so daß unter gewissen Umständen auch asbesthaltige Bodenbeläge zur Faserbelastung in Innenräumen beitragen.

Eine große Bedeutung hatte Asbest lange Zeit als Einsatzstoff in Reibbelägen (wie Brems- und Kupplungsbelägen, Bremsklotzsohlen). Der Ersatz von Asbest durch andere Materialien mit vergleichbaren Eigenschaften erwies sich als schwieriger als bei den meisten anderen asbesthaltigen Produkten. Aus dem Einsatz von Asbest in Reibbelägen resultierte ein beträchtlicher Eintrag von Asbestfasern in die Umwelt, der von LOHRER und MIERHEIM [643] Anfang bis Mitte der 80er Jahre bundesweit auf ca. 10 t/Jahr abgeschätzt wurde, was durch Emissionsuntersuchungen von RÖDELSPERGER et al. [644] in etwa Bestätigung fand. Allerdings nimmt sich dieser Beitrag zur ubiquitären Belastung mit Asbestfasern gering aus gegen die von SPURNY et al. [645] abgeschätzte Menge an Asbestfasern, die durch Abwitterung von Asbestzementprodukten freigesetzt werden. Dabei handelt es sich vorrangig um Asbestzementplatten, die zur Außenverkleidung von Gebäuden eingesetzt wurden. Insgesamt rechneten SPURNY et al. auf der Fläche der (alten) Bundesrepublik mit der Freisetzung von ca. 1000 t/Jahr, von denen ein Teil mit dem Regenwasser abgetragen wird. Immerhin ca. 200–500 t/Jahr gelangen aber in die Luft.

Sehr weite Verbreitung fanden darüber hinaus auch textile Materialien aus Asbest im Arbeitsschutz für die Herstellung von Hitzeschutzkleidung und Hitzeschutzhandschuhen, für Löschdecken und brandfeste Vorhänge. In hitzebeständigen Papieren und Pappen sind bis zu 98 % Asbest enthalten. Solches Material findet sich in elektrotechnischen Gerätschaften, mitunter aber auch in Gebäuden.

Eine gewisse Bedeutung wird v. a. in den USA auch der Freisetzung von Asbestfasern aus Trinkwasser beigemessen [646, 647]. Diese Fasern werden offensichtlich aus Asbestzementrohren ausgelöst und können aus dem Wasser in die Luft übergehen.

Die besondere Form der Bindung der Asbestfaser und die von gasförmigen Schadstoffen abweichenden Modalitäten der Freisetzung des Schadstoffs erfordern auch eine besondere Vorgehensweise bei der Ermittlung der Belastungsverhältnisse in einem Gebäude. Für die Luftbelastung mit Asbestfasern lassen sich durchaus *typische Konzentrationen* in der Außenluft angeben. Wichtige Quellen der Faserbelastung in der Außenluft sind asbesthaltige Baumaterialien und Formteile, die bei der Verwitterung Fasern freigeben, asbesthaltige Brems- und Reibbeläge und Spritzmassen sowie Isolierputze.

Mit erheblichen Schwierigkeiten ist allerdings die Angabe typischer Asbestfaserkonzentrationen in Innenräumen verbunden. Die Freisetzung von Asbestfasern ist vom Erhaltungszustand der asbesthaltigen Bau- und Werkstücke abhängig und schwankt zumeist außerordentlich stark in Abhängigkeit von der mechanischen Belastung der Teile durch Stoß, Druck, Abrieb oder auch durch ihre Bearbeitung. Die Fasern werden in den meisten Fällen diskontinuierlich und stoßweise freigesetzt. Das kann zu kurzzeitig extrem hohen Innenraumbelastungen mit Fasern führen, die durch die Sedimentation und durch Reinigungsmaßnahmen im Gebäude wieder abklingen. Daher kann aus der Messung der Asbestfaserkonzentration in asbestbelasteten Gebäuden allenfalls eine Momentansituation beschrieben werden. Solche Meßwerte geben zusätzliche Hinweise auf die Dringlichkeit einer Sanierung. Die Entscheidung über die Sanierungsbedürftigkeit erfordert jedoch eine Bewertung der möglichen Asbestfaserfreisetzung und muß daher von der Ermittlung des Bestands an asbesthaltigen Produkten und des Risikos der Freisetzung von Asbestfasern aus diesen Produkten ausgehen. In diesem Sinn sehen auch die von den Bundesländern im Rahmen des Baurechts erlassenen Asbest-Richtlinien ein Bewertungsverfahren vor, das die Festlegung der Sanierungserfordernisse auf die Untersuchung der asbesthaltigen Materialien und nicht auf die Messung der Raumluftkonzentration stützt. Als Beispiel können die bayerischen Asbestrichtlinien angeführt werden [648].

Trotz der methodischen Probleme bei der Bestimmung der Asbestfaserkonzentrationen in asbestbelasteten Innenräumen ist es angesichts der kanzerogenen Eigenschaften der Asbestfasern durchaus von Interesse solche Meßwerte zu erheben, um eine Abschätzung der unter verschiedenen Umständen inhalativ aufgenommenen Fasermengen vornehmen zu können. Typische Meßwerte für Außen- und Innenraumluft sind in Tabelle 3.37 zusammengestellt.

Das Vorgehen bei der Erhebung des von asbesthaltigen Baumaterialien und sonstigen Produkten ausgehenden Risikopotentials nutzt allerdings der Gehalt der Innenraumluft an Asbestfasern nur als zusätzliche Information. Im Kern basiert die Bewertung auf der Art und dem Zustand der asbesthaltigen Materialien. Das höchste Risiko ist demzufolge mit schwach gebundenen Asbestprodukten, insbesondere mit

Tabelle 3.37. Typische Asbestfaserkonzentrationen in der Außen- und Innenraumluft

Charakterisierung der Untersuchungsbedingungen	Meßergebnis (Mittelwert/ Bandbreite als Fasern ($< 5\ \mu m$)/m^3	Probenahme- und Meßtechnik	Emissionsquellen Ursachen der Faserbelastung
[649]	Ländliche Gebiete: 50 Ballungsgebiete: 150–900 Emittentennahbereich: 600–2000	REM[b] (Faserlänge: 3–5 μm)	
Auswirkung der Abwitterung von Asbestzementprodukten auf die Umgebung [650]	UNG[a]–1500	Nach VDI 3492/REM (Erfassung in 2 Längenklassen: 2,5–5 μm und > 5 μm)	Aus Asbestzementbauteilen (Dachbedeckung) mit starker Korrosion
Messungen auf und im Umfeld 2er Mülldeponien [651]	100–3000	Nach VDI 3492/REM (Faserlängen: 2,5–5 μm)	
Messungen an einer Großrutschbahn und im Abstand von 4 m [652]	920–8250	Nach VDI 3492/REM (Faserlängen: < 5 μm)	Aus Asbestzementbauteilen
Gebäude mit asbesthaltigen Produkten [653]	500–200000 (Mittelwerte bei: 700–9000)	TEM[c] (Faserlänge: 1–5 μm)	Asbesthaltige Materialien
Schul- und Bürogebäude in Mailand [654]	Schulgebäude: 500–1000 Bürogebäude: 500–6900	Optische Mikroskopie	Asbestfasergehalt der Innenraumluft lag bis zu 3fach höher als in der Außenluft

[a] UNG – unter der Nachweisgrenze, die bei diesen Untersuchungen zumeist bei 100 Fasern/m^3 lag.
[b] Rasterelektronenmikroskop.
[c] Transmissionselektronenmikroskop.

Spritzasbest, verbunden, da die Fasern aus solchen Materialien außerordentlich leicht freigesetzt werden.

Die Bewertung der in einem Gebäude angetroffenen asbesthaltigen Materialien erfolgt nach einem Schema, das in den Asbestrichtlinien der Länder [648] verankert ist. Das Formblatt, mit dem die Dringlichkeit einer Sanierungsmaßnahme dokumentiert wird, ist in Anhang A wiedergegeben.

Die Bewertung des Sanierungsbedarfs erfolgt vor dem Hintergrund der bekannten und gesicherten *Wirkungen* von Asbest [655, 656]. Seit langem bekannt ist die Asbestose, eine Staublungenkrankheit, die zu Atemnot, Reizhusten, Auswurf und allgemeiner körperlicher Hinfälligkeit führen kann. Es handelt sich dabei um eine anerkannte Berufskrankheit. Das Asbestoserisiko ist im arbeitsmedizinischen Bereich eingehend untersucht worden [657, 658]. Die höchsten Risiken sind in der Herstellung von Asbesttextilien, Asbestpapieren und in der Asbestzemenindustrie gefunden worden.

Im Hinblick auf die Belastung der Allgemeinbevölkerung mit Asbest sind aber v. a. die kanzerogenen Eigenschaften von Asbestfasern in den Vordergrund getreten. Diese sind auch in der Arbeitsmedizin umfassend dokumentiert [659, 660]. Bei der Feststellung von Tumorerkrankungen, speziell von Mesotheliomen des Rippenfells, des Bauchfells und des Perikards, nach Asbestexposition in der Arbeitswelt handelt es sich um Folgen hoher Belastungen. Es liegen aber auch Hinweise auf ähnliche Krankheitsbilder bei Menschen vor, die wesentlich geringeren Belastungen ausgesetzt waren. So haben SCHNEIDER und WOITOWITZ [661] einige Fälle dokumentiert, bei denen Ehepartner in ihrem Beruf Umgang mit Asbest hatten. Die Reinigung des asbeststaubkontaminierten Arbeitskleidung haben die Ehefrauen vorgenommen und dabei vermutlich inhalativ erhebliche Mengen an Asbest aufgenommen. Sie entwickelten alle ein Pleuramesotheliom, das als Signaltumor für die Asbeststaub-Gefahren gilt.

Unter ungünstigen Umständen können also auch außerhalb der Arbeitswelt gesundheitsgefährdende Asbestfaserkonzentrationen auftreten [662], allerdings ist eine genaue Risikoabschätzung schwierig.

Diese Wirkungen sind maßgeblich von der Größe und physischen Struktur der Asbestfasern bestimmt. Die Faser wirkt unmittelbar als krebserzeugendes Agens [663].

Daher stehen auch andere Mineralfasern die gleiche Strukturmerkmale aufweisen wie Asbestfasern, im Verdacht, kanzerogene Wirkungen zu haben. Im Zuge der Prüfung gesundheitsschädlicher Arbeitsstoffe [664] sind inzwischen anorganische Faserstäube generell als krebsverdächtig eingestuft worden, einzelne Fasertypen sind als eindeutig krebserzeugend bewertet worden.

Für die Belastung von Innenräumen [665] wirft der fachgerechte Einbau von Mineralfasern zur Wärmedämmung keine Probleme auf, da dabei eine Freisetzung von Faserstaub praktisch nicht erfolgt. Allerdings können Reparatur- und Wartungsarbeiten an Bauteilen, die künstliche Mineralfasern (KMF) enthalten, ebenso wie die Bearbeitung asbesthaltiger Materialien zur Freisetzung von Fasern führen. Ein technisches Regelwerk, das den Asbestrichtlinien entspräche, ist aber für KMF-haltige Baumaterialien noch nicht verfügbar.

Eindeutige Kriterien zur *Bewertung* der Belastung von Gebäuden mit mineralischen Fasern liegen daher nur für Asbest vor. Die Asbestrichtlinien unterscheiden beim Vorhandensein von asbesthaltigen Materialien 3 Dringlichkeitsstufen:

Dringlichkeitsstufe I:	Sanierung unverzüglich erforderlich.Dies ergibt sich bei einer Bewertungszahl ≥ 80 nach dem in Anhang A dargestellten Muster. Solche Ergebnisse sind in der Praxis nur bei offenliegendem Spritzasbestmaterial zu erwarten.
Dringlichkeitsstufe II:	Sanierung mittelfristig erforderlich. Dies ergibt sich bei Bewertungszahlen zwischen 70 und 79. Solche Bewertungen können sich beispielweise ergeben, wenn Asbestschnüre als Flanschdichtungen in Lüftungskanälen eingesetzt sind [666]. In solchen Fällen ist im 2jährigen Rhythmus eine Überprüfung der Sachlage und eine Neubewertung erforderlich, um etwaige Materialveränderungen erkennen und darauf reagieren zu können.
Dringlichkeitsstufe III:	Sanierung langfristig erforderlich. Dies ergibt sich bei Bewertungszahlen < 70. Die Asbestrichtlinien führen aus, daß diese Dringlichkeitsstufe asbesthaltigen Brandschutztüren, bei denen die Asbestkörper dicht eingeschlossen sind, zuzurechnen ist, d. h. immer wenn die

> Freisetzung von Asbestfasern mit hoher Sicherheit ausgeschlossen werden kann, liegen Voraussetzungen vor, die eine Einstufung in Dringlichkeitsstufe III ermöglichen.

Die Asbestfaser-Konzentration in der Innenraumluft spielt bei der Bewertung eine untergeordnete Rolle, entscheidend ist das Potential der in einem Gebäude vorhandenen asbesthaltigen Materialien zur Freisetzung von Fasern. Das wird anhand der folgenden Kriterien ermittelt:

- Art der Asbestverwendung,
- Asbestart,
- Struktur der Oberfläche des Asbestprodukts,
- Oberflächenzustand des Asbestprodukts,
- Beeinträchtigung des Asbestprodukts von außen,
- Raumnutzung,
- Lage des Produkts.

Die Bewertung erfordert ein hohes Maß an Sachkunde, häufig sind begleitende Materialuntersuchungen erforderlich, um den Fasertyp und -gehalt von Materialien sicher festzustellen. Da auch durch den Untersuchungsvorgang selbst und in noch höherem Maß durch Sanierungsarbeiten eine Freisetzung von Fasern erfolgen kann, müssen umfangreiche Sicherheitsmaßnahmen bei diesen Arbeiten beachtet werden.

Das Vorgehen bei der Abklärung des Sanierungsbedarfs und bei der *Sanierung* ist sehr detailliert durch die bereits erwähnten Asbestrichtlinien und weitere technische Regeln festgelegt. In Anhang B sind die Grundlagen für das Vorgehen schematisch zusammengestellt.

Ziel der Sanierungsmaßnahmen ist die vollständige Entfernung der asbesthaltigen Materialien, soweit dies möglich ist. Auch die Verfestigung und die Beschichtung mit Kunststoffen sowie die Einkapselung der asbesthaltigen Bauteile sind zulässige Vorgehensweisen.

Als Erfogskontrolle ist zum Abschluß der Arbeiten nachzuweisen, daß in dem sanierten Gebäude folgende Bedingungen eingehalten werden:

1. Die Asbestfaserkonzentration mit Fasern der kritischen Größe (Länge $\geq 2{,}5\ \mu m$, Durchmesser $< 3\ \mu m$, Verhältnis von Faserlänge zu -dicke: $> 3{:}1$) ist bei allen Messungen $< 500\ F/m^3$.

2. Die Obergrenze des (bei den nach VDI-Richtlinie 3492 durchgeführten Messungen) aus der Anzahl der kritischen Asbestfasern (mit einer Faserlänge $\geq 5\,\mu m$, einem Faserdurchmesser $< 3\,\mu m$ und einem Verhältnis von Faserlänge zu -dicke: $> 3{:}1$) nach der Poisson-Verteilung berechneten Vertrauensbereichs der Asbestfaserkonzentration muß unterhalb von $1000\ F/m^3$ liegen.

Es ist davon auszugehen, daß durch die Asbestsanierungen schrittweise nicht nur in den Gebäuden die Faserfreisetzung reduziert wird, sondern daß auch – soweit schrittweise auch die außen verwendeten Baumaterialien, wie Fassaden- und Dachabdeckung entfernt oder versiegelt werden – die allgemeine Immissionsbelastung mit Asbestfasern zurückgehen wird.

3.1.11
Staub im Haus und seine Inhaltsstoffe: Schwermetalle und mittel- bis schwerflüchtige organische Verbindungen

Der Staub im Haus wird zumeist als ein Problem der häuslichen Reinlichkeit und der Hygiene erlebt. Nur selten sind Beschwerden über unzureichende Raumluftverhältnisse mit Klagen über den Staub verbunden. Dennoch ist ihm Aufmerksamkeit zu schenken, da der in Innenräumen anzutreffende Staub als Feinstaub auch eine gesundheitliche Bedeutung haben kann. MOGHISSI [667] hat sogar die Staubbelastung in Innenräumen neben der CO_2-Konzentration und der Gesamtkohlenstoffkonzentration als einen Leitparameter für die Luftbelastungsverhältnisse in Innenräumen bezeichnet.

Stäube sind Träger von Schad- und Reizstoffen, die am Staub anhaften, und Staub kann bei Untersuchungen der Raumluftverhältnisse ein Indikator für die Belastungssituation von Räumen sein, wie in den Abschn. 3.1.8 und 3.1.9 bereits dargestellt.

In einem breit angelegten Übersichtsartikel über die Eigenschaften von Staubteilchen, ihre chemische Zusammensetzung und die mit ihrer Messung verbundenen chemisch-analytischen Probleme haben SCHROEDER et al. [668] dargestellt, wie komplex die Beschreibung und Bewertung atmosphärischer Partikel ist. Trotz zahlreicher Arbeiten zu diesem Themenkomplex kommen die Autoren zu dem Schluß, daß eine umfassende Bewertung der Bedeutung des atmosphärischen partikulären Materials unter lufthygienischen Gesichtspunkten noch umfangreiche Untersuchungen erfordert.

Bei dieser Sachlage können im Rahmen einer Darstellung von Luftschadstoffen in Innenräumen nur anhand von Fallbeispielen einige Hinweise auf die Bedeutung der staubförmigen Luftbelastung gegeben werden. Eine umfassende Darstellung würde ein eigenes Buch füllen.

Zu unterscheiden sind grundsätzlich verschiedene Formen des Staubs:

- *Schwebstaub:* Anteil des Staubs, der wegen seiner geringen Partikelgröße nicht oder sehr langsam sedimentiert und auch inhalativ aufgenommen wird; die Beprobung des Schwebstaubs erfolgt zumeist durch aktive Probenahme unter Einsatz von Pumpen auf Filtermaterial,
- *Staubniederschlag:* Staub, der im Lauf der Zeit sedimentiert und der für analytische Zwecke in geeigneten Gefäßen aufgefangen werden kann,
- *Hausstaub:* Staub, der sich in Gebäuden ansammelt und sowohl aus sedimentiertem Material als auch Abriebteilchen, freigesetzten Fasern, mit den Schuhen und dem Körper eingetragen Partikeln und sonstigem Schmutz besteht.

Die Analyse dieser 3 unterschiedlichen Staubfraktionen kann zu ganz unterschiedlichen Resultaten führen, da die Genese und die Aufenthaltsdauer im Raum sehr unterschiedlich sein können.

Ähnlich wie für gasförmige Luftschadstoffe hat das Bundesgesundheitsamt im Rahmen des Umwelt-Survey in den Jahren 1985/86 auf der Basis von 2731 repräsentativen Stichproben eine Erhebung der Staubbelastung in Wohnräumen und der Spurenelementgehalte im Hausstaub vorgenommen [669]. Als Hausstaub wurde dabei zum einen das in Staubsaugerbeuteln aufgefangene staubförmige Material und zum anderen der im Verlaufe von 1 Jahr in Polystyrolbecher eingetragene Staubniederschlag genommen. Für 18 Metalle und Metalloide vom Arsen bis zum Zink sowie für PCP und Lindan wurden in dieser Studie Daten zur Belastungssituation erhoben. Dieses Datenmaterial bietet eine gute Grundlage zur Einschätzung von Analysedaten aus Innenraumuntersuchungen.

Als wichtigste Inhaltsstoffe des Staubs sind unter Gesichtspunkten des Gesundheits- und Umweltschutzes Schwermetalle und eine Reihe schwerflüchtiger organischer Verbindungen anzusprechen.

Im Hinblick auf die besonderen Verhältnisse in Innenräumen interessieren vorrangig solche Stoffe, die u. U. auch in Innenräumen freigesetzt werden können. Grundsätzlich ergibt sich aus zahlreichen Untersuchungen [670–672] beim Schwebstaub, insbesondere hinsichtlich der anhaftenden Schwermetalle, eine Verhältniszahl von I/O < 1, d.h., daß Quellen im Außenbereich generell die Schadstoffbeladung von Schwebstaub bestimmen.

Für eine Reihe von Schwermetallen sind aber auch besondere Situationen bekannt, in denen im Gebäudeinnern in bedeutendem Umfang Schwermetalle freigesetzt werden. Als Fallbeispiele sind einige Kontaminationsfälle beschrieben.

Blei ist ein Element, das auch in Produkten, die im Haus zur Anwendung kommen, enthalten ist. Insbesondere der Einsatz von Bleipigmenten in Farben kann zur Kontamination von Innenräumen mit diesem toxischen Schwermetall führen. Schon um die Jahrhundertwende haben Wissenschaftler auf solche Probleme aufmerksam gemacht [673]. Neuere Arbeiten aus dem angelsächsischen Bereich [674–676] haben deutlich gemacht, daß solche Probleme nach wie vor bestehen.

GULSON et al. [676] haben das Isotopenverhältnis von Pb^{204}/Pb^{206} bestimmt, das gut bekannt ist für die weltweit bedeutendste Quelle von luftbürtigem Blei, nämlich die Verbrennung von bleihaltigem Benzin. Sie fanden in den Blutproben von Kindern ein deutlich abweichendes Isotopenverhältnis und konnten dies schließlich mit der Freisetzung von bleihaltigen Partikeln aus alten, abbröckelnden Farben erklären. Dabei fand sogar eine gewisse Rekontamination eines bleifreien Hauses durch Renovierungsarbeiten in der Nachbarschaft statt.

Da auch andere Schwermetalle in Farbpigmenten enthalten sein können (z. B. Titan, Chrom) können Renovierungsmaßnahmen, die mit dem Abtrag von Farbschichten verbunden sind, zu einem unerwünschten, wenn auch zeitlich begrenzten, Eintrag von Schwermetallen in Innenräume führen. Zu einer besonders starken Freisetzung von staubförmigen Partikeln führt das Sandstrahlen, das daher nur mit geeigneten Sicherungsmaßnahmen durchgeführt werden darf, um die Belastung der Bewohner des betroffenen Gebäudes wie auch der Nachbarschaft so gering wie möglich zu halten.

Neben solchen situationsspezifischen Bleibelastungen kann auch ein Eintrag in Wohnungen über kontaminiertes Erdreich mit dem Schuhwerk erfolgen. ROBERTS et al. [677] haben in Abhängigkeit von den Reinigungsgewohnheiten beim Betreten der Wohnung sehr unterschiedliche Bleikonzentrationen im Staub der Teppichböden der untersuchten Häuser gefunden (zwischen 240 und 2900 $\mu g/m^2$, während in Häusern, die renoviert worden waren, sogar bis zu 12 600 $\mu g/m^2$ festzustellen waren).

Im Umwelt-Survey des Bundesgesundheitsamts wurde im Hausstaub aus dem Staubsaugerbeutel ein arithmetischer Mittelwert des Bleigehalts von 80 mg/kg (bei einem 95. Perzentil von 234 mg/kg) gefunden. Im Staubniederschlag waren im arithmetischen Mittel 0,6 µg/m² · d (bei einem 95. Perzentil von 1,45 µg/m² · Tag) festzustellen.

Die durch den Verkehr verursachte ubiquitäre Bleibelastung ist inzwischen – zumindest in Deutschland, wo die Verwendung bleihaltigen Benzins stark rückläufig ist – deutlich zurückgegangen. HELMERS et al. [678] berichteten für Stuttgart über eine Reduzierung der Bleibelastung in verschiedenen Umweltproben um ca. 80–90 % im Zeitraum von 1972–1992, so daß die Grundbelastung heute als unproblematisch anzusehen ist. Das dürfte inzwischen auch zu einem Absinken der Bleikonzentrationen in Innenräumen geführt haben.

Eine ähnliche Entwicklung wie für Blei ist beim *Cadmium* bei Immissionsmessungen festzustellen. Der technische Einsatz von Cadmium ist stark zurückkgegangen und dementsprechend finden sich im Schwebstaub und in anderen Umweltproben nur noch geringe Cadmiumbelastungen.

Für die Belastung von Innenräumen mit Cadmium spielt v.a. der Tabakrauch eine Rolle, ca. 0,1 µg/Zigarette an Cadmium werden dabei freigesetzt.

Bei breit angelegten Untersuchungen des Cadmiumspiegels im Blut zeigte sich, daß das Rauchverhalten auf diesen einen starken Einfluß hat [679], allerdings wurden bei diesen Untersuchungen der Allgemeinbevölkerung keine innenraumspezifischen Parameter erhoben, so daß die Auswirkungen des Passivrauchens und der Innenraumbelastung nicht identifiziert werden konnten. In einer Teilstudie des Umwelt-Survey des Bundesgesundheitsamts wurde festgestellt, daß sich in einer repräsentativen Stichprobe der Bevölkerung der Bundesrepublik Deutschland (in den Jahren 1985/86) für mittelstarke Raucher (17 Zigaretten/Tag) ein 6,6fach höherer Cadmiumspiegel ergibt als für Nichtraucher, während Einflüsse des Passivrauchens auf den Cadmiumgehalt des Bluts nicht oder nur schwach nachweisbar waren [680].

Für den Cadmiumgehalt des Inhalts von Staubsaugerbeuteln ergab sich ein arithmetischer Mittelwert von 2,5 mg/kg (bei einem 95. Perzentil von 6,7 mg/kg). Für den Staubniederschlag wurde beim Cadmium ein arithmetischer Mittelwert von 0,021 µg/m² · Tag (bei einem 95. Perzentil von 0,050 µg/m² · Tag) festgestellt.

Neben dem Tabakrauch kann in Innenräumen auch die Verwendung des Cadmiums als Bestandteil in Pigmenten eine Rolle spielen. SIEGEL [681] hat den Fall einer Farbenfabrik dokumentiert, in der cadmiumhaltige Pigmente eingesetzt wurden. Die von dieser Fabrik ausgehenden Emissionen beeinflußten die örtlichen Immissionsverhältnisse. Ihre Produkte können – soweit sie in Innenräumen zur Anwendung kamen – bei Renovierungsmaßnahmen auch die Belastung von Innenräumen mit Cadmium beeinflussen.

Großes Aufsehen erregt haben in den letzten Jahren eine Reihe von Kontaminationsfällen mit *Quecksilber*. Dabei handelte es sich durchwegs um Altlastensituationen. Die aus zurückliegenden gewerblichen und industriellen Aktivitäten stammenden Quecksilberbelastungen von Gebäuden, Maschinen und Böden führten in Wohngebäuden und in anderen Innenräumen zu hohen Raumluftkonzentrationen. Anders allerdings als bei Blei und Cadmium, die in der Gasphase nicht anzutreffen sind, liegt Quecksilber überwiegend gasförmig vor, kann aber auch an Stäube und Aerosolteilchen angelagert sein.

Die umfassend dokumentierten Kontaminationsfälle sind zum einen in Frankfurt der Fall eines Unternehmens, das eine Anlage zur Rückgewinnung von Quecksilber betrieben hat [682]. Zum anderen wurden in Bayern 2 Fälle [683] eingehend untersucht: in Marktredwitz und in Fürth traten ähnliche Probleme im Umfeld einer alten chemischen Fabrik auf. Hierbei handelte es sich um Gebäude ehemaliger Spiegelfabriken [684, 685].

Grundsätzlich können Quecksilberkontaminationen in früheren Jahren oder gar vor Jahrhunderten auch durch zahlreiche andere gewerbliche Aktivitäten verursacht worden sein (Feuervergolden, Gürtler, Musivgoldherstellung, Holzkonservierung). Eine systematische Übersicht über die Quecksilberproblematik in Innenräumen liegt derzeit nur für einzelne Regionen vor.

Eine weitere Kontaminationsursache ist verschiedentlich untersucht worden, nämlich die Auswirkungen der Quecksilberfreisetzung aus zerbrochenen Thermometern. In den USA sind bei einer Untersuchung von 47 Krankenhäusern (in Pennsylvania) in 6 Fällen erhebliche Innenraumkontaminationen festgestellt worden. Die höchste dabei gemessene Innenraumluft-Konzentration lag bei 710 $\mu g/m^3$.

In Fürth wurden insgesamt 44 Anwesen (alles ehemalige Spiegelfabriken) auf den Gehalt der Raumluft an Quecksilber untersucht. Davon waren 17 als gering belastet einzustufen, d.h. die Quecksilberkonzentrationen lagen unter 5 µg/m³. In 16 Anwesen wurde ein mittleres Kontaminationsniveau festgestellt, d.h. die Konzentrationen lagen zwischen 5 und 20 µg/m³. Als hoch belastet erwiesen sich schließlich die restlichen 11 Anwesen, in denen Raumluftkonzentrationen über 20 µg/m³ gefunden wurden. Der Maximalwert lag bei 58 µg/m³. Der MAK-Wert liegt bei 100 µg/m³, wurde also noch unterschritten, aber der für Innenräume herangezogene Richtwert in Höhe von 1 µg/m³ wurde weit überschritten.

Im Fall der chemischen Fabrik in Marktredwitz laufen Untersuchungen [686], um die Exposition der Anwohner systematisch zu erfassen. Dabei zeigte sich, daß es ein altersspezifisches Muster der Kontaminationswege gibt: bei Kleinkindern überwiegt die Aufnahme des Quecksilbers über die Ingestion von Bodenmaterial, während bei Erwachsenen ein Langzeit-Einfluß der erhöhten Quecksilberkonzentrationen in der Innenraumluft konstatiert wird.

Betrachtet man neben den Schwermetallen auch die an Staub anhaftenden organischen Substanzen, so wird das Feld noch komplexer. Auf eine Reihe von organischen Verbindungen, die auch an Staub adsorbiert sind, wurde in den Kapiteln über chlororganische Verbindungen und über Biozide bereits eingegangen.

Es ist bekannt, daß es speziell bei den organischen Verbindungen eine unterschiedliche chemische Charakteristik von Staubpartikeln in Innenräumen und in der Außenluft gibt. WESCHLER [687] stellte fest, daß in Innenräumen auf Staubteilchen v.a. n-Alkane, verzweigte Alkane, Phthalate, Phosphate, Azelatester, FCKW und Nikotin zu finden sind. Nikotin kann in diesem Spektrum von Verbindungen als Indikator für den Tabakrauch gelten.

Aus der Fülle sonstiger Verbindungen sind als toxikologisch besonders bedeutsame Gruppe die *PAK* herauszugreifen, da sich unter ihnen kanzerogene Verbindungen befinden.

PAK sind ubiquitär als Produkte aus Verbrennungsprozessen aller Art anzutreffen. Auch in Innenraumsituationen sind Verbrennungsprozesse als wichtigste Quellen der PAK anzusehen.

DAISEY et al. [688] bezeichnen den Tabakrauch (s. Abschn. 3.2), offene Gasherde und Holzöfen bzw. Kamine als die in Innenräumen dominanten Quellen für PAK. Im allgemeinen ist die Summe der PAK-Raumluftkonzentrationen in Räumlichkeiten von Rauchern um den Faktor 3−4 gegenüber Nichtraucherräumlichkeiten erhöht.

Sehr hohe Konzentrationen bis in die Größenordnung von 100 ppm können PAK auch im Hausstaub erreichen. ROBERTS et al. [689] verglichen das Spektrum an PAK von Straßenschmutz mit dem Profil, das sich im Hausstaub angrenzender Häuser ergab. In den 8 Häusern, die in ein Pilotprojekt einbezogen waren, fanden sie PAK-Konzentrationen zwischen 1 und 100 ppm im Hausstaub.

Die Gruppe der PAK umfaßt außerordentlich viele Einzelverbindungen und trotz gewisser analytischer Standards, die sich in der Umweltanalytik und im Immissionsschutz durchgesetzt haben, variieren die bisher in Innenräumen durchgeführten Untersuchungen zur Belastung mit PAK noch stark hinsichtlich der einbezogenen Parameter und der Vorgehensweise. Von Bedeutung sind v. a. die nach VDI-Richtlinie 3875 ausgewählten 14 Verbindungen: Fluoranthen, Pyren, Benzo(naphtho [1,2-cd]thiophen, Benz(a)anthracen, Chrysen, Benzfluoranthene (b + j + k), Benzo(e)pyren, Benzo(a)pyren, Dibenz(a,j)anthracen, Indeno(1,2,3-cd)pyren, Bibenz(a,h)-anthracen, Benzo(g,h,i)perylen, Anthanthren, Coronen [690 a].

Weiterhin wird oft auf den Standard der amerikanischen Arbeitsschutzbehörden NIOSH zurückgegriffen, der 17 PAK einbezieht [690 b]. Zudem spielt die 16 PAK umfassende Liste der amerikanischen Umweltbehörde im Sinne der Methode EPA 3561 als EPA-Standard eine Rolle, allerdings können die darin einbezogenen flüchtigeren Verbindungen Naphthalin, Acenaphthen und Fluoren zu analytischen Schwierigkeiten führen [690 c].

In Tabelle 3.1 sind 4 typische Vertreter der PAK, nämlich Naphthalin, Fluoranthen, Benzo(a)anthracen und Benzo(a)pyren aufgenommen. Damit soll lediglich angedeutet sein, welches Spektrum physikalischchemischer Eigenschaften bei dieser Gruppe von Verbindungen anzutreffen ist.

OTSON et al. [691] haben versucht, aus dem großen Spektrum an PAK solche zu finden, die für bestimmte Quellen charakteristisch sind. Dies ist trotz Einbeziehung einer großen Zahl von Einzelverbindungen in die Untersuchungen und der Betrachtung sehr verschiedener Innenraumsituationen nicht gelungen.

Eine Bewertung der in Innenräumen anzutreffenden Belastungen mit PAK wird in kaum einer der Arbeiten, die über analytische Ergebnisse berichten, versucht. MUMFORD et al. [692] berichteten über den Zusammenhang von Lungenkrebs und hohen Innenraumbelastungen mit PAK und anderen Luftschadstoffen in einer Region Chinas, in der der Einsatz von Kohle zu Heiz- und Kochzwecken zu außerordentlich hohen Luftschadstoffbelastungen in Innenräumen führt. An diesem Beispiel lassen sich aber die unter europäischen oder nordamerikanischen Bedingungen dokumentierten Belastungen nicht messen.

Die Belastung der Innenraumluft mit Staub, Schwermetallen und schwerflüchtigen, am Staub anhaftenden organischen Verbindungen ist beim heutigen Kenntnisstand nicht mit Standardmethoden zu bewerten. Auffällige Belastungen mit einzelnen Stoffen müsen im Sinn von Fallbeispielen behandelt werden, Sanierungserfordernisse und -strategien sind für jeden Einzelfall speziell zu entwickeln, soweit nicht allein die Verbesserung der häuslichen Hygiene Entlastung zu bringen vermag.

In Tabelle 3.1. sind für die Bewertung einiger der hier angesprochenen Parameter einige Bezugsgrößen aufgeführt.

3.1.12
Radon: Luftschadstoff, der aus der Tiefe kommt

Unter allen in Innenräumen anzutreffenden Luftschadstoffen nimmt Radon eine Sonderstellung ein. Radon gehört zu den natürlichen radioaktiven Elementen. Das Edelgas entsteht als Produkt des radioaktiven Zerfalls in Mineralien und kann aus dem Untergrund in Bauwerke hineindiffundieren. Die freigesetzten Mengen Radon hängen stark von den geologischen Verhältnissen, von der erdgeschichtlichen Entstehung des Untergrunds ab. Neben der Radon-Belastung aus dem Untergrund können aber auch andere *Quellen*, wie z.B. Baustoffe [693], zu der Belastung beitragen.

Radon-222, das langlebigste Isotop, hat nur eine sehr kurze Halbwertszeit von 3,8 Tagen. Physiologisch wirksam werden vorrangig die beim Radonzerfall entstehenden Folgeprodukte Polonium-210, Blei-210 und Wismut-210, die alle längere Halbwertszeiten aufweisen. Sie werden in den Bronchialbereich der Lunge eingetragen und bestrahlen dort das Epithelgewebe vorwiegend mit α-Strahlung. Als Folge dieser Strahlung kann Lungenkrebs auftreten. In den USA wird unter diesem Gesichtspunkt Radon heute als der gefährlichste Schadstoff in der Innenraumluft bewertet. Das Risiko erhöht sich für Raucher beträchtlich.

Die weitaus größten Risiken sind in Uranbergbaugebieten festgestellt worden, wo in den Bergwerken und im Bereich der Abraumhalden

Radonkonzentrationen weit oberhalb der in unbelasteten Gebieten anzutreffenden Konzentrationen festzustellen sind. Radon sammelt sich in den durch den Erzabbau entstandenen unterirdischen Hohlräumen und kann über Spalten und durch Diffusion über die Bodenluft an die Oberfläche und in die Umgebungsluft, aber auch in Gebäude gelangen. Die durch Radon bzw. Radonfolgeprodukte verursachte radioaktive Belastung wird in Deutschland auf 1,3 mSv als mittlere effektive Dosis abgeschätzt, das ist ca. $^1/_3$ der von der natürlichen Umgebungsstrahlung herrührenden Gesamtdosis. In Tabelle 3.38 ist eine *Übersicht über die wesentlichen Strahlenquellen* gegeben, die die Belastung der Bevölkerung heute bestimmen.

In den USA, Kanada, Großbritannien und den skandinavischen Ländern sind umfangreiche nationale Programme zur Ermittlung der Radonbelastung in Wohngebäuden durchgeführt worden, die eine Übersicht erbrachten, in welchen Regionen – bedingt durch die natürlichen Untergrund-Verhältnisse – ein erhöhtes Risiko für das Auftreten unerwünscht hoher Radonkonzentrationen besteht.

In Deutschland sind 1985 im Auftrag des Bundesministeriums des Inneren über 20 000 Messungen in fast 6000 Wohnungen durchgeführt worden. Als Mittelwert über alle Wohn- und Aufenthaltsräume ergab sich in den meisten Bundesländern eine mittlere Radonkonzentration zwischen 37 und 43 Bq/m³ [53]. Etwas höhere Konzentrationen wurden – geologisch bedingt – in den Regierungsbezirken Niederbayern (65 Bq/m³) und Oberfranken (54 Bq/m³) gemessen.

Zur Bewertung der Belastung mit Radon wird der Wert von 250 Bq/m³, der von der Strahlenschutzkommission als obere Grenze des Normalbereichs eingestuft wird, herangezogen. Bei Überschreitung dieses Richtwerts sind Sanierungsmaßnahmen angezeigt.

Ein davon etwas abweichendes Bewertungsschema ist in einer EU-Studie vorgeschlagen worden. McLaughlin [695] legt bei seinem Konzept einerseits ein Referenzniveau fest, das im Sinn der hier gebrauchten Begriffe als Eingreifwert zu interpretieren ist. Dieses Niveau soll bei einer effektiven Dosis von 20 mSv/Jahr liegen. Aus praktischen Gründen setzt McLaughlin diese Anforderung einer Radonkonzentration von 400 Bq/m³ gleich. Andererseits definiert er ein Entwurfsniveau (design level), das als Zielwert für neue Bauten zu verstehen ist. Dafür setzt er eine effektive Dosis von 10 mSv/Jahr an, die einer Radonkonzentration von 200 Bq/m³ entspricht. Ausdrücklich handelt es sich bei seinen Festlegungen nicht darum, einen sicheren Wert zu definieren,

Tabelle 3.38. Mittlere effektive Strahlendosis der Bevölkerung der Bundesrepublik Deutschland im Jahre 1990 (694)

[a] Der Schwankungsbereich dieses Wertes beträgt ca. 50 %.
[b] Abschätzungen in der ehemaligen DDR zeigten, daß die durchschnittliche Strahlenexposition durch medizinische Anwendungen nicht mehr als 1 mSv (effektive Dosis) betrug bei etwas geringerer Untersuchungshäufigkeit als in der Bundesrepublik Deutschland. Daraus folgt, daß durch die Herstellung der Einheit Deutschlands der Durchschnittswert nicht wesentlich verändert wurde.

bei dessen Unterschreiten keine Risiken mehr mit dem Vorkommen an Radon verbunden wären, sondern es geht um die Definition von mehr oder weniger großen Risiken für die Allgemeinbevölkerung.

Zur Festlegung eines Sanierungsbedarfs wird i. allg. folgendermaßen vorgegangen:

1. Gefährdungsabschätzung: Abwägung der geologisch bedingten Risiken am Standort, der potentiellen Beiträge von Baumaterialien sowie von Altlasten im Umfeld,
2. Radonmessung: bei Vorliegen von Risiken, oder wenn diese nicht ausgeschlossen werden können,
3. Untersuchung der baulichen Gegebenheiten: Feststellung der Eintrittspfade des Gases, Ermittlung von Baumaterialien mit hoher Radonemission (wie Naturbims oder Porphyr),
4. Entwicklung eines Konzepts zur Durchführung von Sicherungsmaßnahmen sowie zur Sanierung.
   Mögliche Maßnahmen sind:
   - Nutzungsänderungen,
   - Erhöhung der Luftwechselrate,
   - Abdichtung von Eintrittswegen des Gases (Risse, Spalten),
   - Austausch von emittierenden Baustoffen,
   - Absaugen der Luft im Bereich der Gaseintritte (im Keller- bzw. Bodenbereich des Gebäudes),
   - Entlüften von Wasserleitungen, Drainagen und anderen Leitungssystemen, über die Radon in das Gebäude eindringen kann, – gasdichte Beschichtungen von Wänden und Böden, über die Radon eindringen kann,
   - Aufbau einer hinterlüfteten Wand,
   - Abdichtung des Wohnbereichs gegen den Kellerbereich und andere darunterliegende Eintrittsbereiche des Radons,
   - Bau einer Drainageentlüftung oder eines Radonbrunnen, aus dem Bodenluft mit einem Ventilator gefördert werden kann.
5. Durchführung der Sanierungsmaßnahmen,
6. Erfolgskontrolle der Sanierung (Messung der Radonbelastung nach Sanierung).

In den USA und in Kanada liegen umfangreiche Erfahrungen mit der Sanierung radonbelasteter Anwesen vor [696], während in Deutschland – auch wegen der geringeren Risiken – derartige Sanierungsmaßnahmen nur in geringem Umfang durchgeführt wurden.

Im Bereich der Uranabbaugebiete im Erzgebirge sind seit 1990 Modellprojekte zur Sanierung radonbelasteter Gebäude durchgeführt worden.

3.2
Raucher und Passivraucher

Der Tabakrauch beschäftigt seit Jahrzehnten zahlreiche Wissenschaftler: Er enthält eine kaum überschaubare Fülle chemischer Verbindungen und löst verschiedenartige physiologische Wirkungen aus, die z. T. von einem Genußmittel erwartet werden, zum anderen Teil aber als unerwünschte Nebenwirkungen anzusehen sind. Insbesondere die kanzerogenen Eigenschaften des Tabakrauchs haben dazu geführt, daß der Tabakgenuß in Innenräumen immer weniger toleriert wird. Schließlich nimmt nicht nur der Raucher selbst all die schädlichen Inhaltsstoffe des Tabakrauchs auf, sondern auch der sich im gleichen Raum aufhaltende Nichtraucher, der damit zum Passivraucher wird.

Schon in den 50er Jahren wurden umfangreiche Untersuchungen zur Aufklärung der chemischen Zusammensetzung des Tabakrauchs durchgeführt. Der im Jahr 1959 von JOHNSTONE und PLIMMER resümierte Sachstand [697] enthält schon Informationen zu fast allen Inhaltsstoffen mit signifikanter physiologischer Bedeutung.

Bis heute sind mehr als 3800 Einzelkomponenten im Tabakrauch identifiziert worden. Davon gelten 40 – 50 Verbindungen als kanzerogen und Lungenkrebs ist zu den typischerweise bei Rauchern zu beobachtenden Krankheiten zu rechnen. Zu den kanzerogenen Inhaltsstoffen des Tabakrauches zählen PAK, eine Reihe von (tabakspezifischen) Nitrosaminen, aromatische Amine, Azaarene und Thiaarene, Cadmiumverbindungen, das radioaktive Polonium und auch Benzol [698].

Weiterhin sind auch Stoffe mit reizenden [699] oder allergenen [700] Eigenschaften im Tabakrauch vorhanden. Da diese Stoffe nicht nur im Hauptstromrauch, den der Raucher beim Inhalieren durch seine respiratorischen Organe leitet, sondern auch im Nebenstromrauch, der nicht eingeatmet wird, und in der Ausatemluft enthalten sind, gelangen sie in die Innenraumluft. Angesichts der weiten Verbreitung und der großen Einsatzmenge des Tabaks als Genußmittel muß Tabakrauch als die bedeutendste Schadstoffquelle in Innenräumen gelten.

In zahlreichen Arbeiten wurde versucht, in verschiedenen Innenraumsituationen den Beitrag des Tabakrauchs zu der Belastung mit

Luftschadstoffen zu quantifizieren und seine physiologische und toxikologische Bedeutung zu bewerten. Je nach den örtlichen Verhältnissen mit der jeweils gegebenen Grundbelastung stellt sich der dem Tabakrauch zuzurechnende Anteil an einzelnen Schadstoffen oder Schadstoffgruppen unterschiedlich dar.

Die Belastung von Passivrauchern ist inzwischen analytisch gründlich untersucht worden und ca. 20 epidemiologische Studien zeigen, daß es als sehr wahrscheinlich gelten muß, daß auch Passivrauchen Lungenkrebs [701–703] und weitere gesundheitliche Beeinträchtigungen hervorzurufen vermag [704]. Allerdings wird das Ausmaß der Gefährdung nach wie vor kontrovers diskutiert [705].

Die signifikanten Auswirkungen des Tabakrauchens auf die Luftqualität in Innenräumen ist zunächst am Beispiel der Aerosole und einatembaren Schwebstaubpartikel [respirable suspended particles (RSP)] eingehend untersucht worden. So stellten REPACE und LOWREY [706] bei Messungen in Nichtraucherzonen in Gebäuden mit unterschiedlicher Nutzung eine durchschnittliche Schwebstaubkonzentration von ca. 40 µg/m³ (bei einer Bandbreite von 24–57 µg/m³) fest, die sich gut mit den Ergebnissen anderer Autoren deckte. In Räumen, in denen geraucht wurde, ergaben sich hingegen Schwebstaubkonzentrationen zwischen 86 und 697 µg/m³ (bei mittleren Schwebstaubkonzentrationen in der Außenluft von 46 ± 13 µg/m³). SCHERER et al. [707] kommen auf der Grundlage eigener Untersuchungen und einer Literaturauswertung zu der Einschätzung, daß in Innenräumen durch Raucher ein Beitrag von bis zu 100 µg/m³ an lungengängigen Schwebstaubpartikeln erbracht werden kann.

ÖZKAYNAK et al. [708] ermittelten in einer umfangreichen Feldstudie, daß jede Zigarette einen Beitrag von ca. 1,5 µg/m³ zur Schwebstaubbelastung in Innenräumen leistet.

Auch andere Paramter sind geeignet, um als Indikatorgrößen für den Einfluß des Tabakrauchens auf die Luftschadstoffbelastung in Innenräumen zu dienen. Dazu zählen CO, NO_2, Nikotin, 3-Ethenylpyridin (3-EP), Solanesol [709] (angelagert an Schwebstaubpartikel).

Im Hinblick auf die schädlichen Wirkungen des Tabakrauchs kommt PAK, Nitrosaminen, aromatischen Aminen und einer Reihe von heterozyklischen aromatischen Verbindungen, die als kanzerogen gelten, eine besondere Bedeutung zu. GRIMMER et al. [710] konnten zeigen, daß im Nebenstromrauch wesentlich höhere Mengen an PAK, Azaarenen und Aminen freigesetzt werden als im Hauptstromrauch. Die Autoren gehen

Tabelle 3.39. Die im Hauptstrom- und Nebenstromrauch freigesetzten Mengen an PAK (in ng/Zigarette) [710]

Verbindungen	Hauptstromrauch		Nebenstromrauch	
	An Partikeln	Gas-förmig	An Partikeln	Gas-förmig
Phenanthren	74,8	2,10	2149	248,00
Anthracen	23,6	0,10	670	40,00
Fluoranthen	61,3	1,80	669	16,90
Pyren	43,0	1,90	466	10,30
Benz(a)anthracen	13,3	0,09	201	2,50
Chrysen und Triphenylen	19,5	0,56	492	5,30
Benzofluoranthen (b + j + k)	20,5	0,22	196	1,38
Benzo(e)pyren	6,7	0,13	75	0,74
Benzo(a)pyren	10,9	0,08	103	0,48
Indeno(1,2,3-cd)pyren	8,1	0,17	51	0,36
Benzo(ghi)perylen	7,1	0,09	41	0,62

von einem 10fach höheren Anteil dieser Verbindungen im Nebenstromrauch aus.

Diese schwer flüchtigen Verbindungen sind dabei überwiegend an Partikel und Aerosolteilchen gebunden. Nur ca. 1 % der PAK sind in der Gasphase zu finden.

Die Konzentrationen der im Tabakrauch mengenmäßig bedeutsamsten PAK sind in Tabelle 3.39 zusammengefaßt.

Tabakrauch muß weltweit als die bedeutendste und wohl auch die gesundheitlich nachteiligste Quelle von Luftschadstoffen in Innenräumen gelten. Im Grundsatz verbietet es sich, in Räumlichkeiten, in denen geraucht wird, Maßnahmen zur Sicherung niedriger Schadstoff konzentrationen und zur Schaffung guter raumklimatischer Verhältnisse zu treffen, da all diese Bemühungen von den Rauchaktivitäten überlagert werden.

3.3
Biologische Verunreinigungen in Innenräumen

Mikroorganismen kommen überall in der Umwelt vor, also auch in Innenräumen. Ihre Untersuchung und Bewertung stand zu Beginn der Beschäftigung mit der Innenraumhygiene im Mittelpunkt – zu denken ist an die Bemühungen der öffentlichen Gesundheitsdienste und Bauaufsichtsbehörden um die Bekämpfung des Hausschwamms. Heute wird den Xenobiotika, den Fremdstoffen, den Stoffen nicht-natürlichen, sondern anthropogenen Ursprungs, weitaus größere Aufmerksamkeit geschenkt. Allerdings ist in den letzten Jahren festzustellen, daß den biologischen Verunreinigungen in Innenräumen wieder eine größere Rolle für die Bewertung der Luftqualität beigemessen wird. Mit der seit den 70er Jahren v.a. unter Gesichtspunkten der Energieeinsparung angestrebten besseren Dämmung der Gebäude und der als Folge davon reduzierten Belüftung wurden gute ökologische Voraussetzungen für viele Mikroorganismen geschaffen. Zu denken ist daran, daß in vielen Häusern nach Einbau dichter Fenster, die heutigen Wärmeschutzanforderungen genügen, vermehrt Feuchteschäden beobachtet wurden, da sich die Lüftungsgewohnheiten nicht den veränderten baulichen Verhältnissen angepaßt haben.

Die von Mikroorganismen freigesetzten Luftschadstoffe werden als Bioaerosole [711] bezeichnet.

Die in verschiedenen Ländern beobachtete Zunahme von Allergien [712] wird in jüngster Zeit auch mit den veränderten Verhältnissen in Innenräumen in Zusammenhang gebracht, wobei neben der Exposition gegen Luftschadstoffe auch zunehmend die Rolle biologischer Kontaminanten thematisiert wird [713–715]. In diesem Sinn hat die Europäische Union im Rahmen ihres Aktionsprogramms zur Luftqualität in Innenräumen das Problem aufgegriffen und einen Statusbericht zum heutigen Stand des Wissens vorgelegt [716,717], der auch Orientierungshilfen für die Untersuchung und Bewertung biologischer Kontaminanten in Gebäuden bietet.

Unter biologischen Verunreinigungen sind eine Reihe sehr unterschiedlicher Organismen und Produkte ihres Stoffwechsels zu verstehen:

- Pilze, wie
  - der Haus- oder der Mauerschwamm (Merulius), der Kellerschwamm (Coniophorafäule) und andere Pilze, die als Bauschädlinge wirken,

- verschiedene Schimmelpilze (v. a. Aspergillus, Cladosporium, Penicillium, Alternaria, Mucor, Wallemia), die ubiquitär auftreten und an der Zersetzung und dem Abbau organischer Substanz mitwirken; in feuchten Gebäuden finden sie besonders gute Verbreitungsbedingungen vor, so daß ihre Sporen in Innenräumen in höheren Konzentrationen anzutreffen sein können als in der Umgebung,
- Sproßpilze, zu denen Hefen zählen (z. B. Candida, Torulopsis), die bevorzugt Haut und Schleimhaut besiedeln und beim Menschen pathogen wirken,

- Hausstaubmilben, die schon seit den 20er Jahren als Verursacher allergischer Reaktionen und als Auslöser asthmatischer Erscheinungen bekannt sind,
- Bakterien, die in Innenräume insbesondere auch von Menschen eingetragen und freigesetzt werden; so etwa das Mycobacterium als Erreger der Tuberkulose, Streptokokken und die Legionellen, denen besondere Aufmerksamkeit bei der Untersuchung bakterieller Luftkontaminationen entgegengebracht wird,
- Viren, die pathogene Wirkungen auslösen; zu den viralen Infektionen, die auf dem Luftweg übertragen werden, sind Röteln (Rubella), Windpocken (Varicella) und Grippe (Influenza) zu rechnen,
- Protozoen,
- Algen,
- allergenes Material, das von Haustieren (mit den Haaren, Hautschuppen, Exkrementen und anderen Stoffen) freigesetzt wird.

Diese biologischen Kontaminanten können selbst körperliche Reaktionen auslösen, wenn sie in entsprechender Häufung in Innenräumen auftreten. Sie können aber auch als Bestandteil von Aerosolpartikeln bzw. des Aeroplanktons Träger [718] von Allergenen und Reizstoffen sein oder auch Produzenten von toxischen Verbindungen, wie z. B. von Lipopolysacchariden, die gramnegative Bakterien freisetzen, oder von Mykotoxinen als Stoffwechselprodukte zahlreicher Pilze. Zu dem Themenbereich Stoffwechselprodukte als Schadstoffe in Innenräumen ist in den letzten Jahren eine Reihe von Untersuchungen durchgeführt worden.

RYLANDER et al. [719] befaßten sich eingehend mit der Bedeutung von bakteriellem Endotoxin und von 1,3-β-Glucan, einem Baustein in den Zellwänden von Pilzen; Glucan kann aber auch von bestimmten

Bakterien ausgeschieden werden. In Gebäuden, in denen Beschwerden über Augenreizungen und über Reizungen im Atmungstrakt vorlagen und in denen auch Hautreizungen sowie Müdigkeiterscheinungen beobachtet wurden, konnte eine Korrelation zur Belastung mit 1,3-β-Glucan, festgestellt werden. Als mittleres Konzentrationsniveau stellten RYLANDER et al. [719] Werte zwischen 0,06 und 0,55 ng/m³ fest. MICHEL et al. [720] haben eine ähnliche Fragestellung bei Patienten mit Asthma verfolgt. In den Wohnungen der 28 in die Studie einbezogenen Patienten stellten die Autoren im Hausstaub Endotoxinkonzentrationen im Bereich von 0,12 – 20 ng Endotoxin/mg Staub fest.

Pilze setzen eine Vielzahl von FOV als Stoffwechselprodukte frei. Dazu gehören Geruchsstoffe, die den typischen dumpfen Geruch nach Schimmel und Feuchte ausmachen, aber auch leicht flüchtige Verbindungen ohne spezifischen Eigengeruch. WILKINS und LARSEN [721] haben den aktuellen Kenntnisstand zusammengefaßt.

Insbesondere einige sauerstofforganische Verbindungen (Alkohole, Ester, Aldehyde und Ketone), die von Pilzen freigesetzt werden, stehen im Verdacht, Reizwirkungen zu haben und zur Sick-Building-Problematik beizutragen [722, 723]. Zu diesen Verbindungen zählen u. a.: 1-Octen-3-ol, 3-Octanon, 3-Methylfuran, 2-Methylpropanol, 3-Methyl-1-butanol sowie einige 2-Alkanone, die kaum aus anderen Quellen in Innenräume eingetragen werden dürften. Solche Verbindungen könnten auch als Leitparameter zur Feststellung von Kontaminationen durch Hausschwamm und von erhöhten Belastungen mit Pilzen im Gebäude dienen. Daneben setzen Mikroorganismen aber auch eine Reihe von Verbindungen frei, die – wie z. B. Aceton, Styrol oder Benzol – auch aus lösemittelhaltigen Produkten stammen können [724].

Besonders kritisch werden im Hinblick auf die Risiken biologischer Kontaminationen RLT-Anlagen mit einem hohen Umluftanteil sowie Luftbefeuchter gesehen [725], in denen es leicht zu mikrobiellen Kontaminationen kommen kann, die dann wiederum zur Freisetzung von Endotoxinen sowie von allergenen Substanzen und von pathogenen Keimen [726] führen können.

Untersuchungen der Luft in Hallenbädern, deren RLT-Anlagen mit einem hohen Umluftanteil und ohne besondere Filtertechnik gefahren werden, erbrachten in Schleswig-Holstein [727] allerdings keine Hinweise auf erhöhte gesundheitliche Risiken durch eine erhöhte Keimbelastung. Die dort beobachteten Koloniezahlen lagen durchwegs im

Bereich von 50–160 KBE/m³ (*KBE* – *K*olonie-*b*ildende *E*inheiten; im internationalen Sprachgebrauch: *CFU* – *c*olony *f*orming *u*nits).

Als vorbeugende Maßnahmen zur Vermeidung unerwünschter biologischer Kontaminationen sind eine Reihe von Maßnahmen geeignet:

- Sicherung guter raumklimatischer Verhältnisse durch regelmäßiges Lüften und Vermeidung zu hoher relativer Luftfeuchte (nicht über 60 %),
- Wahl der Temperatur in einem Bereich zwischen 17 und 20 °C,
- sorgfältige Wartung von Klimaanlagen, Luftbefeuchtern, Kühlaggregaten u. a. RLT-Anlagen;
- regelmäßige Reinigung von Polstermöbeln, Matratzen, Teppichen und Teppichböden sowie anderen textilen Ausstattungsmaterialien, auf denen gute Wachstumsbedingungen für biologische Kontaminanten gegeben sind,
- Beachtung von Pflege- und Reinlichkeitsregeln bei der Haltung von Haustieren; Klärung der Verträglichkeit der Haustierhaltung für alle Hausbewohner (Prüfung auf Haustierallergien).

Anhang

Formblatt für die Bewertung der Dringlichkeit einer Sanierung

Zeile	Gruppe	Asbestprodukte – Bewertung der Dringlichkeit einer Sanierung	Bewertung*	Bewertungszahl
		Gebäude: . . . . Raum: . . . . Produkt:		
1 2 3 4	I	**Art der Asbestverwendung** Spritzasbest . . . . Asbesthaltiger Putz . . . . Leichte asbesthaltige Platten . . . . Sonstige asbesthaltige Produkte	○ ○ ○ ○	20 10 5 5–20
5 6	II	**Asbestart** Blauasbest . . . . Sonstiger Asbest (weiß, grau)	○ ○	2 0
7 8 9	III	Struktur der Oberfläche des Asbestprodukts Aufgelockerte Faserstruktur . . . . Feste Faserstruktur ohne oder mit nicht ausreichend dichter Oberflächenbeschichtung . . . . . Beschichtung, dichte Oberfläche	○ ○ ○	10 4 0
10 11 12	IV	**Oberflächenzustand des Asbestprodukts** Starke Beschädigungen . . . . Leichte Beschädigungen . . . . Keine Beschädigungen	○ ○ ○	6 3 0
13 14	V	**Beeinträchtigung des Asbestprodukts von außen** Produkt ist durch direkte Zugänglichkeit (Fußboden bis Greifhöhe) Beschädigungen ausgesetzt . . . . Am Produkt werden gelegentlich Arbeiten durchgeführt	○ ○	10 10

15		Produkt ist mechanischen Einwirkungen ausgesetzt	○	10
16		Produkt ist Erschütterungen ausgesetzt	○	10
17		Produkt ist starken klimatischen Wechselbeanspruchungen ausgesetzt	○	10
18		Produkt liegt im Bereich stärkerer Luftbewegungen	○	10
19		Im Raum mit dem asbesthaltigen Produkt sind starke Luftbewegungen vorhanden	○	7
20		Am Produkt kann bei unsachgemäßem Betrieb Abrieb auftreten	○	3
21		Das Produkt ist von außen nicht beeinträchtigt	○	0
22	**VI**	**Raumnutzung** Regelmäßig von Kindern, Jugendlichen und Sportlern benutzter Raum	○	25
23		Dauernd oder häufig von sonstigen Personen benutzer Raum	○	20
24		Zeitweise benutzter Raum	○	15
25		Nur selten benutzter Raum	○	8
26	**VII**	**Lage des Produkts** Unmittelbar im Raum	○	25
27		im Lüftungssystem (Auskleidung oder Ummantelung undichter Kanäle) für den Raum	○	25
28		Hinter einer abgehängten **undichten** Decke oder Bekleidung	○	25
29		Hinter einer abgehängten **dichten** Decke oder Bekleidung hinter staubdichter Unterfangung oder Beschichtung, außerhalb dichter Lüftungskanäle	○	0
30		**Summe der Bewertungspunkte**		
31		Sanierung: unverzüglich erforderlich (Dringlichkeitsstufe I)	○	**≥ 80**
32		mittelfristig erforderlich (Dringlichkeitsstufe II)	○	**70–79**
33		langfristig erforderlich (Dringlichkeitsstufe III)	○	**< 70**

* Zutreffendes bitte ankreuzen. Wurden **innerhalb einer Gruppe** mehrere Bewertungen angekreuzt, darf bei der Summenbildung (Zeile 30) **nur eine** – die höch-ste – **Bewertungszahl** berücksichtigt werden.

Asbestsanierung

Das Institut für Arbeits- und Sozialhygiene, Siegfried-Kühn-Straße 1,
Sanierung unter Einbeziehung der Asbest-Richtlinien" entwickelt.

Hinweise zur Sanierung unter Einbeziehung

Ermittlung und Bewertung

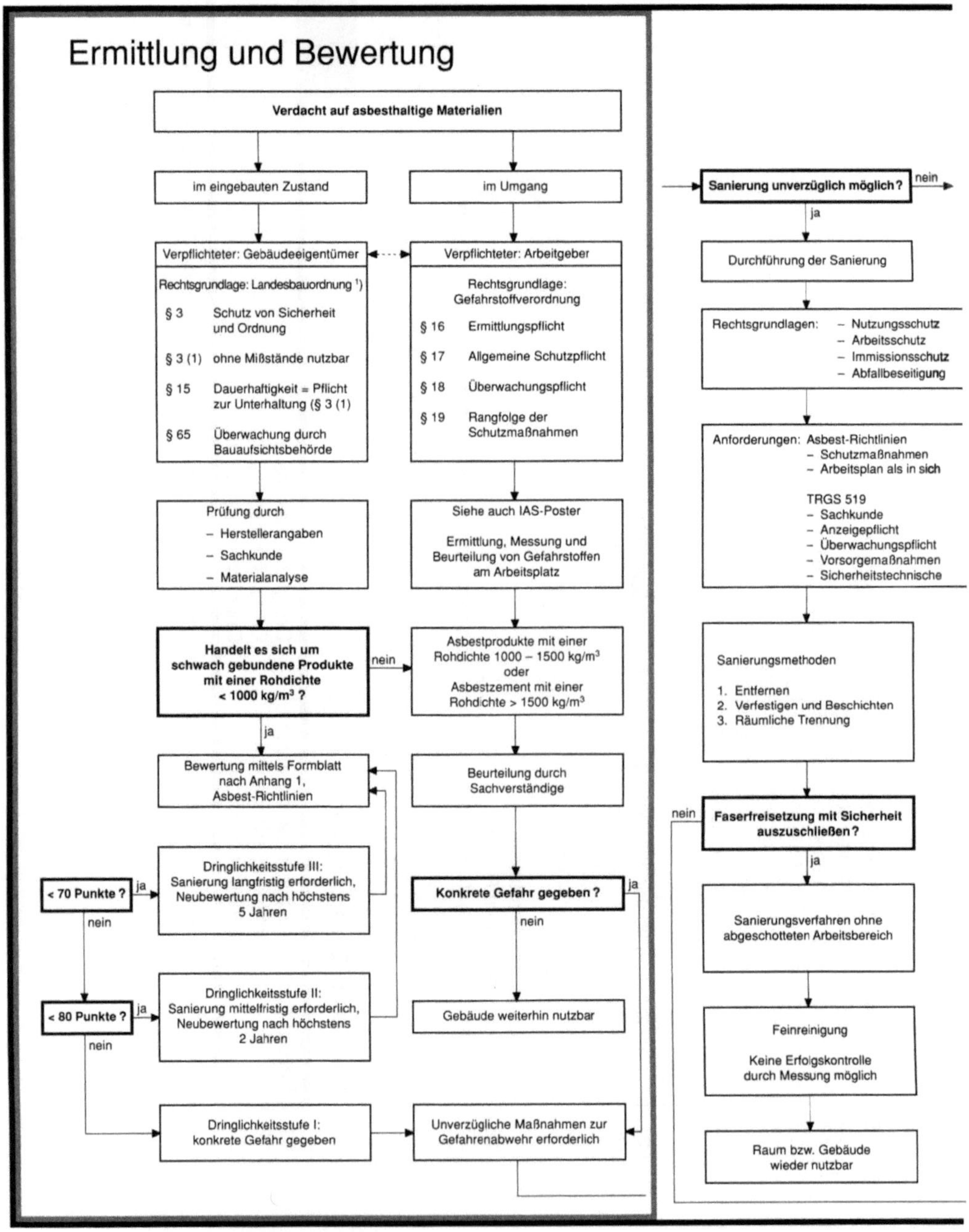

1) Hier bezogen auf die Landesbauordnung für Baden-Württemberg
2) Faserdefinition: Länge ≥ 5 µm, Durchmesser < 3 µm, L : D > 3 : 1
3) Restfaserbindung ist keine Sanierungsmethode
4) Obergrenze des 95%-Vertrauensbereichs nach der Poisson-Verteilung

76135 Karlsruhe, Tel. (0721) 8204-0, hat ein Poster „Asbestsanierung – Hinweise zur Weitere Informationen siehe vorgenannte Adresse.

der Asbest-Richtlinien der Bundesländer

Planung und Durchführung

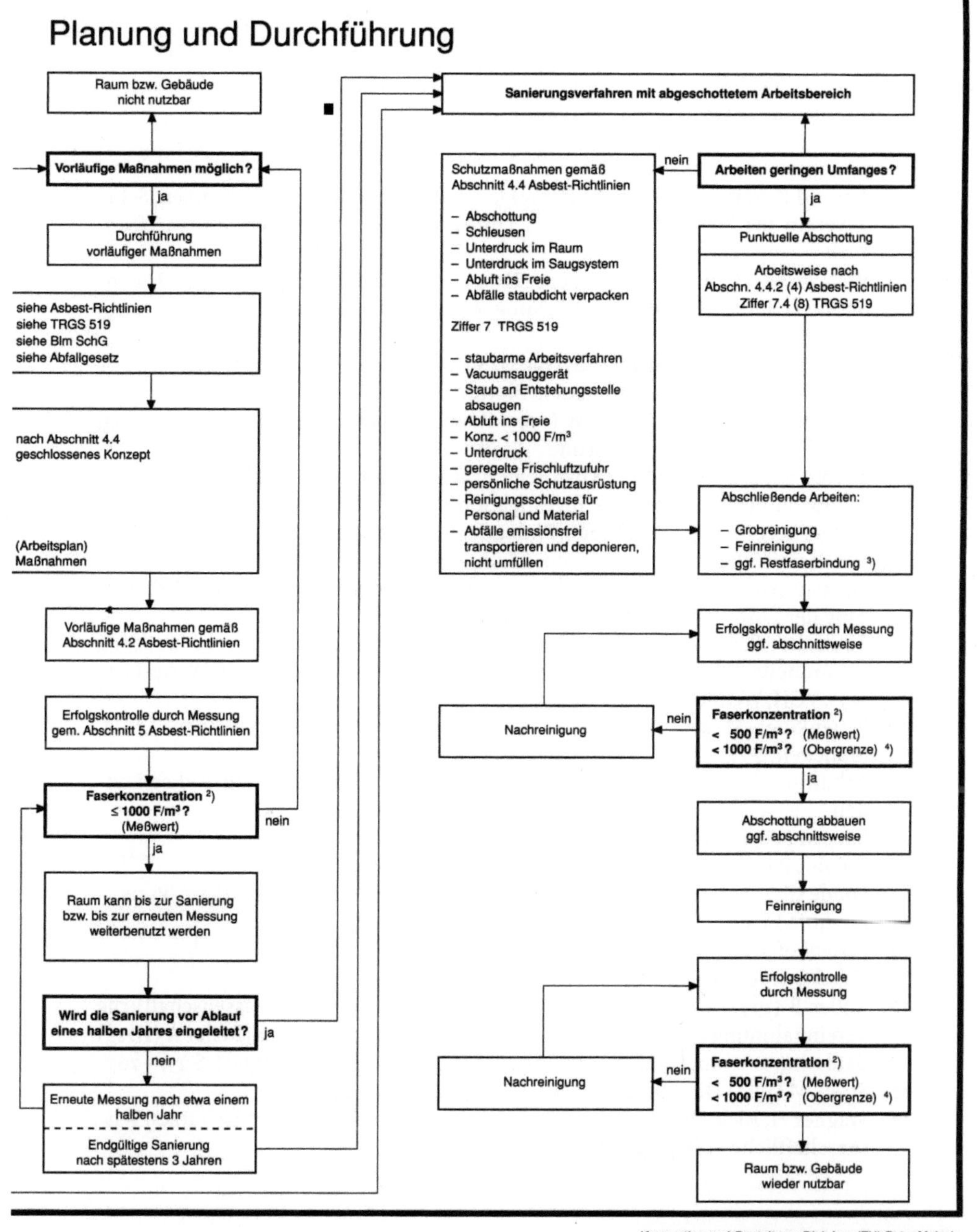

Konzeption und Gestaltung: Dipl.-Ing. (FH) Peter Maisch
Fachliche Beratung: Dipl.-Ing. Jürgen Kleineberg
Verantwortlich für den Inhalt: Dr.-Ing. Rainer von Kiparski
Stand: Januar 1992

Literatur

1. Aurand K, Seifert B, Wegner J (Hrsg) (1982) Luftqualität in Innenräumen, Schr-R Verein für Wasser-, Boden- und Lufthygiene Nr. 53. Fischer, Stuttgart/New York

2. VDI/Verein Deutscher Ingenieure (Hrsg) (1994) Luftverunreinigung in Innenräumen. Herkunft. Messung. Wirkung. Abhilfe. VDI-Berichte 1122, VDI-Verlag, Düsseldorf 1994

3. Hempfling R, Stubenrauch S (1994) Schadstoffe in Gebäuden. Erkennen – Bewerten – Sanieren – Vermeiden. Blottner, Taunusstein

4. Witthauer J, Horn H, Bischof W (1993) Raumluftqualität. Belastung, Bewertung, Beeinflussung. Müller, Karlsruhe

5. Nordic Ventilation Group (Kukkonen E, Skaret E, Sundell J, Valbjørn O) (1993) Indoor climate problems – investigation and remedial measures. NT Techn Report 204, NORDTEST, Espoo/Finland

6. Bundesminister für Umwelt, Naturschutz und Reaktorsicherheit/Referat Öffentlichkeitsarbeit (Hrsg) (1992) Konzeption der Bundesregierung zur Verbesserung der Luftqualität in Innenräumen. Bonn

7. Deutsche Forschungsgemeinschaft (DFG)/Senatskommission zur Prüfung gesundheitsschädlicher Arbeitsstoffe (Hrsg) (1993) MAK- und BAT-Werte-Liste 1993. VCH, Weinheim

8. Pettenkofer M von (1858) Über den Luftwechsel in Wohngebäuden. Cotta, München, S 72

9. Arbuthnot J (1751) An essay concerning the effects of air on human bodies. London

10. Lévy M (1844/1845) Traité d'hygiène publique et privée. Paris

11. Vidalin P F (1825) Traité d'hygiène domestique. Paris

12. Londe Ch (1847) Nouveaux éléments d'hygiène, Tome Second. Baillière, Paris

13. Rughöft S (1992) Wohnökologie. Ulmer, Stuttgart S 53

14. Pettenkofer M von [8], S 85

15. Nagel O (1968) Heinrich Zille. Henschel, Berlin

16. Koller B (1993) Homogenisierung der Gesellschaft über die wissenschaftliche Vereinnahmung der Wohnkultur. In: Emmenegger B, Gurtner K, Reller A (Hrsg) Baukultur – Wohnkultur – Ökologie. vdf, Zürich/Teubner, Stuttgart, S 257 – 267

17. Strell, M (1913) Die Abwasserfrage. Leipzig, GFA, St. Augustin o. J.

18. Wagner H, Rick AW (1956) Taschenbuch des Chemischen Bautenschutzes. Wissenschaftliche Verlagsgesellschaft, Stuttgart

19. Döring W (1973) Perspektiven einer Architektur. Suhrkamp, Frankfurt, S 87–100

20. Goßler K, Höhlein T (1992/1993) Polychlorierte Biphenyle in Baumaterialien, Teil 1: LGA-Rundschau 4/1992, S 134–140, Teil 2: LGA-Rundschau 1/1993, S 12–18

21. Wünsche K (1989) Bauhaus: Versuche, das Leben zu ordnen. Wagenbach, Berlin, S 37–38

22. Kühnl P, Golling, G, Eberlein-König B, Przybilla B (1993) Individuals attributing hypersensitivity symptoms (HS) to indoor air pollution (IAP): what do they suffer from? In: Seppänen O, Ilmarinen R, Jakkola JJK, Kukkonen E, Säteri J, Vuorelma H (eds) Indoor Air '93. Proceedings of the 6th International conference on indoor air quality and climate. Vol. 1. Helsinki 1993, pp 203–208

23. Marchant R (1992) Chemical hyper-responsiveness. In: Knöppel H, Wolkoff P (eds) Chemical, microbiological, health and comfort aspects of indoor air quality – state of the art in SBS. ECSC/EEC/EAEC, Luxembourg, pp 201–229

24. Bakke JV, Aas K, Andersen I, Knudsen BB, Lindvall T, Nordman H, Wahlberg JE (1993) NKB-report on chemicals and hypersensitivity in the airways. I. Classification of chemicals. II. Known and suspected initiators of asthma and potential harmful exposures. In: Seppänen O, Ilmarinen R, Jakkola JJK, Kukkonen E, Säteri J, Vuorelma H (eds) Indoor Air '93. Proceedings of the 6th International conference on indoor air quality and climate. Vol 1. Helsinki, pp 141–146, 147–152

25. Kroenke IT (1991) Chronic fatigue syndrome: Is it real? Post Grad Med J 89:44–55

26. Odenwald M (1994) Schadstoffe schwächen Immunsystem. VDI Nachrichten vom 18.11.1994, S 12

27. Altenkirch H (1995) Multiple chemical sensitivity (MCS)-Syndrom. Gesundheitswesen 57:652

28. Runow D (1994) Gewissenlose Ärzte ... . Z Umweltmed, Heft 4:3

29. Giedion S (1982) Die Herrschaft der Mechanisierung. Europäische Verlagsanstalt, Frankfurt S 604

30. Le Corbusier (1982) Ausblicke auf eine Architektur. Vieweg, Braunschweig/ Wiesbaden, S 165 ff

31. Döring [19], S 14

32. Kröling P (1987) Untersuchungen zum „Building-Illness"-Syndrom in klimatisierten Gebäuden. Ges Ing 108:121–130

33. Kröling P (1993) Das Sick-Building-Syndrom in klimatisierten Gebäuden: Symptome, Ursachen und Prophylaxe. In: Diel F/AGÖF (Hrsg) Innenraumbelastungen. Erkennen – Bewerten – Sanieren. Bauverlag, Wiesbaden/Berlin

34. Finke U (1993) Verunreinigungsquellen in Klimaanlagen. Ki 21:392–395

35. Fanger PO, Lauridsen J, Bluyssen P, Clausen G (1988) Air pollution sources in offices and assembly halls, quantified by the olf-unit. Energy Build 12:7–19

36. WHO/Regional Office for Europe (1983) Indoor air pollutants: exposure and health effects. EURO Report and Studies, Copenhagen 78:25–26

37. Finnegan MJ, Pickering CAC, Burge PS (1984) The sick building syndrome: prevalence studies. BMJ 289:1573–1575
38. Robertson AS, Burge PS, Hedge A, Sims J, Gill FS, Finnegan M, Pickering CAC, Dalton G (1985) Comparison of health problems related to work and environmental measurements in two office buildings with different ventilation systems. BMJ 291:373–376
39. Szalai A (1972) The use of time: daily activities of urban and suburban populations in twelve countries. Moton, Paris
40. Moschandreas DJ (1981) Exposure to pollutants and daily time budget of people. Bull. NY Acad Med 57:845
41. Dingle P, Shuwee Hu, Murray F (1993) Personal exposure to formaldehyde. In: Seppänen O, Ilmarinen R, Jakkola JJK, Kukkonen E, Säteri J, Vuorelma H (eds) Indoor Air '93. Proceedings of the 6th International conference on indoor air quality and climate. Vol 2, Helsinki, pp 293–298
42. Austin BS, Greenfield SM, Weir BR, Anderson GE, Behar JV (1992) Modelling the indoor environment. Environ Sci Technol 26:851–858
43. Dörre WH, Horn K, Fiedler K (1990) Time budget of young children as a basis for application to exposure assessment. In: Walkinshaw D (ed) Indoor Air '90. Proceedings of the 5th International conference on indoor air quality and climate. Vol 2, Ottawa, pp 525–530
44. Dörre WH, Knauer A (1993) Exposure to nitrogen dioxide: comparison of individual exposure in 10 infants. In: Seppänen O, Ilmarinen R, Jakkola JJK, Kukkonen E, Säteri J, Vuorelma H (eds) Indoor Air '93. Proceedings of the 6th International conference on indoor air quality and climate, Vol 3, Helsinki, pp S 313–318
45. Dörre WH, Knauer A (1994) Time budget and activity pattern as a basis for application to risk assessment. In: Bánhidi L, Farkas I, Magyar Z, Rudnai P (eds) Healthy Buildings '94. Proceedings of the 3rd International conference. Vol 1, Budapest, pp 499–505
46. Dörre W, pers. Mitteilung
47. Grießhammer R, Vahrenholt F, Claus F (1984) Formaldehyd. Eine Nation wird geleimt. rororo aktuell 5543, Rowohlt, Hamburg
48. Lahl U, Zeschmar B (1984) Formaldehyd. Porträt einer Chemikalie: Kniefall der Wissenschaft vor der Industrie? Dreisam, Freiburg
49. Krause C, Englert N (1980) Zur gesundheitlichen Bewertung pentachlorphenolhaltiger Holzschutzmittel in Wohnräumen. Holz – Roh Werkstoff 38:429–432
50. Köppl B (1992) PCB – Ein heimtückischer Giftstoff aus früheren Jahren in Schulen und Kindertagesstätten. Forum Städte-Hyg 43:271–277
51. Lohrer W, Nantke H-J (1986) Asbest in der Umwelt. Teil I: Staub – Reinh Luft 46:474–482 Teil II: Staub – Reinh Luft 46:519–522
52. Krause C, Chutsch M, Henke M, Kliem C, Leiske M, Schulz C, Schwarz E (1991) Umwelt-Survey. Messung und Analyse von Umweltbelastungsfaktoren in der Bundesrepublik Deutschland – Umwelt und Gesundheit. Band IIIa – Wohn-Innenraum: Spurenelementgehalte im Hausstaub, WaBoLu-Hefte 2/1991, Band IIIc – Wohn-Innenraum: Raumluft, WaBoLu-Hefte 4/1991
53. Der Rat von Sachverständigen für Umweltfragen (1987) Luftverunreinigungen in Innenräumen. Sondergutachten, Wiesbaden Bonn

54. Witthauer J, Bischof W (1993) Zur Situation der Raumluftqualität in den neuen Bundesländern. In: Diel F (Hrsg) Innenraum-Belastungen: erkennen, bewerten, sanieren. Beiträge der Arbeitsgemeinschaft Ökologischer Forschungsinstitute (AGÖF). Bauverlag, Wiesbaden Berlin

55. Kai-Shen Liu, Fan-Yen Huang, Hayward SB, Wesolowski J, Sexton K (1991) Irritant effects of formaldehyde exposure in mobile homes. Environ Health Perspect 94:91–94

56. Brimblecombe B (1990) The composition of museum atmospheres. Atmos. Environ 24B:1–8

57. Lanting RW (1990) Air pollution in archives and museums: ist pathways and control. In: Walkinshaw D (ed) Indoor Air '90. Proceedings of the 5th International conference on indoor air quality and climate. Vol 3, Ottawa, pp 665–670

58. Nazarof WW, Salmon LG, Cass GR (1990) Concentration and fate of airborne particles in museums. Environ Sci Technol 24:1004

59. Krooß J, Stolz P (1993) Innenraumbelastung von Museumsmagazinen durch biozide Wirkstoffe. Staub – Reinh Luft 53:301–305

60. Huynh CK, Savolainen H, Vu-Duc T, Guillemin M, Iselin F (1991) Impact of thermal proofing of a church on its indoor air quality: the combustion of candles and incense as a source of pollution. Sci Total Environ 102:241–251

61. Friedmann Y (1974) Meine Fibel. Wie die Stadtbewohner ihre Häuser und Städte selber planen können. Bertelsmann, Düsseldorf, S 29–30

62. Sexton K, Hayward SB (1987) Source apportionment of indoor air pollution. Atmos Environ 21:407–418

63. Franke JE, Wadden RA (1987) Indoor contaminant emission rates characterized by source activity factors. Environ. Sci Technol 21:45–51

64. Nielsen PA, Kirkeskov Jensen L, Eng K, Bastholm P, Hugod C, Husemoen T, Mølhave L, Wolkoff P (1993) Technical and health related evaluation of building products based on climate chamber tests. In: Seppänen O, Ilmarinen R, Jakkola JJK, Kukkonen E, Säteri J, Vuorelma H (eds) Indoor Air '93. Proceedings of the 6th International conference on indoor air quality and climate. Vol 2, Helsinki, pp 519–524

65. Tucker WG (1991) Emission of organic substances from indoor surface materials. Envron Int 17:357–363

66. Levsen K, Sollinger S (1993) Textile floor coverings as sinks for indoor air pollutants. In: Seppänen O, Ilmarinen R, Jakkola JJK, Kukkonen E, Säteri J, Vuorelma H (eds) Indoor Air '93. Proceedings of the 6th International conference on indoor air quality and climate. Vol 2, Helsinki, pp 395–400

67. Spedding DJ, Rowlands RP (1970) Sorption of sulphur dioxide by indoor surfaces. I. Wallpapers. J appl Chem 20:143–146

68. Biersteker K, De Graff H, Nass AG (1965) Indoor air pollution in Rotterdam Homes. Int J Air Water Pollut 9:343–350

69. Spengler JD, Ferris BG, Dockery DW, Speizer FE (1979) Sulfur dioxide and nitrogen dioxide levels inside and outside homes and the implications on health effects research. Environ Sci Technol 13:1276–1280

70. International Standard Organization (ISO) (1984) ISO 7730, Moderate thermal environments. Determination of the PMV and PPD indices and specification of the conditions for thermal comfort. Genf

71. COST Project 613 (Molina C, Pickering CAC, Valbjørn O, Bortoli M de) (1989) Report No. 4: sick building syndrome. a practical guide ECSC EEC EAEC, Luxembourg

72. Mayer E (1989) Physik der thermischen Behaglichkeit. Physik in unserer Zeit 20:97–103

73. Mayer E (1989) Thermische Behaglichkeit in Räumen. Neuere Beurteilungs- und Meßmöglichkeiten: Ges Ing 110:35–43

74. Klauss AK, Tull RH, Roots LM, Pfafflin JR (1970) History of the changing concepts in ventilation requirements, ASHRAE J 12:51–55

75. Frank W (1968) Die Erfassung des Raumklimas mit Hilfe richtungsempfind- licher Frigorimeter. Ges Ing 89:301–308

76. Leusden FP, Freymark H (1951) Darstellung der Raumbehaglichkeit für den ein- fachen, praktischen Gebrauch. Ges Ing 72:271–273

77. Sundell J, Lindvall T (1993) Indoor air humidity and the sensation of dryness as risc indicators of SBS. In: Seppänen O, Ilmarinen R, Jakkola JJK, Kukkonen E, Säteri J, Vuorelma H (eds) Indoor Air '93. Proceedings of the 6th International conference on indoor air quality and climate. Vol 1, Helsinki, pp 405–410

78. Kommission Reinhaltung der Luft im VDI (Verein Deutscher Ingenieure) und DIN (Hrsg) (1992) Messen von Innenraumluftverunreinigungen. Allgemeine Aspekte der Meßstrategie: VDI-Richtlinie 4300, Bl 1, (Entwurf von 6/1992), Düsseldorf, S 8

79. Georgii H-W (1953) Untersuchungen über den Luftaustausch zwischen Wohn- räumen und der Außenluft. Arch Met Geoph B 5 191–214

80. Graff K, Lutz-Dettinger U, Wiesner W, Wundt W (1967) Selbstlüftung geschlos- sener Räume. Ges Ing 88:173–178

81. Zimmerli B, Marek B (1979) Der Übergang von Stoffen aus Anstrichen in die Luft von Innenräumen. Mitt. Gebiete Lebensm. Hyg. 70: 161–173

82. Zimmerli B (1980) Modellversuche zum Übergang von Schadstoffen aus Anstri- chen in die Luft. Staub Reinh Luft 40: 30–34.

83. Furtaw Jr, EJ Pandian, MD Behar J (1993) Human exposure in residences to benzene vapors from attached garages. In: Seppänen O, Ilmarinen R, Jakkola JJK, Kukkonen E, Säteri J, Vuorelma H (eds) Indoor Air '93. Proceedings of the 6th International conference on indoor air quality and climate. Vol 5, Helsinki, pp 521–526

84. Nazaroff WW, Cass GR (1986) Mathematical modelling of chemically reactive pollutants in indoor air. Environ Sci Technol 20:924–934

85. Wadden RA, Scheff PA Indoor Air Pollution – characterization, prediction, and control, Wiley & Sons, New York 1983

86. Adams EW, Sgamboti CT, Sherber M, Thompson JL (1993) Simulations of indoor air quality and comfort in multi-zone buildings. In: Seppänen O, Ilmarinen R, Jakkola JJK, Kukkonen E, Säteri J, Vuorelma H (eds) Indoor Air '93. Proceedings of the 6th International conference on indoor air quality and climate. Vol 5, Helsinki, pp 533–538

87. Quirrenbach H, Huber M, Geiss HK, Erdinger L (1993) Determination of narcotic gases in the ambient air of operating theaters by infrared spectrometry. In: Jedrzejewska-Scibak T, Sowa J (eds) Indoor air quality problems. From science to practice. Warsaw University of Technology, Warsaw, pp 367–372

88. Keller R, Beckert J (1986) Berechnung der Schadstoffkonzentration in der Innenraumluft. Umweltmed 1:7–10

89. Tsusumi J, Caro E, Takeshita T, Katayama T, Ishii A (1993) Characteristics of the external boundary space around a dwelling house as a thermal buffer. In: Seppänen O, Ilmarinen R, Jakkola JJK, Kukkonen E, Säteri J, Vuorelma H (eds) Indoor Air '93. Proceedings of the 6th International conference on indoor air quality and climate. Vol 6, Helsinki, pp 235–240

90. Rapoport A (1977) Human aspects of urban form. Pergamon Press, Oxford New York, pp 189 – 190

91. Jarke FH, Dravnieks A, Gordon SM (1981) Organic contaminants in indoor air and their relation to outdoor contaminants. ASHRAE Trans 87:153–165

92. Brauer M, Koutrakis P, Keeler GJ, Spengler JD (1991) Indoor and outdoor concentrations of inorganic acidic aerosols and gases. J Air Waste Manage Assoc 41:171–181

93. Weschler CJ, Shields HC, Nalk DV (1989) Indoor ozone exposure. J Air Pollut Contr Assoc 39:1562–1568

94. Bundesgesundheitsamt/bga (Hrsg) (1994) Hohe Schwefeldioxid-Konzentrationen im Innenraum durch Textilentfärber. bga-pressedienst 07/1994 vom 10.2.1994

95. Dörre W, Knauer A, Horn K (1983) Zur Exposition des Menschen gegenüber Luftverunreinigungen. Z ges Hyg 29: 524–527

96. Ott WR (1990) Total human exposure: basic concepts, EPA field studies, and future research needs. J Air Waste Manage Assoc 40:966–975

97. Feron VJ, Woutersen RA, Arts JHE, Cassee FR, De Vrijer Fl, Van Bladderen PJ (1992) Indoor air. A variable complex mixture: strategy for selection of (combinations of) chemicals with high health hazard potential. Environ Technol 13:341–350

98. Ullrich D, Nagel R, Seifert B (1982) Einfluß von Lackanstrichen auf die Innenraumluftqualität am Beispiel von Heizkörperlacken. In: Aurand K, Seifert B, Wegner J (Hrsg) Luftqualität in Innenräumen. Fischer, Stuttgart S 283–298

99. Jensen B, Wolkoff P, Wilkins CK (1994) Characterization of linoleum. Part 3: Identification of oxidative emission processes. In: Bánhidi L, Farkas I, Magyar Z, Rudnai P (eds) Healthy Buildings '94. Proceedings of the 3rd International conference. Vol 1. Budapest, pp 243–246

100. Weschler CJ, Hodgson AT, Wooley JD (1992) Indoor chemistry: ozone, volatile organic compounds and carpets. Environ Sci Technol 26:2371–2377

101. Nußbaum T, Bigdon M (1993) Fassadenhydrophobierungen und damit in Zusammenhang stehende Innenraumluftbelastungen und Geruchsbelästigungen – 10 Fallbeispiele, Gesundheitswesen 55:312–317

102. Köppl B, Piloty M (1993) PCB in Dichtungsmassen: Erfahrungen und Ergebnisse bei Vorgehen in Berlin und Sanierung einer Schule. Teil I. Gesundheitswesen 55:577–581 Teil II. Verlauf einer PCB-Sanierung und Beurteilung einzelner Sanierungsschritte. Gesundheitswesen 55:629–634

103. Gebefügi I, Parlar H, Korte F (1979) Occurrence of pentachlorophenol in enclosed environment. Ecotoxicol Environ Safety 3:269–300

104. Seifert B, Ullrich D (1987) Methodologies for evaluating sources of volatile organic chemicals (VOC) in homes. Atmos Environ 21:395–404

105. Gunnarsen L, Fanger O (1992) Adaptation to indoor air pollution. Environ Int 18:43-54

106. Barthes R (1970) Mythen des Alltags. edn suhrkamp, Bd 92, Suhrkamp, Frankfurt, S 47-49

107. Corbin A (1984) Pesthauch und Blütenduft. Eine Geschichte des Geruchs. Wagenbach, Berlin 1984, S 13

108. National Research Council/Committee on Indoor Pollutants (ed) (1981) Indoor pollutants. National Academy Press, Washington, p 169

109. Knasko SC (1992) Ambient odor's effect on creativity, mood, and perceived health. Chem Senses 17:27-35

110. Verein Deutscher Ingenieure/VDI (Hrsg) (1986, 1987, 1989) VDI-Richtlinie 3881, Bl 1: Olfaktometrie. Geruchsschwellenbestimmung. Grundlagen. Düsseldorf 1986, Bl 2: Olfaktometrie. Geruchsschwellenbestimmung. Probenahme. Düsseldorf 1987, Bl 3: Olfaktometrie. Geruchsschwellenbestimmung. Olfaktometer mit Verdünnung nach dem Gasstrahlprinzip. Düsseldorf 1986, Bl 4: Olfaktometrie. Geruchsschwellenbestimmung. Anwendungsvorschriften und Verfahrenskenngrößen. Düsseldorf 1989 (Entwurf/Gründruck)

111. Winneke G, Both R, Frechen FB, Hangartner M, Medrow W, Paduch M, Plattig K-H, Punter PH (1995) Charakterisierung von Geruchsbelästigungen. Teil 1: Beschreibung der Geruchsparamter. Staub Reinh Luft 55:41-44, Teil 2: Verknüpfung von ausgesuchten Geruchsparametern im Hinblick auf Belästigungsrelevanz. Staub Reinh Luft 55:113-118, Teil 3: Nationale Regelungen: Lösungsansätze und Wissenslücken. Staub Reinh Luft (im Druck)

112. Steinheider B, Winneke G (1993) Industrial odours as environmental stressors: exposure – annoyance associations and their modification by coping, age and perceived health. Environ Psychol 13:353-363

113. Amoore JE (1962) The stereochemical theory of olfaction. I. Identification of seven primary odors. Proc Sci Sect Toilet Goods Assoc 37:1-12

114. Moschandreas DJ (1992) Odors in indoor non-industrial environments. Proceedings of the 5th International J Cartier conference. Ottawa, pp 255-268

115. Verein Deutscher Ingenieure/VDI (Hrsg) (1992, 1994) VDI-Richtlinie 3882, Bl 1: Olfaktometrie. Bestimmung der Geruchsintensität. Düsseldorf 1992, Bl 2: Olfaktometrie. Bestimmung der hedonischen Geruchswirkung Düsseldorf 1994

116. Hübschmann K (1994) Wohnhygiene, LGA-Rundschau 3/1994:72-76

117. Ranson C von, Belitz H-D (1992) Untersuchungen zur Struktur-Aktivitätsbeziehung bei Geruchsstoffen. 2. Mitteilung: Wahrnehmungs- und Erkennungsschwellenwerte sowie Geruchsqualitäten gesättigter und ungesättigter aliphatischer Aldehyde. Z Lebensm Unters Forsch 195:515-522

118. Deutsche Normen (1981) Allgemeine Grundlagen der sensorischen Prüfung, DIN 10 950. Deutsches Institut für Normung (DIN), Berlin

119. Kofler W (1985, 1986) Zur Ermittlung der Zumutbarkeit von Belästigungen und ihre Abgrenzung zur Gesundheitsgefährdung durch den ärztlichen Sachverständigen. 1. Mitteilung: Allgemeine und rechtliche Grundlagen – Die Objektivierung von Empfindungsintensitäten aus natur- und sozialwissenschaftlicher Sicht. Wiss Umw (ISU) 207-215, 2. Mitteilung: Gesundheits-

gefährdungen und Belästigungen durch wahrnehmbare Umweltfaktoren (z. B. Gerüche) – Vorschlag für die konkrete Vorgehensweise bei der Beurteilung. Wiss Umw (ISU) 57–65

120. Knasko SC (1993) Performance, mood, and health during exposure to intermittent odors. Arch Environ Health 48:305

121. Fanger O (1988) Introduction of the olf and the decipol units to quantify air pollution perceived by humans indoors and outdoors. Energy Build 12:1–6

122. May J (1966) Geruchsschwellen von Lösemitteln zur Bewertung von Lösemittelgerüchen in der Luft. Staub-Reinh Luft 26:385–389

123. Wolkoff P, Wilkins CK, Clausen PA, Larsen K (1993) Comparison of volatile organic compounds from processed paper and toners from copiers and printers: methods, emission rates, and modeled concentrations. Indoor Air 3: 113–123

124. Friege H (1992) Innenraumluft: Kommunale Probleme. In: Kommission Reinhaltung der Luft im VDI und DIN (Hrsg) Schadstoffbelastung in Innenräumen. Schriftenreihe der Kommission Reinhaltung der Luft im VDI und DIN, Bd 19, Düsseldorf, S 5–22

125. Sollinger S, Levsen K, Wünsch G (1994) Indoor pollution by organic emissions from textile floor coverings: climate test chamber studies under static conditions. Atmos Environ 28:2369–2378

126. Tirkkonen T, Mattinen M-L, Saarela K (1993) Volatile organic compound (VOC) emission from some building and furnishing material. In: Seppänen O, Ilmarinen R, Jakkola JJK, Kukkonen E, Säteri J, Vuorelma H (eds) Indoor Air '93. Proceedings of the 6th International conference on indoor air quality and climate. Vol 2, Helsinki, pp 477–482

127. Englert N (1994) Gesundheitliche Beeinträchtigungen durch luftverunreinigende Stoffe im Innenraum. Staub Reinh Luft 54:129–136

128. Kettner H (1973) Zur Frage der Normierung physikalisch-chemischer Luftverunreinigungen in Innenräumen. Ges Ing 94:44–51

129. Seifert B (1995) Zahlenraum statt Grenzwert. Umweltmagazin: 98–100

130. Pierson TK, Berry MA, Naugle DF (1990) Application of a risk characterization framework for review of indoor air quality risk estimates. In: Walkinshaw D (ed) Indoor Air '90. Proceedings of the 5th International conference on indoor air quality and climate. Vol 1, Ottawa, pp 453–458

131. Steiner R (1992) Dicke Luft im Raum. Nordrhein-Westfalen will für die 30 wichtigsten Innenraum-Schadstoffe Richtwerte erlassen. VDI-Nachrichten, Düsseldorf, 5.6.1992, S 36

132. Bekanntmachungen des BGA (1993) Bewertung der Luftqualität in Innenräumen, Bundesgesundheitsbl 36:117–118

133. Empfehlung der EG-Kommission (1990) vom 21.2.1990 zum Schutz der Bevölkerung vor Radonexpositionen innerhalb von Gebäuden (90/143/EURATOM)

134. vgl [637]

135. Länderausschuß für Immissionsschutz/LAI (1991) Maßnahmenplan zur Minimierung des Eintrags bestimmter krebserzeugender Stoffe in die Luft. Bericht an die Umweltministerkonferenz (UMK), Vorlage zur 37. UMK am 21./22.11.1991 in Leipzig

136. Van Ert MD, Clayton JW, Crabb CL, Walsh DW (1987) Identification and characterization of 4-phenyl-cyclohexene – an emission product from new carpeting. U.S. EPA-OTS Report, January 1987

137. vgl [267]

138. Victorin K (1993) Health effects of urban air pollutants. Guideline values and conditions in Sweden. Chemosphere 27:1691–1706

139. Little JC, Hodgson AT, Gadgil AJ (1994) Modeling emissions of volatile organic compounds from new carpets. Atmos Environ 28:227–234

140. Kühling W, Peters H-J (1994) Die Bewertung der Luftqualität bei der Umweltverträglichkeitsprüfung. Bewertungsmaßstäbe und Standards zur Konkretisierung einer wirksamen Umweltvorsorge. UVP Spezial 10, Dortmund

141. Stresemann E (1969) Die medizinisch-biologische Bedeutung von Kraftfahrzeug-Abgasen. Staub Reinh Luft 29:227–230

142. Devos M, Patte F, Rouault J, Laffort P, Van Gemert LJ (eds) (1990) Standardized human olfactory thresholds. Oxford University Press, Oxford

143. Verschueren K [154] pp 357–359

144. Senat der Freien und Hansestadt Hamburg in einer Stellungnahme zu Geruchsbelästigungen durch Chlornaphthalin in Schulpavillons. Bürgerschaftsdrucksache 14/4420 vom 6.7.1993

145. Eitzer BD, Hites RA (1988) Vapor pressures of chlorinated dioxins and dibenzofurans. Environ Sci Technol 22:1362

146. Anon. (1993) Richtwert des Bundesgesundheitsamtes für PCP und Lindan: Bewertung der Luftqualität in Innenräumen. Bundesgesundheitsbl 36:117–118

147. Krooß J, Stolz P (1994) Bewertung von Holzschutzmittelbelastungen in Innenräumen. Arzt und Umwelt, Heft 4:13–14

148. Hooper K, LaDou J, Rosenbaum JS, Book SA (1992) Regulation of priority carcinogens and reproductive or developmental toxicants. Am J Industr Med 22:793–808

149. Kunde M (1982) Erfahrungen bei der Bewertung von Holzschutzmitteln. In: Aurand K, Seifert B, Wegner J (Hrsg) Luftqualität in Innenräumen. Fischer, Stuttgart New York, S 317–325

150. Ruth JH (1986) Odor thresholds and irritation levels of several chemical substances: a review. Am Ind Hyg Assoc J 47:A142–A151

151. Kewen Liu, Dickhut RM (1994) Saturation vapor pressures and thermodynamic properties of benzene and selected chlorinated benzenes at environmmental temperatures. Chemosphere 29:581–589

152. Oelert HH, Florian Th (1972) Erfassung und Bewertung der Geruchsbelästigung durch Abgase von Dieselmotoren. Staub Reinh Luft 32:400–407

153. Hellmann TM, Small FH (1974) Characterization of the odor properties of 101 petrochemicals using sensory methods. J Air Pollut Contr Assoc 24:979–982

154. Verschueren K (1983) Handbook of environmental data on organic chemicals. Van Nostrand Reinhold, New York

155. Horn W, Marutzky, R (1993) Measuring of organic wood preservatives in indoor air – sampling and 1 m^3-chamber tests. In: Seppänen O, Ilmarinen R, Jakkola JJK, Kukkonen E, Säteri J, Vuorelma H (eds) Indoor Air '93. Proceedings of the 6th International conference on indoor air quality and climate. Vol 2, Helsinki, pp 513–518

156. Kühling W, Peters H-J (1988) Luftverunreinigungen. In: Storm P-C, Bunge T (Hrsg) Handbuch der Umweltverträglichkeitsprüfung (HdUVP), Kap 2710. Schmidt, Berlin

157. ASHRAE (American society of heating, refrigerating and air conditioning Eegineers) (1989) Standard 62 – 1989: Ventilation for acceptable indoor air quality. Atlanta, GA

158. Huber G, Wanner HU (1982) Raumluftqualität und minimale Lüftungsraten. Ges Ing 103 : 207–210

159. Wang TC (1975) A study of bioeffluents in a college classroom. ASHRAE Trans 81 : 32–44

160. Batterman S, Chi-ung Peng (1995) TVOC and CO_2 concentrations as indicators in indoor air quality studies. Am Ind Hyg Assoc J 56 : 55–65

161. VDI-Bildungswerk GmbH (Hrsg) (1991) Analytik bei Abfallentsorgung und Altlasten. VDI, Düsseldorf, S 130

162. Johnson R (1993) UK regulations and practice for reducing soil gas in dwellings. In: Seppänen O, Ilmarinen R, Jakkola JJK, Kukkonen E, Säteri J, Vuorelma H (eds) Indoor Air '93. Proceedings of the 6th International conference on indoor air quality and climate. Vol 3, Helsinki, pp 549–553

163. Enquete-Kommission des 11. Deutschen Bundestages (1989) Vorsorge zum Schutz der Erdatmosphäre. Zwischenbericht: Schutz der Erdatmosphäre. Eine internationale Herausforderung. Deutscher Bundestag, Referat Öffentlichkeitsarbeit (Zur Sache 88. 5), Bonn, S 379

164. Rigos E (1981) CO_2-Konzentration im Klassenzimmer. Umschau 81 : 172–174

165. Keskinen J, Kulmala V, Graeffe G, Hautanen J, Janka K (1987) Continuous monitoring of air impurities in dwellings. In: Seifert B, Esdorn H, Fischer M, Rüden H, Wegner J (eds) Indoor Air '87. Proceedings of the 4th International Conference on Indoor Air Quality and Climate. Vol 2, Berlin, pp 242–246

166. Hoskins JA, Brown RC, Levy LS (1993) Current levels of air contaminants in indoor air in europe: a review of real situations. Indoor Environ 2 : 246–256

167. Prescher K-E (1982) Auftreten von Kohlenmonoxid, Kohlendioxid und Stickstoffoxiden beim Betrieb von Gasherden. In: Aurand K, Seifert B, Wegner J (Hrsg) Luftqualität in Innenräumen. Schr-R Verein für Wasser-, Boden- und Lufthygiene Nr. 53. Fischer, Stuttgart New York, S 191–198

168. Konopinski V (1989) Residential localized carbon dioxide concentrations. In: Brasser LJ, Mulder WC (eds) Man and his Ecosystem. Proceedings of the 8th World clean air congress 1989. Elsevier, Amsterdam New York, pp 339–344

169. Fehlmann J, Wanner HU (1993) Indoor climate and indoor air quality in residential buildings. Indoor Air 3 : 41–50

170. Friedberger, E (1923) Untersuchungen über Wohnungsverhältnisse insbesondere über Kleinwohnungen und deren Mieter in Greifswald. Fischer, Jena

171. Turiel I, Rudy JV (1982) Occupant-generated CO_2 as an indicator of ventilation rate, ASHRAE Trans 88 : 197–210

172. Fehlmann J, Wanner HU, Zamboni M (1993) Indoor air quality and energy consumption with demand controlled ventilation in an auditorium. In: Seppänen O, Ilmarinen R, Jakkola JJK, Kukkonen E, Säteri J, Vuorelma H (eds) Indoor Air '93. Proceedings of the 6th International conference on indoor air quality and climate. Vol 5, Helsinki, pp 45–50

173. Bearg DW, Turner WA, Brennan T (1993) Errors associated with the use of carbon dioxide as a surrogate for outdoor air supply in buildings. In: Seppänen O, Ilmarinen R, Jakkola JJK, Kukkonen E, Säteri J, Vuorelma H (eds) Indoor Air '93. Proceedings of the 6th International conference on indoor air quality and climate. Vol 6, Helsinki, pp 581–586

174. Bischof W, Witthauer J (1993) Mixed gas sensors – strategies in non-specific control of IAQ. In: Seppänen O, Ilmarinen R, Jakkola JJK, Kukkonen E, Säteri J, Vuorelma H (eds) Indoor Air '93. Proceedings of the 6th International conference on indoor air quality and climate. Vol 5, Helsinki, pp 39–44

175. Greim H (Hrsg) (1994) Gesundheitsschädliche Arbeitsstoffe. Toxikologisch-arbeitsmedizinische Begründung von MAK-Werten, Kapitel: Kohlendioxid, VCH, Weinheim (1.–20. Lieferung)

176. Gertis K, Hauser G (1979) Energieeinsparung durch Stoßlüftung. HLH 30:89 93

177. Anderson DE (1971) Problems created from ice arenas by engine exhaust. Am Ind Hyg Assoc J 32:790

178. Donati J (1995) Intoxication oxycarbonées collectives dans les patinoires. TSM 90:353–356

179. Lee K, Yanagisawa Y, Spengler JD (1993) Carbon monoxide and nitrogen dioxide levels in an indoor ice skating rink with mitigation measures. Air Waste 43:769–771

180. Ulbrich G (1982) Einfluß von Feuerstätten auf die Beschaffenheit der Innenraumluft. In: Aurand K, Seifert B, Wegner J (Hrsg) Luftqualität in Innenräumen Schr-R Verein für Wasser-, Boden- und Lufthygiene Nr. 53. Fischer, Stuttgart New York, S 179–190

181. Carmes J, Jouan M (1988) Enquète nationale relative au recensement des cas d'intoxication par le monoxyde de carbone. Poll Atmos, 173–176

182. Abbritti G, Accattoli MP, Muzi G, Dell'Omo M, D'Allesandro A (1993) Carbon monoxide as an environmental hazard: a report on some cases of poisoning in Italy. Indoor Environ 2:241–245

183. Nitta H, Son B-S, Maeda K, Kim Y-S, Yanagisawa Y (1990) Measurements of indoor carbon monoxide levels using passive samplers in Korea. In: Walkinshaw D (ed) Indoor Air '90. Proceedings of the 5th International conference on indoor air quality and climate. Vol 1, Ottawa, pp 77–82

184. Rudolf W (1980) Belastung der Kfz-Insassen durch Automobilabgase. Staub Reinh Luft 40:485–490

185. Tonkelaar WAM den, Rudolf W (1982) Luftqualität im Inneren von Kraftfahrzeugen. In: Aurand K, Seifert B, Wegner J (Hrsg) Luftqualität in Innenräumen. Schr-R Verein für Wasser-, Boden- und Lufthygiene Nr. 53. Fischer, Stuttgart New York, S 219–230

186. Alm S, Jantunen MJ, Mukala K, Pasanen P, Tuomisto J (1993) Personal exposures of preschool children to carbon monoxide and nitrogen dioxide: the role of gas stoves. In: Seppänen O, Ilmarinen R, Jakkola JJK, Kukkonen E, Säteri J, Vuorelma H (eds) Indoor Air '93. Proceedings of the 6th International conference on indoor air quality and climate. Vol 3, Helsinki, pp 289–294

187. Römmelt H, Zielinski M, Fruhmann G (1994) Staub und Kfz-Abgase in städtischen Verkehrsmitteln. In: VDI/Verein Deutscher Ingenieure (Hrsg) Luft-

verunreinigungen in Innenräumen. VDI-Berichte 1122. VDI, Düsseldorf, S 169–179

188. Mücke W, Jost D, Rudolf W (1984) Luftverunreinigungen in Kraftfahrzeugen. Staub Reinh Luft 44:374–377

189. Chang-Chuan Chan, Özkaynak H, Spengler JD, Sheldon L (1991) Driver exposure to volatile organic compounds, CO, ozone, and NO_2 under different driving conditions. Environ Sci Technol 25:964–972

190. Koushki PA, Al-Dhowalia KH, Niaizi SA (1992) Vehicle occupant exposure to carbon monoxide. J Air Waste Manage Assoc 42:1603–1608

191. Rabl P, Dirr R, Reif D, Kottermair W (1989) Immissionsmessungen innerhalb und außerhalb von Wohngebäuden an einer stark befahrenen Autobahn. Schriftenreihe des Bayerischen Landesamtes für Umweltschutz, Heft 90, München

192. Bayerisches Landesamt für Umweltschutz (Hrsg) (1984,1994) Lufthygienischer Jahresbericht 1983, Schriftenreihe Heft 60, München 1984, Lufthygienischer Jahresbericht 1993, Schriftenreihe Heft 127, München 1994

193. Tomingas R, Grover YP (1990) Schadstoffe in Wohnungen mit und ohne Gasanlagen. Staub Reinh Luft 50:391–394

194. Dor F, Le Moullec Y, Festy B (1995) Exposure of city residents to carbon monoxide and monocyclic aromatic hydrocarbons during commuting trips in the Paris metropolitan area. J Air Waste Manage Assoc 45:103–110

195. Malorny, G. (1972) Allgemeiner Überblick über die Wirkung von Kohlenmonoxid auf den Menschen. Stand der Forschungsarbeiten in der Arbeitsgruppe „Kohlenmonoxid-Wirkung". Staub Reinh Luft 32:131–142

196. vgl [36]

197. Anderson EW et al. (1977) Effect of low-level carbon monoxide exposure on onset and duration of angina pectoris: a study in ten patients with ischemic heart disease. Ann Intern Med 48:491–496

198. Schütz A, Wallrabenstein K (1980) Einfluß von niedrigem CO-Gehalt in der Außenluft auf psychische und zentralnervöse Parameter bei Mensch und Tier – ein Aspekt zum MIK-CO-Wert. ASP 15:53

199. Coburn RF (1970) Biological effects of carbon monoxide. Ann NY Acad Sci 174:11

200. Raub JA, Grant LD (1989) Critical health issues associated with review of the scientific criteria for carbon monoxide. Proceedings of the 82nd annual meeting of the air and waste management association, paper 89.54.1, Anaheim, CA.

201. Coburn RF (1979) Mechanism of carbon monoxide toxicity. Prev Med 8:310–322

202. Verein Deutscher Ingenieure/VDI (Hrsg) (1974) VDI-Richtlinie 2310. Maximale Immissions-Werte. September 1974

203. Kühling W (1986) Planungsrichtwerte für die Luftqualität, Schriftenreihe des Instituts für Landes- und Stadtentwicklungsforschung, Dortmund

204. Knelson JH (1972) Luftqualitätskriterien und Immissionsgrenzwerte für Kohlenmonoxid in den Vereinigten Staaten. Staub Reinh Luft 32:180–183

205. DuBois AB (1970) Establishment of „threshold" carbon monoxide exposure levels. Ann NY Acad Sci 174:425

206. Tucker WG (1987) Characterization of emissions from combustion sources. Atmos Environ 21:281–284

207. COST Project 613 (1989) Report No 3: Indoor Pollution by NO_2 in European Countries. ECSC EEC EAEC, Luxembourg

208. Schultz E, Staiger H (1989) Personal exposure to indor and outdoor air pollution. In: Brasser LJ, Mulder WC (eds) Man and his ecosystem. Proceedings of the 8th World clean air congress 1989, vol 1. Elsevier, Amsterdam New York, pp 241–246

209. Brauer M, Koutrakis P, Keeler GJ, Spengler JD (1991) Indoor and outdoor concentrations of inorganic acidic aerosols and gases. J Air Waste Manage Assoc 41:171–181

210. Brauer M, Spengler JD, Lee Kiyoung, Yanagisawa Y (1993) Nitrogen dioxide in ice skating rinks: exposure assessment and evaluation of reduction strategies. In: Seppänen O, Ilmarinen R, Jakkola JJK, Kukkonen E, Säteri J, Vuorelma H (eds) Indoor Air '93. Proceedings of the 6th International conference on indoor air quality and climate. Vol 3, Helsinki, pp 159–164

211. Salonen RO, Randell JT, Alm S, Pennanen AS, Hälinen AI, Husman T, Airaksinen O, Jantunen MJ (1993) Air quality and health in finnish indoor ice arenas. In: Seppänen O, Ilmarinen R, Jakkola JJK, Kukkonen E, Säteri J, Vuorelma H (eds) Indoor Air '93. Proceedings of the 6th International conference on indoor air quality and climate. Vol 3, Helsinki, pp 199–203

212. Marrone P (1994) The NO_x pollution control in kitchen through the study of a risk model for the occupants. In: Bánhidi L, Farkas I, Magyar Z, Rudnai P (eds) Healthy Buildings '94. Proceedings of the 3rd International conference. Vol 2, Budapest, pp 127–132

213. Borrazzo JE, Davidson CI, Hendrickson CT (1987) A statistical analysis of published gas stove emission factors for CO, NO, and NO_2. In: Seifert B, Esdorn H, Fischer M, Rüden H, Wegner J (eds) Indoor Air '87. Proceedings of the 4th International Conference on Indoor Air Quality and Climate. Vol 1, Berlin, pp 316–320

214. Himmel RL, DeWerth DW (1974) Evaluation of the pollutant emissions from gas-fired ranges. American Gas Association Laboratories, Report 1492. Zitiert nach Borrazzo et al. [213]

215. Moschandreas DJ, Relwani SM, O'Neill HJ, Cole JT, Elkins RH, Macriss RA (1985) Characterization of emission rates from indoor combustion sources. Gas Research Institute, Report GRI-85/0075. Zitiert nach Borrazzo et al. [213]

216. Borrazzo JE, Osborn JE, Fortmann RC, Keefer RL, Davidson CI (1987) Modeling and monitoring of CO, NO and NO_2 in a modern townhouse. Atmos Environ 21:299–311

217. Spengler JD, Duffy CP, Letz R, Tibbitts TW, Ferris Jr, BG (1983) Nitrogen dioxide inside and outside 137 homes and implications for ambient air quality standards and health effects research. Environ Sci Technol 17:164–168

218. Wanner H-U, Braun Ch, Monn Ch (1990) Measurement of nitrogen dioxide indoor and outdoor concentrations with passive sampling devices. In: Walkinshaw D (ed) Indoor Air '90. Proceedings of the 5th International conference on indoor air quality and climate. Vol 2, Ottawa, pp 503–507

219. Salonen RO, Pennanen AS, Alm S, Randell JT, Hälinen AI, Husman T, Jantunen MJ, Eklund T, Nylund N-O, Kiyoung Lee, Spengler JD (1995) A multidisciplinary approach to the air quality and health problems in indoor ice arenas. In: Antilla P, Kämäri J, Tolvonen M (eds) Proceedings of the 10th World Clean Air Congress. Vol 3, Helsinki, pp 638

220. Hedberg K, Hedberg CW, Iber C, White KE, Osterholm MT, Jones DBW, Flink JR, MacDonald,KL (1989) An outbreak of nitrogen-dioxide induced respiratory illness among ice hockey players. JAMA 262:3014–3017

221. Melia RJW, Florey C du V, Altmann DG, Swan AV (1977) Association between gas cooking and respiratory disease in children. BMJ, pp 149–152

222. Comstock GW, Meyer MB, Helsing KJ, Tockman MS (1981) Respiratory effects of houshold exposures to tobacco smoke and gas cooking. Am Rev Resp Dis 124:143–148

223. Brunekreef B, Houthuijs D, Dijkstra L, Boleij JSM (1989) A comparison of categorical and continuous exposure variables in a study on health effects of indoor nitrogen dioxide exposure. In: Brasser LJ, Mulder WC (eds) Man and his Ecosystem. Proceedings of the 8th world clean air congress 1989. Vol 1, Elsevier, Amsterdam New York, pp 241–246

224. Keller MD, Lanes RR, Mitchell RI, Cote RW (1979) Respiratory illness in households using gas and electricity for cooking. Environ Res 19:495–515

225. Nakai S, Nitta H, Maeda K (1993) Cross-sectional study on the health effects of gas cooking stoves in Japan. Indoor Air 3:210–214

226. WHO/Regional Office for Europe [36] p 307

227. Goldstein IF, Mincer C, Schachter EN (1989) Acute expoure to nitrogen dioxide and pulmonary function. In: Brasser LJ, Mulder WC (eds) Man and his Ecosystem. Proceedings of the 8th world clean air congress 1989. Vol. 1, Elsevier, Amsterdam New York, pp 235–240

228. Moseler M, Hendel-Kramer A, Karmaus W, Forster J, Weiss K, Urbanek R, Kuehr J (1994) Effect of moderate NO_2 air pollution on the lung function of children with asthmatic symptoms. Environ Res 67:109–124

229. Kommission der Europäischen Gemeinschaften/Generaldirektion XI (Hrsg) (1993) Gemeinschaftsrecht im Bereich des Umweltschutzes, Bd 2: Luft, EG-Richtlinie 85/203/EWG vom 7. März 1985 über Luftqualitätsnormen für Stickstoffdioxid. EGKS EWG EAG, Luxembourg

230. Guthmann H (1919) Schädigungen an Bestrahlten und Bestrahlern durch die im Röntgenzimmer entstehenden Gase. Med Dissertation, Universität Erlangen

231. Reusch (1917) Gasvergiftung im Röntgenzimmer. Münch MedWochenschr 50:1605

232. Mueller FX, Loeb L, Mapes WH (1973) Decomposition rates of ozone in living areas. Environ Sci Technol 7:342–346

233. Wanner HU, Gilgen A (1966) Untersuchungen über Raumozonisatoren und über Ozon-Vorkommen in der Außenluft und in Industriebetrieben. Arch Hyg 150:78–91

234. Shaughnessy RJ, Levetin E, Sublette K (1993) Effectiveness of portable indoor air cleaners in particulate and gaseous contaminant removal. In: Seppänen O, Ilmarinen R, Jakkola JJK, Kukkonen E, Säteri J, Vuorelma H (eds) Indoor Air '93. Proceedings of the 6th International conference on indoor air quality and climate. Vol 6, Helsinki, pp 381–386

235. Shaughnessy RJ, Levetin E, Blocker J, Sublette K (1994) Sensory testing on portable indoor air cleaners. In: Bánhidi L, Farkas I, Magyar Z, Rudnai P (eds) Healthy Buildings '94. Proceedings of the 3rd International conference. Vol 1, Budapest, pp 535–541

236. Witthauer et al. [4] S 43

237. Umweltbundesamt (Hrsg) (1987) Umweltfreundliche Beschaffung. Handbuch zur Berücksichtigung des Umweltschutzes in der öffentlichen Verwaltung und im Einkauf. Bauverlag, Wiesbaden Berlin, S 57

238. Yocom JE (1982) Indoor-outdoor air quality relationships. A critical review. J Air Pollut Control Assoc 32 : 500–520

239. Lustenberger J, Monn Ch, Wanner HU (1990) Measurements of ozone indoor- and outdoor-concentrations with passive sampling devices. In: Walkinshaw D (ed) Indoor Air '90. Proceedings of the 5th International conference on indoor air quality and climate. Vol 2, Ottawa, pp 555–560

240. Weschler CJ, Shields HC, Naik DV (1990) Indoor ozone: further observations. In: Walkinshaw D (ed) Indoor Air '90. Proceedings of the 5th International conference on indoor air quality and climate. Vol 2, Ottawa, pp 613–618

241. Grill A (1995) Sommerliche Reize am Schreibtisch. Süddtsch Z 11.5.1995

242. Höppe P, Lindner J, Rabe G, Praml G (1995) Der Einfluß erhöhter Ozonkonzentrationen auf die Lungenfunktion ausgewählter Bevölkerungsgruppen. Materialien Bd 111. Staatsministerium für Landesentwicklung und Umweltfragen (StMLU), München

243. Weschler CJ, Shields HC, Naik DV (1993) Interplay among ozone, nitric oxide and nitrogen dioxide in an indoor environment: results from synchronized indoor-outdoor measurements. In: Seppänen O, Ilmarinen R, Jakkola JJK, Kukkonen E, Säteri J, Vuorelma H (eds) Indoor Air '93. Proceedings of the 6th International conference on indoor air quality and climate. Vol 3, Helsinki, pp 135–140

244. Riala R, Korhonen K, Hoikkala M, Gustafsson D (1993) Air quality in the storage of archival records. In: Seppänen O, Ilmarinen R, Jakkola JJK, Kukkonen E, Säteri J, Vuorelma H (eds) Indoor Air '93. Proceedings of the 6th International conference on indoor air quality and climate. Vol 3, Helsinki, pp 247–250

245. Baer NS, Banks PN (1985) Indoor air pollution: effects on cultural and historic materials. Int J Museum Management Curatorship 4 9–20

246. Mathe, RG, Faison TK, Silberstein S (1983) Air quality criteria for storage of paper-based archival records. US Dept. of Commerce. NBSIR 83-2795, Washington

247. Verein Deutscher Ingenieure/VDI (Hrsg) (1989) VDI-Handbuch Reinhaltung der Luft: Maximale Immissions- Werte für Ozon, VDI-Richtlinie 2310, Bl 6. VDI, Düsseldorf

248. Shaver CL, Cass GR, Druzik JR (1983) Ozone and the deterioriation of works of art. Environ Sci Technol 17 : 748

249. Wallace LA, Pellizzari ED, Leaderer BP, Zelon H, Sheldon L (1987) Emissions of volatile organic compounds from building materials and consumer products. Atmos Environ 21 : 385–393

250. Jensen B, Wolkoff P, Wilkins CK, Clausen PA (1993) Characterization of linoleum. Part 1: Measurement of volatile organic compounds by use of the field and laboratory emission cell, „FLEC". In: Seppänen O, Ilmarinen R, Jakkola JJK, Kukkonen E, Säteri J, Vuorelma H (eds) Indoor Air '93. Proceedings of the 6th International conference on indoor air quality and climate. Vol 2, Helsinki, pp 443–448

251. Sollinger S, Behnert S, Levsen K (1993: Determination of organic emissions from textile floor coverings. In: Seppänen O, Ilmarinen R, Jakkola JJK, Kukkonen E, Säteri J, Vuorelma H (eds) Indoor Air '93. Proceedings of the 6th International conference on indoor air quality and climate. Vol 2, Helsinki, pp 471–476

252. Tsuchiya Y (1988) Volatile organic compounds in indoor air. Chemosphere 17:79–82

253. Wilkins K (1994) Volatile organic compounds from household waste. Chemosphere 29:47–53

254. Rivers JC, Pleil JD, Wiener RW (1992) Detection and characterization of volatile organic compounds produced by indoor air bacteria. J Exp Anal Env Epidem 1:177–188

255. Bayer CW, Crow S (1993) Detection and characterization of microbially produced volatile organic compounds. In: Seppänen O, Ilmarinen R, Jakkola JJK, Kukkonen E, Säteri J, Vuorelma H (eds) Indoor Air '93. Proceedings of the 6th International conference on indoor air quality and climate. Vol 2, Helsinki, pp 33–38

256. Batterman S, Bartoletta N, Burge H (1991 Fungal volatiles of potential relevance to indoor air quality. In: Proceedings of the 84th Annual meeting and exhibition of the air and waste management association, paper 91-62.9. Vancouver

257. Porstmann F, Böke J, Hartwig S, Kaaden R, Rosenlehner R, Schupp A, Stiller T, Wichmann HE (1994) Benzol und Toluol in Kinderzimmern. Staub Reinh Luft 54:147–153

258. Chang-Chuan Chan, Özkaynak H, Spengler JD, Sheldon L, Nelson W, Wallace L (1989) Commuter's exposure to volatile organic compounds, ozone, carbon monoxide, and nitrogen dioxide. In: Proceedings of the 82nd Annual meeting of the air and waste management association, paper 89-34A.4, Anaheim, CA

259. Puhakka E, Kärkkäinen J (1993) Styrene as pollutant in indoor air: problem identification, corrective measures and follow-up. In: Seppänen O, Ilmarinen R, Jakkola JJK, Kukkonen E, Säteri J, Vuorelma H (eds) Indoor Air '93. Proceedings of the 6th International conference on indoor air quality and climate. Vol 6, Helsinki, pp 699–703

260. Little JC, Daisey JM, Nazaroff WM (1992) Transport of subsurface contaminants into buildings. Environ Sci Technol 26:2058–2066

261. Otson R, Fellin P (1993) TVOC measurement: relevance and limitations. In: Seppänen O, Ilmarinen R, Jakkola JJK, Kukkonen E, Säteri J, Vuorelma H (eds) Indoor Air '93. Proceedings of the 6th International conference on indoor air quality and climate. Vol 2, Helsinki, pp 281–286

262. Eklund BM, Nelson TP (1995) Evaluation of VOC emission measurement methods for paint spray booths. J Air Waste Manage Assoc 45:196–205

263. Verein Deutscher Ingenieure/VDI (Hrsg) VDI-Handbuch Reinhaltung der Luft, VDI-Richtlinie 3483 (mehrere Blätter): Messen gasförmiger Immissionen. Messen der Summe organischer Stoffe mit einem Flammen-Ionisations-Detektor (FID). Grundlagen. VDI, Düsseldorf

264. Gammage RB, Hansen DL, Johnson LW (1989) Indoor air quality investigations: A practitioner's approach. Environ Internat 15:503–510

265. Seifert B, Ullrich D, Mailahn W, Nagel R (1986) Flüchtige organische Verbindungen in der Innenraumluft. Bundesgesundheitsbl 29:417–424

266. Göen T, Söhnlein B, Hubner B, Angerer J (1994) Ein Verfahren zur gleichzeitigen Bestimmung polarer und unpolarer Lösemittel in der Luft von Arbeitsplätzen. Staub Reinh Luft 54:99–103

267. Seifert B (1990) Regulating indoor air. In: Walkinshaw D (ed) Indoor Air '90. Proceedings of the 5th International conference on indoor air quality and climate. Vol 5, Ottawa, pp 35–49

268. Krause C, Mailahn W, Nagel R, Schulz C, Seifert B, Ullrich D (1987) Occurrence of volatile organic compounds in the air of 500 homes in the federal republic of Germany. In: Seifert B, Esdorn H, Fischer M, Rüden H, Wegner J (eds) Indoor Air '87. Proceedings of the 4th International conference on indoor air quality and climate. Vol 1, Berlin, pp 102–106

269. Lüdersdorf R, Schäcke G, Fuchs A (1985) Organische Lösemittel und deren Leitkomponenten. Staub Reinh Luft 45:88–89

270. [52], gekürzt um einen Teil der Perzentil-Angaben

271. Seifert B (1990) Flüchtige organische Verbindungen in der Innenraumluft. Bundesgesundheitsbl 33:111–114

272. Mølhave L, Bach B, Pedersen OF (984) Human reactions during controlled exposures to low concentrations of organic gases and vapours known as normal indoor air pollutants. In: Indoor Air '84. Proceedings of the 3rd International conference indoor air and climate. Vol. 3, Stockholm, pp 431–436

273. Mølhave L, Bach B, Pedersen OF (1986) Human reactions to low concentrations of volatile organic compounds. Environ Internat 12:167–175

274. Mølhave L, Kjærgaard SK, Pedersen OF, Jorgensen AH, Pedersen T (1993) Human response to different mixtures of volatile organic compounds. In: Seppänen O, Ilmarinen R, Jakkola JJK, Kukkonen E, Säteri J, Vuorelma H (eds) Indoor Air '93. Proceedings of the 6th International conference on indoor air quality and climate. Vol 1, Helsinki, pp 555–560

275. Mølhave L, Bach B, Pedersen OF (1986) Dose-response relation of volatile organic compounds in the sick building syndrome. Clin Ecology 4:52–56

276. Mølhave L (1991) Volatile organic compounds, indoor air quality and health. Indoor Air 1:357–376

277. Mølhave L, Zunyong Liu, Jorgensen AH, Pedersen OF, Kjærgaard SK (1993) Sensory and hysiological effects on humans of combined exposures to air temperatures and volatile organic compounds. Indoor Air 3:155–169

278. Andersen I, Lundqvist GR, Jensen PL, Proctor DF (1974) Human response to controlled levels of sulfur dioxide. Arch Environ Health 28:31–39

279. Johannsson I (1982) Kemiska Luftfororeningar Inommhus. En Litteraturs Sammenstallning (Chemical indoor air pollution, a Swedish review), Report 6. Nat Inst Environ Med, Stockholm

280. DHEW/Dept. Health, Educ & Welfare (1970) Air quality criteria for hydro-carbons. Publication AP-64. National Air Pollution Control Administration, Washington

281. Clements JB, Lewis RG (1988) Sampling for organic compounds. In: Keith LH (ed) Principles of Environmental sampling. ACS, Washington, pp 287–296

282. Wanner HU (1983) Was nützen Raumluftreiniger. Umweltmed 6:12–14

283. Braathen OA, Schmidbauer N (1993) Indoor air VOC pollution caused by gasoline spill. In: Seppänen O, Ilmarinen R, Jakkola JJK, Kukkonen E, Säteri J, Vuorelma H (eds) Indoor Air '93. Proceedings of the 6th International conference on indoor air quality and climate. Vol 2, Helsinki, pp 177–181

284. Moseley CL, Meyer MR (1992) Petroleum contamination of an elementary school. A case history involving air, soil-gas, and groundwater monitoring. Environ Sci Technol 26: 185–192

285. Rothweiler H, Wäger PA, Schlatter C (1993) Increased VOC concentrations in new and recently renovated buildings and their impact on the inhabitants. In: Seppänen O, Ilmarinen R, Jakkola JJK, Kukkonen E, Säteri J, Vuorelma H (eds) Indoor Air '93. Proceedings of the 6th International conference on indoor air quality and climate. Vol 2, Helsinki, pp 153–158

286. Bruckmann P, Beier R, Krautscheid S (1983) Immissionsmessungen von Kohlenwasserstoffen in den Belastungsgebieten Rhein-Ruhr. Staub Reinh Luft 43 : 404–410

287. Shah JJ, Singh HB (1988) Distribution of volatile organic chemicals in outdoor and indoor air. A national VOCs data base. Environ Sci Technol 22:1381–1388

288. Jungers RH, Sheldon LS (1987) Characterization of volatile organic chemicals in public access buildings. In: Seifert B, Esdorn H, Fischer M, Rüden H, Wegner J (eds) Indoor Air '87. Proceedings of the 4th International conference on indoor air quality and climate. Vol 1, Berlin, pp 144–148

289. Franck U, Rehwagen M, Herbarth O (1994) VOC-Indoorbelastung einer ostdeutschen Großstadt. Forum Städte Hyg 45: 122 – 125

290. Löfgren L, Petersson G (1992) Proportions of volatile hazardous hydrocarbons in vehicle-polluted urban air. Chemosphere 24:135–140

291. Kjærgaard S, Mølhave L, Pedersen OF (1987) Human reactions to indoor air pollution. In: Seifert B, Esdorn H, Fischer M, Rüden H, Wegner J (eds) Indoor Air '87. Proceedings of the 4th International conference on indoor air quality and climate. Vol 1, Berlin, pp 97–101

292. Suleiman SA (1987) Petroleum hydrocarbon toxicity in in vitro: effect of n-alkanes, benzene and toluene on pulmonary alveolar macrophages and lyosomal enzymes of the lung. Arch Toxicol 59 : 402–407

293. Serve MP, Bombick DD, Baughmana TM, Jarnot BM, Ketcha M, Mattie DR (1995) The Metabolism of n-nonane in male Fischer 344 rats. Chemosphere 31: 2661–2668

294. Glowa JR (1991) Behavorial toxicology of volatile organic solvents. V. Comparisons of the behavorial and neuroendocrine effects among n-alkanes. J Am Coll Toxicol 10 : 639–646

295. Dann T, Bumbaco M, Chiu C, Dlouhy J, Li K, Mar J, Wang D (1989) Measurement of potentially toxic airborne contaminants in Canadian urban air.

In: Brasser LJ, Mulder WC (eds) Man and his ecosystem. Proceedings of the 8th World clean air congress 1989. Vol. 3, Elsevier, Amsterdam New York, pp 165–170

296. Verordnung über gefährliche Stoffe (Gefahrstoffverordnung – GefStoffV) (1992) BGBl. I, § 9, S 1931

297. Mücke W, Huber W, Fröhlich M (1994) Benzol und bedeutende Derivate. Toxikologie, Eintrag in die Umwelt, Konzentrationen, Rechtsvorschriften, Perspektiven. In: Vogl J, Heigl A, Schäfer K (Hrsg) Handbuch des Umweltschutzes, Kap. II – 1.1.2.1 Benzol und bedeutende Derivate, 72. Erg Lfg, ecomed, Landsberg

298. Eikmann T (1987) Benzol: Kein anderer Luftschadstoff ist so gefährlich (Interview). Weltgesundheit, 11/1987:10

299. Wallace LA (1989) Major sources of benzene exposure Environ Health Perspect 82:165–169

300. Tombers G (1988) Benzolexposition durch Tabakrauch. Methoden des Biological Monitoring. Wiss Umwelt 1/1988:16

301. Brunnemann KD, Kagan MR, Cox JE, Hoffmann D (1990) Analysis of 1,3-butadiene. Carcinogenesis 11:1863–1868

302. Wächter H (1994) Untersuchung von Lebensmitteln auf die flüchtigen Aromatischen Kohlenwasserstoffe Benzol, Toluol, Ethylbenzol und Xylol. Lebensmittelchemie 48:89

303. Stüwe S, Taschan H, Brunn H (1991) Benzol, Toluol und weitere Alkylbenzole in Lebensmitteln aus Mittelhessen. Lebensmittelchemie 45:116

304. Scherer G, Ruppert T, Daube H, Kossien I, Riedel K, Tricker AR, Adlkofer F (1995) Contribution of tobacco smoke to environmental benzene exposure. Environ Int 21:779–789

305. Wallace LA, Pellizzari ED, Martwell TD, Perritt R, Ziegenfus R (1987) Exposure to benzene and other volatile compounds from active and passive smoking. Arch Environ Health 42:272–279

306. Bayerisches Staatsministerium für Landesentwicklung und Umweltfragen (Hrsg) (1993) Benzol. Vorkommen und Toxikologie. Materialien des StMLU, Bd 87, München. Die zitierten Daten beruhen auf einer Arbeit von: Friedrich A (1991) Minderung von Benzol-Emissionen. In: VDI/Verein Deutscher Ingenieure (Hrsg) VDI-Bericht 888, VDI, Düsseldorf, S 631–644

307. Tichenor BA, Guo Z, Dunn JE, Sparks LE, Mason MMA (1991) The interaction of vapour phase organic, compounds with indoor sinks. Indoor Air 1:23

308. Behrendt H, Brüggemann R (1994) Benzol-Modellrechnungen zum Verhalten in der Umwelt, UWSF Z Umweltchem Ökotox 6:89–98

309. Seifert B, Abraham H-J (1982) Indoor air concentration of benzene and some other aromatic hydrocarbons. Ecotoxicol Environ Safety 6:190–192

310. Müller J (1991) Innen- und Außenluftmessungen an einer innerstädtischen Hauptverkehrsstraße. Staub – Reinh Luft 51:147–154

311. Ullrich D, Wiesend B (1992) Einfluß einer eingebauten Garage auf die Innenraumluftkonzentration von Benzol. Umweltmedizinischer Informationsdienst, 3/1992:19–21

312. Eikmann T, Kramer M, Göbel H (1992) Die Belastung der Bevölkerung durch Schadstoffe im Kraftfahrzeug-Innenraum – Beispiel Benzol. Zentralbl Hyg Umweltmed 193:41–52

313. Pannwitz K-H (1989) Determination of organic vapours in the indoor air of cars. In: Brasser LJ, Mulder WC (eds) Man and his ecosystem. Proceedings of the 8th World clean air congress 1989, vol. 1, Elsevier, Amsterdam New York, pp 317–320,

314. 23. Bundesimmissionsschutzverordnung

315. Wichmann et al. zitiert nach Porstmann [257]

316. Laue W, Piloty M, Dezhen Li, Marchl D (1994) Untersuchungen über Benzolkonzentrationen in der Innenraumluft von Wohnungen in Nachbarschaft von Tankstellen. Forum Städte Hyg 45 : 283–286

317. Heudorf U, Hentschel W (1995) Benzol-Immissionen in Wohnungen im Umfeld von Tankstellen. Zentralbl Hyg 196 : 416–424

318. Süddeutsche Zeitung (20.1.1995) Richter erklären eine Wohnung für unbewohnbar. Das Urteil der 8. Kammer des Verwaltungsgerichts trägt das Aktenzeichen M 8 K 92.4550

319. Gunnarsen L, Valbjørn O (1993) Air quality after renovation of offices. In: Seppänen O, Ilmarinen R, Jakkola JJK, Kukkonen E, Säteri J, Vuorelma H (eds) Indoor Air '93. Proceedings of the 6th International conference on indoor air quality and climate, vol 2, Helsinki, pp 57–62

320. Cavallo D, Bersani M, Basso A, Carrettoni Maroni M (1994) Volatile organic compounds pollution in office environents: a case study, Milano

321. Miksch RR, Hollowell CD, Schmidt HE (1982) Trace organic chemical contaminants in office spaces. Environ Internat 8 : 129–137

322. Seifert B, Ullrich D, Nagel R (1984) Analyse und Vorkommen von gasförmigen organischen Verbindungen in der Luft von Innenräumen. Schr-Reihe Verein WaBoLu, Bd 59 : 1–13

323. Grummt T, Grummt H-J (1994) Abschätzung des Gefährdungspotentials für den Menschen bei beruflicher Styrenexposition. Jahresbericht des Bundesgesundheitsamtes 1993, Berlin, S 192–193

324. Jensen B, Mürer AJL, Olsen E, Christensen JM (1995) Assessment of long-term styrene exposure: a comparative study of a logbook method and biological monitoring. Int Arch Occup Environ Health 66 : 399–405

325. Rothweiler H, Wäger P, Schlatter C (1990) Volatile organic compounds and very volatile compounds in new and freshly renovated buildings. In: Walkinshaw D (ed) Indoor Air '90. Proceedings of the 5th International conference on indoor air quality and climate, Vol 2, Ottawa, pp 747–752

326. Singhvi R, Burchette S, Turpin R, Lin Y (1990) 4-Phenylcyclohexene from carpets and indoor air quality. In: Walkinshaw D (ed) Indoor Air '90. Proceedings of the 5th International conference on indoor air quality and climate, Vol 4, Ottawa, pp 671–676

327. Pluschke et al. zitiert nach Packebusch u. Pluschke [430]

328. Seifert B, Ullrich D, Nagel R (1989) Volatile organic compounds from carpeting. In: Brasser LJ, Mulder WC (eds) Man and his ecosystem. Proceedings of the 8th World clean air congress 1989, Vol. 1, Elsevier, Amsterdam New York, pp 253–258

329. Hodgson AT, Wooley JD, Daisey J (1993) Emissions of volatile organic compounds from new carpets measured in a large scale environmental chamber. J Air Waste Manage Assoc 43 : 316–324

330. Schröder E (1989) Textile Bodenbeläge und Raumluftqualität. Textilveredlung 24 : 254–259

331. Schröder E (1988) Technik und Probleme der Raumluftanalytik. Schriftenr Dtsch Wollforschungsinst, Aachen, 102:229–241

332. Hawkins NC, Luedtke AE, Mitchell CR, LoMenzo JA, Black MS (1992) Effects of selected process parameters on emission rates of volatile organic chemicals from carpet. Am Ind Hyg Assoc 53:275

333. Merian E, Zander M (1982) Volatile aromatics. In: Hutzinger O (ed) The Handbook of Environmental Chemistry, vol 3, Part B. Anthropogenic Compounds. Springer, Berlin Heidelberg New York, pp 117–161

334. Abbate C, Giorgianni C, Munaò F, Brecciaroli R (1993) Neurotoxicity by exposure to toluene. Int Arch Occup Environ Health 64:389–392

335. Goldstein BD (1977) Hematotoxicity in humans J Toxicol Environ Health [Suppl] 2:69–105

336. Snyder R, Dimitriadis E, Guy R, Hu P, Cooper K, Bauer H, Witz G, Goldstein BD (1989) Studies on the mechanism of benzene toxicity. Environ Health Perspect 82:31–35

337. Ewers U, Dehnen W, Kouros B (1991) Biological Monitoring von Benzolexponierten Personen. In: Kommission Reinhaltung der Luft im VDI und DIN (Hrsg) Krebserzeugende Stoffe in der Umwelt. Herkunft, Messung, Risiko, Minimierung, VDI-Berichte 888, VDI, Düsseldorf, S 593–602

338. Sato A (1988) Toxicokinetics of benzene, toluene and xylenes. In: Fishbein L, O'Neill IK. (eds) Environmental carcinogens – methods of analysis and exposure assessment, vol. 10. IARC Scientific Publications 85:47–64

339. Rinsky RA, Smith AB, Hornung R, Filloon TG, Young RJ, Okun AH, Landrigan PJ (1987) Benzene and Leukemia. N Engl J Med 316:1044–1050

340. Anderson RC (1993) Toxic emissions from carpets. In: Seppänen O, Ilmarinen R, Jakkola JJK, Kukkonen E, Säteri J, Vuorelma H (eds) Indoor Air '93. Proceedings of the 6th International conference on indoor air quality and climate, vol 1, Helsinki, pp 651–656

341. EPA/United States environmental protection agency (1992) Carpet and Indoor Air Quality, Washington Consumer Information Center (ed) Indoor air quality and new carpet – what you should know, Pueblo, CO USA o.J.

342. Bättig K, Grandjean E, Rossi L, Rickenbacher J (1968) Toxikologische Untersuchungen über Trimethylbenzol, Arch Gewerbepathol Gewerbehyg 16:555–566

343. Gage J (1970) The subacute inhalation toxicity of 109 industrial chemicals. Br J indust Med 27:1–18

344. Koch R, Wagner BO (1989) Umweltchemikalien. Verlag Chemie, Weinheim, S 233–235

345. Fromme H (1995) Gesundheitliche Bedeutung der verkehrsbedingten Benzolbelastung der allgemeinen Bevölkerung. Zentralbl Hyg Umweltmed 196:481–494

346. Ministerium für Umwelt, Raumordnung und Landwirtschaft des Landes Nordrhein-Westfalen/MURL (Hrsg) (1992) Krebsrisiko durch Luftverunreinigungen. Düsseldorf

347. Satran R, Dodson VN (1963) Toluene habituation. N Engl J Med 268:719–721

348. Verein Deutscher Ingenieure/VDI (Hrsg) (1966) VDI-Richtlinie 2306, Maximale Immissions-Konzentrationen (MIK). Organische Verbindungen. Düsseldorf

349. Calabrese EJ, Kenyon EM (1991) Air toxics and risk assessment. Lewis Publishers, Chelsea

350. Rasmussen RA (1970) Isoprene: identified as a forest-type emission to the atmosphere. Environ Sci Technol 4:667–671

351. Zimmerman PR, Greenberg JP, Westberg CE (1988) Measurements of atmospheric hydrocarbons and biogenic emission fluxes in the Amazon boundary layer. J Geophys Res 93:1407–1416

352. Pierroti D, Wofsy SC, Jacob D, Rasmussen RA (1990) Isoprene and ist oxidation products: methacrolein and methylvinylketone. J Geophys Res 95:1871–1881

353. Dulson W (1993/94) Untersuchung der natürlich vorkommenden Terpene in geschädigten Waldbeständen. Forschungsberichte zum Forschungsprogramm des Landes Nordrhein-Westfalen „Luftverunreinigungen und Waldschäden" Nr. 31. Ministerium für Umwelt, Raumordnung und Landwirtschaft des Landes Nordrhein-Westfalen, Düsseldorf

354. Sheldon LS, Thomas KW, Jungers RH (1986) Volatile organic emissions from building material. Proceedings of the 79th annual meeting of the air and waste management association, Minneapolis/Minnesota, paper 86-52.3, Minneapolis

355. Saarela K, Mattinen M-L, Tirkkonen T (1993) Occurrence of chemicals in the indoor air of finnish building stock. Part I. Public buildings and dwellings with complaints. In: Seppänen O, Ilmarinen R, Jakkola JJK, Kukkonen E, Säteri J, Vuorelma H (eds) Indoor Air '93. Proceedings of the 6th International conference on indoor air quality and climate, vol 2, Helsinki, pp 81–86

356. Fellin P, Otson R (1993) Seasonal trends of volatile organic compounds (VOCs) in Canadian homes. In: Seppänen O, Ilmarinen R, Jakkola JJK, Kukkonen E, Säteri J, Vuorelma H (eds) Indoor Air '93. Proceedings of the 6th International conference on indoor air quality and climate, vol 2, Helsinki, pp 117–122

357. Gebefügi IL, Lörinci G, Grassmann M, Kettrup A (1993) Occurrence of VOCs in enclosed indoor environments in Southern Bavaria. In: Seppänen O, Ilmarinen R, Jakkola JJK, Kukkonen E, Säteri J, Vuorelma H (eds) Indoor Air '93. Proceedings of the 6th International conference on indoor air quality and climate, vol 2, Helsinki, pp 123–128

358. Jüttner F (1988) Quantitative analysis of monoterpenes and volatile organic pollution products (VOC) in forest air of the Southern Black Forest. Chemosphere 17:309–317

359. Daten für D zitiert nach [52]

360. Riemer DD, Milne PJ, Farmer CT, Zika RG (1994) Determination of terpene and related compounds in semi-urban air by GC-MSD. Chemosphere 28:837–850

361. Altshuller AP (1983) Review: Natural volatile organic substances and their effect on air quality in the United States. Atmos Environ 17:2131–2165

362. Monteith DK, Stock TH, Seifert WE (1984) Sources and characterization of organic species associated with indoor aerosol particles. In: Lindvall T (ed) Proceedings of the 3rd International conference on indoor air quality and climate, vol. 4, Stockholm, 285–290

363. Bertsch WR, Chang RC, Zlatkis A (1974) The determination of organic volatiles in air pollution studies: characterization of profiles. J Chromatogr Sci 12:175–182 (1974).

364. Greenberg JP, Zimmerman PR (1984) Nonmethane hydrocarbons in remote tropical, continental, and marine atmospheres. J Geophys Res 89: 4767–4778

365. Bufler U, Wegmann K (1991) Diurnal variation of monoterpene concentrations in open-top chambers and in the Welzheim Forest air, FRG. Atmos Environ 25A:251–256

366. Nürnberger F (1967) Terpentinöl-Intoxikation bei Arbeitern einer Schuhcremefabrik, verursacht durch d-alpha-Pinen. Zentralbl Arbeitsmed Arbeitsschutz 17:301–309

367. Anonymus (1995) Lichtsensibilisierung durch Arzneimittel. arznei telegramm 7/1995:70–72

368. Wirth W, Gloxhuber C (1985) Toxikologie. Thieme, Stuttgart New York, S 294

369. Schwenkenbecher A (1908) Über Mentholvergiftung des Menschen. Münch Med Wochenschr 55:1495–1496

370. Aigueperse J, Anguenot F, Person A, Laurent AM, Louis-Gavet MC, Festy B (1989) La pollution a l'interieur des habitations: role des produits a usage domestique: In: Brasser LJ, Mulder WC (eds) Man and his ecosystem. Proceedings of the 8th World clean air congress 1989, vol. 1, Elsevier, Amsterdam New York, pp 387–392

371. Rietz B Determination of three aldehydes in the air of working environments. Anal Letters 18:2369–2379

372. Hartmann WR, Andreae MO, Helas G (1989) Measurement of organic acids over central Germany. Atmos Environ 23:1531–1533

373. Grosjean D (1989) Organic acids in Southern California air: ambient concentrations, mobile source emissions, in situ formation and removal processes. Environ Sci Technol 23:1506–1514

374. Junfeng Zhang, Qingci He, Lioy PJ (1993) Concentrations of aldehydes in residential indoor and outdoor air. In: Seppänen O, Ilmarinen R, Jakkola JJK, Kukkonen E, Säteri J, Vuorelma H (eds) Indoor Air '93. Proceedings of the 6th International conference on indoor air quality and climate, vol 2, Helsinki, pp 165–169

375. Junfeng Zhang, Qingci He, Lloy PJ (1994) Characteristics of aldehydes: concentrations, sources, and exposures for indoor and outdoor residential microenvironments. Environ Sci Technol 28:146–152

376. Lewis CW, Zweidinger RB (1992) Apportionment of residential indoor aerosol VOC and aldehyde species to indoor and outdoor sources, and their source strengths. Atmos Environ 26A:2179–2184

377. Stoye D (1993) Solvents. In: Elvers B, Hawkins S, Russey W, Schulz G (eds) Ullman's encyclopedia of industrial chemistry, vol A 24, Weinheim, S 467

378. Lewis CW, Zweidinger RB, Stevens RK (1990) Apportionment of residential indoor aerosol, VOC, and aldehyde species to indoor and outdoor sources. In: Walkinshaw D (ed) Indoor Air '90. Proceedings of the 5th International conference on indoor air quality and climate, vol 4, Ottawa, pp 195–200

379. zitiert nach Saarela et al. [355]
380. Brown VM, Crump DR, Gardiner D, Gavin M (994) Assessment of a passive sampler for the determination of aldehydes and ketones in indoor air. Environ Technol 15 : 679 – 685
381. Seizinger DE, Dimitriades B (1972) Oxygenates in exhaust from simple hydrocarbon fuels. J Air Pollut Control Assoc 22 : 47 – 51
382. Iwanoff N (1911) Experimentelle Studien über den Einfluß technisch und hygienisch wichtiger Gase und Dämpfe auf den Organismus. Teil XVI, XVII, XVIII: Über einige praktisch wichtige Aldehyde (Formaldehyd, Acetaldehyd, Akrolein). Arch Hyg 73 : 307 – 340
383. Kane LE, Alarie Y (1977) Sensory irritation to formaldehyde and acrolein during single and repeated exposure in mice: Am Ind Hyg Assoc J 38 : 509 – 522
384. Bundesgesundheitsamt/BGA (1992) Bekanntmachungen des BGA. Zur Gültigkeit des 0,1 ppm-Wertes für Formaldehyd. Bundesgesundheitsbl 35 : 482 – 483
385. Dingle P, Murray F (1993) Control and regulation of indoor air: an Australian perspective. Indoor Environ 2 : 217 – 220
386. Haghighat F, De Bellis L (1993) Control and regulation of indoor air quality in Canada. Indoor Environ 2 : 232 – 240
387. Health and Welfare Canada (ed) (1989) Exposure guidelines for residential indoor air quality. A report of the federal-provincial advisory committee on environmental and occupational Health, Ottawa 1989 (revised version)
388. Deimel M (1978) Erfahrungen über Formaldehyd-Raumluftkonzentrationen in Schulneubauten. In: Aurand K, Hässelbarth H, Lahmann E, Müller G, Niemitz W (Hrsg) Organische Verunreinigungen in der Umwelt. Schmidt, Berlin, S 416 – 427
389. Burdach S, Wechselberg K (1980) Gesundheitsschäden in der Schule. Beschwerden durch Verwendung Formaldehyd-emittierender Werkstoffe in Schulbauten. Fortschr Med 98 : 379 – 384
390. Einbrodt HJ, Prajsnar D (1978) Untersuchungen über die Belastung des Menschen durch Formaldehyd in Schul- und Wohnräumen. In: Aurand K, Hässelbarth H, Lahmann E, Müller G, Niemitz W (Hrsg) Organische Verunreinigungen in der Umwelt. Schmidt, Berlin, S 428 – 435
391. Helwig H (1977) Wie ungefährlich ist Formaldehyd? Dtsch Med Wschr 102 : 1612
392. Pluschke P, Hantusch G (1989) Cost-effective strategies and measures to reduce formaldehyde concentrations in public buildings. In: Brasser LJ, Mulder WC (eds) Man and his ecosystem. Proceedings of the 8th World clean air congress 1989, vol 1, Elsevier, Amsterdam New York, pp 357 – 362
393. Pluschke P (1990) Die wirtschaftliche Durchführung von Formaldehyd-Raumluftuntersuchungen und von Maßnahmen zur Reduzierung der Formaldehyd-Raumluftkonzentration. Lebensmittelchemie 44 : 53 – 59
394. Rothweiler H, Knutti R, Schlatter C (1983) Formaldehydbelastung von Wohnräumen durch Harnstoff- Formaldehyd-Isolationsschäume. Mitt Geb Lebensm Hyg 74 : 38 – 49
395. Van Netten C (1983) Analysis of sources contributing to elevated formaldehyde concentrations in the air in a new elementary school. Can J Publ Health. 74 : 55 – 59

396. Deppe H-J (1982) Emissionen von organischen Substanzen aus Spanplatten. In: Aurand K, Seifert B, Wegner J (Hrsg) Luftqualität in Innenräumen. Fischer, Stuttgart New York, S 91–128

397. Marutzky R, Flentge A (1985) Neuere Erkenntnisse zur Formaldehydabgabe von Möbeln. WKI-Mitteilungen 394/1985, Fraunhofer-Institut für Holzforschung/Wilhelm-Klauditz-Institut, Braunschweig

398. Godish T (1989) Effect of ambient environmental factors on indoor formaldehyde levels. Atmos Environ 23:1695–1698

399. Fa. Staedtler Mars GmbH & Co, Nürnberg, persönliche Mitteilung (26.6.1987)

400. Bille H (1987) Formaldehyd in der Textilausrüstung – muß das sein? Melliand Textilberichte 62:811

401. Schneider G (1989) Beitrag zur Bestimmung und Beurteilung von Formaldehyd in hochveredelten textilen Bedarfsgegenständen. Dtsch Lebensm Rundschau 85:210–212

402. Echardt W (1966) Formaldehyd als Konservierungsstoff für Kosmetika. Parfüm Kosmet 47:295f

403. Peters J Spicher G (1981) Raumdesinfektion durch Verdampfen von Formaldehyd. Hyg Med 6:337–344

404. Jermini C, Weber A, Grandjean E (1976) Quantitative Bestimmung verschiedener Gasphasenkomponenten des Nebenstromrauches von Zigaretten in der Raumluft als Beitrag zum Problem des Passivrauchens. Int Arch Occup Environ Health 36:169–181

405. Guerin MR, Higgins CE, Jenkins RA (1987) Measuring environmental emissions from tobacco combustion sidestream cigarette smoke. Literature review. Atmos Environ 21:291–297

406. Schwind K-H, Hosseinpour J, Fiedler H, Lau C, Hutzinger O (1994) Bestimmung und Bewertung der Emissionen von PCDD/PCDF, PAK und kurzkettigen Aldehyden in den Brandgasen von Kerzen. UWSF Z Umweltchem Ökotox 5:243–246

407. Schmidt A, Götz H (1977) Die Entstehung von Formaldehyd bei der Verbrennung von Erdgas in Haushaltsgeräten. gwf gas erdgas 118:112–115

408. Grosjean E, Williams II EL, Grosjean D (1993) Ambient levels of formaldehyde and acetaldehyde in Atlanta, Georgia. Air Waste 43:469–474

409. Graedel TE, Hawkins DT, Claxton LD (1986) Atmospheric chemical compounds. Sources, occurrence, and bioassay. Academic Press, Orlando London, p 296

410. Seizinger DE, Dimitriades B (1972) Oxygenates in exhaust from simple hydrocarbon fuels. J Air Pollut Control Assoc 22:47–51

411. Williams RL, Lipari F, Potter RA (1990) Formaldehyde, methanol and hydrocarbon emissions from methanol-fueled cars. J Air Waste Manage Assoc 40:747–756

412. Stöger G (1965) Beitrag zur Berechnung und Prüfung der Formaldehydabspaltung aus harnstoffharzgebundenen Spanplatten. Holzforsch Holzverwert 17:93–98

413. Matsumoto T (1974) Concentration of formaldehyde released from plywood in an environmental testroom. Ringyo Shikenjo Kenkyu Hokuku, 262:41–58

414. Berge A, Mellegaard B, Hanetho P, Ormstad EB (1980) Formaldehyde release from particleboard – evaluation of a mathematical model. Holz Roh Werkstoff 38:251–255

415. Hawthorne AR, Matthews TG (1987) Models for estimating organic emissions from building materials: formaldehyde example. Atmos Environ 21: 419–424

416. van Netten C, Shirtliffe C, Svec J (1989) Temperature and humidity dependence of formaldehyde release from selected building materials. Bull Environ Contam Toxicol 42: 558–565

417. Mehlhorn L (1986) Normierungsverfahren für die Formaldehydabgabe von Spanplatten. Adhäsion 30: 27–33

418. Andersen I, Lundquist GR, Mølhave L (1974) Formaldehydafspaltning fra spånplader i klimakammer. Ugeskr Læg 136: 2140–2145

419. Andersen I, Lundquist GR, Mølhave (1974) Formaldehydafgivelse fra spånplader en matematisk model. Ugeskr Læg 136: 2145–2150

420. ETB-Richtlinie (1980) Richtlinie über die Verwendung von Spanplatten hinsichtlich der Vermeidung unzumutbarer Formaldehydkonzentrationen in der Raumluft, Ausschuß für Einheitliche Technische Baubestimmungen (ETB). Beuth, Berlin Köln

421. ETB-Richtlinie (1985) Richtlinie zur Begrenzung der Formaldehydemission in die Raumluft bei Verwendung von Harnstoff-Formaldehyd-Ortschaum (ETB-Ri UF-Ortschaum), Ausschuß für Einheitliche Technische Baubestimmungen. Beuth, Berlin Köln

422. Bundesgesundheitsamt (BGA) (1988) Anforderungen an Holzwerkstoffe nach der Gefahrstoffverordnung (GefStoffV). Bundesgesundheitsbl 31: 63–64

423. Schriever E, Marutzky R (1991) Geruchs- und Schadstoffbelastung durch Baustoffe in Innenräumen. Eine Literaturstudie. Wilhelm-Klauditz-Institut (WKI)/Fraunhofer-Arbeitsgruppe für Holzforschung, WKI-Bericht 24: 117

424. Bundesgesundheitsamt (BGA) (1989) Prüfverfahren für Holzwerkstoffe. Bundesgesundheitsbl. 32: 256–258

425. DIN EN 120 (1984) Spanplatten. Bestimmung des Formaldehydgehaltes. Extraktionsverfahren genannt Perforatormethode

426. DIN 52368 (1984) Prüfung von Spanplatten. Bestimmung der Formaldehydabgabe durch Gasanalyse

427. Marutzky R (1991/92) Luftverunreinigende Stoffe in Innenräumen: Ursachen – Analytik – Minderung. Vorlesungsmanuskript, Braunschweig

428. Kaulbach S, Hogh H-J (1990) Zur HCHO-Konzentration in Wohnräumen. Staub Reinh Luft 50: 395–398

429. Unveröffentlichte Daten des Chemischen Untersuchungsamtes der Stadt Nürnberg, Stand 20.3.1991

430. Packebusch B, Pluschke P (1993) Indoor air quality assessment in a new office building. General methodology and identification of odorous components emitted by carpets. A case study. In: Jedrzejewska-Scibak T, Sowa J (eds) Indoor air quality problems. From science to practice, Warsaw, pp 63–69

431. Hoskins JA, Brown RC (1994) European studies of chemically reactive pollutants in indoor air. In: Bánhidi L, Farkas I, Magyar Z, Rudnai P (eds) Healthy buildings '94. Proceedings of the 3rd International conference, vol. 2, Budapest, pp 75–80

432. Bundesministerium für Jugend Familie und Gesundheit (Hrsg) (1984) Formaldehyd. Ein gemeinsamer Bericht des Bundesgesundheitsamtes, der Bundesanstalt für Arbeitsschutz und des Umweltbundesamtes. Schriftenreihe des BMJFG, Bd 148. Kohlhammer, Stuttgart

433. Wissenschaftlicher Beirat der Bundesärztekammer (1987) Formaldehyd. Stellungnahme des Wissenschaftlichen Beirats der Bundeärztekammer. Dtsch Ärztebl 84 : B-2107 – B-2113

434. Weber-Tschopp A, Fischer T, Grandjean T (1977) Reizwirkungen des Formaldehyd (HCHO) auf den Menschen. Int Arch Occup Environ Health 39 : 207 – 218

435. Olsen JH, Dossing, M Formaldehyde induced symptoms in day care centers. Am Ind Hyg Assoc J 43 : 366 – 370

436. Schuck EA, Stephens ER, Middleton JT (1966) Eye irritant response at low concentrations of irritants. Arch Environ Health 13 : 570 – 575

437. Liu K-S, Huang F-Y, Hayward SB, Wesolowski JJ (1987) Irritant effects of formaldehyde in mobile homes. In: Seifert B, Esdorn H, Fischer M, Rüden H, Wegner J (eds) Indoor Air '87. Proceedings of the 4th International conference on indoor air quality and climate, vol 2, Berlin, pp 610 – 614

438. Krzyzanowski M, Quackenboss JJ, Lebowitz MD (1990) Chronic respiratory effects of indoor formaldehyde exposure. Environ Res 52 : 117 – 125

439. Kilburn KH, Warshaw R, Thornton JC (1989) Pulmonary function in hematology technicians compared with women from Michigan: effects of chronic low dose formaldehyde on a national sample of women. Br J Ind Med 46 : 468 – 472

440. Schachter EN, Witek TJ, Tosun T, Leaderer BP, Beck GJ (1986) A study of respiratory effects from exposure to 2 ppm formaldehyde in healthy subjects. Arch Environ. Health 41 : 229 – 239

441. Frigas E, Filley WV, Reed CE (1985) UFFI dust. Nonspecific irritant only? Chest 82 : 511 – 512

442. Burge PS, Harries MG, Lam WK, O'Brien IM, Patchet PA (1985) Occupational asthma due to formaldehyde. Thorax 40 : 255 – 260

443. Bach B, Mølhave L, Pedersen OF (1987) Human reactions during controlled exposures to low concentrations of formaldehyde – performance test. In: Seifert B, Esdorn H, Fischer M, Rüden H, Wegner J (eds) Indoor Air '87. Proceedings of the 4th International conference on indoor air quality and climate, vol 2, Berlin, pp 620 – 624

444. Apfelbach R (1992) Gesundheitliche Bewertung von Duft- und Schadstoffen während der Entwicklung. In: BMFT (Bundesministerium für Forschung und Technologie, Hrsg), Innenraumluft-Verunreinigungen. 1. BMFT-Statusseminar, Murnau 18. – 20.2.1992

445. Schmidt R (1993) Auswirkungen formaldehydbelasteter Atemluft auf das olfaktorische Epithel des Frettchens. Dissertation, Universität Tübingen

446. Apfelbach R (1993) Gesundheitliche Bewertung von Duft- und Schadstoffexpositionen während der Entwicklung. Rechenschaftbericht 1993, BMFT-Projekt 07INR13

447. Swenberg JA, Kerns WD, Mitchell RJ et al. (1980) Induction of squamous cell-carcinoma of the rat nasal cavity by inhalation exposure to formaldehyde vapor. Cancer Res 40 : 3398 – 3402

448. Liebling T, Rosenman KD, Pastides H, Griffith RG, Lemeshow S (1984) Cancer mortality among workers exposed to formaldehyde. Am J Ind Med 5: 423–428

449. Blair A, Stewart PA, O'Berg M, Gaffey W, Walrath J, Ward Bales R, Kaplan S, Cubit D (1990) Mortality from lung cancer among workers employed in formaldehyde industries. J Natl Cancer Inst 76:1071–1084

450 Triebig, G, Valentin H (1985) Gesundheitsrisiken durh Formaldehyd. Eine arbeitsmedizinische Bestandsaufnahme. Pathologe 6:64–70

451. Marsh GM, Stone RA, Henderson VL (1992) Lung cancer mortality among industrial workers exposed to formaldehyde: a Poisson regression analysis of the National cancer institute study. Am Ind Hyg Assoc J 53:681–691

452. Kruse H Formaldehyd. In: Diel F AGÖF (Hrsg) Innenraumbelastungen. Erkennen – Bewerten – Sanieren. Bauverlag, Wiesbaden Berlin, S 125–131

453. Stosiek N (1994) Sick Building Syndrome – Problemstellungen in der umweltmedizinischen Praxis. Arzt und Umwelt, 4/1994, 20–22

454. Marutzky R (1989) Möglichkeiten der Formaldehydminderung in belasteten Innenräumen. Holz Roh Werkstoff 47:207–211

455. Mücke W (1994) Formaldehyd in Innenräumen. Sanierung eines Gebäudes durch Behandlung mit Ammoniak. UWSF Z Umweltchem Ökotox 6:196–198

456. Grafe V, Vieser E (1909) Untersuchungen über das Verhalten grüner Pflanzen zu gasförmigem Formaldehyd. Ber Dtsch botan Ges 27:431–446

457. Wolverton BC, McDonald RC, Watkins jr, EA (1984) Foliage plants for removing indoor air pollutants from energy efficient houses. Economic Botan 38:224

458. Godish T, Guindon C (1989) An assessment of botanical air purification as a formaldehyde mitigation measure under dynamic laboratory chamber conditions. Environ Poll 66:13–20

459. Brackemann H, Hagendorf U, Strupp D (1995) Maßnahmen zur Vermeidung und Verringerung des Eintrags leichtflüchtiger Chlorkohlenwasserstoffe (CKW) in die Umwelt. UWSF Z Umweltchem Ökotox 7:27–32

460. Erste Verordnung zum Schutz des Verbrauchers vor bestimmten aliphatischen Chlorkohlenwasserstoffen (1. Chloraliphatenverordnung – 1. aCKW-V) (1991) Bundesgesetzbl 1991, Teil I, 8.5.1991, S 1059

461. Friedl C (1995) CKW-Kreislauf mit großen Lücken. VDI-Nachrichten 24.2.1995, S 24

462. Verordnung zum Verbot von bestimmten die Ozonschicht abbauenden Halogenkohlenwasserstoffen (FCKW-Halon-Verbots-Verordnung) (1991) Bundesgesetzbl 1991, Teil I, 16.5.1991, S 1090–1092

463. Anonymus (1996) Verwendung von FCKW in Asthma-Sprays. Umwelt (BMU), Heft 2, S 78

464. Heinzow B, Mohr S, Mohr-Kriegshammer K, Janz H (1994) Organische Schadstoffe in der Innenraumluft von Schulen und Kindergärten. In: VDI/Verein Deutscher Ingenieure (Hrsg) [2]

465. Schriever u. Marutzky [423] S 51

466. Bollmacher H, Schneider HW (1989) Halogenierte organische Verbindungen in der Umwelt. VDI-Kolloquium. 25. bis 27. April 1989, Mannheim. Staub Reinh Luft 49:419–421

467. Krzymien ME (1989) GC-MS analysis of organic vapours emitted from poly-
     urethane foam insulation. Intern J Environ Anal Chem 36:193–207
468. Girman JR, Alevantis LE, Flessel P, Fracchia MF, Kapadia NV, Webber LM,
     Wehrmeister WJ (1993) Measuring Concentrations and Predicting Exposure to
     Trichloroethylene from Correction Fluids. In: Seppänen O, Ilmarinen R,
     Jakkola JJK, Kukkonen E, Säteri J, Vuorelma H (eds) Indoor Air '93. Proceedings
     of the 6th International conference on indoor air quality and climate, vol 3,
     Helsinki, pp 385–390
469. Schäfer I, Hohmann H (1989) Tetrachlorethylenbelastung bei Anwohnern von
     chemischen Reinigungen. Öff Gesundheitswes. 51:291–295
470. Hentschel W, Kalker U, Peters M (1993) Perchlorethylenbelastung in der Nach-
     barschaft von Chemischreinigungen. Staub Reinh Luft 53:335–340 und
     Hentschel W, Heudorf U, Schmid A (1995) Perchlorethylenbelastung in der
     Nachbarschaft von Chemischreinigungen. Staub Reinh Luft 55:373–375
471. Vieths S, Blaas W, Fischer M, Krause C, Mehlitz I, Weber R (1987) Kontamina-
     tionen von Lebensmitteln über die Gasphase durch Tetrachlorethen-Emis-
     sionen einer chemischen Reinigung. Z Lebensm Unters Forsch 185:267–270
472. Grahl B, Wichmann G, Mohr E (1988) Tetrachlorethen in Lebensmitteln.
     Gordian 3/1988; 39–41
473. Zweite Verordnung zur Durchführung des Bundesimmissionschutzgesetzes
     (Verordnung zur Emissionsbegrenzung von leichtflüchtigen Halogenkohlen-
     wasserstoffen – 2. BimSchV) (1991) Bundesgesetzbl, Teil I, 10.12.1990, geändert
     durch VO v. 5.6.1991, S 2694–2700
474. Fromme H, Baldauf AM, Lahrz Th, Meusel K, Groschoff K (1994) Perchlorethy-
     len in Wohnungen in der Nachbarschaft von chemischen Reinigungen.
     VDI/Verein Deutscher Ingenieure (Hrsg) [2], S 781–789
475. Aggazzotti G, Fantuzzi G, Predieri G, Righi E, Moscardelli S (1994) Indoor
     exposure to perchloroethylene (PCE) in individuals living with dry cleaning
     workers. Sci Total Environ 156:133–137
476. McKone TE (1987) Human exposure to volatile organic compounds in house-
     hold tap water: the inhalation pathway. Environ Sci Technol 21:1194–1201
477. Andelman JB, Wilder LC, Myers SM (1987) Indoor air pollution from volatile
     chemicals in water. In: Seifert B, Esdorn H, Fischer M, Rüden H, Wegner J (eds)
     Indoor Air '87. Proceedings of the 4th International conference on indoor air
     quality and climate, vol 1, Berlin, pp 37–41
478. Rook JJ (1974) Formation of haloforms during chlorination of natural waters. J
     Soc Water Treatment Exam 23:234–243
479. Bätjer K, Faust J, Gabel B, Koschorrek M, Lahl U, Lierse KW, Stachel B,
     Thiemann W (1980) Analyse und Verteilung von leichtflüchtigen halogenier-
     ten Kohlenwasserstoffen in Bremer Trinkwasser. Vom Wasser 54:143–161
480. Bauer U (1981) Belastung des Menschen durch Schadstoffe in der Umwelt –
     Untersuchungen über leicht flüchtige organische Halogenverbindungen in
     Wasser, Luft, Lebensmitteln und im menschlichen Gewebe. III. Mitteilung:
     Untersuchungsergebnisse. Zentralbl Bakteriol Hyg B 174:200–237
481. Bätjer K, Cetinkaya M, von Düszeln J, Gabel B, Lahl U, Stachel B, Thiemann,
     W (1980) Chloroform emission into urban atmosphere. Chemosphere
     9:311–3160

482. Faust B, Faust M, Cammann K (1993) Determination of volatile halogenated hydrocarbons (VHHC) in swimmers exhalations influenced by indoor swimming pool air. In: Seppänen O, Ilmarinen R, Jakkola JJK, Kukkonen E, Säteri J, Vuorelma H (eds) Indoor Air '93. Proceedings of the 6th International conference on indoor air quality and climate, vol 3, Helsinki, pp 379–384 und Cammann K, Hübner K (1995) Trihalomethane concentrations in swimmers and bath attendants' blood and urine after swimming or working in indoor swimming pools. Arch Environ Health 60:61

483. Anonymus. Chlorgefahr im Hallenbad. VDI-Nachrichten 4.11.1994, S 29

484. Andelman JB (1985) Inhalation exposure in the home to volatile organic contaminants of drinking water. Sci Total Environ 47:443–460

485. Frank H, Frank W, Neves HJC (1991) Airborne C_1- und C_2-halocarbons at four representative sites in Europe. Atmos Environ 25 A:257–261

486. Frank H, Frank W, Gey M (1991) C_1- und C_2-Halogenkohlenwasserstoffe – Immissionskonzentrationen in der bodennahen Atmosphäre Deutschlands. UWSF Z Umweltchem Ökotox 3:167–175

487. Schott C, Schumacher HJ (1941) Die photochemische Chlorierung und die durch Chlor sensibilisierte photochemische Oxidation von Tetrachloräthylen Z Phys Chem 49:107–125

488. Tuazon EC, Atkinson R, Aschmann SM, Goodman MA, Winer AM (1988) Atmospheric reactions of chloroethenes with the OH radical. Int J Chem Kin 20:241–265

489. Class T, Ballschmiter K (1986) Chemistry of organic traces in air. V: determination of halogenated C_1-C_2-hydrocarbons in clean marine air and ambient continental air and rain by high resolution gas chromatography using different stationary phases. Fresenius Z Anal Chem 325:1–7

490. Güthner B, Class TJ, Ballschmiter K (1990) Chemistry of organic traces in air. XI: sources and variations of volatile halocarbons in rural and urban air in Southern Germany. Microchim Acta (Wien), 21–27

491. Sheldon LS, Jenkins P (1990) Indoor pollutant concentrations and exposures for air toxics – a pilot study. In: Walkinshaw D (ed) Indoor Air '90. Proceedings of the 5th International conference on indoor air quality and climate, vol 2, Ottawa, pp 759–764

492. vgl [491]

493. Bruckmann P, Kersten W, Funcke W, Balfanz E, König, J, Theisen J, Ball M, Päpke O (1988) The occurrence of chlorinated and other organic trace compounds in urban air. Chemosphere 17:2363–2380

494. Sixt S, Altschuh J, Brüggemann R (1995) Quantitative structure-toxicity relationships for 80 chlorinated compounds using quantum chemical descriptors. Chemosphere 30:2397–2414

495. Kobayashi H, Hobara T, Kawamoto T, Sakai T (1987) Effect of 1,1,1,trichloroethane inhalation on heart rate and its mechanism: a role of autonomic nervous system. Arch Environ Health 42:140–143

496. Prinn R, Cunnold D, Rasmussen R, Simmonds P, Alyea F, Crawford A, Fraser P, Rosen R (1987) Atmospheric trends in methylchloroform and the global average for the hydroxyl radical. Science 238:945–950

497. Fodor GG, Roscovanu A (1976) Erhöhter Blut-CO-Gehalt bei Mensch und Tier durch inkorporierte halogenierte Kohlenwasserstoffe. Zentralbl Bakteriol Hyg [B] 162 : 34 – 40

498. Hotz P (1994) Occupational hydrocarbon exposure and chronic nephropathy. Toxicology 90 : 163 – 283

499. Mutti A, Alinovi R, Bergammaschi B, Biagini C, Cavazzini S, Franchini I, Lauwerys RR, Bernard AM, Roels H, Gelpi E, Rosello J, Ramis I, Price RG, Taylor SA, De Broe M, Nuyts GD, Stolte H, Fels LM, Herbort C (1992) Nephropathies and exposure to perchloroethylene in dry-cleaners Lancet 340 : 189 – 193

500. Wissenschaftlicher Beirat der Bundesärztekammer (1989) Belastung der Bevölkerung durch Perchlorethylen (PER, Tetrachlorethen). Dtsch Ärztebl 86: A 3810 – 3814

501. Wahrendorf J, Becher H (1990) Quantitative Risikoabschätzung für ausgewählte Umweltkanzerogene. Umweltbundesamt (Hrsg), Forschungsbericht 106 06 067/UBA-FB 89-140, Berichte 1/90. Schmidt, Berlin

502. Travis CC, Hattemer-Frey HA (1988) Determining an acceptable level of risk. Environ Sci Technol 22 : 873 – 876

503. State of California (1992) 22 California Code of regulations. Chap 3: Safe drinking water and toxic enforcement act of 1986, article 7. No significant risk levels; additions and deletions effective 11/08/92, Sacramento, CA

504. Aylsworth JW (1909, 1913) US Pat 914 222 , US Pat 914 223 , US Pat 1111 289

505. Brinkman UAT, Reymer HGM (1976) Polychlorinated naphthalenes. J Chromatogr 127 : 203 – 243

506. Sandermann W Polychlorierte aromatische Verbindungen als Umweltgifte. Naturwissenschaften 61 : 207 – 213

507. Müller W, Korte F (1972) Polychlorierte Biphenyle – Nachfolger des DDT. Chemie in unserer Zeit 7 : 112 – 119

508. Kaspar R, Pohlmann M, Schmied M (1992) Heiße Ware. Eine Untersuchung deckt den Umfang der PCB-Belastung von Haushaltsgroßgeräten der DDR auf. MüllMagazin 4/1992, S 43 – 48

509. Weistrand C, Lundén A, Norén K (1992) Leakage of polychlorinated biphenyls and naphthalenes from electronic equipment in a laboratory. Chemosphere 24 : 1197 – 1206

510. Petreas MX, Renzi B, Wijekoon D, Draper WW, Stephens RD (1990) PCB contamination in an office building. Organohalogen Compounds 3 : 405 – 408

511. Staiff DC, Quinby GE, Spencer DL, Starr jr HG (1974) Polychlorinated biphenyl emission from fluorescent lamp ballasts. Bull Environ Contam Toxicol 12 : 455 – 463

512. Oatman L, Roy R (1986) Surface and indoor air levels of polychlorinated biphenyls in public buildings. Bull Environ Contam Toxicol 37 : 461 – 466

513. Robinson-Mand L, Piringer O (1984) Herkunft und Menge polychlorierter Biphenyle in Papier, Karton und Pappe. Das Papier 38 : 1 – 4

514. Welling L, Paukku R, Mäntykoski K (1992) PCB in recycled paper products. Chemosphere 25 : 293 – 295

515. Burkhardt U, Bork M, Balfanz E, Leidel J (1990) Innenraumbelastungen durch polychlorierte Biphenyle (PCB) in dauerelastischen Dichtungsmassen. Öff Gesundheitswes 52 : 567 – 574

516. Benthe C, Heinzow B, Jessen H, Mohr S, Rotard W (1992) Polychlorinated biphenyls. Indoor air contamination due to Thiokol-rubber sealants in an office building. Chemosphere 25:1481–1486 (1992).

517. Bekanntmachungen des Bundesgesundheitsamtes (1986) Holzschutzmittel. Bundesgesundheitsbl 29:387–394

518. Benthe C, Heinzow B, Mohr S (1990) Occurrence of chlorinated naphthalene in indoor air and kindergartens. Organohalogen Compounds 3:355–359

519. Granier L, Chevreuil M (1991) Automobile traffic: a source for PCBs to the atmosphere. Chemosphere 23:785–788

520. Tong HY, Shore DL, Karasek FW, Helland P, Jellum E (1984) Identification of organic compounds obtained from incineration of municipal waste by high-performance liquid chromatographic fractionation and gas chromatography-mass spetrometry. J Chromatogr 285:423–441

521. Pearson CR (1982) Halogenated aromatics. In: Hutzinger O (ed) The handbook of environmental chemistry, vol 3, Part B. Anthropogenic Compounds. Springer, Berlin Heidelberg New York, pp 89–116

522. Ullrich D (1993) Results of an intercomparison exercise to determine PCB in indoor air. In: Seppänen O, Ilmarinen R, Jakkola JJK, Kukkonen E, Säteri J, Vuorelma H (eds) Indoor Air '93. Proceedings of the 6th International conference on indoor air quality and climate, vol 2, Helsinki, pp 363–368

523. Zehnte Verordnung zur Durchführung des Bundesimmissionschutzgesetzes (1978) Beschränkung von PCB, PCT und VC – 10. BImSchV – 26.7.1978. Bundesgesetzbl I:1139

524. Verordnung zum Verbot von polychlorierten Biphenylen, polychlorierten Terphenylen und zur Beschränkung von Vinylchlorid (1989) PCB-, PCT-, VC-Verbotsverordnung 18.7.1989. Bundesgesetzbl I, 38:1482–1484

525. Deutscher Städtetag (DST) (1994) Vorbericht für die 10. Sitzung des Umweltausschusses am 13./14.10.1994 in Wuppertal, TOP 18: Verwendung von PVC und PCB im Baubereich, Köln, 30.9.1994/Az. 6/21–24/20 und 7/12–18

526. Ockelmann G (1994) Polychlorierte Biphenyle in Fugendichtmassen – eine Kontaminationsquelle für Gebäude. In: Hempfling R, Stubenrauch S (Hrsg) Schadstoffe in Gebäuden. Erkennen, Bewerten, Sanieren, Vermeiden. Blottner, Taunusstein, S 131–138

527. Schecter A (1990) Problems encountered in cleanup of a PCB, dibenzofuran and dioxin contaminated office building. Organohalogen Compounds 3:409–412

528. Hanberg A, Waern F, Asplund, L, Haglund E, Safe S (1990) Swedish dioxin survey: determination of 2,3,7,8-TCDD toxic equivalent factors for some polychlorinated biphenyls and naphthalenes using biological tests. Chemosphere 20:1161–1164

529. Sambeth J (1982) Der Seveso-Unfall. Nachr Chem Tech Lab 30:367–371

530. Bertazzi PA (1991) Long-term effects of chemical disasters. Lessons and results from Seveso. Sci Total Environ 106:5–20

531. Koch ER, Vahrenholt F (1978) Seveso ist überall. Die tödlichen Risiken der Chemie. Kiepenheuer & Witsch, Köln

532. Rosner G (1987) Gesundheitsgefährdung durch PCP und PCP-spezifische Dioxine. Staub Reinh Luft 47:198–203

533. Wilken M, Fabarius G, Zeschmar-Lahl B, Jager J (1992) Freisetzung von PCDD/PCDF und anderen Organohalogenverbindungen bei Wohnungsbränden. In: Kommission Reinhaltung der Luft im VDI und DIN (Hrsg) Schadstoffbelastung in Innenräumen. Schriftenreihe KRdL 19. VDI, Düsseldorf, S 205–212

534. Balzer W, Pluschke P, Schelle G (1994) Polychlorinated biphenyls (PCB) in indoor air – typical sources, contamination levels and remedial measures. In: Bánhidi L, Farkas I, Magyar Z, Rudnai P (eds) Healthy buildings '94. Proceedings of the 3rd International conference, vol. 1, Budapest, pp 543–548

535. Tatsukawa R (1976) PCB pollution of the Japanese environment. In: Higuchi K (ed) PCB poisining and pollution. Kodanska Ltd, Tokyo

536. MacLeod KE (1981) Polychlorinated biphenyls in indoor air. Environ Sci Technol 15:926–928

537. Balfanz E, Fuchs J, Kieper H (1992) Innenraumluftuntersuchungen auf polychlorierte Biphenyle (PCB) in Zusammenhang mit dauerelastischen Dichtungsmassen. In: Kommission Reinhaltung der Luft im VDI und DIN (Hrsg) Schadstoffbelastung in Innenräumen. Schriftenreihe KRdL, 19. VDI, Düsseldorf, S 205–212

538. Wilken M, Beerbalk H-D, Fabarius G, Zeschmar-Lahl B, Jager J (1992) Erfahrungen mit der Sanierung von PCB-Schadensfällen in Innenräumen. In: Kommission Reinhaltung der Luft im VDI und DIN (Hrsg) Schadstoffbelastung in Innenräumen. Schriftenreihe KRdL, 19. VDI, Düsseldorf, S 303–312

539. Halsall C, Burnett V, Davis B, Jones P, Pettit C, Jones KC (1993) PCBs and PAHs in UK urban air. Chemosphere 26:2185–2197

540. Balzer W, Pluschke P, Schelle G (1994) Indoor air pollution by PCBs – the contribution of wall paints in a technical building. A case study. In: Weber L (ed) Indoor air pollution. Innenraumschadstoffe. Proceedings of the International conference held at the University of Ulm 5–7, October 1994, Ulm

541. Stadt Nürnberg/Umweltreferat/Chemisches Untersuchungsamt (Hrsg) (1995) Untersuchungen auf Luftschadstoffe im Altbau der Grundschule Wiesenstraße. Daten zur Nürnberger Umwelt 5–6

542. Umweltbehörde Hamburg (Hrsg) (1994) Umweltatlas Hamburg, S 152–153

543. Päpke O, Ball M, Lis ZA, Scheunert K (1989) PCDD and PCDF in indoor air of kindergartens in northern W. Germany. Chemosphere 18:617–626

544. Sagunski H, Forschner S, Kappos AD (1989) Indoor air pollution by dioxins in day-nurseries. Risk assessment and management. Chemosphere 18:1139–1142

545. Büchen M, Eickhoff W, Engler M, Häckl M, Kummer V, Seel P, Weidner E (1991) Dioxine und Furane in der Hessischen Umwelt. Meßergebnisse aus Hessen. Schriftenreihe der Hessischen Landesanstalt für Umwelt, Heft 126, Wiesbaden

546. Crandall MS, Kinnes GM, Hartle RW (1992) Levels of chlorinated dioxins and furans in three occupational environments. Chemosphere 25:255–258

547. Duarte-Davidson R, Clayton P, Coleman P, Davis BJ, Halsall CJ, Harding-Jones P, Pettit K, Woodfield MJ, Jones KC (1994) Polychlorinated dibenzo-p-dioxins (PCDDs) and furans (PCDFs) in urban air and deposition. ESPR Environ Sci Pollut Res 1:262–270

548. Ahlborg UG, Becking GC, Birnbaum LS, Brouwer A, Derks HJGM, Feeley M, Golor G, Hanberg A, Larsen JC, Liem AKD, Safe SH, Schlatter C, Waern F, Younes M, Yrjänheikki E (1994) Toxic equivalency factors for dioxin-like PCBs. Report on a WHO-ECEH and IPCS consultation, December 1993. Chemosphere 28 : 1049 – 1067

549. Neubert D, Golor G, Neubert R (1992) TCDD-toxicity equivalencies for PCDD/PCDF congeners: prerequisites and limitations. Chemosphere 25 : 65 – 70

550. Schuster J, Dürkop J (1993) 2. Internationales Dioxin-Symposium und 2. fachöffentliche Anhörung des Bundesgesundheitsamtes und des Umweltbundesamtes zu Dioxinen und Furanen in Berlin vom 9. bis 13. November 1992. Erste Auswertung. Bundesgesundheitsbl Sonderheft: 1 – 14

551. EPA's dioxin reassessment (1995) Excerpts from EPA's health assessment and exposure estimates of dioxin (TCDD) and related compounds. Environ Sci Technol 29 : 26 A – 28 A

552. Ballschmiter K, Schäfer W, Buchert H (1987) Isomer-specific identification of PCB congeners in technical mixtures and environmental samples by HRGC-ECD and HRGC-MSD. Fresenius Z Anal Chem 326 : 253 – 257

553. Popp W, Vahrenholz C, Kraus R, Norpoth K (1993) Polychlorierte Biphenyle und Reproduktionsstörungen. Zentralbl Hyg Umweltmed 193 : 528 – 556

554. Roßkamp E Erkennen und Bewerten von PCB in baulichen und technischen Anlagen. Vortragsmanuskript/Seminarunterlagen des FAS (Fachverband Asbest-Sanierung), Köln (o J)

555. Rüdiger HW (1995) Aus der Praxis (o. T.). Internist 36 : 931 – 932

556. Kibler R, Lepschy-v. Gleissenthall J (1990) Zufuhr von Polychlorierten Biphenylen (PCB) über den Gesamtverzehr. Z Lebensm Unters Forsch 191 : 214 – 216

557. Duarte-Davidson R, Jones KC (1994) Polychlorinated biphenyls (PCB) in the UK population: estimated intake, exposure and body burden. Sci Total Environ 151 : 131 – 152

558. Ludewig S, Kruse H, Wassermann O (1993) Zur Toxizität polychlorierter Biphenyle (PCB) – Innenraumbelastung durch PCB-haltige dauerelastische Dichtungsmassen. Gesundheitswesen 55 : 431 – 439

559. Bürgerschaft der Freien und Hansestadt Hamburg (1993) Drucksache 14/4420 der 14. Wahlperiode vom 6.7.1993

560. Lukassowitz I (1990) Polychlorierte Biphenyle in der Innenraumluft. Bericht über ein Fachgespräch zur gesundheitlichen Bewertung und Risikominimierung. Bundesgesundheitsbl 33 : 497 – 499

561. Balfanz E (1992) Meßtechnik und Bewertung von halogenorganischen Verbindungen im Innenraum. In: Kommission Reinhaltung der Luft im VDI und DIN (Hrsg) Schadstoffbelastung in Innenräumen. Schriftenreihe KRdL, 19, VDI, Düsseldorf, S 63 – 74

562. Bent S, Böhm K, Böschemeyer L, Gahle R, Kortmann F, Michel W Schmidt Ch, Weber F (1994) Verfahrensweisen bei mit polychlorierten Biphenylen (PCB) belasteten Innenräumen am Beispiele zweier Hagener Schulen. Gesundheitswesen 56 : 394 – 398

563. vgl [102]

564. Hessisches Ministerium des Inneren (1989) PCB-haltige Kondensatoren in Leuchten, Erlaß 1.3.1989. (Az. A2-64b 16/99-8/89)

565. National Research Council/NRC (1988) Acceptable levels of dioxin contamination in an office building following a transformer fire. National Academy Press, Washington

566. Sagunski H, Forschner S, Koss G, Kappos AD (1990) Organisch-chemische Luftverunreinigungen in Innenräumen – Aspekte der umwelttoxikologischen Beurteilung. Öff Gesundheitswes 52:113–122

567. Rotard W (1990) Risikobewertung von Dioxinen in Innenräumen. Bundesgesundheitsbl. 33:104–107

568. Larsen B, Bowadt S, Tilio R (1992) Congener specific analysis of 140 chlorobiphenyls in technical mixtures on five narrow-bore GC columns. Intern J Environ Anal Chem 47:47–68

569. Williams DT, Kennedy B, LeBel GL (1993) Chlorinated naphthalenes in human adipose tissue from Ontario municipalities. Chemosphere 27:795–806

570. Roßkamp E 1992) Polychlorierte Biphenyle in der Innenraumluft. Sachstand. Bundesgesundheitsbl 35:434

571. Bork M (1993) Praxisbeispiel Sanierung: Sachgerechte Entfernung PCB-haltiger Fugenmassen, 16. Seminar im Rahmen der UTECH '93 in Berlin, Reinhaltung der Innenraumluft, FGU (Fortbildungszentrum Gesundheits- und Umweltschutz), Berlin 1993

572. Land Hessen (1993) Bewertung und Sanierung PCB-belasteter Baustoffe und Bauteile in Gebäuden; Richtlinien. Staatsanzeiger für das Land Hessen 47/1993 22.11.1993:2848–2855

573. Freistaat Bayern (1994) Einführung Technischer Baubestimmungen; Richtlinie für die Bewertung und Sanierung PCB-belasteter Baustoffe und Bauteile in Gebäuden (PCB-Richtlinie) – Fassung September 1994, Bekanntmachung des Bayerischen Staatsministeriums des Inneren v. 12.4. 1995 Nr. II B 10 – 4137.0, AllMBl. 11/1995: 495–505

574. Roth E (1995) Schnittblumen: Kein Blumentopf zu gewinnen. ÖkoTest 3/1995: 48–52

575. Nagorka R, Roßkamp E, Seidel K, Bartocha W (1993) Lufthygienische Bewertung der Raumklimatisierung am Beispiel ausgewählter Anlagen und zweier Biozidgruppen. Jahresbericht des BGA 1993, 2.2.20. Berlin, S 212–213

576. Davis JR, Brownson RC, Garcia R (1992) Family pesticide use in the home, garden, orchard, and yard. Arch Environ Contam.Toxicol 22:260–266

577. Lewis RG, Bond AE, Johnson DE, Hsu JP (1988) Measurement of atmospheric concentrations of common household pesticides. Environ Monitor Assessm 10:59–73

578. Dingle P, Williams D, Runciman N (1994) Pesticides in homes: solution or problem. In: Bánhidi L, Farkas I, Magyar Z, Rudnai P (eds) Healthy buildings '94. Proceedings of the 3rd International conference, vol. 1, Budapest, pp 549–553

579. Wright CG, Leidy RB, Dupree Jr HE (1996) Insecticide residues in the ambient air of commercial pest control buildings, 1993. Bull Environ Contam Toxicol 56:21–28

580. Singh PP, Udeaan AS, Battu S (1992) DDT and HCH residues in indoor air arising from their use in malaria control programmes. Sci Total. Environ 116 : 83 – 92

581. Bundesministerium für Gesundheit (1995) Verordnung über Verbote und Beschränkungen von bestimmmten Schädlingsbekämpfungsmitteln. Entwurf vom 11.12.1995, Bonn

582. Bundesgesundheitsamt/BGA (1986) Bekanntmachungen des Bundesgesundheitsamtes. Holzschutzmittel. Bundesgesundheitsbl 29 : 387 – 394

583. DIN 68 800 (1990) Holzschutz im Hochbau. Teil 3: Vorbeugender chemischer Schutz von Vollholz. Beuth, Berlin

584. Bringezu S (1992) Konzept für die Prüfung und Bewertung der Umweltverträglichkeit von Holzschutzmitteln. Texte 13/92, Umweltbundesamt, Berlin

585. Bundesgesundheitsamt/BGA (1989) Bekanntmachungen des BGA: Liste der vom Bundesgesundheitsamt geprüften und anerkannten Entwesungsmittel und -verfahren zur Bekämpfung tierischer Schädlinge (Gliedertiere [Arthropoden]). Bundesgesundheitsbl 32 : 502 – 511

586. Ruh C, Gebefügi I (1994) Quellen zur Innenraumbelastung: Vorkommen von Pentachlorphenol und Lindan in unbehandelten Holzproben. Chemosphere 13 : 919 – 9250

587. Tepper JS, Moser VC, Costa DL, Mason MA, Roache N, Zhishi Guo, Dyer RS (1995) Toxicological and chemical evaluation of emissions from carpet samples. Am Ind Hyg Assoc J 56 :158 – 170

588. Brückner G, Willeitner H (1992) Einsatz von Holzschutzmitteln und damit behandelten Produkten in der Bundesrepublik Deutschland. Texte 48/92, Umweltbundesamt, Berlin

589. Zimmerli B, Marek B (1977) Der Übergang biozider Stoffe aus Anstrichen in die Gasphase. Tetrachlorisophthalonitril (Chlorthalonil). Chemosphere 6 : 215 – 221

590. Schwabe R, Becker K, Krause C, Schulz C (1994) Hausstaub als Indikatormedium für die Belastung der Allgemeinbevölkerung mit Pyrethroiden. Bundesgesundheitsbl 37 : 468 – 470

591. Gebefügi I (1986) Chemikalienbelastung in Innenräumen. arcus 4/1986 : 172 – 176

592. Gebefügi I, Witthauer J (1994) On the loading of indoor air quality and habitants by wood preservers. In: Bánhidi L,Farkas I, Magyar Z, Rudnai P (eds) Healthy buildings '94. Proceedings of the 3rd International conference, vol. 2, Budapest, pp 97 – 100

593. Komora F (1975) Die quantitative Bestimmung des im Holz enthaltenen Teeröls. Holztechnol. 16 :195 – 199

594. Ramstetter MH (1973) Erinnerungen an die Anfänge moderner Holzschutzöle. Wie Xylamon entstand - Chronik eines Erfolgs. Holz Zentralblatt 99 :705

595. Bavendamm W, Bellmann H (1953) Holzschutzmittel. Chlornaphthalin-Präparate. Holz Roh Werkstoff 11: 81 – 84

596. Herzig J (1939) Zur Prüfung einiger Hausbockbekämpfungsmittel. Teil 1: Atemgiftwirkung, Kontakt- Fraßgiftwirkung und Eindringungsvermögen einiger Hausbockbekämpfungsmittel. Bautenschutz 10 : 56 – 61, 65 – 72

597. Bekanntmachung des Bayerischen Staatsministeriums des Inneren 24.4.1978 zum Vollzug des Art. 18 Abs. 1 BayBO (1978) Holzschutzmittel mit Pentachlorphenol. MABl 12/1978:351

598. Pentachlorphenolverbotsverordnung (1989) PCP-V 12.12.1989. Bundesgesbl. Teil I: 2235–2236

599. 296. Verordnung über Verbote und Beschränkungen des Inverkehrbringens gefährlicher Stoffe, Zubereitungen und Erzeugnisse nach dem Chemikaliengesetz (1993) Chemikalien-Verbotsverordnung – ChemVerbotsV 14.10.1993. Bundesgesbl. Teil I: 1720

600. Schulz L Strafrechtliche Produkthaftung bei Holzschutzmitteln. ZUR 1/1994: 26–38

601. Holzschutzmittel-Fall. Urteil vom 2. August 1995. 2StR 221/94 (1995) ZUR, 1995: 323–326

602. Entscheidung der Kommission (1994) 14. September 1994 über das von Deutschland gemeldete Verbot von Pentachlorphenol. Amtsbl EG 9.12.1994, Nr. L 316/43–48

603. Grimm H-G, Schaller KH Müller J, Weltle D (1986) Holzschutzmittel im Wohnbereich. Fortschr Med 104:788–792

604. Petrowitz H-J (1966) Analyse von Wirkstoffen in öligen Holzschutzmitteln. Mitt Dtsch Ges Holzforsch. 53:6–10

605. Petrowitz H-J Zur Abgabe von Holzschutz-Wirkstoffen aus behandeltem Holz an die Raumluft. Holz Roh Werkstoff 44:341–346

606. Verein Deutscher Ingenieure/VDI (Hrsg) (1994) Messen von Innenraumluftverunreinigungen. Meßstrategien für Pentachlorphenol (PCP) und γ-Hexachlorcyclohexan (Lindan) in der Innenraumluft. VDI-Richtlinie 4300, Bl 4. VDI-Handbuch Reinhaltung der Luft, Bd 5, VDI, Düsseldorf

607. Butte W (1987) Simultaneous determination of pentachlorophenol and γ-hexachlorocyclohexan in indoor air. Fresenius Z Anal Chem 327:33–34

608. Kasel U, Wichmann G, Juhl B (1995) Einfache Bestimmung von Dichlofluanid, Pentachlorphenol (PCP) und Lindan in Raumluft. Staub Reinh Luft 55:439–440

609. Ball M, Herrmann T, Wildeboer B, Koss G, Sagunski H, Czaplenski U (1993) Indoor pollution by pyrethroids: sampling, analysis, risk evaluation. In: Seppänen O, Ilmarinen R, Jakkola JJK, Kukkonen E, Säteri J, Vuorelma H (eds) Indoor Air '93. Proceedings of the 6th International conference on indoor air quality and climate, vol 2, Helsinki, pp 201–206

610. Chemisches Untersuchungsamt der Stadt Nürnberg (1995) Grundschule Wiesenstraße 68. Schadstofferkundung. Bericht 950481, Nürnberg (unveröffentlicht)

611. Blessing R, Derra R (1992) Holzschutzmittelbelastungen durch Pentachlorphenol und Lindan in Wohn- und Aufenthaltsräumen. Staub Reinh Luft 52:265–271

612. Salthammer T (1994) Luftverunreinigende organische Substanzen in Innenräumen. Chemie in unserer Zeit 28:280–290

613. Stolz P, Krooß J (1993) Vorkommen pyrethroidhaltiger Insektizide in Innenräumen. Forum Städte Hyg 44:205–209

614. Chemisches Untersuchungsamt der Stadt Nürnberg (1995) Unveröffentlichte Daten aus einem Untersuchungsprogramm zur Charakterisierung in einem renovierten, historischen Gebäude, in dem bei der Sanierung von Holzbauteilen in größerem Umfang biozide Wirkstoffe zum Einsatz kamen
615. Zimmerli B, Zimmermann H, Marek B (1979) Der Übergang biozider Stoffe aus Anstrichen in die Gasphase. Endosulfan. Chemosphere 7: 465–472
616. Träder J-M (1994) Erfahrungen mit Biozid-Belastungen in Innenräumen. Z Umweltmed 4/1994: 13–15
617. bgvv (Hrsg) (1995) BgVV fordert besseren Verbraucherschutz beim Einsatz von Pyrethroiden. bgvv pressedienst 30.3.1995
618. Vijverberg HPM, van den Bercken J (1990) Neurotoxicological effects and the mode of action of pyrethroid insecticides. Crit Rev Toxicol 21: 2
619. Bundesgesundheitsamt/BGA (Hrsg) (1993) BGA: Gefahren von Schädlingsbekämpfungsmittel beachten. Pyrethroide gesundheitlich kritischer als Pyrethrine. bga-pressedienst 4.6.1993
620. Perger G, Szadkowski D (1994) Wirkungsweise und Toxikologie von Pyrethroiden mit besonderer Berücksichtigung des berufsbedingten Expositionsrisikos. Dtsch Ärztebl 91: C-701–C-704
621. Bundesinstitut für gesundheitlichen Verbraucherschutz und Veterinärmedizin/bgvv (1996) Klinische Bestandsaufnahme von Pyrethroid-Vergiftungen gab keinen Hinweis auf irreversible Schäden. bgvv Pressedienst 16.2.1996, Berlin
622. Hoffmann G (1995) Wirkung, Einsatzgebiete und Erfordernis der Anwendung von Pyrethroiden im nichtagrarischen Bereich. Bundesgesundheitsbl 38: 294–303
623. Eikmann T, Schneiders T, Einbrodt HJ (1989) Zur gesundheitlichen Verträglichkeit von Schwammbekämpfungschemikalien bei der Sanierung von Baudenkmälern. Wiss Umw (ISU) 1/1989: 171–174
624. Bundesgesundheitsamt/BGA (Hrsg) (1994) ADI-Werte und DTA-Werte für Pflanzenschutzmittel-Wirkstoffe. Ausgabe: 4 (Stand: 5.1.1994). Bekanntmachungen des BGA. Bundesgesundheitsbl 37:182–184
625. Festlegung des Bayerischen Staatsministeriums für Arbeit und Sozialordnung, Familie, Frauen und Gesundheit (StMAS) auf der Basis einer Empfehlung des bgvv vom 16.1.1995
626. Festlegung der Obersten Baubehörde im Bayerischen Staatsministerium des Innern (StMI) vom 28.4.1995 (Az IIA4-4200-001/92)
627. Stolz P, Meierhenrich U, Krooß J (1994) Dekontaminations- und Abbaumöglichkeiten für Pyrethroide in Innenräumen. Staub Reinh Luft 54: 379–386
628. Lahl U, Neisel F (1989) Sanierung von holzschutzmittelbelasteten Kindergärten. Haustechn Bauphys Umweltschutz 110: 206
629. Klencke I, Ruhnau M, Stolz P (1994) Pyrethroide. Pestizide in Innenräumen. Bremer Reihe Umwelt & Arbeit des Vereins für Umwelt- und Arbeitsschutz (VUA)/Bremer Umwelt Institut, Bremen
630. Franke L, Wesselmann M (1994) Verhinderung von Schadstoffemissionen an Baustoffoberflächen durch Oberflächenversiegelung bzw. Anstrichsysteme und Überprüfung eventueller Schadstoffabgaben dieser Systeme. Abschlußbericht zum Forschungsprojekt des BMFT, Förderkennzeichen 07 INR 16, Hamburg

631. Großgarten K, Woitowitz H-J (1993) Erkrankungen der Pleura durch Asbest und Erionitfaserstaub. Dtsch Ärztebl 90: C-466 – C 474

632. Selikoff IJ, Hammond CE, Seidmann H (1964) Asbestos exposure and neoplasia. JAMA 188 : 22 – 26

633. Bundesgesundheitsamt (Hrsg) (1978) Asbest in der Umwelt – Belastung und Bewertung. Bundesgesundheitsamt, Berlin

634. Umweltbundesamt (Hrsg) (1980) Luftqualitätskriterien. Umweltbelastung durch Asbest und andere faserige Feinstäube, Berichte 7/80, E. Schmidt Verlag, Berlin

635. Bundesgesundheitsamt (Hrsg.) (1981) Gesundheitliche Risiken von Asbest. bga-Berichte 4/1981, Reimer, Berlin

636. Zielhuis RL (1977) Public health risks of exposure to asbestos. Commission of the European communities (ed.),Pergamon Press, Oxford New York

637. Press F (ed) (1984) Asbestiform fibers: nonoccupational health risks. National Academy Press, Washington

638. Fischer M, Meyer E (Hrsg) (1984) Zur Beurteilung der Krebsgefahr durch Asbest. bga Schriften 2/84. MMV Medizin, München

639. Sopp N (1989) Gefahrstoff Asbest: Spurensuche im Rasterelektronenmikroskop. LGA-Rundschau 1/1989: 1–7

640. Institut für Bautechnik (Hrsg) (1986) Spritzasbest und ähnliche Asbestprodukte in Innenräumen. Erkennen, bewerten, sanieren. Institut für Bautechnik, Berlin, und Bundesministerium für Raumordnung, Bauwesen und Städtebau, Bonn, Stuttgart, Karlsruhe

641. Kalker U (1992) Das Problem asbesthaltiger Nachtspeicheröfen. Dtsch Ärztebl 89: B-850

642. Krieger J (1992) Sanierung von asbestbelasteten Elektrospeicheröfen. LGA-Rundschau 1/1992: 21–28

643. Lohrer W, Mierheim H (1983) Asbeststaubsituation in Reibbelägen – Problemanalysen und Entwicklungstendenzen. Staub Reinh Luft 43 : 78 – 85

644. Rödelsperger K, Brückel B, Jahn H, Manke J, Woitowitz H-J (1985) Asbestemission bei Bremsvorgängen. Staub Reinh Luft 45 : 26 – 31

645. Spurny KR, Marfels H, Pott F, Muhle H (1988) Untersuchungen über Korrosion und Abwitterung von Asbest-Zement-Produkten sowie die krebserregende Wirkung der Verwitterungsprodukte. Forschungsbericht 104 08 314 im Auftrag des Umweltbundesamtes, Berlin

646. Webber JS, Syrotinski S, King MV (1988) Asbestos-contaminated drinking water. Its impact on household air. Environ Res 46 : 153–167

647. Hardy RJ, Highsmith VR, Costa DL et al. (1992) Indoor asbestos contaminations associated with the use of asbestos contaminated tap water in portable home humidifiers. Environ Sci Technol 26 : 680–689

648. Einführung technischer Baubestimmungen. Richtlinien für die Bewertung und Sanierung schwach gebundener Asbestprodukte in Gebäuden (Asbest-Richtlinien) – Fassung Mai 1989. Bekanntmachung des Bayerischen Staatsministriums des Inneren (31.7.1989 Nr. II B 12 – 4137.1 – 014/89), AllMBl 18/1989: 702–710

649. Dreyhaupt FJ (1988) Entwicklung der Luftreinhaltung in der Bundesrepublik Deutschland. Wiss Umw (ISU) 1/1988: 3–10

650. Teichert U (1986) Immission durch Asbestzement-Produkte, Teil I. Staub Reinh Luft 46 : 432 – 434

651. Marfels H, Spurny K, Boose C, Althaus W, Wulbeck FJ, Weiss G, Schörmann J, Opiela H (1988) Immissionsmessungen von faserigen Stäuben in der Bundesrepublik Deutschland. VI. Asbestbelastung im Bereich von Mülldeponien. Staub Reinh Luft 48 : 463 – 464

652. Spurny K, Marfels H, Boose C, Althaus W, Wulbeck FJ, Weiss G, Schörmann J, Opiela H (1988) Immissionsmessungen von faserigen Stäuben in der Bundesrepublik Deutschland: Faserige Immissionen und Abrieb von einer Großrutschbahn. Wiss Umw (ISU) 3 : 131 – 134

653. Spurny KR (1993) Indoor air pollution by asbestos and other mineral fibers. In: Seppänen O, Ilmarinen R, Jakkola JJK, Kukkonen E, Säteri J, Vuorelma H (eds) Indoor Air '93. Proceedings of the 6th International conference on indoor air quality and climate, vol 4, Helsinki, pp 105 – 110

654. Cavallo D, Alcini D, De Bortoli M, Carrettoni D, Carrer P, Bersani M, Maroni M (1993) Chemical contamination of indoor air in schools and office buildings in Milan, Italy. In: Seppänen O, Ilmarinen R, Jakkola JJK, Kukkonen E, Säteri J, Vuorelma H (eds) Indoor Air '93. Proceedings of the 6th International conference on indoor air quality and climate, vol 2, Helsinki, pp 45 – 49

655. Mossmann BT, Gee JBL (1989) Asbestos-related diseases N Engl J Med 320 : 1721 – 1730

656. Müller K-M, Krismann M (1996) Asbestassoziierte Erkrankungen. Dtsch Ärztebl 93: C387 – C391

657. Raithel HJ, Weltle D, Bohlig H, Valentin H (1989) Health hazards from fine asbestos dusts. Int Arch Occup Environ Health 61: 527 – 541

658. Nicholson WJ, Perkel G, Selikoff IJ (1982) Occupational exposure to asbestos: population at risk and projected mortality – 1980 – 2030. Am J Indust Med 3 : 259 – 311

659. Woitowitz H-J, Lange H-J, Rödelsperger K, Ulm K, Giesen T, Woitowitz R-H, Pache L (1986) Berufskrebsstudie Asbest: Möglichkeiten und Grenzen epidemiologischer Todesursachenforschung in der Bundesrepublik Deutschland. Dtsch Med Wch 111: 490 – 499

660. Woitowitz H-J, Lange H-J, Rödelsperger K, Ulm K, Giesen T, Woitowitz R-H, Pache L (1988) Asbestbedingte Tumoren bei Arbeitnehmern in der Bundesrepublik Deutschland. Staub Reinh Luft 48 : 307 – 315

661. Schneider J, Woitowitz H-J (1995) Asbestverursachte Mesotheliome bei Hausfrauen durch Innenraum-Gefährdung. Zentralbl. Hyg Umweltmed 196: 495 – 503

662. Rom WH, Upton A (1989) Correspondence: Asbestos-Related Diseases. N Eng J Med 322 : 129

663. Pott F (1987) Die Faser als krebserzeugendes Agens Zentralbl Bakteriol Hyg [B] 184 : 1 – 23

664. Technische Regeln für Gefahrstoffe TRGS 905 (1994) Verzeichnis krebserzeugender, erbgutverändernder oder fortpflanzungsgefährdender Stoffe (Bekanntmachung des BMA nach § 52 Abs. 4 Gefahrstoffverordnung). Bundesarbeitsbl. 6

665. Mangelsdorf I, Pohlenz-Michel C (1994) Toxikologische Beurteilung von Dämmstoffen aus künstlichen Mineralfasern. Bayerisches Staatsministerium für Landesentwicklung und Umweltfragen, Materialien Bd 112, München

666. Verein Deutscher Ingenieure/VDI (1994) Asbestgefahr durch Klimaanlagen? VDI-Nachrichten 9.9.1994, 24

667. Moghissi A (1991) Strategies for the development of indoor air quality standards. Environ Int 17: 365–370

668. Schroeder WH, Dobson M, Kane DM, Johnson ND (1987) Toxic trace elements associated with airborne particulate matter: a review. J Air Pollut Contr Assoc 37:1267–1285

669. Krause C, Chutsch M, Henke M, Kliem C, Leiske M, Schulz C, Schwarz E (1991) Umwelt-Survey. Messung und Analyse von Umweltbelastungsfaktoren in der Bundesrepublik Deutschland – Umwelt und Gesundheit Band IIIa – Wohn-Innenraum: Spurenelementgehalte im Hausstaub. WaBoLu-Hefte 2/1991, Berlin

670. Andersen I (1972) Relationships between outdoor and indoor air pollution. Atmos Environ 6:275–278

671. Derouane A (1972) Comparaison des concentrations en fumees a l'exterieur et a l'interieur des lieux d'habitation. Atmos Environ 6: 209–220

672. Müller J (1991) Innen- und Außenluftmessungen an einer innerstädtischen Hauptverkehrsstraße. Staub Reinh Luft 51:142–154

673. Gibson JL (1904) A plea for painted railings and painted walls of rooms as the source of lead poisoning among Queensland children. Aust Med Gazette 23:149–153

674. Rabinowitz M, Leviton A, Bellinger D (1985) Home refinishing, lead paint and infant blood levels. Am J Public Health 75: 403–404

675. Marimo PE, Landrigan PJ, Graef J (1990) A case report of lead paint poisoning during renovation of a Victorian farmhouse, Am J Public Health 80: 1240–1245

676. Gulson BL, Davis JJ, Bawden-Smith J (1995) Paint as a source of recontamination of house in urban environments and its role in maintaining elevated blood leads in children. Sci Total Environ 164: 221–235

677. Roberts JW, Camann DE, Spittler TM (1990) Monitoring and controlling lead in house dust in older homes. In: Walkinshaw D (ed) Indoor Air '90. Proceedings of the 5th International conference on indoor air quality and climate, Vol 2, Ottawa, pp 435–440

678. Helmers E, Wilk G, Wippler K (1995) Lead in the Urban Environment – Studying the Strong Decline in Germany. Chemosphere 30: 89–101

679. Schaller KH, Schneider L, Hall G, Valentin H (1984) Cadmiumgehalt im Vollblut bei Bewohnern verschiedener Regionen des Freistaates Bayern. Zentralbl Bakteriol Hyg [B] 178: 446–463

680. Schwarz E, Chutsch M, Krause C, Schulz C, Thefeld W (1993) Umwelt-Survey. Messung und Analyse von Umweltbelastungsfaktoren in der Bundesrepublik Deutschland – Umwelt und Gesundheit, Band IVa: Cadmium. WaBoLu-Hefte 2/1993, Berlin

681. Siege, D (1982) Ergebnisse von Cadmmiummessungen in Baden-Württemberg. Haustech Bauphys Umwelttechnik 103: 307–311

682. Stadt Frankfurt/Dezernat für Umwelt, Energie und Brandschutz (1989) Quecksilber in Griesheim. Öffentliche Expertenanhörung zur Quecksilberkontamination von Betriebsgelände und Umgebung der Firma Elwenn und Frankenbach GmbH am 14. Oktober 1989, Frankfurt

683. Kretschmann M (1995) Quecksilber-Immissionsmessungen an Altlasten. BayLfU 131: 32–35

684. Bayerischer Landtag/Ausschuß für Landesentwicklung und Umweltfragen. Die Quecksilberverseuchung in Bayern, Drucksache 12/1608 in der 12. Wahlperiode, 19. Sitzung am 5. 7.1991

685. Stadt Fürth (o J) Sanierungsleitfaden für quecksilberbelastete Gebäude in der Stadt Fürth, Fürth

686. Nüßlein F, Feicht EA, Schulte-Hostede S, Seltmann U, Kettrup A (1995) Exposure analysis of the inhabitants living in the neighbourhood of a mercury contaminated industrial site. Chemosphere 30: 2241–2248

687. Weschler CJ (1984) Indoor-outdoor relationships for nonpolar organic constituents of aerosol particles. Environ Sci Technol 18: 648–652

688. Offermann EJ, Loiselle SA, Hodgson AT, Gundel LA, DaiseyJM (1991) A pilot study to measure indoor concentrations and emission rates of polycyclic hydrocarbons. Indoor Air 4: 497–512

689. Roberts JW, Budd WT, Chuang J, Lewis RG (1993) Chemical contaminants in house dust: occurrences and sources. In: Seppänen O, Ilmarinen R, Jakkola JJK, Kukkonen E, Säteri J, Vuorelma H (eds) Indoor Air '93. Proceedings of the 6th International conference on indoor air quality and climate, vol 2, Helsinki, pp 27–32

690. a Mücke W, Steinmetzer H-C, Stumpp J, Baumeister W, Boneberg R, Vierle O (1991) PAK-Immissionskonzentrationen. UWSF Z Umweltchem Ökotox 3: 176–179
    b National Institute of Occupational Safety and Health (ed) (o J) NIOSH manual of analytical methods (3rd ed). Methods 5506 und 5515 Winkler N, Stehlik G, Tausch H, Nyiry W. Analse von polycyclischen aromatischen Kohlenwasserstoffen. UWSF Z Umweltchem Ökotox 6: 247 – 250
    c Hach R, Donnevert G, Alter E (1994) Analyse von polyzyklischen aromatischen Kohlenwasserstoffen in Außenluft. Staub – Reinh Luft 54: 337–341

691. Otson R, Davis CS, Fellin P, Caton RB (o J) Source apportionment for PAH in indoor air (Northern Climates) (zur Veröffentlichung eingereicht) – persönliche Mitteilung

692. Mumford JL, He XZ, Chapman RS, Cao SR, Harris DB, Li XM, Xian YL, Jiang WZ, Xu CW, Chuang JC, Wilson WE, Cooke M (1987) Lung cancer and indoor air pollution in Xuan Wie, China Science 235: 217–220

693. Keller G (1994) Strahlenexposition der Bevölkerung durch Baustoffe unter besonderer Berücksichtigung von Sekundärrohstoffen. VGB Kraftwerkstechnik 74: 717

694. Der Minister für Umwelt, Naturschutz und Reaktorsicherheit (1990) Bericht der Bundesregierung an den Deutschen Bundestag über Umweltradioaktivität und Strahlenbelastung im Jahr 1990, Bonn

695. McLaughlin JP (1988) Radon in indoor air. COST Project 613, Report No. 1. ECSC EEC EAEC, Luxembourg

696. Pirrone N, Batterman SA (1995) Cost-effective strategies to control radon in residences. J Environ Eng 121:120–131

697. Johnstone RAW, Plimmer JR (1959) The chemical constituents of tobacco and tobacco smoke. Chem Rev 59: 885 – 936

698. Grimmer G (1991) Identifizierung kanzerogener Stoffe im Nebenstromrauch. In: Kommission Reinhaltung der Luft im VDI und DIN (Hrsg) Krebserzeugende Stoffe in der Umwelt. Herkunft, Messung,Risiko, Minimierung, VDI-Berichte Bd 888. VDI-Verlag, Düsseldorf, S 494–498

699. Ayer HE,Yeager DW (1982) Irritants in cigarette smoke plumes. Am J Public Health 72:1283–1285

700. Pipes DM (1945) Allergy to tobacco smoke Ann Allergy 28:277–282

701. Repace JL, Lowrey AH (1985) A quantitative estimate of non-smokers lung cancer risk from passive smoking. Environ Int 11:3–22

702. Bundesgesundheitsamt/BGA (Hrsg) (1987) Bundesgesundheitsamt zum Gesundheitsrisiko des Passivrauchens. bga-pressedienst 26.5.1987

703. Lebowitz MD (1986) The potential association of lung cancer with passive smoking. Environ Int 12:3–9

704. Lebowitz MD (1989) Environmental tobacco smoke: a public health issue. Environ Int 15 11–18

705. Lee PN (1992) Environmental tobacco smoke and mortality. Karger, Basel 1992

706. Repace JL, Lowrey AH (1980) Indoor air pollution, tobacco smoke, and public health. Science 208:464–472

707. Scherer G, Ruppert T, Daube H, Tricker AR, Adlkofer F (1993) Respiratory particle burden on exposure to environmental tobacco smoke (ETS). In: Seppänen O, Ilmarinen R, Jakkola JJK, Kukkonen E, Säteri J, Vuorelma H (eds) Indoor Air '93. Proceedings of the 6th International conference on indoor air quality and climate, vol 1, Helsinki, 1 pp 535–540

708. Özkaynak H, Spengler JD, Jianping Xue, Koutrakis P, Pellizzari ED, Wallace L (1993) Sources and factors influencing personal and indoor exposures to particles, elements and nicotine: findings from the particle TEAM pilot study. In: Seppänen O, Ilmarinen R, Jakkola JJK, Kukkonen E, Säteri J, Vuorelma H (eds) Indoor Air '93. Proceedings of the 6th International conference on indoor air quality and climate, vol 3, Helsinki, pp 457–462

709. Ogden MW, Maiolo KC (1988) Collection and analysis of solanesol as a tracer of environmental tobacco smoke. In: Perry R, Kirk PW (eds) Indoor and ambient air quality. Selper, London, pp 77–88

710. Grimmer G, Naujack K-W, Dettbarn G (1987) Gaschromatographic determination of polycyclic aromatic hydrocarbons, aza-arenes, aromatic amines in the particle and vapor phase of mainstream and sidestream Smoke of cigarettes. Toxicol Letters 35:117–124

711. Burge H (1990) Bioaerosols: prevalence and health effects in the indoor environment. J Allergy Clin Immmunol 86:687–701

712. Kunz B, Ring J (1991) Epidemiologie allergischer Erkrankungen. Internist 32:573–577

713. Luoma R (1984) Environmental allergens and morbidity in atopic and non-atopic families. Acta Paediatr. Scand 73:448–453

714. Lowenstein H, Gravesen S, Larsen L, Lind P, Schwartz B (1986) Indoor allergens. J Allergy Clin Immunol 78:1035–1038

715. Wickman M, Nordvall SL, Pershagen G, Sundell J, Schwartz B (1991) House dust mite sensitization in children and residential characteristics in a temperate region. J Allergy Clin Immunol 88 : 89 – 95
716. European collaborative action „Indoor air quality and its impact on man" (formerly COST project 613) (1993) Report No. 12: Biological particles in indoor environments. ECSC EEC EAEC, Luxembourg
717. Wanner H-U (1994) Biologische Verunreinigungen in der Raumluft. Allergologie 17 : 526 – 529
718. Jorde W, Schata M, Linskens HF, Elixmann JH (1990) Gesundheitsrisiken durch Schimmelpilze in Gebäuden Wiss Umw (ISU) 86 – 90
719. Rylander R, Persson K, Goto H, Yuasa K, Tanaka S (1992) Airborne beta-1,3-glucan may be related to symptoms in sick buildings Indoor Environ 1: 263 – 267
720. Michel O, Ginanni R, Duchatreau J, Vertongen F, Le Bon B, Sergysels R (1991) Domestic endotoxin exposure and clinical severity of asthma. Clin Exp Allergy 21
721. Wilkins K, Larsen K (1995) Variation of volatile organic compound patterns of mold species from damp buildings. Chemosphere 31: 3225 – 3236
722. Flannigang B, McCabe EM, McGarry F (1991) Allergenic and toxigenic microorganisms in houses. J Appl Bacteriol 70 [Suppl]: 61 S – 73 S
723. Bjurman J, Kristensson J (1992) Volatile production by Aspergillus versicolor as a possible cause of odor in houses affected by fungi. Mycopathologia 118 : 173 – 178
724. Bayer CW, Crown S (1993) Detection and charactzerization of microbially produced volatile organic Compounds. In: Seppänen O, Ilmarinen R, Jakkola JJK, Kukkonen E, Säteri J, Vuorelma H (eds) Indoor Air '93. Proceedings of the 6th International conference on indoor air quality and climate, vol 2, Helsinki, pp 33 – 38
725. Tyndall RL, Lehmann ES, Bowman EK, Milton DK, Barbaree JM (1995) Home humidifiers as a potential source of exposure to microbial pathogens, endotoxins, and allergens. Indoor Air 5 : 171–178
726. Burke GW, Carrington CB, Strauss R, Fink J, Gaensler E (1977) Allergic alveolitis caused by home humidifiers. JAMA 238 : 2705 – 2708
727. Vielhauer A, Höller C, Gundermann K-O (1994) Keimbelastung in der Schwimmhallenluft. Forum Städte Hyg 48 : 287

Sachverzeichnis

MIX
Papier aus verantwortungsvollen Quellen
Paper from responsible sources
FSC® C105338
FSC
www.fsc.org